CMP BOOKS
机工通信

集成电路科学与技术丛书

图解入门

半导体工程学精讲

[日] **原明人** / 著

李哲洋 于乐 魏晓光 母春航 / 译

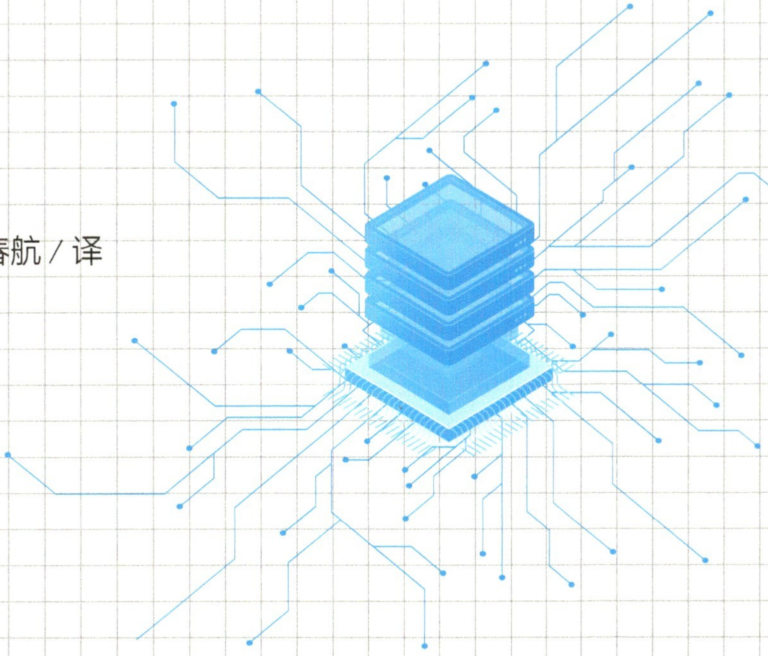

机械工业出版社
CHINA MACHINE PRESS

本书首先深入探讨了量子力学基础及其在物质、能带理论、半导体和集成电路等领域的应用。从电子的波动性质、不确定性原理到量子隧穿效应，逐步揭示量子世界的奥秘。接着，通过能带理论和半导体能带结构的解析，阐明了半导体材料的电子行为。此外，还详细介绍了掺杂半导体、晶格振动以及载流子输运现象等关键概念。最后，探讨了 MOS 结构、场效应晶体管以及集成电路的工作原理。本书内容丰富，结构清晰，能够帮助读者深入理解量子力学在半导体技术中的重要作用。

本书适合有一定物理基础的学生和从事半导体相关工作的人员阅读。

图书在版编目（CIP）数据

图解入门：半导体工程学精讲 /（日）原明人著；
李哲洋等译. -- 北京：机械工业出版社, 2024. 10.
(集成电路科学与技术丛书). -- ISBN 978-7-111-76739-8

Ⅰ. TN305-64

中国国家版本馆 CIP 数据核字第 20242JW890 号

机械工业出版社（北京市百万庄大街 22 号　邮政编码 100037）
策划编辑：杨　源　　责任编辑：杨　源
责任校对：樊钟英　丁梦卓　　责任印制：常天培
固安县铭成印刷有限公司印刷
2025 年 1 月第 1 版第 1 次印刷
184mm × 240mm · 20 印张 · 382 千字
标准书号：ISBN 978-7-111-76739-8
定价：109.00 元

电话服务　　网络服务
客服电话：010-88361066　　机　工　官　网：www.cmpbook.com
010-88379833　　机　工　官　博：weibo.com/cmp1952
010-68326294　　金　书　网：www.golden-book.com
封底无防伪标均为盗版　　机工教育服务网：www.cmpedu.com

前　言

PREFACE

本书是为有一定基础的读者学习半导体工程而编写的参考书。尽管有很多关于半导体物理到器件的入门书，但是学完这些并不能立刻开始学习专业性更高的书籍。例如涉及半导体物理的专业书通常会默认使用量子力学进行讨论。然而，尽管对于物理系的学生来说可能还好，但一般的工科类专业低年级学生并没有充分学习量子力学，因此要直接挑战专业性较高的书籍还是有障碍的。笔者一直觉得有必要填补这一空白。本书就是以这样的目的编写而成的。换句话说，本书旨在为那些准备挑战由伟大前辈编写的半导体物理和器件专著的读者提供基础。

本书内容涵盖了关于体材料半导体的能带结构、掺杂半导体、输运现象、光学性质的基础物理知识，以及 pn 结、MOS 场效应晶体管（MOSFET）、集成电路的器件工作原理，还有界面的量子化等，总体上是一些较为经典的问题。鉴于器件内容的重要性和页数的限制，本书关于器件的内容主要聚焦在数字社会中不可或缺的 MOSFET。不过，需要注意的是，作为 MOSFET 的重要组成部分，本书还在一个章节中提前解释了 pn 结。在纳米尺度器件中，量子力学效应变得重要。最后一章《界面的量子化》是对纳米 MOSFET 和未来可能涉及的半导体量子器件的导入性内容。

因此，出于这样的结构安排，我删除了常规半导体器件书中涵盖的双极型晶体管、光电器件、功率器件等内容。对于有兴趣的读者，可以通过本丛书其他书籍深入学习。如果有机会进行版本修订，我也可能会添加这些主题，以及 MOSFET 的最新进展、半导体量子自旋控制，以及薄膜晶体管（TFT）等话题。

在出版本书时，我请《从基础学起：固体物理学》的作者矢口裕之先生对本书进行了校对，他对不清晰的表达、错误的标记、作者理解的错误、整体结构等方面提出了宝贵的意见。在此向他表示感谢。此外，如果本书的内容有错误或不足之处，还请读者指正。

自从获得讲谈社的五味研二先生指导，已经过去了相当长的一段时间。我曾经犹豫过是否适合由我这样的浅学之人来撰写这本书，但因为希望能在一定程度上为有志于半导体领域的读者提供帮助，从而下定了决心。我对五味先生的耐心指导和细心关怀表示深深的感谢。

原明人

CONTENTS 目录

CHAPTER 1

第1章

量子力学基础

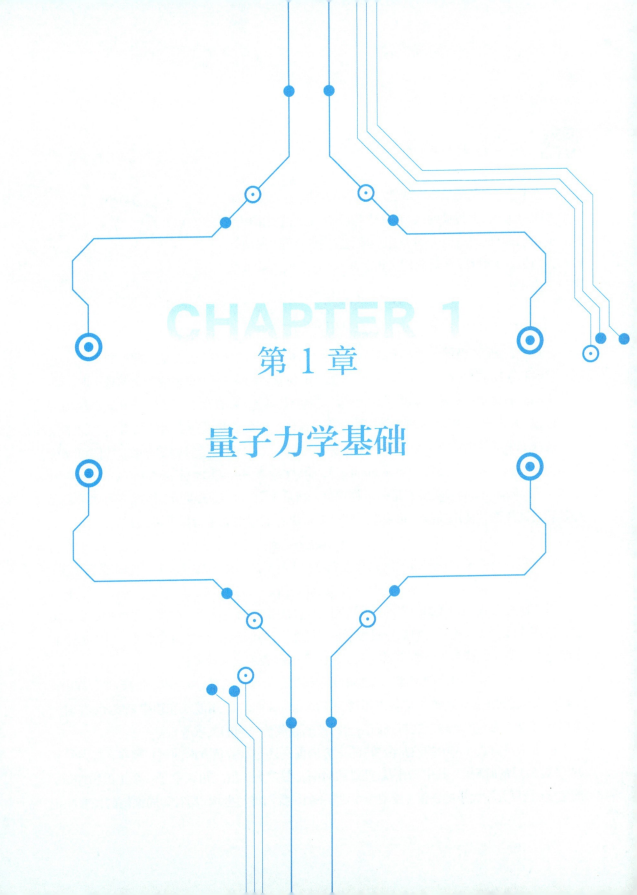

1-1 波的表示方式

在本节中，我们将学习波的性质和表示方法。首先考虑在一个方向（x方向）上传播的波。在高中物理中，它通常用图 1.1 来表示。波在其前进方向上和垂直方向上发生了位移（振动）。位移方向是一个要点，稍后我们会再次涉及。这个波通常可以用以下公式表示：

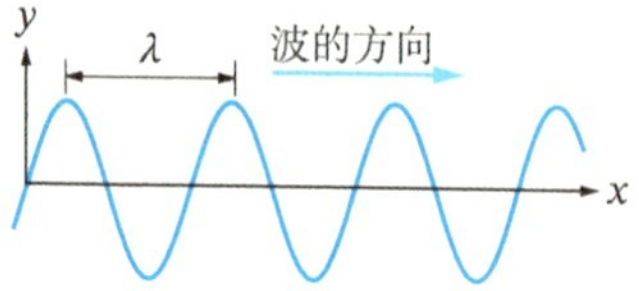

图 1.1 波

$$y = A\cos\left[2\pi\left(\frac{x}{\lambda} - \frac{t}{T}\right)\right] \tag{1.1}$$

在这里，y是在坐标x、时刻t的波的位移，A是振幅、λ是波长、T是周期。如果关注坐标x，当将式(1.1)中的x替换为相距波长整数倍的位置$x + n\lambda$（n为正整数和负整数）时，将会得出相同的振幅。此外，如果关注时刻t，当将t替换为$t + nT$时，也会得出相同的振幅。由于波以λ为波长，以T为周期进行周期性重复振动，因此这是理所当然的结果。

式(1.1)中括号内包含分数，形式较为复杂。因此，为了消除括号内的分数，我们将$2\pi/\lambda$表示为k。这个k被称为波数（wave-number），而$1/T$是频率ν，将$2\pi\nu$定义为新的ω，ω被称为角频率（angular frequency），它是一个物理量，2π是 1 周 360°的弧度值，因此该物理量表示每秒转过的弧度。使用波数和角频率，式(1.1)可以更简单地表示为以下形式：

$$y = A\cos(kx - \omega t) \tag{1.2}$$

在这里，我们考虑使用指数函数和虚数单位 i 而不是三角函数，以如下形式来表示波：

$$y = Ae^{\mathrm{i}(kx-\omega t)} = A\exp[\mathrm{i}(kx - \omega t)] \tag{1.3}$$

基于欧拉公式取式(1.3)的实部，就得到与式(1.2)相同的表达式。在接下来的内容中，我们将使用式(1.3)来以指数函数的形式表示波。虽然会涉及复数，但如后文所示，用于描述电子状态的函数（波函数）通常用复数表示，因此这种表示法非常方便。

从式(1.3)可以得出波的速度。将式(1.3)的指数部分变形为$k[x - (\omega/k)t]$的形式。其中，ω/k具有速度的单位，将这个值称为相速度（phase velocity）。用波长和频率来表示ω/k时，可以将其改写为$\omega/k = \lambda\nu$，这与我们熟知的波速和波长之间的关系等价。

接下来讨论式(1.3)中的波是沿着x的正方向前进还是沿着负方向前进。现在，考虑从时刻t经过Δt后的时刻t'。其中Δt是从t经过的时间，假定为正值。角频率是一个正的物理量，而速度v是只关注大小的正值（绝对值）。进一步，我们将与坐标x具有相同振幅的位置标记为$x+\Delta x$。如果Δx是正值，那么根据图 1.2 中的黑线所示，波将沿着x轴的正方向前进。另一方面，如果Δx是负值，那么根据图 1.2 中的虚线所示，波将沿着x轴的负方向前进。为了保持相同的振幅，需要满足：

$$kx-\omega t=k(x+\Delta x)-\omega(t+\Delta t) \tag{1.4}$$

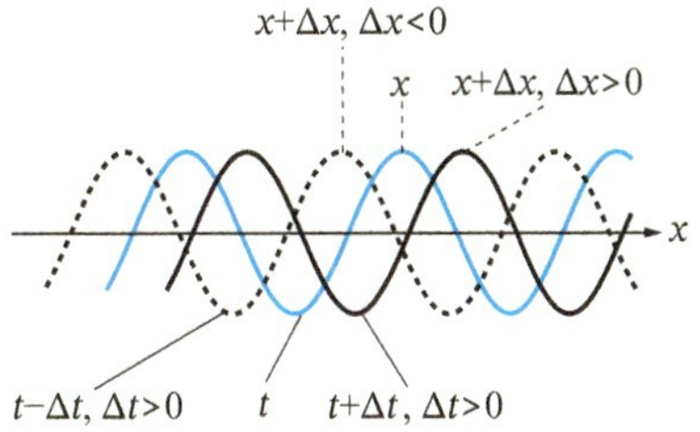

图 1.2　波沿着x增大的方向（图中的右边方向）传播

则Δx必须是正值。换句话说，式(1.3)中波是沿着正方向前进的。同理，沿着负方向前进的波可以表示为：

$$y=A\exp[\mathrm{i}(-kx-\omega t)] \tag{1.5}$$

将式(1.3)与式(1.5)比较，我们可以注意到时间相关部分的表示是相同的，但是与坐标有关的部分改变了符号。在上述论述中，仅考虑速度的大小（绝对值），并将其表示为$v=\omega/k$（这是正值），但如果考虑波的传播方向，允许k取正负值，那么波可以用单个公式表示：

$$y=A\exp[\mathrm{i}(kx-\omega t)] \tag{1.6}$$

这里还要补充一下纵波和横波的内容。图 1.1 中，由于波的前进方向是x轴方向，位移在y方向，因此这是一个存在于二维空间中的波，而不是一维的。这种前进方向和位移方向垂直的波被称为横波。另一方面，存在着前进方向和位移方向平行的波，这种波被称为纵波。存在于一维空间中的波，由于其维度特性，仅为纵波。

接下来，考虑二维和三维波。但是，我们只考虑平面波的情况。首先，来看二维平面波。平面波是一种在与波的传播方向垂直的线（二维中呈现为线的形式）上具有相同相位的特殊波，可以表示为：

$$\boldsymbol{y}=A\exp[\mathrm{i}(\boldsymbol{k}\cdot\boldsymbol{r}-\omega t)] \tag{1.7}$$

$\boldsymbol{k}$和$\boldsymbol{r}$分别是二维空间内的波矢量和位置矢量。同时，位移$\boldsymbol{y}$也是一个矢量。正如前面所述，位移的方向有两种，分别与传播方向平行和垂直。二维平面波可以这样表示的原因是，表示波的传播方向与大小的波矢量$\boldsymbol{k}$与位置矢量$\boldsymbol{r}$的内积一定时，指数函数内的部分在同一时刻会得到相同的值。

将其扩展到三维。如果用波矢量$\boldsymbol{k}$表示波的传播方向，与其垂直的平面（三维中呈现为面的形式）具有相同的相位。三维平面波可以通过将波矢量$\boldsymbol{k}$和位置矢量$\boldsymbol{r}$扩展到三维来表示，与式(1.7)类似。在三维情况下，波的振动方向可以分为纵波（与传播方向平行）和横波（与传播方向垂直）两种情况。横波的位移在两个垂直方向上都可能发生，因此有两种类型。总共有 3 种类型的波存在。

从自由度的角度来考虑，对于一维情况，自由度为 1，因此传播方向和位移方向是相同的。对于二维情况，自由度为 2，所以位移方向有两种，分别是波的传播方向和垂直方向。对于三维情况，自由度为 3，因此存在 3 种类型的波：一种是在波的传播方向上发生位移的纵波，另外两种是位移方向与传播方向垂直，且位移方向互相垂直的两种横波。

1-2 相速度与群速度

式(1.3)表示波在从负无限大到正无限大的范围内均匀存在，并以速度ω/k传播。正如 1-1 节所述，这被称为相速度。因此，无论在哪个位置，都可以用相同的表达式来描述。与此相对应的是波包，如图 1.3 所示，它是一种在特定位置形成块状集中的波的状态。波包由多个波长（波数）不同的波叠加（合成）而成。波包的传播速度被称为群速度。

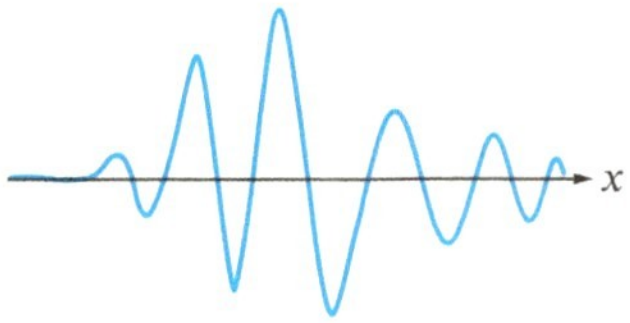

图 1.3　波包

考虑一维情况。波包是由多个波叠加而成的，可以表示为

$$y = \sum_{k} A(k)\exp[\mathrm{i}\{kx - \omega(k)t\}] \tag{1.8}$$

角频率ω是波数k的函数，因此在这里记作$\omega(k)$。波包被假定由波数在以k_0为中心的范围（$k_0 - \Delta k$～$k_0 + \Delta k$）内的波构成。此外，假定具有波数k_0的波叠加强度最强。在这种情况下，振幅分布$A(k)$如图 1.4 所示。

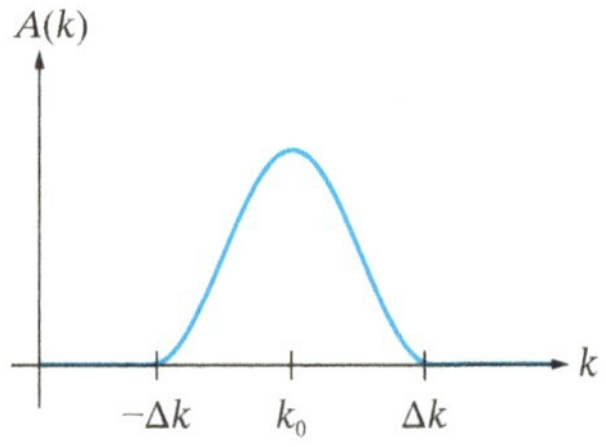

图 1.4　波包形成中振幅的波数相关性

基于上述假设，式(1.8)可以改写成以下形式：

$$y \propto \int_{k_0-\Delta k}^{k_0+\Delta k} A(k)\exp[\mathrm{i}\{kx - \omega(k)t\}]\,\mathrm{d}k \tag{1.9}$$

在这里，我们将$\sum$（求和）改写为积分表示。将角频率与波数的函数关系以k_0为中心进行表示，定义$k = k_0 + k'$，则式(1.9)可以表示为：

$$y \propto \exp[\mathrm{i}\{k_0 x - \omega(k_0)t\}] \int_{-\Delta k}^{\Delta k} A(k_0 + k') \exp\left[\mathrm{i}k'\left(x - \left.\frac{\partial \omega(k)}{\partial k}\right|_{k=k_0} t\right)\right] \mathrm{d}k' \tag{1.10}$$

积分项是位置和时间的函数，在进行关于k'的积分时，除非在特定的范围内，否则它会变得非常小。然而在如下关系成立时，积分项会有较大的值：

$$x = \left.\frac{\partial \omega(k)}{\partial k}\right|_{k=k_0} \times t \tag{1.11}$$

满足这个较大值的位置在以一定速度移动：

$$\boldsymbol{v}_{\mathrm{g}} = \left.\frac{\partial \omega(k)}{\partial k}\right|_{k=k_0} \tag{1.12}$$

这就是波包的速度，即群速度$\boldsymbol{v}_{\mathrm{g}}$。将其扩展到三维是相对容易的，三维的群速度$\boldsymbol{v}_{\mathrm{g}}$是：

$$\boldsymbol{v}_{\mathrm{g}} = \left.\frac{\partial \omega(\boldsymbol{k})}{\partial \boldsymbol{k}}\right|_{\boldsymbol{k}=\boldsymbol{k}_0} \tag{1.13}$$

1-3 电子的物质波性质

虽然本书的目的并不是学习量子力学，但为了方便起见，我们将接受德布罗意的物质波概念并继续讨论。关于德布罗意的物质波观念的历史背景，请参考量子力学书籍。

德布罗意的物质波概念是建立在微观世界中物质既是粒子又是波的想法之上的。物质作为粒子的性质与物质作为波的性质可以通过下述的德布罗意关系式相互联系起来：

$$\lambda = \frac{h}{p} \tag{1.14}$$

在这里，p代表物质的动量，λ代表将物质视为波的情况下的波长，h是普朗克常数。此外，波的能量和频率之间存在以下关系：

$$\mathcal{E} = h\nu \tag{1.15}$$

在这里，ν代表波的频率。为了理解式(1.15)，可以想象强烈的振动对应着高能量状态。式(1.15)可以使用角频率ω表示：

$$\mathcal{E} = \frac{h}{2\pi}\omega \tag{1.16}$$

将$h/2\pi$记为约化普朗克常数$\hbar$，式(1.16)可以表示为：

$$\mathcal{E} = \hbar\omega \tag{1.17}$$

对构成物质的基本粒子之一的电子，德布罗意的物质波理论也是适用的。

在这里，关于物质波的概念可能会让一些人感到不适应。不是所有的物体，比如像汽车那样的宏观物体，都可以视为波。这可以通过以下的思考方式来解释。假设直径为 1.0mm，质量为 1.0g 的球体以 100m/s 的速度运动。根据德布罗意关系式可以得出波长$\lambda = 6.6 \times 10^{-33}$m。因此，相对于物体的尺寸，波长极小，这个球体不会呈现出波的特性。然而，如果质量小的电子（质量为9.1×10^{-31}kg）以光速（3×10^{8}m/s）的 1%速度移动，波长将变为2.4×10^{-10}m。这个尺寸接近原子的大小，在微观世界中可能以波的形式呈现出来。

在微观世界中应用物质波的观念，使得我们可以得到有关构成氢原子的电子能量的重要关系式。就像在高中物理中学到的一样，构成氢原子的电子可以被认为是围绕着带有正电荷的原子核稳定地旋转。稳定旋转意味着，当电子绕核旋转一周回到原来的位置时，它将恢复到最初的状态。也就是说，当从起点绕一圈回到同一位置时，相位不会如图 1.5（a）所示发生改变，而是会保持与起点相同的相位，如图 1.5（b）所示。由此可以得到以下关系：

$$n\lambda = 2\pi r \tag{1.18}$$

在这里，r是轨道的半径，$n = 1, 2, 3, \cdots$。[㊀]

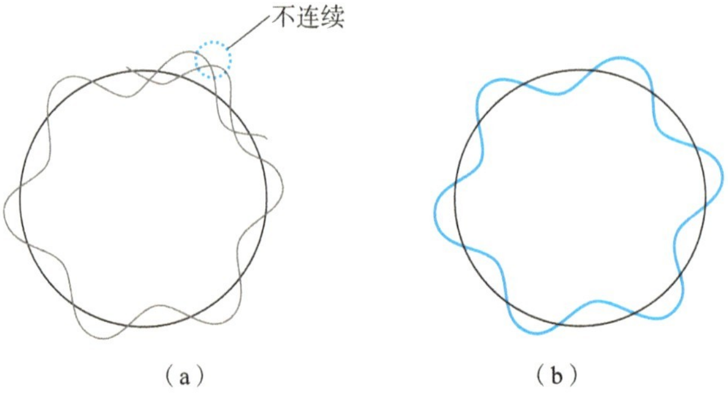

图 1.5　围绕带有正电荷的原子核旋转的波

（a）当波不连续地连接在一起时，（b）当波连续地连接在一起时。

另一方面，电子也是粒子。电子绕轨道运动是由于电子与原子核之间的库仑力和离心力达到平衡。换句话说，下式成立：

$$\frac{e^2}{4\pi\varepsilon_0 r^2} = m\frac{v^2}{r} \tag{1.19}$$

在这里，m代表电子的质量，v代表电子的速度，e代表电子的电荷，ε_0代表真空介电常

㊀ 在图 1.5 中，为了便于理解，将波表示为横波，需要注意电子的物质波并不是横波。

数。总能量$\mathcal{E}$由动能和势能的总和构成，可以表示为以下形式：

$$\mathcal{E} = \frac{p^2}{2m} - \frac{e^2}{4\pi\varepsilon_0 r} \tag{1.20}$$

根据这些公式，利用德布罗意的物质波关系来求解总能量，我们可以得到：

$$\mathcal{E} = -\frac{m}{2\hbar^2}\left(\frac{e^2}{4\pi\varepsilon_0}\right)^2 \frac{1}{n^2} \tag{1.21}$$

这意味着氢原子中的电子能量由于量子数n的不连续而离散化。n的不连续性是为了满足式(1.18)的条件，物质波的波长受到了限制。在这里，氢原子中电子的能量与稍后将要讨论的薛定谔方程的解相一致。此外，式(1.21)为负值的原因是因为它考虑了从原子核脱离束缚，进入自由运动状态，即能量基态（$\mathcal{E} = 0$）的情况。

1-4 不确定性原理

行波通常可以用式(1.3)来表示，这种波分布在从负无限大到正无限大的范围内，并以相位速度ω/k运动。如果将电子视为物质波，那么电子的位置是无法确定的，因此位置的不确定性是无限大的。然而，根据德布罗意的物质波理论，动量具有确定值$p = h/\lambda = \hbar k$。换句话说，动量的不确定性为 0。在将电子视为物质波的情况下，位置和动量之间存在某种关联。

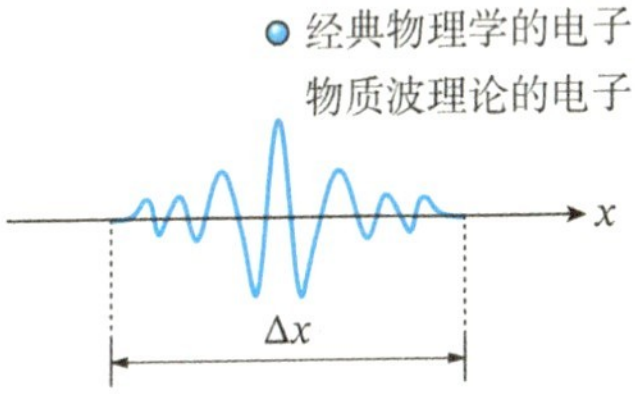

图 1.6　经典物理学理论与物质波理论中电子的表现差异

对于视为物质波的电子，我们可以考虑用如图 1.6 所示的波包来表达在某个时刻占据某个位置的经典物理学概念。现在，假设物质的存在宽度（波包的展宽）为Δx。正如之前所述，这个波包是各种波长的波的叠加，但最大波长可以考虑为约等于Δx。在Δx内存在着比Δx更短波长的波，我们将这个波长记作$\Delta x/a$（$a > 1$）。在这里，应用德布罗意关系式，动量可以取值的范围是：

$$\Delta p = \frac{h}{\Delta x/a} - \frac{h}{\Delta x} = (a-1)\frac{h}{\Delta x} \tag{1.22}$$

这个值可以被看作是动量的不确定性。将Δx和Δp相乘得到：

$$\Delta x \Delta p = (a-1)h \tag{1.23}$$

而且，$a > 1$，但不会成为一个极大的值。极大的a意味着波长会变得极短，这意味着波包的Δx会变得非常小。因此，可以近似认为

$$\Delta x \Delta p \simeq h \tag{1.24}$$

更准确的计算结果显示存在如下关系：

$$\Delta x \Delta p \geqslant \frac{\hbar}{2} \tag{1.25}$$

这种关系被称为海森堡不确定性原理。

另一方面，能量和时间之间也存在着不确定性原理。假设电子存在于某个稳定状态时，能量的不确定性为零。在这种情况下，由于是稳定状态，寿命$\Delta\tau$应该非常长。然而，如果假设电子存在的状态具有寿命，这意味着它可以跃迁到另一个能量状态。换句话说，能量的范围存在不确定性（能量存在不确定性）。如果考虑寿命较短的情况，那么考虑各种不同的能量状态，能量的范围会变得更大。因此存在如下关系：

$$\Delta\tau\Delta\mathcal{E} \geqslant \text{一定值} \tag{1.26}$$

这个关系类似于位置和动量之间的不确定性原理，通过精确的分析，已经得出如下关系：[1]

$$\Delta\tau\Delta\mathcal{E} \geqslant \frac{\hbar}{2} \tag{1.27}$$

1-5 薛定谔方程式与波函数

在本节中，我们将介绍决定物质波中电子运动的方程式。这个方程式相当于经典力学中的牛顿运动方程，是基本方程之一。在这里，我们同样假设遵循德布罗意的物质波观念进行讨论。将作为物质波的电子表示为最简单的一维平面波：

$$\psi(x,t) = A\exp[\mathrm{i}(kx - \omega t)] \tag{1.28}$$

进一步，假设电子的势能为0。

正如在1-3节中所述，作为物质波的振动频率和能量之间存在着$\mathcal{E} = h\nu = \hbar\omega$的关系。另一方面，与经典物理相对应，总能量在势能为0时，等于动能$p^2/2m$。根据德布罗意关系式，我们可以将这个值写为$(\hbar k)^2/2m$，因此如下关系成立：

$$\frac{(\hbar k)^2}{2m} = \hbar\omega \tag{1.29}$$

[1] 这里介绍一下，该关系也可以通过简单的计算得出。不确定性原理式(1.25)的两边同时乘以p/m，则左边成为$p/m(\Delta x)(\Delta p)$，可以写成$\Delta x\Delta[p^2/(2m)]$，将$\Delta x = v\Delta\tau$，$p = mv$代入，可以得到类似于式(1.27)的形式。

由于电子作为物质波的状态表示为式(1.28)中的平面波，我们考虑对这个平面波方程进行一系列运算，从而找到满足式(1.29)关系的方程式。首先，从容易理解的式(1.29)右边开始讨论，我们对式(1.28)的右边进行时间微分并乘以一个系数$\mathrm{i}\hbar$，则得到了系数$\hbar\omega$。因此，右边的算符是：

$$\mathrm{i}\hbar\frac{\partial}{\partial t} \tag{1.30}$$

另一方面，考虑到式(1.29)的左边含有波数k，将式(1.28)对x微分。这样做会产生系数$\mathrm{i}k$。然后，再次对x微分，就会再次得到系数$\mathrm{i}k$。如果将平面波方程对x进行两次微分，系数将变为$-k^2$。因此，乘以系数$-\hbar^2/(2m)$，然后对x进行两次微分，就可以获得式(1.29)左边的动能项。总之，对于势能为零的一维平面波，以下关系成立：

$$-\frac{\hbar^2}{2m}\frac{\partial^2}{\partial x^2}\psi(x,t)=\mathrm{i}\hbar\frac{\partial}{\partial t}\psi(x,t) \tag{1.31}$$

接下来，我们将这个结果扩展到三维平面波。在动能中存在x、y和z 3 个分量，考虑到它们的和是总动能，可以得出以下结论：

$$-\frac{\hbar^2}{2m}\left(\frac{\partial^2}{\partial x^2}+\frac{\partial^2}{\partial y^2}+\frac{\partial^2}{\partial z^2}\right)\psi(\boldsymbol{r},t)=\mathrm{i}\hbar\frac{\partial}{\partial t}\psi(\boldsymbol{r},t) \tag{1.32}$$

如果势能不为 0，如何表达势能项是一个重要问题。总体来说，添加势能项后，以上关系可以表示为：

$$\left[-\frac{\hbar^2}{2m}\left(\frac{\partial^2}{\partial x^2}+\frac{\partial^2}{\partial y^2}+\frac{\partial^2}{\partial z^2}\right)+V(\boldsymbol{r},t)\right]\psi(\boldsymbol{r},t)=\mathrm{i}\hbar\frac{\partial}{\partial t}\psi(\boldsymbol{r},t) \tag{1.33}$$

势能取决于位置和时间，因此用$V(\boldsymbol{r},t)$来表示。通过这种方式得到的方程式(1.33)被称为含时薛定谔方程。此外，通常用函数$\psi(\boldsymbol{r},t)$来表示电子作为物质波的状态，称为波函数。平面波的表达式(1.28)也是波函数，但其振幅未确定。这个问题将在后面的章节中讨论。

如果势能随时间变化，那么波函数也会随时间变化。例如半导体中电子与电磁波的相互作用，以及电子与晶格振动的相互作用等都是这种情况的例子。现在，假设势能仅依赖于位置而不依赖于时间，用仅关于位置的函数$V(\boldsymbol{r})$来表示。薛定谔方程可以写成如下形式：

$$\left[-\frac{\hbar^2}{2m}\left(\frac{\partial^2}{\partial x^2}+\frac{\partial^2}{\partial y^2}+\frac{\partial^2}{\partial z^2}\right)+V(\boldsymbol{r})\right]\psi(\boldsymbol{r},t)=\mathrm{i}\hbar\frac{\partial}{\partial t}\psi(\boldsymbol{r},t) \tag{1.34}$$

在这种情况下，由于薛定谔方程左边只包含关于位置的函数，因此可以认为波函数中包含只关于位置的函数。可以将波函数进行变量分离，表示为：

$$\psi(\boldsymbol{r},t)=\varphi(\boldsymbol{r})f(t) \tag{1.35}$$

于是式(1.34)可以表示为以下形式：

$$\left[-\frac{\hbar^2}{2m}\left(\frac{\partial^2}{\partial x^2}+\frac{\partial^2}{\partial y^2}+\frac{\partial^2}{\partial z^2}\right)+V(\boldsymbol{r})\right]\varphi(\boldsymbol{r})=\mathcal{E}\varphi(\boldsymbol{r}) \tag{1.36}$$

$$f(t)=C\exp\left(-\frac{\mathrm{i}\mathcal{E}t}{\hbar}\right) \tag{1.37}$$

式(1.36)中方括号内的第一项是动能，第二项是势能，因此$\mathcal{E}$对应于总能量。综上所述，波函数可以表示为：

$$\psi(\boldsymbol{r},t)=\varphi(\boldsymbol{r})\exp\left(-\frac{\mathrm{i}\mathcal{E}t}{\hbar}\right) \tag{1.38}$$

通过求解式(1.36)，可以得到能量和波函数。另外，式(1.37)中的系数C与$\varphi(\boldsymbol{r})$有关。式(1.36)称为不含时（定态）薛定谔方程。需要注意的是，定态波函数仍需要包含时间因子。然而，时间因子可以按照式(1.38)的形式给出，因此通常只关注空间部分的波函数。

关于波函数的意义，概率解释是最广为接受的。薛定谔方程和波函数的概率解释经过长期的实验验证，被证实具有合理性。也就是说，如果可以利用薛定谔方程和波函数的概率解释来解释某些未知的实验结果，那么可以认为薛定谔方程和波函数的概率解释是正确的。薛定谔方程和波函数的概率解释已经在过去的约百年间成功地解释了各种微观世界现象。

关于概率解释可以按以下方式进行描述。考虑一个运动粒子的位置$\boldsymbol{r}$，在量子力学中，我们无法通过单次测量预测粒子会出现在哪里。然而，当粒子的状态用波函数$\psi(\boldsymbol{r},t)$表示时，在某个时刻，我们认为在位置$\boldsymbol{r}$找到粒子的概率与$|\psi(\boldsymbol{r},t)|^2$成正比。当在某个时刻$t$进行多次测量时，可以了解其平均的所在位置，位置的平均值可以表达为：

$$\langle\boldsymbol{r}\rangle=\frac{\int\boldsymbol{r}|\psi(\boldsymbol{r},t)|^2\,\mathrm{d}\boldsymbol{r}}{\int|\psi(\boldsymbol{r},t)|^2\,\mathrm{d}\boldsymbol{r}} \tag{1.39}$$

这个平均值被称为期望值。在量子力学中，一般情况下物理量由相应的算符表示，其观测值（期望值）通常被表示为以下平均值的形式：[一]

$$\langle\boldsymbol{r}\rangle=\frac{\int\psi^*(\boldsymbol{r},t)\boldsymbol{r}\psi(\boldsymbol{r},t)\,\mathrm{d}\boldsymbol{r}}{\int|\psi(\boldsymbol{r},t)|^2\,\mathrm{d}\boldsymbol{r}} \tag{1.40}$$

如果以下关系成立：

$$\int|\psi(\boldsymbol{r},t)|^2\,\mathrm{d}\boldsymbol{r}=1 \tag{1.41}$$

则式(1.40)可以简单地表达为：

㊀ 作为示例，这里表示的是位置的平均值。

$$\langle \boldsymbol{r} \rangle = \int \psi^*(\boldsymbol{r},t)\boldsymbol{r}\psi(\boldsymbol{r},t)\,\mathrm{d}\boldsymbol{r} \tag{1.42}$$

满足式(1.41)关系的波函数是经过归一化的。

决定动量的算符可以写成$-\mathrm{i}\hbar\partial/\partial\boldsymbol{r}$。将这个算符作用于三维平面波上，将得到动量的表达式：

$$\boldsymbol{p} = \hbar\boldsymbol{k} \tag{1.43}$$

而动量的期望值是：

$$\langle \boldsymbol{p} \rangle = \int \psi^*(\boldsymbol{r},t)\left(-\mathrm{i}\hbar\frac{\partial}{\partial\boldsymbol{r}}\right)\psi(\boldsymbol{r},t)\,\mathrm{d}\boldsymbol{r} \tag{1.44}$$

因此可以得到，三维平面波函数处于波数为$\boldsymbol{k}$的状态时，其动量的期望值为$\boldsymbol{p} = \hbar\boldsymbol{k}$。

1-6 一维方势阱

1-6-1 一维无限深方势阱

求解方势阱的薛定谔方程是一个很好的练习。此外，随着半导体器件微加工技术的发展，已经实际制造出了具有类似于这里描述的势阱结构的人造材料，从而可以控制电子状态或自旋状态。这些微加工技术也作为量子计算机实现的关键技术而受到关注。

首先，考虑一维问题。将势阱的宽度定义为a，势阱的深度定义为无穷大。为了简化问题，将电子在势阱空间中的势能$V(x)$设定为零。势阱的深度为无穷大意味着势阱的两端被等效地包围在无限高的势垒中。换句话说，这意味着电子存在于像图 1.7 所示的势能分布中。在这个问题中，由于势能$V(x)$不随时间变化，所以它成为定态薛定谔方程的问题。因此，考虑到势能$V(x)$为 0，薛定谔方程可以表示为：

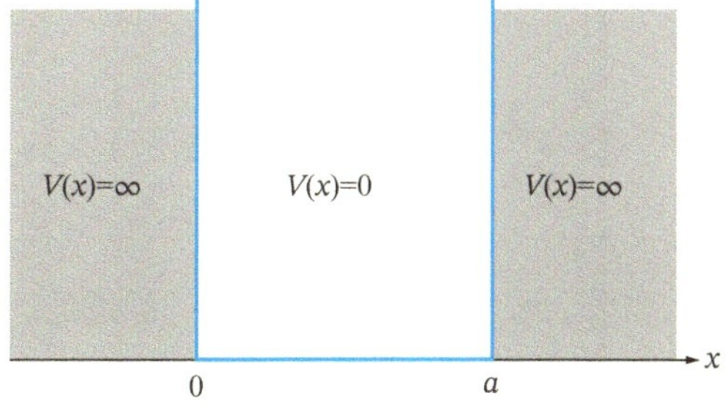

图 1.7　一维无限深方势阱的模型

$$-\frac{\hbar^2}{2m}\frac{\partial^2}{\partial x^2}\varphi(x) = \mathcal{E}\varphi(x) \tag{1.45}$$

在这里，$\mathcal{E}$是电子的总能量，由于电子可以在宽度a内运动，因此存在动能。另外，由于势能$V(x) = 0$，所以总能量$\mathcal{E} > 0$。

接下来，我们考虑解式(1.45)。首先，式(1.45)可重新表示为：

$$\frac{\partial^2}{\partial x^2}\varphi(x) = -k^2\varphi(x) \tag{1.46}$$

这里，我们令$k^2 = 2m\mathcal{E}/\hbar$。表示为$k^2$的原因是因为$\mathcal{E} > 0$，所以如果$k$是实数，那么$k^2$必为正。解这个微分方程得到：

$$\varphi(x) = A\sin kx + B\cos kx \tag{1.47}$$

然而，这个解[一]还不完全。从物理角度来看，因为在$x = 0$和$x = a$处势能变为无穷大，所以电子不能存在于$x \leqslant 0$和$a \leqslant x$的区域。波函数必须满足这个条件。也就是说，$\varphi(0) = 0$，$\varphi(a) = 0$。这些条件被称为边界条件。因此，式(1.47)的解必须满足：

$$\varphi(a) = A\sin ka = 0 \tag{1.48}$$

这是由于$\varphi(0) = 0$的条件使得B必须为 0。与波动方程比较，k对应波数，A对应振幅（$A > 0$）。因此：

$$\varphi(x) = A\sin\left(\frac{n\pi}{a}x\right) \quad (n = 1,2,3,\cdots) \tag{1.49}$$

另外，当$n = 0$时，波函数为 0。考虑到我们在研究存在电子时的波函数，因此不能得出电子不存在的矛盾结论，所以不允许$n = 0$。虽然在当前阶段振幅A尚不明确，但它将由规一化条件决定。电子应该存在于宽度a的某个地方，因此：

$$\int_0^a |\varphi(x)|^2\,\mathrm{d}x = 1 \tag{1.50}$$

必须成立。由此可以得到$A = (2/a)^{1/2}$。能量可以通过将波函数放入薛定谔方程以及根据$k^2 = 2m\mathcal{E}/\hbar^2$的关系来求解。

$$\mathcal{E}_n = \frac{\hbar^2\pi^2}{2ma^2}n^2 \quad (n = 1,2,3,\cdots) \tag{1.51}$$

也就是说，能量会根据n的值而变化，如图 1.8 所示。能量最低的状态是$n = 1$的基态，而$n > 1$的状态称为激发态。另外，$n = 2$的状态称为第一激发态，$n = 3$的状态称为第二激

[一] 这并不是唯一解。

发态，以此类推。如果将波函数$\varphi(x)$和表示电子存在概率的$|\varphi(x)|^2$绘制成图形，则如图 1.9 所示。

能量最低的状态（基态$n=1$）的动能并不为 0。这是因为根据德布罗意的物质波理论，电子以波的形式存在，具有动量。另外，电子的位置不确定性Δx最大为a，这是明显的。根据不确定性原理，动量的不确定性为$\Delta p \geqslant \hbar/(2a)$，如果粗略估算能量为$(\Delta p)^2/(2m)$，那么基态的能量将是$\hbar^2/(8ma^2)$。这个能量的阶数与式(1.51)中的$n=1$相同。此外，基态能量的大小也可以简单地从德布罗意关系中获得。基态状态的波长是最长的，即$\lambda=2a$（请注意不是$\lambda=a$）。因此，动能为$p^2/2m=\hbar^2\pi^2/(2ma^2)$，得到了与式(1.51)中$n=1$相同的答案。

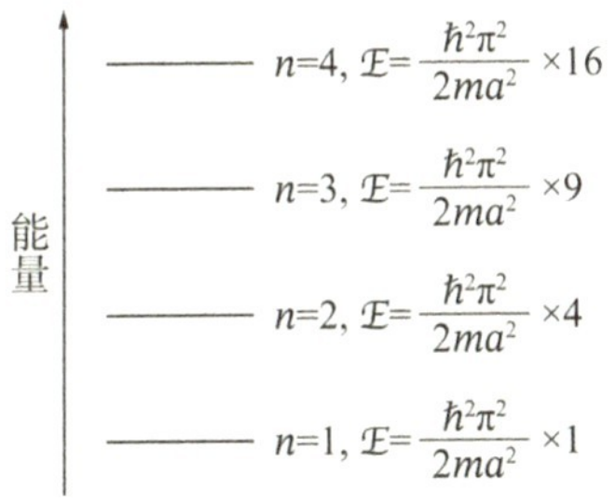

图 1.8　一维无限深方势阱中电子的能级

注：正如公式所示，能级不是等间距的。在这里，出于简化的目的，进行了等间距的表示。

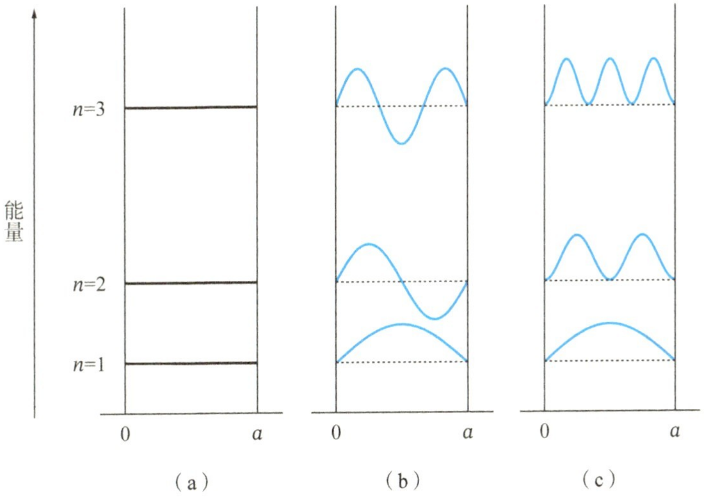

图 1.9　一维无限深方势阱下电子的能级（a），波函数（b），波函数的平方（c）

能量取不连续值是由于存在边界条件。在区域的边界上，电子的存在概率必须为 0，从而引入了波长取特定值的限制。因此，根据德布罗意关系，动量取不连续的值，结果，动能也取不连续的值。

此外，需要注意的是，当势阱宽度α变小时，能量会增加。这是因为当α很小时，为了在这个狭窄的宽度内形成电子的物质波，波长必然变短（动量增大），这与经典的直观想象有些不同。如果将人类关在狭小的空间中，会感觉到动能减小，但在量子力学中恰恰相反。

式(1.49)中求得的波函数因为薛定谔方程不依赖于时间，没有包含时间因子。包含时间因子的函数将是：

$$\psi(x,t)=\sqrt{\frac{2}{a}}\sin\left(\frac{n\pi x}{a}\right)\exp\left(-\frac{\mathrm{i}\mathcal{E}_n t}{\hbar}\right)\quad(n=1,2,3,\cdots)\tag{1.52}$$

这里电子的存在概率$|\psi(x,t)|^2$是$|\varphi(x)|^2$，仅是位置的函数。由于势能不依赖于时间，只依赖于位置，这是很自然的结果。

那么，式(1.52)所表示的波是否具有相速度呢？如果我们关注某一位置x，那么在该位置的振幅将是：

$$\sqrt{\frac{2}{a}}\sin\left(\frac{n\pi x}{a}\right)\tag{1.53}$$

这个振幅在角频率$\omega=\mathcal{E}/\hbar$下振荡。因此，这个波在振荡，但不移动。这种波被称为驻波。驻波是由以相反方向、相同速度传播的两个波叠加形成的。例如：

$$\psi(x,t)=A\exp[\mathrm{i}(kx-\omega t)]+A\exp[\mathrm{i}(-kx-\omega t)]\tag{1.54}$$

计算得到：

$$\psi(x,t)=2A\cos kx\exp(-\mathrm{i}\omega t)\tag{1.55}$$

这说明形成了驻波。

1-6-2 一维有限深方势阱

1-6-1 小节考虑的是势垒高度无限的情况，这里我们考虑势垒高度有限的情况，如图 1.10 所示。这种情况适用于接近金属表面的电子等。在金属中，电子通常被限制在有限的势垒内，以防止它们轻易地被释放到真空区域。如果边界处的势垒的势能很低，电子可能会在感觉不到势垒存在的情况下进入势垒区域内（势阱外）。另一方面，如果势垒的势能是无限大的，那么势阱边界和势阱外的电子存在概率将为零。因此，可以预想势阱边界处的电子存在概率会随着势垒势能的变化而连续变化。另一方面，如果电子能够存在于离开势阱边界的势垒区域内部，电子需要具有较高的势能。对于有限势能的情况，虽然电子可能会进入势垒区域内部，但电子的存在概率必须逐渐衰减为零。因此可以推测，在势垒区域内部电子的存在概率为：

$$|\varphi(x)|^2\propto\exp(2\alpha x)\quad(x\leqslant 0)\tag{1.56}$$

$$|\varphi(x)|^2\propto\exp[-2\alpha(x-a)]\quad(x\geqslant a)\tag{1.57}$$

在这里，我们基于对称性的考虑使用了两个波函数，并假设它们具有相同的衰减因子α

（$\alpha > 0$，实数），需要注意的是，这里指数部分没有虚数单位 i。存在虚数单位 i 时表示的是波的传递，不会衰减。

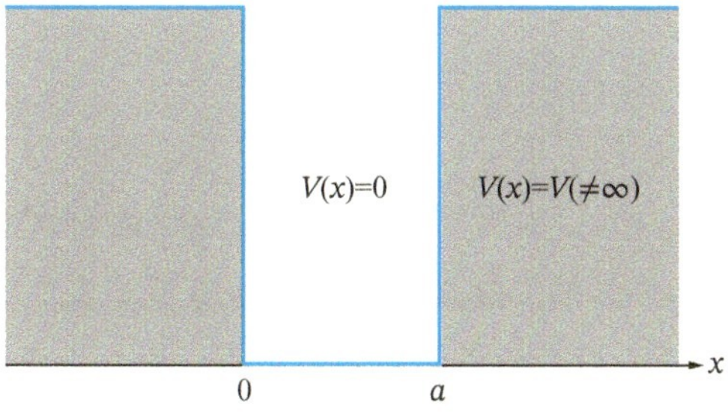

图 1.10　一维有限深方势阱模型

此外，处于高能态的电子应该更容易渗透到势垒区域内部，因此可以推测，在势阱边界处的电子存在概率与电子的能量成正比增加。将这些考虑在内，波函数如图 1.11 所示。在这里，我们省略了具体的计算，但已知实际上可以通过计算得到该结果。有关这个问题，我们将在关于量子隧穿效应的 1-9 节中进一步详细讨论。

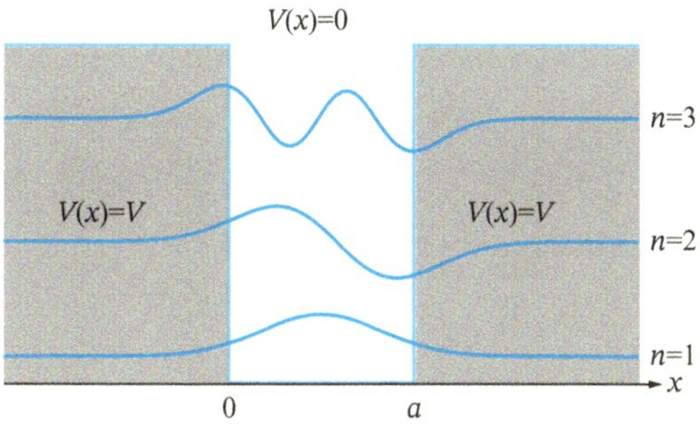

图 1.11　一维有限深方势阱中的电子波函数，从下到上依次为基态、第一激发态、第二激发态的波函数

1-6-3　波函数的正交归一性

存在于不同量子状态（有关量子状态，请参考 1-7 节）的波函数是正交的。正交意味着不同量子状态之间的波函数乘积的空间积分等于 0。现在考虑无限深方势阱的波函数$\varphi_n(x)$，$\varphi_m(x)$（其中$n \neq m$）：

$$\int_0^a \varphi_n^*(x)\varphi_m(x)\,\mathrm{d}x \tag{1.58}$$

通过计算可以证明，当$n \neq m$时上式等于 0，当$n = m$时等于 1。这种关系称为规范正交

性。也就是说，$\langle n|m\rangle=\delta_{n,m}$（$\delta_{n,m}$是克罗内克符号，读作“delta”）。值得注意的是，$\langle n|m\rangle$是对式(1.58)的简化表示。㊀

1-7 自旋与泡利不相容原理

电子具有被称为自旋的内部自由度。这一性质与电子能够产生磁性的特性密切相关。将自旋与经典力学进行对应考虑时，可以将其类比为电子的表面电荷分布在电子自转时产生磁场的现象。在经典力学中，旋转轴的选择没有限制。换句话说，通过旋转产生的磁场方向可以任意选择，但在量子力学中，自旋方向只有两种可能。一种是自旋向上（$s=1/2$，用↑表示），另一种是自旋向下（$s=-1/2$，用↓表示）。这两种自旋方向产生的磁性是方向相反的。

1/2 这一有点特殊的数值可能让人感到有些奇怪，这是因为自旋只能处于两种状态之一。此外，自旋是用来描述电子特性的重要量子状态。换句话说，自旋状态的不同会导致电子处于不同的量子状态。

泡利不相容原理表述为“一个量子状态只能有一个电子占据”，也可以表述为“一个量子状态不允许两个及以上电子占据”。这里的量子状态包括了电子的自旋状态，而在原子轨道中，量子状态由四个量子数定义，分别是主量子数n，角量子数l，磁量子数m和自旋量子数s。泡利不相容原理是决定电子状态（电子配置）的最强规则，优先于其他所有规则。

现在，让我们尝试将泡利不相容原理应用于一维无限深方势阱问题。在第 1-6 节中，我们讨论了只有一个电子存在时的电子状态，即波函数和能量。在存在多个电子的情况下，就需要考虑各种电子间的相互作用，但为了简化问题，我们将忽略这些效应（电子相关性），并假设在给定的单电子状态中放置电子。现在考虑在系统中放置 4 个自旋向上电子和 2 个自旋向下电子。这个系统的量子状态由n和自旋状态（自旋向上或向下）共同决定。由于整个系统的能量最低状态是最稳定的状态，因此电子的配置如图 1.12 所示。在

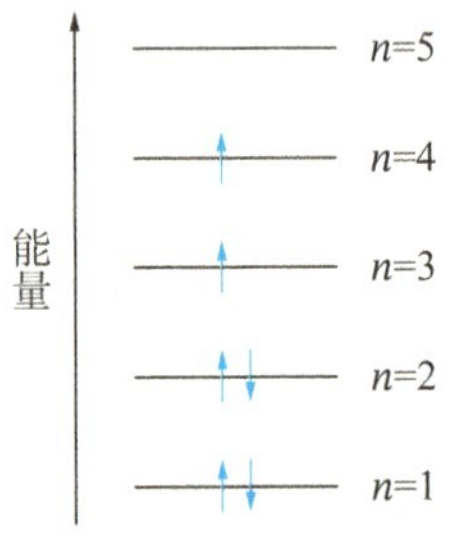

图 1.12 基于泡利不相容原理的电子配置

如图 1-8 所指出的能级间隔并不是等间隔的。

㊀ $\langle n|m\rangle$是对$\int_0^a\varphi_n^*(x)\varphi_m(x)\,dx$的简化表示。这里，⟨读作“bra”，⟩读作“ket”，它们组合在一起被称为 bra-ket 符号（也叫作狄拉克符号）。

这种情况下，泡利不相容原理起到以下作用：自旋向上和自旋向下是不同的量子状态，因此在$n = 1$的能级中，最多可以有两个电子，一个自旋向上和一个自旋向下。在$n = 1$状态下，无论是自旋向上还是自旋向下，都不能再容纳第 3 个电子，因为同一个量子状态的电子已经存在了。对于$n = 3$状态，自旋向上电子不能有 2 个，否则这 2 个电子将具有相同的量子状态。

1-8 三维方势阱

在本节中，我们考虑只有一个电子被包围在如图 1.13 所示的三维长方体无限高势垒中的状态。这个长方体在x轴方向的长度是a，y轴方向的长度是b，z轴方向的长度是c。在这里，我们假设$a > b > c$，尽管它们的长度差异很小。需要注意的是，长方体内部的势能$V(\boldsymbol{r}, t)$与位置和时间无关。

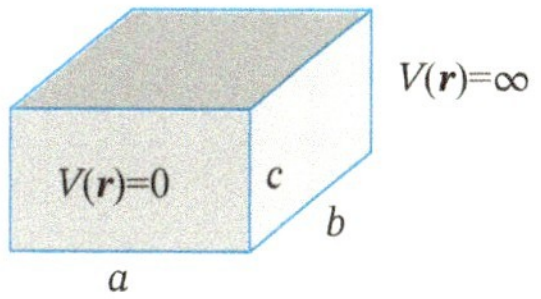

图 1.13　三维方势阱模型

由于势能不随时间变化，因此这个问题遵循定态薛定谔方程：

$$\left[-\frac{\hbar^2}{2m}\left(\frac{\partial^2}{\partial x^2}+\frac{\partial^2}{\partial y^2}+\frac{\partial^2}{\partial z^2}\right)\right]\varphi(\boldsymbol{r}) = \mathcal{E}\varphi(\boldsymbol{r}) \tag{1.59}$$

解这个方程需要注意边界条件。由于x, y, z的偏微分是相互独立的，所以如果将$\varphi(\boldsymbol{r}) = \varphi_x(x)\varphi_y(y)\varphi_z(z)$和$\mathcal{E} = \mathcal{E}_x + \mathcal{E}_y + \mathcal{E}_z$进行变量分离，那么如下所示可以得到它们各自的方程：

$$\varphi_x(x) = \sqrt{\frac{2}{a}}\sin\left(\frac{n_x\pi}{a}x\right),\ \mathcal{E}_x = \frac{\hbar^2\pi^2}{2ma^2}{n_x}^2 \quad (n_x = 1,2,3,\cdots) \tag{1.60}$$

$$\varphi_y(y) = \sqrt{\frac{2}{b}}\sin\left(\frac{n_y\pi}{b}y\right),\ \mathcal{E}_y = \frac{\hbar^2\pi^2}{2mb^2}{n_y}^2 \quad (n_y = 1,2,3,\cdots) \tag{1.61}$$

$$\varphi_z(z) = \sqrt{\frac{2}{c}}\sin\left(\frac{n_z\pi}{c}z\right),\ \mathcal{E}_z = \frac{\hbar^2\pi^2}{2mc^2}{n_z}^2 \quad (n_z = 1,2,3,\cdots) \tag{1.62}$$

因此，$\varphi(\boldsymbol{r})$为：

$$\begin{aligned}\varphi(\boldsymbol{r}) &= \varphi_x(x)\varphi_y(y)\varphi_z(z)\\ &= \sqrt{\frac{8}{abc}}\sin\left(\frac{n_x\pi}{a}x\right)\sin\left(\frac{n_y\pi}{b}y\right)\sin\left(\frac{n_z\pi}{c}z\right)\\ &\quad (n_x, n_y, n_z = 1,2,3,\cdots)\end{aligned} \tag{1.63}$$

并且，总能量是：

$$\mathcal{E} = \mathcal{E}_x + \mathcal{E}_y + \mathcal{E}_z = \frac{\hbar^2\pi^2}{2m}\left[\left(\frac{n_x}{a}\right)^2 + \left(\frac{n_y}{b}\right)^2 + \left(\frac{n_z}{c}\right)^2\right] \tag{1.64}$$
$$(n_x, n_y, n_z = 1,2,3,\cdots)$$

在基态下，(n_x, n_y, n_z)的值为(1,1,1)。而第一激发态，在考虑$a > b > c$的情况下为(2,1,1)。进一步，第二激发态为(1,2,1)，第三激发态为(1,1,2)，电子的能级如图 1.14 所示。[㊀]

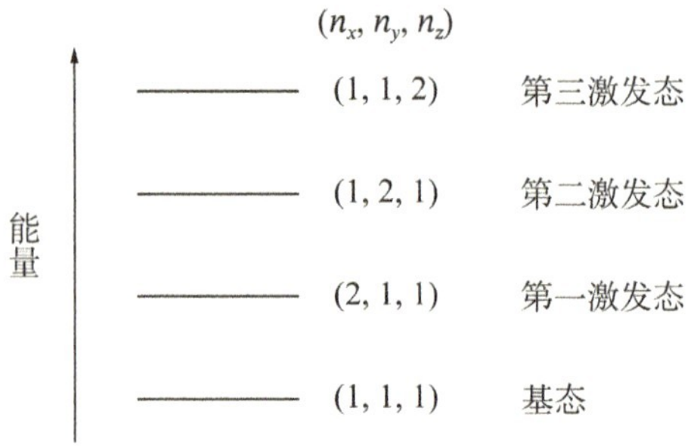

图 1.14　在三维方势阱中的电子能级（当$a > b > c$的情况下）

另一方面，当$a = b = c$时，$\varphi(x, y, z)$和能量$\mathcal{E}$为：

$$\begin{aligned}\varphi(\boldsymbol{r}) &= \varphi_x(x)\varphi_y(y)\varphi_z(z)\\ &= \sqrt{\frac{8}{a^3}}\sin\left(\frac{n_x\pi}{a}x\right)\sin\left(\frac{n_y\pi}{a}y\right)\sin\left(\frac{n_z\pi}{a}z\right)\\ &(n_x, n_y, n_z = 1,2,3,\cdots)\end{aligned} \tag{1.65}$$

$$\mathcal{E} = \mathcal{E}_x + \mathcal{E}_y + \mathcal{E}_z = \frac{\hbar^2\pi^2}{2ma^2}({n_x}^2 + {n_y}^2 + {n_z}^2) \tag{1.66}$$

电子的能级如图 1.15 所示。在基态下，(n_x, n_y, n_z)的值为(1,1,1)，但 3 个第一激发态(2,1,1)，(1,2,1)，(1,1,2)具有相同的能量。这种具有相等能量的不同量子状态被称为能级简并。

第一激发态在$a = b = c$和$a > b > c$情况下的简并度差异在于，在$a > b > c$情况下存在一种特定方向（在这种情况下是x轴方向），可以形成波长较长的物质波（即动量较小）。

接下来，考虑将电子填充到$a > b > c$的长方体中。与一维情况类似，当我们考虑泡利不相容原理时，将 4 个自旋向上的电子和 2 个自旋向下的电子填充进去时，电子的能级如图 1.16 所示。

㊀ 此处假设长度的差异非常小，如前所述。

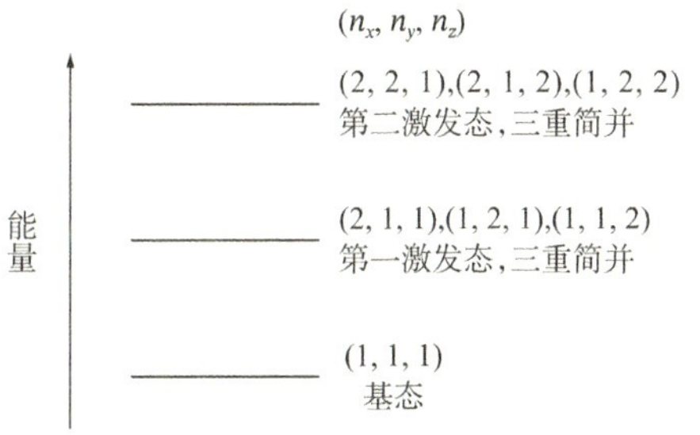

图 1.15　三维方势阱中的电子能级（当$a=b=c$的情况下）

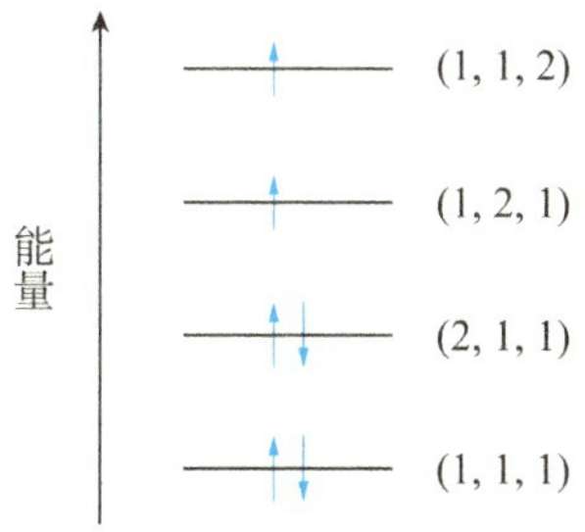

图 1.16　在图 1.14 中应用了泡利不相容原理的电子能级

1-9 量子隧穿效应

1-9-1 概率密度流

与流体力学中物质流动的连续性方程或电磁学中的电流连续性方程相对应，量子力学中存在着概率密度流方程。为了简化问题，我们还是先研究一维情况，并且假设电子的势能尽管可以随时间变化，但是始终保持是实数。在这种情况下，根据薛定谔方程得到：

$$\left[-\frac{\hbar^2}{2m}\frac{\partial^2}{\partial x^2}+V(x,t)\right]\psi(x,t)=\mathrm{i}\hbar\frac{\partial}{\partial t}\psi(x,t) \tag{1.67}$$

将式(1.67)两边取复共轭得到：

$$\left[-\frac{\hbar^2}{2m}\frac{\partial^2}{\partial x^2}+V(x,t)\right]\psi^*(x,t)=\mathrm{i}\hbar\frac{\partial}{\partial t}\psi^*(x,t) \tag{1.68}$$

将式(1.67)乘以$\psi^*(x,t)$，将式(1.68)乘以$\psi(x,t)$，然后取它们的差得到：

$$\frac{\partial\rho(x,t)}{\partial t}+\frac{\partial j(x,t)}{\partial x}=0 \tag{1.69}$$

这里定义$j(x,t)$：

$$j(x,t)=\frac{\hbar}{2\mathrm{i}m}\left[\psi^*(x,t)\frac{\partial\psi(x,t)}{\partial x}-\frac{\partial\psi^*(x,t)}{\partial x}\psi(x,t)\right] \tag{1.70}$$

此外，$\rho(x,t)=|\psi(x,t)|^2=\psi^*(x,t)\times\psi(x,t)$。式(1.69)具有与众所周知的连续性方程相同的形式。此方程可以扩展到三维，表示为：

$$\frac{\partial\rho(\boldsymbol{r},t)}{\partial t}+\operatorname{div}j(\boldsymbol{r},t)=0 \tag{1.71}$$

$$j(\boldsymbol{r},t)=\frac{\hbar}{2im}\{\psi^*(\boldsymbol{r},t)\nabla\psi(\boldsymbol{r},t)-[\nabla\psi^*(\boldsymbol{r},t)]\psi(\boldsymbol{r},t)\} \tag{1.72}$$

需要注意以下几点。首先，这里假设势能是实数。如果势能是复数，则式(1.70)和(1.71)不成立。其次，式中含有质量。例如在穿越半导体异质结（稍后将介绍）时，需要考虑有效质量的变化。

关于有效质量，将在第 4 章的 4-4 节中进行详细说明，但简而言之，它是对电子在物质中受到各种力作用下运动时的质量参数的描述。在这种情况下，电子的质量与真空中的电子不同。

1-9-2 势垒散射

在这里，我们考虑电子在一维势垒中的散射，如图 1.17 所示。假设电子在势垒边界的左右两侧具有相同的有效质量。守恒的物理量是概率密度流。现在考虑从负x位置（区域I）向正方向（区域II）入射的电子的物质波。入射电子的能量大于势垒，即$\mathcal{E}>V>0$。入射电子的波函数为：

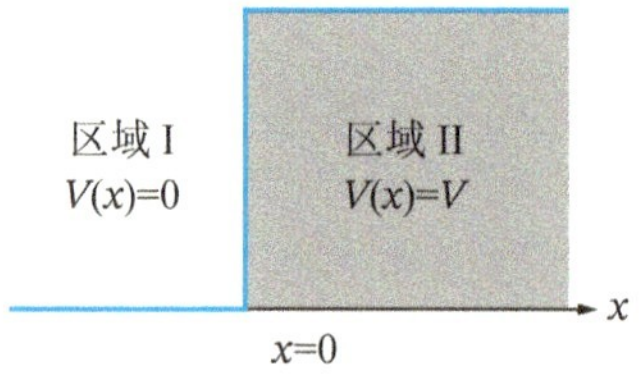

图 1.17 由势垒引起的电子散射

$$\varphi(x)=A\exp(\mathrm{i}kx) \tag{1.73}$$

其中$k^2=2m\mathcal{E}/\hbar^2$。另一方面，在势垒上反射的波可以表示为：

$$\varphi(x)=B\exp(-\mathrm{i}kx) \tag{1.74}$$

因此，存在于区域I的波被表示为：

$$\varphi_{\mathrm{I}}(x)=A\exp(\mathrm{i}kx)+B\exp(-\mathrm{i}kx) \tag{1.75}$$

此时，概率密度流是：

$$J_{\mathrm{I}}(x)=\frac{\hbar k}{m}\left(|A|^2-|B|^2\right) \tag{1.76}$$

括号内的第一项对应于入射波，第二项对应于反射波。透射波通过解区域II的薛定谔方程得到：

$$\varphi_{\mathrm{II}}(x)=C\exp(\mathrm{i}k'x) \tag{1.77}$$

在这里，存在关系式$k'^2=2m(\mathcal{E}-V)/\hbar^2$，由于$\mathcal{E}>V$，所以物质波作为行波传播。

式(1.77)中没有反射波是因为区域II中没有反射电子的势能。从经典力学的角度来看，在区域II的动能为正，因此可以理解为在区域II中仅在x方向传播。区域II的概率密度流为：

$$J_{\mathrm{II}}(x)=\frac{\hbar k'}{m}|C|^2 \tag{1.78}$$

反射率R是指与入射概率密度流相比，反射概率密度流的比率，因此$R=|B|^2/|A|^2$。另一方面，透射率T是指与入射概率密度流相比，透射概率密度流的比率，因此$T=k'|C|^2/k|A|^2$。那么，$|B|^2/|A|^2$和$|C|^2/|A|^2$会取什么值呢？这是由波的连续性决定的。区域I和区域II的波分别由式(1.75)和式(1.77)表示，为了使区域I和区域II的波是同一波，波函数必须在边界处连续而光滑。因此需要满足以下条件：

$$\varphi_{\mathrm{I}}(0)=\varphi_{\mathrm{II}}(0) \tag{1.79}$$

$$\left.\frac{\mathrm{d}\varphi_{\mathrm{I}}(x)}{\mathrm{d}x}\right|_{x=0}=\left.\frac{\mathrm{d}\varphi_{\mathrm{II}}(x)}{\mathrm{d}x}\right|_{x=0} \tag{1.80}$$

考虑这些条件可以得到：

$$A+B=C \tag{1.81}$$

$$k(A-B)=k'C \tag{1.82}$$

从这里求解B/A和C/A的值可以得到：

$$\frac{B}{A}=\frac{k-k'}{k+k'} \tag{1.83}$$

$$\frac{C}{A}=\frac{2k}{k+k'} \tag{1.84}$$

从这个结果可以求得R和T，满足$R+T=1$。在这个例子中假设了$\mathcal{E}>V$，因此透射的物质波以行波的形式传播到区域II。然而，如果$\mathcal{E}<V$，则在区域II中不会形成行波。这是因为对应于动能的$\mathcal{E}-V$为负。这个结果与1-6-2小节关于有限深方势阱势能的结论相同，即在区域II中有少量渗入并衰减。

解区域II的薛定谔方程可以得到如下解：

$$\varphi_{\mathrm{II}}(x)=C\exp(+k'x)+D\exp(-k'x) \tag{1.85}$$

其中$k'^2=2m(V-\mathcal{E})/\hbar^2$。第一项随着$x$的增大而发散到无穷大，与波函数的概率解释相矛盾，从物理角度来看没有意义。因此，$C=0$。第二项在x增大时趋近于0。第二项不是行波，通过添加时间因子$\exp(-\mathrm{i}\mathcal{E}t/\hbar)$可以看出是以振幅为位置的函数进行振动的驻波。这个结果通过计算概率密度流很容易理解。在区域II中，概率密度流为0。也就是说，入射的行波被完全反射回区域I。这从边界条件中就可以看出：

$$A + B = D \tag{1.86}$$

$$ik(A - B) = k'D \tag{1.87}$$

换言之，反射率$|B|^2/|A|^2$的计算结果为 1。需要注意的是，在区域II中没有概率密度流，也就是说，它不以行波形式传播，而是以驻波的形式渗入并逐渐衰减消失。

1-9-3 量子隧穿效应

在这里，我们要讨论的主题是量子隧穿效应。为了解释这一效应，考虑如图 1.18 所示的三个区域。如果电子的能量$\mathcal{E}$大于势垒V，那么在区域II中存在行波，并且电子可以传播到区域III，因此电子将出现在区域III。另一方面，如果$\mathcal{E} < V$，根据经典力学，电子将无法穿越区域II，因此不会出现在区域III。然而，作为物质波的电子根据条件有时会出现在区域III，这就是所谓的量子隧穿效应。

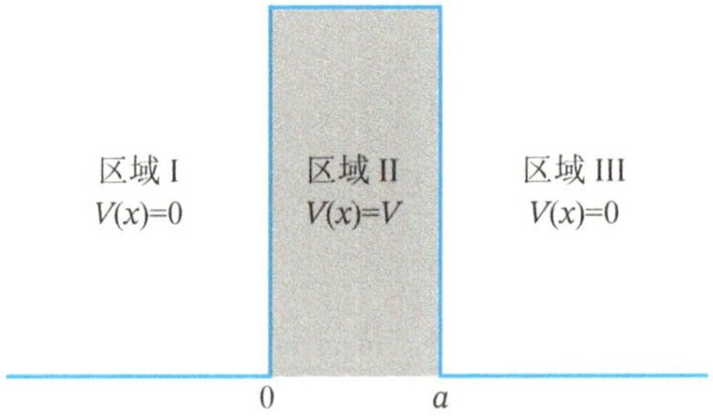

图 1.18　展示了量子隧穿效应的势能模型

各个区域中电子的波函数如下所示。

$$区域I：\varphi_{\mathrm{I}}(x) = A\exp(ikx) + B\exp(-ikx) \tag{1.88}$$

$$区域II：\varphi_{\mathrm{II}}(x) = C\exp(+k'x) + D\exp(-k'x) \tag{1.89}$$

$$区域III：\varphi_{\mathrm{III}}(x) = E\exp(ikx) \tag{1.90}$$

区域I的波函数(1.88)的第 2 项是反射波。另外，区域III的波函数(1.90)中没有反射波存在。这是因为在区域中没有能够反射行波的势能。区域II的波函数(1.89)包含两种类型的波。尽管在式(1.84)中忽略了第一项波，但由于区域II具有有限宽度，波函数不会发散，因此第一项是不可忽略的。在这种情况下，关键参数是区域II中的衰减长度，如果波能够在完全衰减之前到达区域III，那么就有可能传播到该区域。将边界条件的式(1.79)和(1.80)应用于$x = 0$和$x = a$时得到：

$$A + B = C + D \tag{1.91}$$

$$ik(A-B)=k'(C-D) \tag{1.92}$$

$$C\exp(+k'a)+D\exp(-k'a)=E\exp(ika) \tag{1.93}$$

$$k'\{C\exp(+k'a)-D\exp(-k'a)\}=ikE\exp(ika) \tag{1.94}$$

基于这些方程，我们求解透射率$T=|E|^2/|A|^2$。然而，由于计算复杂，我们只记载结论：

$$T=\left[1+\frac{V^2\sin\hbar^2(k'a)}{4\mathcal{E}(V-\mathcal{E})}\right]^{-1} \tag{1.95}$$

这个方程中，将V固定在有限值，当a趋近于 0 时，将得到$T=1$。此外，将V固定在有限值，当a趋近于∞时，将得到$T=0$。而且，在这个方程中，将a固定在有限值，增大V时，也得到$T=0$。也就是说，即使势垒的势能高于入射电子的能量，只要势垒的厚度很薄且势垒是有限的，电子就可以穿越区域II，到达区域III。具体的模拟结果可以在许多量子力学书籍中找到。

1-9-4 异质结界面散射

在半导体器件中，有时候会利用由不同带隙的异质半导体材料构造的界面。这种类型的界面被称为“异质结”。在异质结中，需要对边界条件的式(1.80)进行修正。这是因为构成界面的物质具有不同的有效质量。假设区域I和区域II分别由具有有效质量m_1和m_2的物质组成。将方程(1.80)乘以$-i\hbar$，就可以得到动量算符$-i\hbar\,\mathrm{d}/\mathrm{d}x$，但由于质量不同，因此会导致速度不同的结果。概率密度流对应于电流，需要保持电子的速度不变。因此，需要修正边界条件：

$$\left.\frac{1}{m_1}\frac{\mathrm{d}\varphi_{\mathrm{I}}(x)}{\mathrm{d}x}\right|_{x=0}=\left.\frac{1}{m_2}\frac{\mathrm{d}\varphi_{\mathrm{II}}(x)}{\mathrm{d}x}\right|_{x=0} \tag{1.96}$$

通过计算概率密度流，并计算$R+T$，可以确认这一点。对于异质结，使用边界条件的方程(1.80)计算阶梯型势能的概率密度流不会得到$R+T=1$。然而，使用方程(1.96)的边界条件进行计算会得到$R+T=1$。㊀

1-10 定态微扰理论

微扰理论是一种用于确定在加入小干扰（微扰）时原始波函数（本征函数）和能量如何变化的方法。为了简化问题，在这里我们假设微扰不随时间变化。此外，当没有微扰时，能

㊀ 关于异质结的概率密度流，可以在 J. H. Davies 著，桦泽宇纪翻译的《低维半导体物理》（2012 年，丸善出版）中找到详细解释。

量没有简并，且已经得到了波函数$\varphi_n^{(0)}(\boldsymbol{r})$和能量$\mathcal{E}_n^{(0)}$。因此，以下关系成立：

$$\mathcal{H}_0\varphi_n^{(0)}(\boldsymbol{r}) = \mathcal{E}_n^{(0)}\varphi_n^{(0)}(\boldsymbol{r}) \tag{1.97}$$

包含时间因子的波函数如下：

$$\psi_n^{(0)}(\boldsymbol{r},t) = \varphi_n^{(0)}(\boldsymbol{r})\exp\left(-\frac{\mathrm{i}\mathcal{E}_n^{(0)}t}{\hbar}\right) \tag{1.98}$$

当在这种状态中加入微扰$\mathcal{H}'(\boldsymbol{r})$时，将波函数和能量分别表示为$\varphi_n(\boldsymbol{r})$和$\mathcal{E}_n$，那么需要求解的薛定谔方程如下：

$$[\mathcal{H}_0 + \mathcal{H}'(\boldsymbol{r})]\varphi_n(\boldsymbol{r}) = \mathcal{E}_n\varphi_n(\boldsymbol{r}) \tag{1.99}$$

在这里，$\varphi_n(\boldsymbol{r})$作如下形式的展开：

$$\varphi_n(\boldsymbol{r}) = \sum_i c_i\varphi_i^{(0)}(\boldsymbol{r}) \tag{1.100}$$

这假定了当存在微扰时，波函数是由没有微扰时的波函数构成的。然而，通过系数c_i调整了组合波函数的权重。这里可以很容易地想象到以下关系，即微扰本来就是一个很小的扰动，因此波函数$\varphi_i^{(0)}(\boldsymbol{r})$构成了加入微扰后的波函数$\varphi_n(\boldsymbol{r})$的主要成分。

这是因为与能量$\mathcal{E}_n^{(0)}$差异较大的$\mathcal{E}_{i\neq n}^{(0)}$对应的本征态对波函数的贡献较小。因此，$\varphi_{i\neq n}^{(0)}(\boldsymbol{r})$相对于$\varphi_n(\boldsymbol{r})$的贡献与$1/(\mathcal{E}_i^{(0)} - \mathcal{E}_n^{(0)})$（$i \neq n$）成比例，分配一个新的权重$\alpha_i$（$i \neq n$），波函数$\varphi_n(\boldsymbol{r})$可以表示为：

$$\varphi_n(\boldsymbol{r}) = \varphi_n^{(0)}(\boldsymbol{r}) + \sum_i\left(\frac{\alpha_i}{\mathcal{E}_i^{(0)} - \mathcal{E}_n^{(0)}}\right)\varphi_i^{(0)}(\boldsymbol{r}) + \cdots \tag{1.101}$$

因为微扰很小，$\alpha_i/(\mathcal{E}_i^{(0)} - \mathcal{E}_n^{(0)})$（$i \neq n$）也应该很小。将其代入式(1.99)，然后左乘$\varphi_n^{(0)*}(\boldsymbol{r})$并在整个空间上积分，可以得到：

$$\mathcal{E}_n = \mathcal{E}_n^{(0)} + \langle n|\mathcal{H}'(\boldsymbol{r})|n\rangle \tag{1.102}$$

$\langle n|\mathcal{H}'(\boldsymbol{r})|n\rangle$代表着$\langle\varphi_n^{(0)}(\boldsymbol{r})|\mathcal{H}'(\boldsymbol{r})|\varphi_n^{(0)}(\boldsymbol{r})\rangle$。㊀此外，左乘$\varphi_j^{(0)*}(\boldsymbol{r})$并对整个空间进行积分，可以得到：

$$\alpha_j \cong -\langle j|\mathcal{H}'(\boldsymbol{r})|n\rangle \tag{1.103}$$

在上述计算中，使用了式(1.97)的关系和正交归一性条件$\langle j|i\rangle = \delta_{ij}$，还利用了式(1.102)。此外，忽略了微小量与微小量的乘积。

因此，波函数可以表示为：

$$\varphi_n(\boldsymbol{r}) = \varphi_n^{(0)}(\boldsymbol{r}) + \sum_i\frac{\langle j|\mathcal{H}'(\boldsymbol{r})|n\rangle}{\mathcal{E}_n^{(0)} - \mathcal{E}_i^{(0)}}\varphi_i^{(0)}(\boldsymbol{r}) \tag{1.104}$$

㊀ $\langle\varphi_n^{(0)}(\boldsymbol{r})|\mathcal{H}'(\boldsymbol{r})|\varphi_n^{(0)}(\boldsymbol{r})\rangle$代表了积分$\int\varphi_n^{(0)*}(\boldsymbol{r})|\mathcal{H}'(\boldsymbol{r})|\varphi_n^{(0)}(\boldsymbol{r})\,\mathrm{d}\boldsymbol{r}$。

这个结果被称为一阶微扰。以上是一种直观的论证，严格的微扰理论和高阶微扰的讨论，请参考量子力学书籍。

1-11 含时微扰理论

在前面的讨论中，假设微扰不随时间变化。在这里，将处理随时间变化的微扰。如前所述，随时间变化的微扰适用于电子与晶格振动相互作用或电子与电磁波相互作用的情况。现在，我们将随时间变化的微扰表示为$\mathcal{H}'(\boldsymbol{r},t)$。由于这个情况下不再是定态，因此需要求解薛定谔方程：

$$[\mathcal{H}_0+\mathcal{H}'(\boldsymbol{r},t)]\psi(\boldsymbol{r},t)=\mathrm{i}\hbar\frac{\partial\psi(\boldsymbol{r},t)}{\partial t} \tag{1.105}$$

需要注意的是，没有微扰的情况下，包括时间因子的定态波函数可以表示为如下形式：

$$\psi_n^{(0)}(\boldsymbol{r},t)=\varphi_n^{(0)}(\boldsymbol{r})\exp\left(-\frac{\mathrm{i}\mathcal{E}_n^{(0)}t}{\hbar}\right) \tag{1.106}$$

现在我们要考虑加入随时间变化的微扰后，随着时间的推移，各种不同的本征态将逐渐与初始状态叠加，因此添加微扰后的波函数可以写成：

$$\psi(\boldsymbol{r},t)=\sum_n c_n\varphi_n^{(0)}(\boldsymbol{r})\exp\left(-\frac{\mathrm{i}\mathcal{E}_n^{(0)}t}{\hbar}\right) \tag{1.107}$$

$c_n(t)$代表着叠加的权重，但由于叠加方式会随时间变化而变化，因此它是时间的函数。由于波函数满足以下关系：

$$\int|\psi(\boldsymbol{r},t)|^2\,\mathrm{d}\boldsymbol{r}=\int\left|\sum_n c_n(t)\varphi_n^{(0)}(\boldsymbol{r})\exp\left(-\frac{\mathrm{i}\mathcal{E}_n^{(0)}t}{\hbar}\right)\right|^2\mathrm{d}\boldsymbol{r}=1 \tag{1.108}$$

所以有：

$$\sum_n|c_n(t)|^2=1 \tag{1.109}$$

这个方程表示在时间t时，电子处于状态n的概率是$|c_n(t)|^2$。需要注意，求解式(1.109)时利用了波函数的正交归一性$\langle j|i\rangle=\delta_{ij}$。将式(1.107)代入式(1.105)并整理得到：

$$\sum_n c_n(t)\mathcal{H}'(\boldsymbol{r},t)\varphi_n^{(0)}(\boldsymbol{r})\exp\left(-\frac{\mathrm{i}\mathcal{E}_n^{(0)}t}{\hbar}\right)=\mathrm{i}\hbar\sum_n\frac{\mathrm{d}c_n(t)}{\mathrm{d}t}\varphi_n^{(0)}(\boldsymbol{r})\exp\left(-\frac{\mathrm{i}\mathcal{E}_n^{(0)}t}{\hbar}\right) \tag{1.110}$$

对上式左乘$\varphi_f^{(0)*}(\boldsymbol{r})$并对整个空间进行积分，可以得到：㊀

㊀ f表示最终状态（final state）。

$$\sum_n c_n(t)\langle f|\mathcal{H}'(\boldsymbol{r},t)|n\rangle \exp\left(-\frac{\mathrm{i}\mathcal{E}_n^{(0)}t}{\hbar}\right) = \mathrm{i}\hbar\frac{\mathrm{d}c_f(t)}{\mathrm{d}t}\exp\left(-\frac{\mathrm{i}\mathcal{E}_f^{(0)}t}{\hbar}\right) \tag{1.111}$$

然后进一步整理得到：

$$\frac{\mathrm{d}c_f(t)}{\mathrm{d}t} = -\frac{\mathrm{i}}{\hbar}\sum_n c_n(t)\langle f|\mathcal{H}'(\boldsymbol{r},t)|n\rangle \exp\left[+\frac{\mathrm{i}\left(\mathcal{E}_f^{(0)} - \mathcal{E}_n^{(0)}\right)t}{\hbar}\right] \tag{1.112}$$

$\langle f|\mathcal{H}'(\boldsymbol{r},t)|n\rangle$表示$\langle\varphi_f^{(0)}(\boldsymbol{r})|\mathcal{H}'(\boldsymbol{r},t)|\varphi_n^{(0)}(\boldsymbol{r})\rangle$。现在，假设在$t=0$时，初始状态下只有$\varphi_i^{(0)}(\boldsymbol{r},t) = \varphi_i^{(0)}(\boldsymbol{r})\exp(-\mathrm{i}\mathcal{E}_i^{(0)}t/\hbar)$中存在电子。在这种情况下，$c_i(0)=1$、$c_j(0)=0$（$j \neq i$）。在这种假设下可以得到：

$$\frac{\mathrm{d}c_f(t)}{\mathrm{d}t} = -\frac{\mathrm{i}}{\hbar}\langle f|\mathcal{H}'(\boldsymbol{r},t)|i\rangle \exp\left[+\frac{\mathrm{i}(\mathcal{E}_f^{(0)} - \mathcal{E}_i^{(0)})t}{\hbar}\right] \tag{1.113}$$

对时间进行积分得到：

$$c_f(t) = -\frac{\mathrm{i}}{\hbar}\int_0^t \langle f|\mathcal{H}'(\boldsymbol{r},t)|i\rangle \exp\left[+\frac{\mathrm{i}(\mathcal{E}_f^{(0)} - \mathcal{E}_i^{(0)})t}{\hbar}\right]\mathrm{d}t \tag{1.114}$$

在时间t时，电子处于状态f的概率为$|c_f(t)|^2$。现在假设，在$t=0$时，加入了$\mathcal{H}'(\boldsymbol{r},t) = A(\boldsymbol{r})\exp(-\mathrm{i}\omega t)$的微扰，可以得到：

$$c_f(t) = -\frac{\mathrm{i}}{\hbar}\langle f|A(\boldsymbol{r})|i\rangle\int_0^t \exp\left[+\frac{\mathrm{i}(\mathcal{E}_f^{(0)} - \mathcal{E}_i^{(0)} - \hbar\omega)t}{\hbar}\right]\mathrm{d}t \tag{1.115}$$

如果记作$(\mathcal{E}_f^{(0)} - \mathcal{E}_i^{(0)} - \hbar\omega)/\hbar = \omega_{fi}$，则可以写成：

$$\begin{aligned}|c_f(t)|^2 &= \frac{1}{\hbar^2}|\langle f|A(\boldsymbol{r})|i\rangle|^2\left|\frac{\exp(\mathrm{i}\omega_{fi}t)-1}{\mathrm{i}\omega_{fi}}\right|^2 \\ &= \frac{4}{\hbar^2}|\langle f|A(\boldsymbol{r})|i\rangle|^2\frac{\sin^2(\omega_{fi}t/2)}{{\omega_{fi}}^2}\end{aligned} \tag{1.116}$$

在这里考虑下式：

$$\frac{\sin^2(\omega_{fi}t/2)}{{\omega_{fi}}^2} \tag{1.117}$$

该项的分子是三角函数，分母是${\omega_{fi}}^2$，因此当${\omega_{fi}}^2$远离 0 时，它迅速趋近于 0。该项的峰值位于${\omega_{fi}}^2=0$附近，大小为$t/4$。半峰宽度具有$1/t$的量级，因此当t很大时，峰值变大而半峰宽度变小。换句话说，趋近于δ函数。利用这个关系可以作如下近似：

$$\frac{\sin^2(\omega_{fi}t/2)}{\omega_{fi}{}^2}=\frac{\pi t\delta(\omega_{fi})}{2} \tag{1.118}$$

因此，式(1.116)可以写成：

$$|c_f(t)|^2=\frac{4}{\hbar^2}|\langle f|A(\boldsymbol{r})|i\rangle|^2\frac{\pi t\delta(\omega_{fi})}{2} \tag{1.119}$$

注意$(\mathcal{E}_f^{(0)}-\mathcal{E}_i^{(0)}-\hbar\omega)/\hbar=\omega_{fi}$，可以得出单位时间内从初始状态$i$过渡到最终状态$f$的概率是：

$$|c_{fi}|^2=\frac{2\pi}{\hbar^2}|\langle f|A(\boldsymbol{r})|i\rangle|^2\delta(\mathcal{E}_f^{(0)}-\mathcal{E}_i^{(0)}-\hbar\omega) \tag{1.120}$$

式(1.120)被称为费米黄金法则。这个公式的δ函数部分表示了对初始状态施加微扰能量$\hbar\omega$后得到的最终状态，它表明了微扰能量$\hbar\omega$被吸收，从而遵守了能量守恒法则。

另一方面，假定微扰随时间的变化关系为：

$$\mathcal{H}'(\boldsymbol{r},t)=A(\boldsymbol{r})\exp(\mathrm{i}\omega t) \tag{1.121}$$

则可以得到：

$$|c_{fi}|^2=\frac{2\pi}{\hbar^2}|\langle f|A(\boldsymbol{r})|i\rangle|^2\delta(\mathcal{E}_f^{(0)}-\mathcal{E}_i^{(0)}+\hbar\omega) \tag{1.122}$$

这个式子中的δ函数部分表示了从初始状态释放微扰能量$\hbar\omega$后得到的最终状态，它表明了微扰能量$\hbar\omega$被释放，从而遵守了能量守恒规则。

章末问题

（1） 对于下图的势垒，当平面波从左向右（朝着$+x$方向）传播时，请计算区域I和区域II的波函数以及反射率。另外，在区域I和区域II中，质量是相同的。

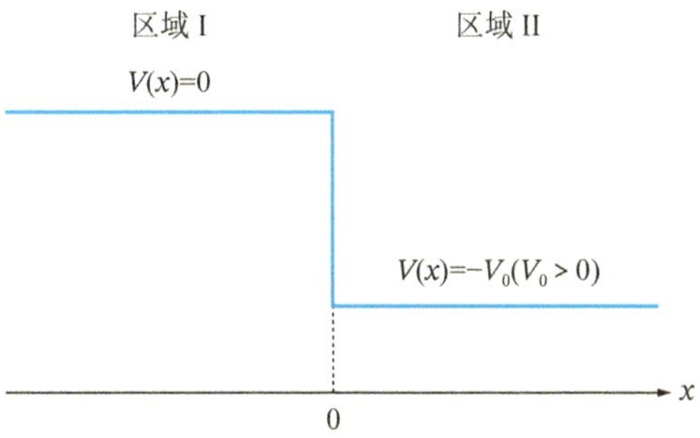

（2） 当存在具有下图所示势能的一维系统时，请找出电子被束缚的条件。

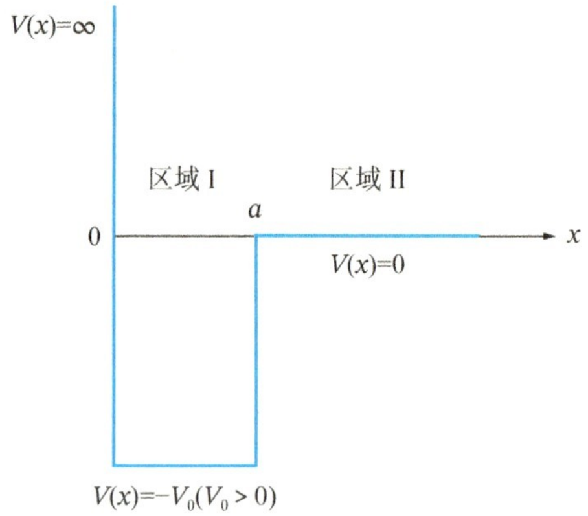

CHAPTER 2

第 2 章

从氢原子到物质

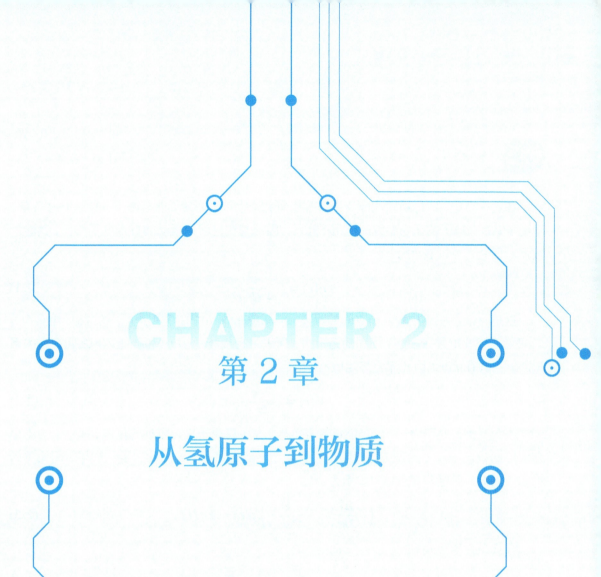

2-1 氢原子

在这一节中，我们将应用薛定谔方程来研究最简单的系统，即氢原子。氢原子内只有 1 个电子，它在原子核库仑引力的作用下运动，因此与在空间中运动的自由电子相比，其能量较低。库仑力可以表示为：

$$F(r) = -\frac{e^2}{4\pi\mathcal{E}_0 r^2} \tag{2.1}$$

这里，r表示原子核和电子之间的距离，$e(=1.602\times10^{-19}\text{C})$表示电子的电荷（电量）㊀，$\mathcal{E}_0$表示真空介电常数。由于受到的是引力，所以带有负号。力$F(r)$和势能$V(r)$之间存在关系$F(r) = -\partial V(r)/\partial r$，因此库仑势能$V(r)$可以表示为：

$$V(r) = -\frac{e^2}{4\pi\mathcal{E}_0 r} \tag{2.2}$$

因为受到的是引力，所以势能也带有负号。在距离原子核无限远的位置，库伦引力不存在，因此$V(\infty) = 0$。这种势能仅随位置变化，不随时间变化，因此它是一个与时间无关的稳态。因此，薛定谔方程可以表示为：

$$\left(-\frac{\hbar^2}{2m}\nabla^2 - \frac{e^2}{4\pi\mathcal{E}_0 r}\right)\varphi(\boldsymbol{r}) = \mathcal{E}\varphi(\boldsymbol{r}) \tag{2.3}$$

在这里，∇^2表示：

$$\nabla^2 = \frac{\partial^2}{\partial x^2} + \frac{\partial^2}{\partial y^2} + \frac{\partial^2}{\partial z^2} \tag{2.4}$$

式(2.3)看起来非常复杂，除了x、y、z外，还包括r，但是r与离原子核的距离相关，与电子存在的位置x、y、z之间存在着$r = (x^2+y^2+z^2)^{1/2}$的关系，因此只有 3 个独立变量。如果使用极坐标(r,θ,ϕ)，那么x、y、z可以用以下方程表示：

$$x = r\sin\theta\cos\phi\,,\quad y = r\sin\theta\sin\phi\,,\quad z = r\cos\theta \tag{2.5}$$

用极坐标重新写出式(2.3)的薛定谔方程，可以表示为：

$$\left[-\frac{\hbar^2}{2m}\left\{\frac{1}{r^2}\frac{\partial}{\partial r}\left(r^2\frac{\partial}{\partial r}\right) + \frac{1}{r^2}\frac{1}{\sin\theta}\frac{\partial}{\partial\theta}\left(\sin\theta\frac{\partial}{\partial\theta}\right) + \frac{1}{r^2}\frac{1}{\sin^2\theta}\frac{\partial^2}{\partial\phi^2}\right\} - \frac{e^2}{4\pi\mathcal{E}_0 r}\right]\varphi(\boldsymbol{r}) = \mathcal{E}\varphi(\boldsymbol{r}) \tag{2.6}$$

已知可以对这个方程解的波函数$\varphi(\boldsymbol{r})$进行变量分离，表示为：

㊀ 电子的电荷被设定为$-e$。e是电子电荷的大小。

$$\varphi(\boldsymbol{r}) = R(r)Y(\theta,\phi) \tag{2.7}$$

将(2.7)代入式(2.6)，然后将两边除以$R(r)Y(\theta,\phi)$，得到：

$$\frac{1}{R(r)}\left\{r^2\frac{\partial R(r)}{\partial r}\right\} + \frac{2mr^2}{\hbar^2}\left(\mathcal{E} + \frac{e^2}{4\pi\mathcal{E}_0 r}\right)$$
$$= -\frac{1}{Y(\theta,\phi)}\left\{\frac{1}{\sin\theta}\frac{\partial}{\partial\theta}\left(\sin\theta\frac{\partial}{\partial\theta}\right) + \frac{1}{\sin^2\theta}\frac{\partial^2}{\partial\phi^2}\right\}Y(\theta,\phi) \tag{2.8}$$

左侧是仅关于r的函数，右侧是关于θ和ϕ的函数，因此两侧都变为常数。求解这个方程非常复杂，而且需要特殊函数，建议参考量子力学书籍，以获取详细解答。在这里仅给出结果：

$$\varphi_{n,l,m}(r,\theta,\phi) = R_{n,l}(r)Y_{l,m}(\theta,\phi) \tag{2.9}$$

关于l，m的含义将在稍后解释。

电子的能量E取决于n（$n = 1,2,3,\cdots$），可以表示为：

$$\mathcal{E}_n = -\frac{me^4}{8{\mathcal{E}_0}^2h^2}\times\frac{1}{n^2} \tag{2.10}$$

这与我们在 1-6-1 小节中推导的“一维无限深方势阱”结果（式(1.51)）相同。参数n决定了能量，被称为主量子数，非常重要。在接近室温的热平衡状态下，电子会处于最低能量状态（基态）。除了主量子数n之外，还有其他参数来确定电子的状态，例如角量子数l和磁量子数m。在$R_{n,l}(r)$和$Y_{l,m}(\theta,\phi)$中的l，m就对应于这个参数。l和m不能任意取值，角量子数l与主量子数n之间存在一定的关系：

$$n \geqslant l + 1 \tag{2.11}$$

$l = 0,1,2,\cdots$。此外，磁量子数m与角量子数l之间满足以下关系：

$$l \geqslant |m| \tag{2.12}$$

m可以取值为 0、±1、±2、⋯。为了更好地理解这些关系，以下提供了具体的例子来进行解释。

1. 当$n = 1$时

根据式(2.11)，只有$l = 0$是允许的。当$l = 0$时，称电子可能存在的轨道为s轨道，而对应于$n = 1$的情况，将其称为 1s轨道。根据式(2.12)，对于m，只有取 0 是允许的。因此，此时的量子数组合(n,l,m)是(1,0,0)。

2. 当$n = 2$时

根据式(2.11)，允许l取 0 和 1。在$n = 2$且$l = 0$的情况下，我们以 2 开头，称为 2s轨道。根据式(2.12)，m仍然只能取 0。因此，在这种情况下，量子数组合(n,l,m)是(2,0,0)。

当$l=1$时，我们称为p轨道，而在$n=2$且$l=1$的情况下，以2开头称为$2p$轨道。根据式(2.12)，在$l=1$的情况下，m可以取-1、0、1三个值。因此，量子数组合(n,l,m)是$(2,1,-1)$，$(2,1,0)$，$(2,1,1)$，共有3种轨道存在。

3. 当$n=3$时

根据式(2.11)，允许l取0、1和2。在$n=3$且$l=0$的情况下，以3开头，称为$3s$轨道。根据式(2.12)，m仍然只能取0。因此，此时的量子数组合(n,l,m)是$(3,0,0)$，只有一种轨道允许存在。

当$l=1$时，由于$n=3$，所以被称为$3p$轨道。在$l=1$的状态下，根据式(2.12)，允许m取-1、0、1三个值。因此，(n,l,m)的组合有$(3,1,-1)$，$(3,1,0)$，$(3,1,1)$ 3种，存在3种轨道。

$l=2$的状态称为d轨道。在$n=3$且$l=2$的情况下，被称为$3d$轨道。在$l=2$的情况下，根据式(2.12)，m可以取-2、-1、0、1、2 5个值，因此(n,l,m)的组合有$(3,2,-2)$，$(3,2,-1)$，$(3,2,0)$，$(3,2,1)$，$(3,2,2)$ 5种，存在5种轨道。

将这些结果总结在表2.1中。正如前面所述，电子存在的轨道数量为：$n=1$时为1、$n=2$时为4、$n=3$时为9，可用n^2来描述。

以上是关于电子可能存在的轨道的说明。考虑到自旋，为满足泡利不相容原理，在一个轨道中可以容纳具有自旋向上和自旋向下两种自旋方向的电子，因此可容纳的电子总数为$2n^2$。

表2.1　氢原子的状态和元素的电子分布

主量子数n	轨道	方位量子数l	磁量子数m	状态数
1	1s	0	0	2
2	2s	0	0	2
	2p	1	0，±1	6
3	3s	0	0	2
	3p	1	0，±1	6
	3d	2	0，±1，±2	10

图2.1（a）是对上述内容的图示。此外，在表2.1中，“状态数”对应于考虑自旋后电子可能存在的状态数。

在仅包含1个电子的氢原子中，能级仅由n决定，2s和2p具有相同的能级，同样，3s、

$3p$和 $3d$也具有相同的能级。另一方面，在多电子原子中，即包含两个或更多电子的原子中，需要考虑绕轨道运动的电子与其他电子之间的相互作用，因此 $2s$、$2p$以及 $3s$、$3p$和 $3d$具有不同的能级。但其能级变化仍主要取决于n，各轨道对应的能级分布大致如图 2.1（b）所示。

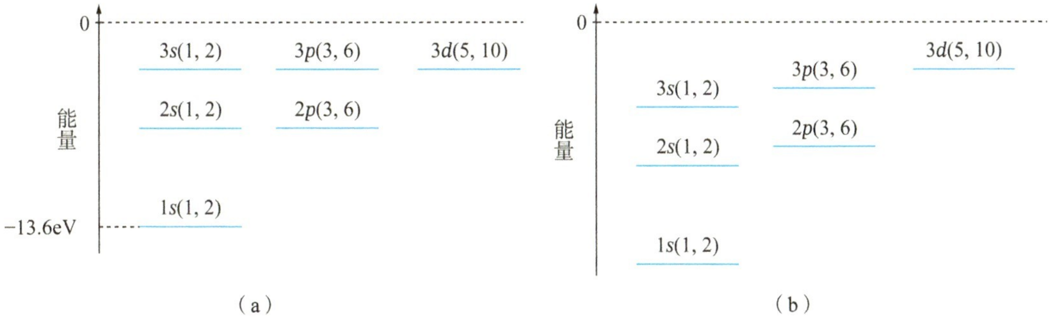

图 2.1　（a）氢原子的能级；（b）多电子原子的电子能级

注：括号内的第一个数字表示轨道的简并度，第二个数字表示考虑自旋时可以容纳的最大电子数。在多电子原子中，如（b）所示，$2s$、$2p$、$3s$、$3p$和 $3d$轨道的能级简并度被解除。纵轴表示任意单位。

在半导体中，s轨道和p轨道特别重要。s轨道和p轨道具有图 2.2 中所示的形状。像这样简单地绘制s轨道，看上去似乎在原子核的位置上也存在电子，但在半径r和$r+\mathrm{d}r$之间发现电子的概率可以通过考虑波函数$\varphi_{n,l,m}(r,\theta,\phi)$在微小区域$\mathrm{d}\boldsymbol{r}=\mathrm{d}r\times r\,\mathrm{d}\theta\times r\sin\theta\,\mathrm{d}\phi=r^2\sin\theta\,\mathrm{d}r\,\mathrm{d}\theta\,\mathrm{d}\phi$内对$\theta$和$\phi$的积分来计算：

$$\iint\left|\varphi_{n,l,m}(r,\theta,\phi)\right|^2 r^2\sin\theta\,\mathrm{d}r\,\mathrm{d}\theta\,\mathrm{d}\phi=\left|R_{n,l}(r)\right|^2 r^2\,\mathrm{d}r \tag{2.13}$$

$\left|R_{n,l}(r)\right|^2 r^2$的部分被称为轨道概率密度。值得注意的是，在这个计算中使用了关系式：

$$\iint\left|Y_{l,m}(\theta,\phi)\right|^2\sin\theta\,\mathrm{d}\theta\,\mathrm{d}\phi=1 \tag{2.14}$$

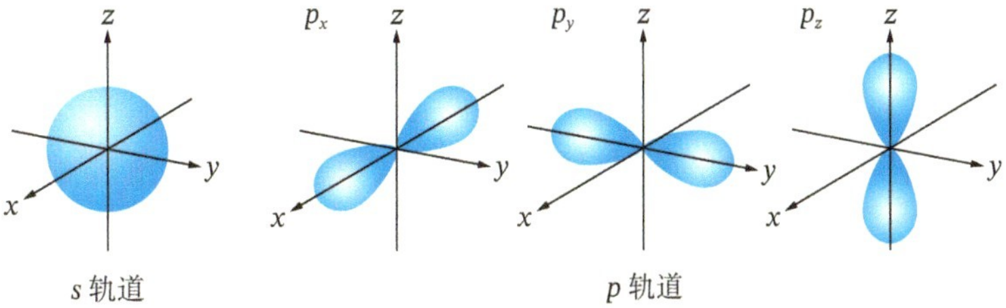

图 2.2　氢原子的 1s轨道和 2p轨道（波函数）

根据式(2.13)，可以计算得到在原子核的位置轨道概率密度为 0。电子在与原子核距离

r处的分布情况如图 2.3 所示。

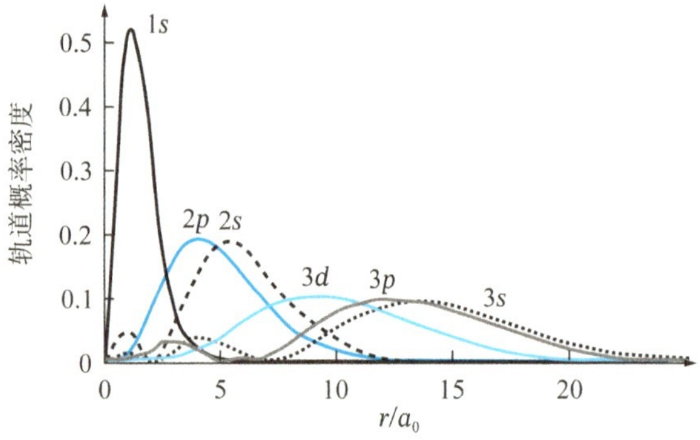

图 2.3　氢原子的轨道概率密度

a_0是玻尔半径。

2-2 氢分子

形成氢分子意味着，两个氢原子形成分子时的能量比各自孤立存在时整个系统的能量更低。那么，形成分子时能量降低的根源是什么呢？

首先，从氢分子只具有单个电子的状态，即 H_2^+出发，以不确定性原理和电子分布的角度来考虑这个问题。当两个氢原子（分别称为原子 1 和原子 2）接近时，属于每个氢原子的 1s轨道会重叠，因此电子可以从原子 1 转移到原子 2 的轨道，反之亦然。当电子在两个原子之间移动时，它在空间中的运动范围扩大。换句话说，它能够形成长波长的物质波。根据德布罗意关系式$\lambda = h/p$，这暗示了它能够形成动量较小的波。从不确定性原理的角度来看，电子位置的不确定性增大，从而使动量的不确定性减小。如果简单地将动能表示为$(\Delta p)^2/(2m)$，那么与氢原子相比，其动能会减小。

在这里，我们将在原子 1 和原子 2 处的氢原子 1s电子波函数分别表示为φ_1和φ_2。形成氢分子后，电子绕两个原子运动，不再有电子主要存在于其中一个氢原子的情况，可以推测新形成轨道的 1s电子波函数将对φ_1和φ_2具有相同的权重，成为它们的线性组合。因此，波函数可以表示为：

$$\psi(\boldsymbol{r}) = C\{\varphi_1(\boldsymbol{r}) + \varphi_2(\boldsymbol{r})\} \tag{2.15}$$

其中C是可以通过$|\psi(\boldsymbol{r})|^2 = C^2\{|\varphi_1(\boldsymbol{r})|^2 + \varphi_1^*(\boldsymbol{r})\varphi_2(\boldsymbol{r}) + \varphi_1(\boldsymbol{r})\varphi_2^*(\boldsymbol{r}) + |\varphi_2(\boldsymbol{r})|^2\}$对空间积分进行归一化得到的常数。$\varphi_1$和$\varphi_2$是氢原子的 1$s$轨道波函数，因此它们应该是归一化的。

为了简化关于$\varphi_1^*(\boldsymbol{r})\varphi_2(\boldsymbol{r})$和$\varphi_2^*(\boldsymbol{r})\varphi_1(\boldsymbol{r})$的空间积分，将其设为 0，得到$C=1/\sqrt{2}$。因此，波函数为：

$$\psi(\boldsymbol{r})=\frac{1}{\sqrt{2}}\{\varphi_1(\boldsymbol{r})+\varphi_2(\boldsymbol{r})\} \tag{2.16}$$

另外，如果将$\varphi_1^*(\boldsymbol{r})\varphi_2(\boldsymbol{r})$和$\varphi_2^*(\boldsymbol{r})\varphi_1(\boldsymbol{r})$的空间积分表示为$S$，则根据归一化条件，有：

$$\psi(\boldsymbol{r})=\frac{1}{\sqrt{2(1+S)}}\{\varphi_1(\boldsymbol{r})+\varphi_2(\boldsymbol{r})\} \tag{2.17}$$

图 2.4（a）以示意图的方式展示了式(2.16)和式(2.17)的波函数。波函数的二次方$|\psi(\boldsymbol{r})|^2$是电子的存在概率，如图 2.4（b）所示，在式(2.16)和式(2.17)中都不会在原子 1 和原子 2 的中间位置处为零。在这个区域，电子受到原子 1 和原子 2 核的引力，因此电子的能量较低。所以，位于围绕两个原子的轨道上的电子具有较小的动能，并且位于两个原子核之间的电子受到更大的引力，因此其能量比孤立氢原子中的电子的能量要小。这个轨道被称为成键轨道。

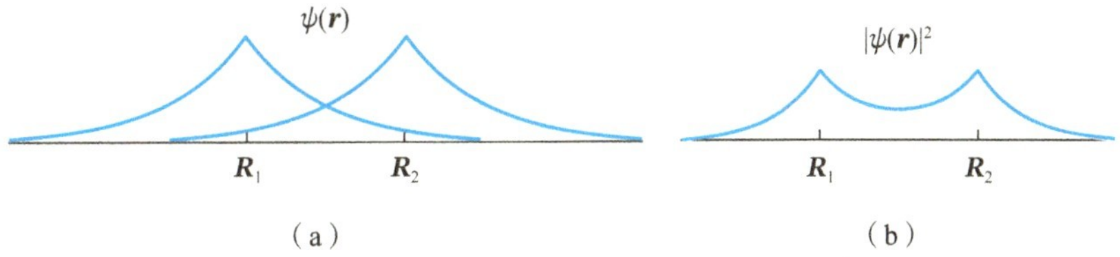

图 2.4　（a）氢分子的成键轨道（波函数），（b）波函数的二次方

在这里，考虑与式(2.16)和式(2.17)正交的波函数。这个波函数对于式(2.16)是：

$$\psi(\boldsymbol{r})=\frac{1}{\sqrt{2}}\{\varphi_1(\boldsymbol{r})-\varphi_2(\boldsymbol{r})\} \tag{2.18}$$

对于式(2.17)，波函数为：

$$\psi(\boldsymbol{r})=\frac{1}{\sqrt{2(1-S)}}\{\varphi_1(\boldsymbol{r})-\varphi_2(\boldsymbol{r})\} \tag{2.19}$$

这个波函数如图 2.5（a）和（b）所示，表现出在原子 1 和原子 2 之间的中间位置，$\psi(\boldsymbol{r})^2=0$。这表明电子的空间分布在两个区域之间分离，与孤立的氢原子相比，电子的分布更加紧凑。在这个空间中形成的物质波波长更短，根据德布罗意关系，动量更大。从不确定性原理的角度来看，位置的不确定性减小，动量的不确定性增大。此外，电子不存在于原子 1 和原子 2 之间的中间位置，无法有效利用两个原子核的引力。因此，电子的能量比孤立的氢原子中的电子能量高。这样的轨道称为反键轨道。成键轨道和反键轨道的能级与氢原子

1*s*轨道的能级之间的关系如图 2.6 所示。

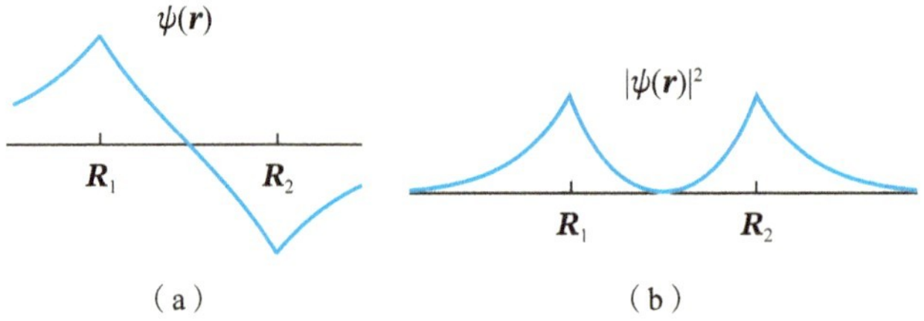

图 2.5　（a）氢分子的反键轨道（波函数），（b）波函数的二次方

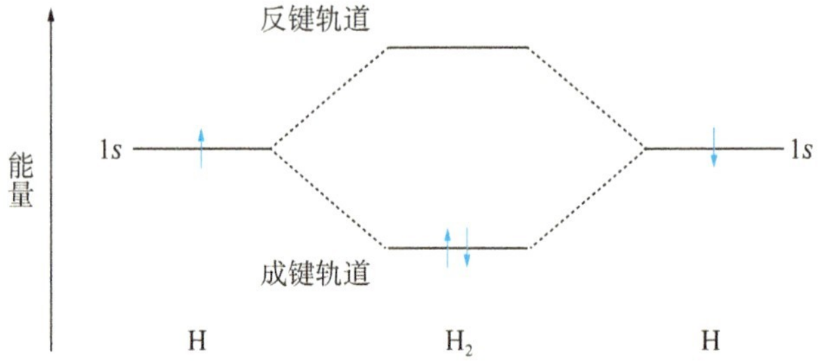

图 2.6　显示了氢分子中成键轨道和反键轨道的能级分裂情况

1*s*表示氢原子的 1*s*轨道，氢分子的成键轨道由两个电子占据，一个为自旋向上，一个为自旋向下。

现在，考虑将两个电子填充到已经计算出的氢分子的单电子态波函数中。在这种情况下，当两个电子都占据成键轨道时，能量最低。要实现这一点，组成氢分子的两个电子的自旋方向必须（如图 2.6 所示）相反。换句话说，形成氢分子时，两个具有相反自旋方向的电子接近彼此。然而，如果原子间距离太近，原子核之间的斥力将导致整个系统的能量变高。因此，如图 2.7 所示，整个系统的能量在某个原子间距离处取得最低值，这个值决定了两个氢原子之间的原子间距。

顺便说一下，现在我们可以延伸氢分子的思路来解释为什么氦原子不形成分子。氢原子形成分子的原因是，形成分子后整个系统的能量比两个孤立的氢原子存在时更低。氦原子的两个电子占据 1*s*轨道，自旋方向相反。形成分子后，总共有 4 个电子，但其中 2 个自旋是向上的，另外 2 个是向下的。根据氢分子的单电子波函数，其中 2 个具有相反自旋的电子占据了成键轨道，而另外 2 个电子占据了反键轨道。如图 2.6 所示，通过将 2 个电子填入反键轨道，抵消了填入成键轨道的 2 个电子带来的能量降低。因此，不会形成氦分子。

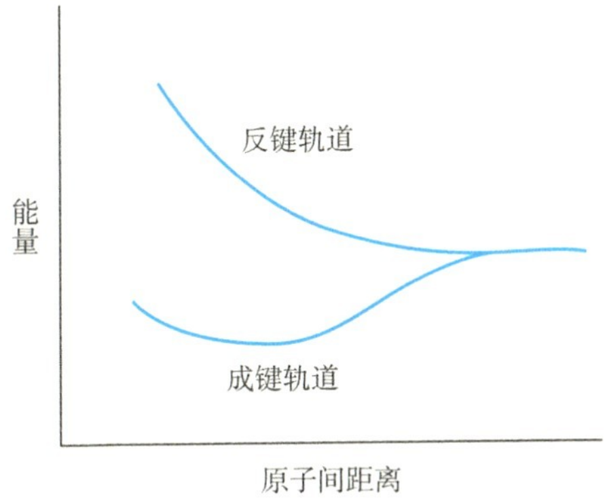

图 2.7　氢分子的原子间距离（两个氢原子核之间的距离）与能级分裂

当原子之间的距离极远时，它等于氢原子的 1s轨道能量。

2-3 由 s 轨道或 p 轨道组成的物质

2-3-1　一维 s 轨道物质

在接下来的讨论中，尽管存在大胆的近似，但我们将从成键轨道和反键轨道的角度来考虑物质中电子的能量。

在这里，假设 3 个氢原子在一维排列的物质中。在这有限的空间内形成的电子波与势阱中的电子一样，会形成驻波。此外，由于原子的排列相对于分子的重心是左右对称的，因此电子的概率密度分布也必然相对于重心是左右对称的。正如 2-2 节所示，这些关系也适用于氢分子。根据不确定性原理，处于具有最低动能的状态的电子波是电子在最广阔空间内运动的状态，如图 2.8（a）所示。而具有最高动能的状态是具有最短波长的状态，如图 2.8（c）所示。在动能介于两者之间的状态如图 2.8（b）所示，会形成相对于重心左右对称的波。因此，假设 3 个氢原子在一维排列的虚拟物质，如图 2.8（d）所示，将分裂成 3 个能级。这些波函数可以用以下公式表示：

$$
\begin{aligned}
\psi_1 &= \frac{1}{2}\varphi_1 + \frac{1}{\sqrt{2}}\varphi_2 + \frac{1}{2}\varphi_3 \\
\psi_2 &= \frac{1}{\sqrt{2}}\varphi_1 - \frac{1}{\sqrt{2}}\varphi_3 \\
\psi_3 &= \frac{1}{2}\varphi_1 - \frac{1}{\sqrt{2}}\varphi_2 + \frac{1}{2}\varphi_3
\end{aligned}
\qquad (2.20)
$$

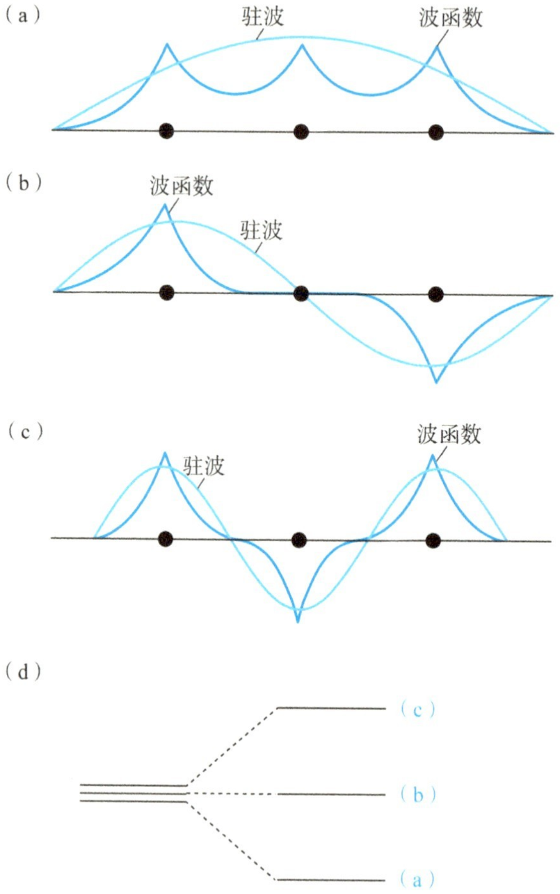

图 2.8　3 个氢原子在一维排列的虚拟物质中的波函数和驻波以及能级

（a）最低能级状态（基态）对应的成键轨道。波长最长。（b）中间能级状态的波函数。波长中等。（c）最高能级状态对应的反键轨道。波长最短。（d）能级分裂成 3 个的情况。

在这里，φ_n代表第n个氢原子的 1s轨道。这些波函数都已经被归一化，并且彼此正交。

当有 6 个氢原子排成一维链时，可能会有什么样的电子态呢？在这种情况下，由于分子的质心与原子的排列是左右对称的，因此电子的概率密度分布也必须相对于质心左右对称。具有最广泛空间分布的定态波函数如图 2.9（a）所示。接下来，具有次广泛空间分布的定态波函数如图 2.9（b）所示。然后依次是图 2.9（c）、图 2.9（d）和图 2.9（e）。

具有最高能量状态的是波长最短且电子被限制在最狭小的空间中的情况，对应于图 2.9（f）。这样，6 个氢原子排成一维链的虚拟物质的能级如图 2.9（g）一样分裂成了 6 个。由 2 个氢原子组成的氢分子有 2 个能级，由 3 个氢原子组成的一维虚拟物质有 3 个能级，由 6 个氢原子组成的一维虚拟物质有 6 个能级。因此，可以认为由N个氢原子组成的一维虚拟物质的能级如图 2.10 所示，分裂成N个。

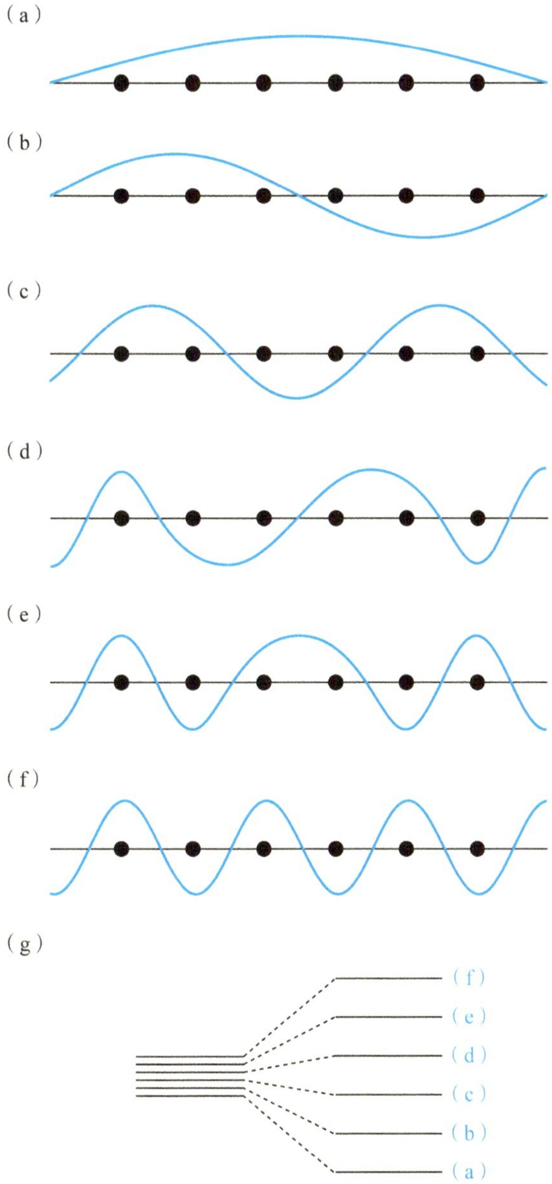

图 2.9　6 个氢原子排成一维链的虚拟物质中的驻波和能级

其中（a）对应具有最大波长的状态，（f）对应具有最小波长的状态。波函数的平方必须相对于质心对称。（g）显示了能级分裂成六个的情况。

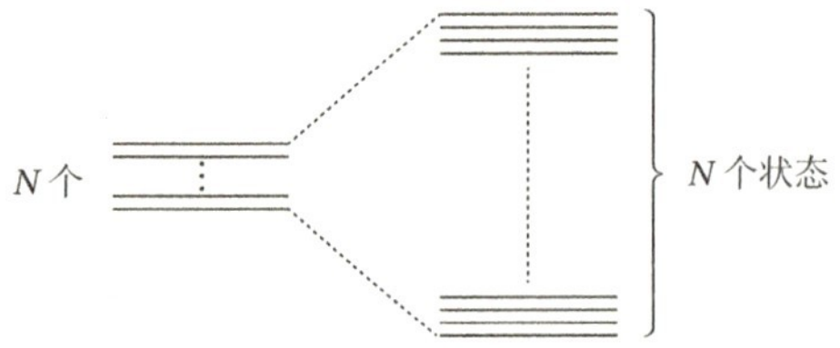

图 2.10　由N个氢原子排成一维链的虚拟物质的能级将分裂成N个

N个氢原子组成的一维虚拟物质的能级会分裂为N个，这是对应于单电子态的能级。虚拟的一维物质由N个氢原子组成，其中的N个电子之间会发生相互作用，因此单电子态的能级没有实际意义。然而，为了简化问题，我们考虑将N个电子填充到单电子态的能级中。当有 6 个原子和 6 个电子时，能量最低的电子分布考虑了泡利不相容原理，如图 2.11（a）所示。也就是说，一半的能级为不存在电子的空态。类似地，当考虑N个氢原子和N个电子时，能量处于最低状态时，N个能级中一半被电子占据，一半为空态，如图 2.11（b）所示。

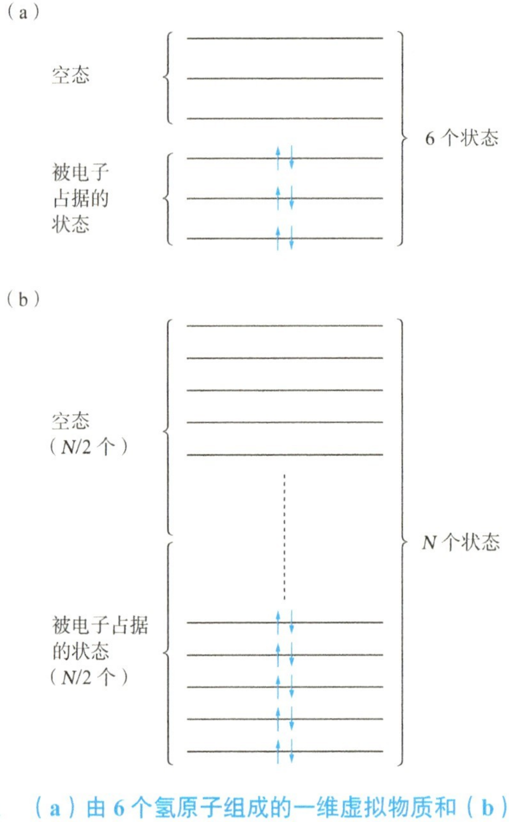

图 2.11　（a）由 6 个氢原子组成的一维虚拟物质和（b）由N个氢原子组成的一维虚拟物质的基态电子分布

迄今为止的讨论都是基于一维虚拟物质的两端存在的情况，电子的物质波是驻波。驻波是不传播的波，与我们通常概念中构成物质的电子在物质中自由运动的观念相悖。为了改进这一点，我们考虑将一维原子链的左端和右端连接起来，形成一个包围N个原子的环。这将允许我们讨论不是驻波而是运动的电子波。假设原子之间的间距为a，总长度为$L = Na$。波长最长的波将是当N非常大时波长趋于无穷大（波数$|k| = 0$）的波。而波长最短的波将是$\lambda = 2a$的波（$|k| = \pi/a$）。由于电子的运动方向可以是顺时针，也可以是逆时针，所以波数k可以取正负值。这种思考方式称为周期性边界条件，详细讨论将留到其他章节。

2-3-2 一维 p 轨道物质㊀

在这里，我们考虑在一维原子排列中，由原子的p轨道组成的一维虚拟物质。首先，考虑原子在x轴方向排列，并且物质由p_x轨道构成的情况。首先考虑由 2 个原子组成的情况。在原子排列的方向上延伸的轨道称为σ轨道。对于每个原子的原子核，将p_x轨道表示为$\varphi_{p_x} = xf(r)$（其中$f(r)$是距离的函数），因此相对于原子核，具有正负相反符号的位置如图 2.12（a）所示。图 2.12（a）代表σ轨道的反键态，（b）代表σ轨道的成键态。成键态（b）中电子在键合部分可以更自由地运动，因此根据不确定性原理，能量更低。如果我们放置N个p_x轨道，那么在波长为无穷大（$k = 0$）的情况下，会出现如图 2.13（a）所示的反键态的重复，因此动能会增加。另一方面，波长为$2a$（$k = \pm\pi/a$）的波将由成键态组成，因此我们得到了如图 2.13（c）所示的$\mathcal{E}(k)$曲线。这与一维s轨道物质的情况相反。

接下来考虑p_y和p_z轨道。由于原子在x轴上一维排列，所以p_y，p_z轨道的方向是垂直于原子排列方向的。这种轨道被称为π轨道。

如图 2.14（a）所示，波长$\lambda = \infty$，即$k = 0$的状态，是能量最低的状态。另一方面，如图 2.14（b）所示，波长$\lambda = 2a$，即$k = \pi/a$的状态，π轨道是反键态，能量较高。这一性质与σ轨道相反。然而，由于π轨道的轨道方向与原子排列方向垂直，轨道之间的相互作用较小，能量上升较少。因此，通常得到类似于图 2.14（c）的$\mathcal{E}(k)$曲线。

图 2.12 p轨道的σ轨道反键态（a）和成键态（b）

㊀ 在 2-3-2 小节中，波长是根据成键的状态回到原来状态的距离来定义的。如果成键后状态没有发生变化，那么波长将为无穷大。

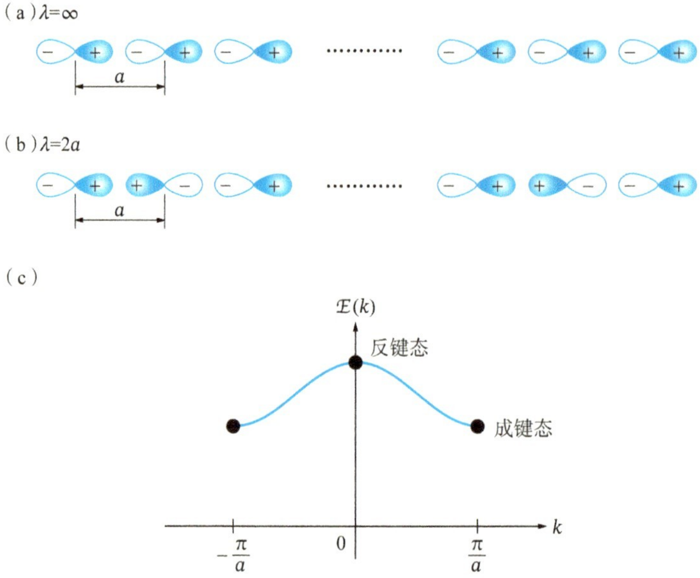

图 2.13　p轨道的σ轨道构成的一维虚拟物质中的反键态（a）和成键态（b），以及$\mathcal{E}(k)$曲线（c）

（a）$\lambda=\infty$（$k=0$）的情况。（b）$\lambda=2a$（$k=\pm\pi/a$）的情况。（c）（a）和（b）情况下的$\mathcal{E}(k)$曲线示意图。仅画出了$-\pi/a\leqslant k\leqslant\pi/a$范围。$\lambda=\infty$（$k=0$）的情况对应于$\sigma$轨道的反键态，因此能量较高。另一方面，$\lambda=2a$（$k=\pm\pi/a$）的情况对应于$\sigma$轨道的成键态，因此能量较低。

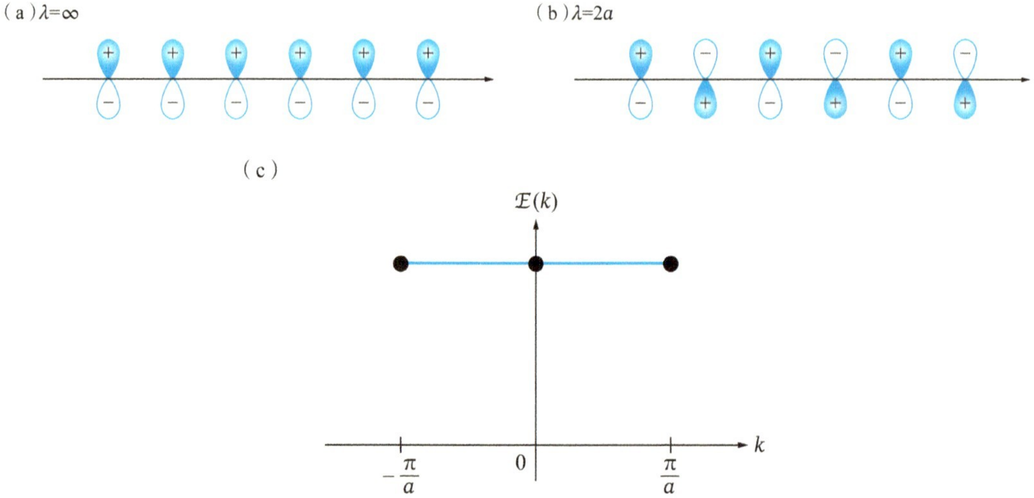

图 2.14　p轨道形成的π轨道构成的一维虚拟物质中的成键态（a）和反键态（b），以及$\mathcal{E}(k)$曲线（c）

（a）$\lambda=\infty$的情况。对应于π轨道的成键态。（b）$\lambda=2a$的情况。对应于π轨道的反键态。π轨道之间的相互作用较小，能量上升较少，因此波数相关性较小，形成了如图（c）中所示的$\mathcal{E}(k)$曲线。

2-3-3 以 s 轨道和 p 轨道为单元的一维物质

在这里，考虑以s轨道和p轨道为单元的一维虚拟物质，如图 2.15（a）所示㊀。2 个原子构成一个单元，因此将其长度定义为$2a$。这两个原子的组合可能处于成键态和反键态，两者之间存在能量差。

显然，如图 2.15（b）所示的σ轨道的成键态能量比图 2.15（a）的反键态低。在成键态下，波长为$4a$，即$k=\pm\pi/(2a)$的状态形成了图 2.15（d）所示的长成键态，因此能量进一步降低。另一方面，如图 2.15（c）所示，反键态下，波长为$4a$，即$k=\pm\pi/(2a)$的状态形成了大量反键轨道，因此能量较高。由此，大致可以得到图 2.15（e）所示的$\mathcal{E}(k)$曲线。

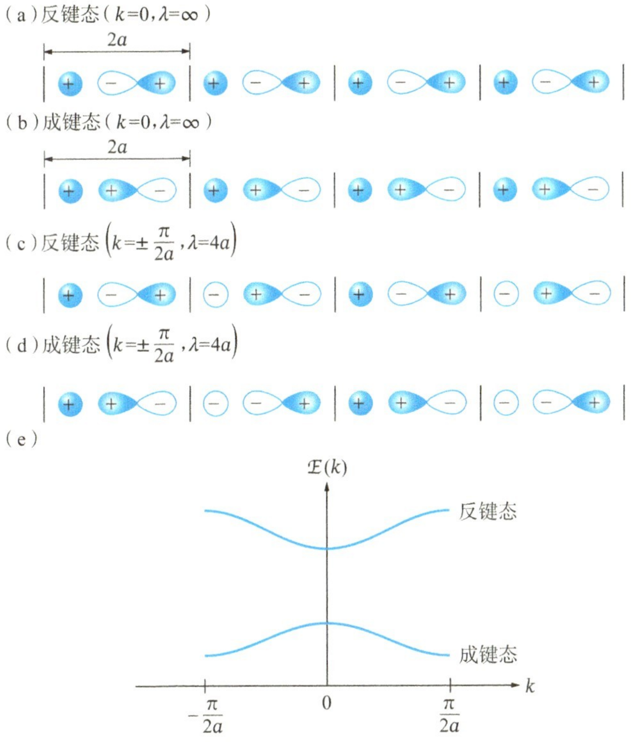

图 2.15　s轨道和p轨道组成的一维虚拟物质

s轨道和p轨道单元可以处于反键态或成键态。我们假设s轨道和p轨道在$2a$范围内存在非常强的结合。（a）$\lambda=\infty$（$k=0$）的反键态，（b）$\lambda=\infty$（$k=0$）的成键态。（c）$\lambda=4a$［$k=\pm\pi/(2a)$］的反键态，（d）$\lambda=4a$［$k=\pm\pi/(2a)$］的成键态。（c）中的所有状态都由反键态构成，因此能量最高。（d）中的所有状态都处于成键态，因此能量最低。（e）$\mathcal{E}(k)$曲线的示意图，显示了成键态和反键态下的能量曲线差异。

㊀ 我们假设单元内的两个原子之间存在非常强的结合。

2-3-4 以两个 p_x 轨道为单元的一维 σ 轨道物质

如图 2.16（a）所示，假设两个原子构成一个单位，其长度为$2a$[㊀]。p_x轨道的σ轨道有可能出现反键和成键两种轨道状态，两者之间存在能量差。

显然，像图 2.16（b）这样σ轨道的成键态能量比像图 2.16（a）这样的反键态要低。σ轨道的成键态组成的物质在波长为$4a$［即$k=\pm\pi/(2a)$］时，形成新的反键态，因此能量升高。另一方面，当物质由σ轨道的反键态组成时，如图 2.16（c）所示波长为$4a$，即$k=\pm\pi/(2a)$时，成键态增加，因此能量下降。由此可以得到如图 2.16（e）所示的$\mathcal{E}(k)$曲线。

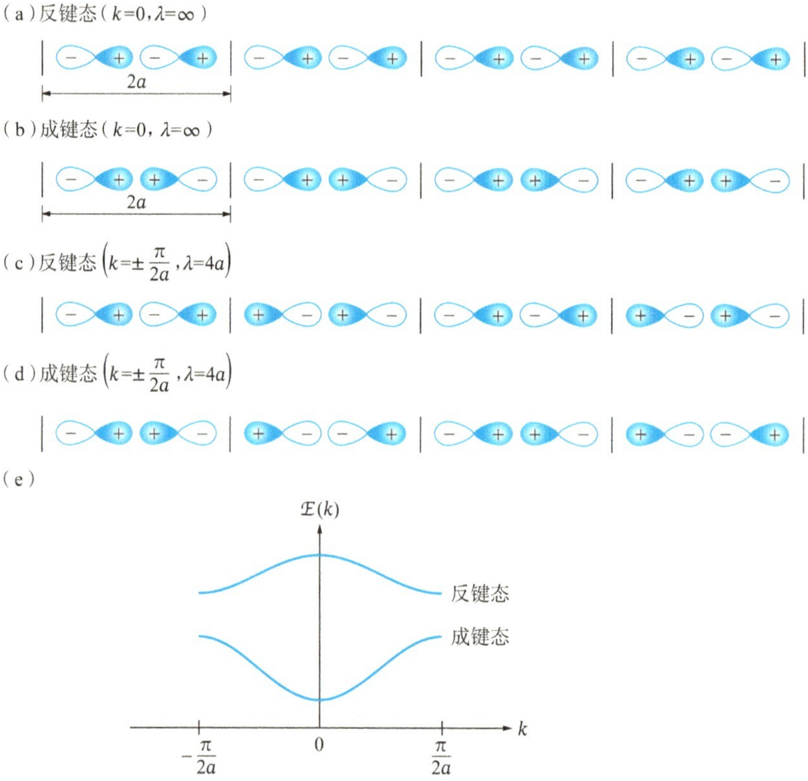

图 2.16 一维虚拟物质由两个p轨道单元构成

包含两个p_x轨道的单元可以处于反键和成键轨道状态。我们假设p_x轨道之间在$2a$范围内存在非常强的结合。（a）$\lambda=\infty$（$k=0$）的反键态，（b）$\lambda=\infty$（$k=0$）的成键态，（c）$\lambda=4a$［$k=\pm\pi/(2a)$］的反键态，（d）$\lambda=4a$［$k=\pm\pi/(2a)$］的成键态。在情况（c）中，相邻单元之间的结合状态使得σ轨道形成成键态，导致能量低于$k=0$。另一方面，在情况（d）中，相邻单元之间的结合状态使得σ轨道形成反键态，导致能量高于$k=0$。（e）$\mathcal{E}(k)$曲线的示意图，成键态和反键态下具有不同的特征。

㊀ 我们假设在$2a$的单元内，两个原子之间存在非常强的结合。

2-3-5 二维 *s* 轨道物质

考虑二维物质是因为三维物质更加复杂。另外，近年来也发现了如石墨烯和过渡金属二硫化物等二维材料。关于石墨烯，我们将在其他章节中再次讨论。

首先，考虑由*s*轨道构成的二维物质。假设原子位于*x*-*y*平面上正方形格子的顶点，正方形边长为a。最低能量状态是$(k_x, k_y) = (0,0)$的状态。在这种情况下，如图 2.17（a）所示，在所有方向上都形成了成键态，因此能量最低。然而，如果考虑沿*x*轴方向传播的平面波，如图 2.17（b）所示，波长为$2a$，即$k_x = \pm\pi/a$时，会形成反键态，能量会升高。如果考虑沿*y*轴方向传播的平面波，如图 2.17（c）所示，当$k_y = \pm\pi/a$时，能量也会升高。此外，如果考虑沿$x = y$方向传播的平面波，它在波长为$\sqrt{2}a$（即$k = \sqrt{2}\pi/a$）时会形成更高密度的反键态，因此能量会更高。由此，对于*x*轴和$x = y$方向，可以获得如图 2.18 所示的$\mathcal{E}(k)$曲线。

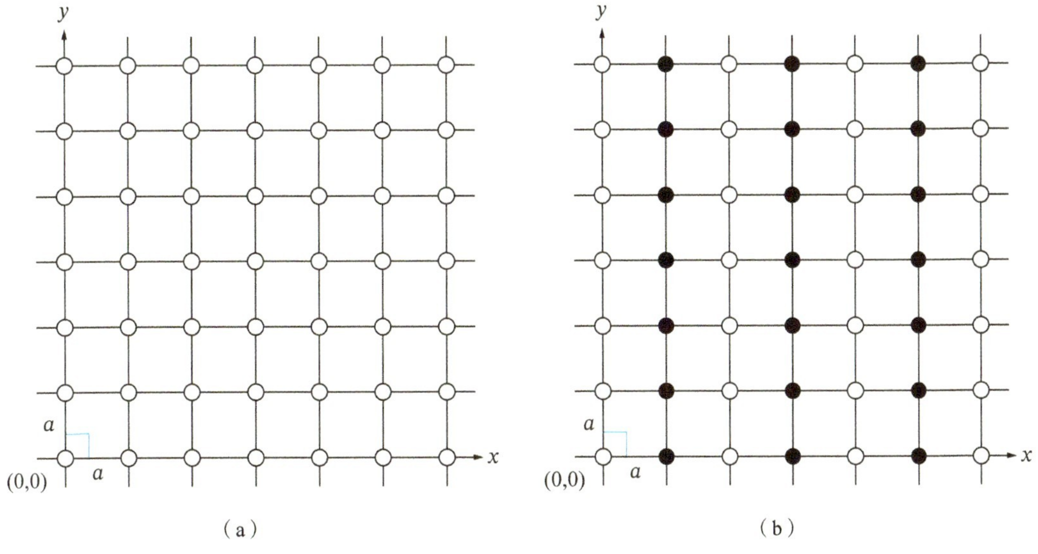

图 2.17　由正方形格子顶点处的*s*轨道构成的二维虚拟物质

（a）$\lambda = \infty$的情况。（b）当存在沿*x*轴方向波长为$2a$（$k_x = \pm\pi/a$）的平面波时的情况。

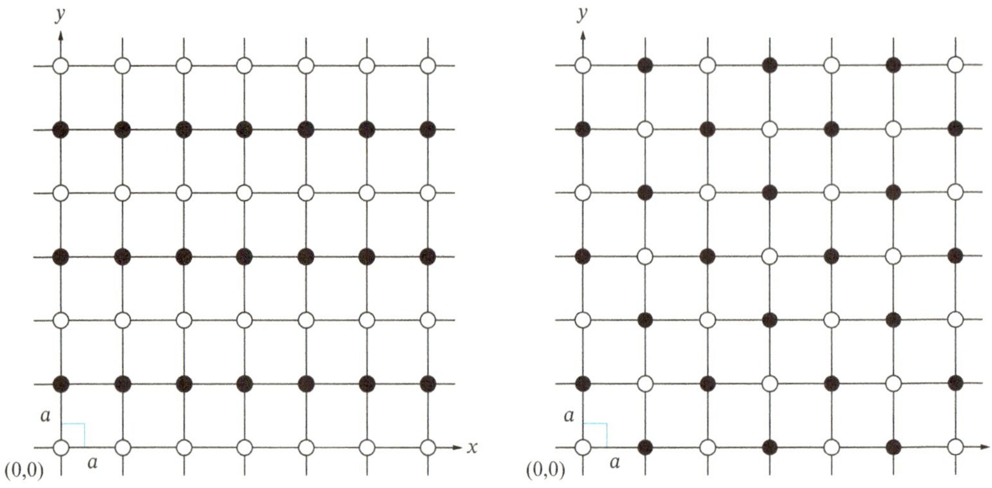

图 2.17　由正方形格子顶点处的s轨道构成的二维虚拟物质（续）

（c）当存在沿y轴方向波长为2a（$k_y = \pm\pi/a$）的平面波时的情况。（d）当存在沿$x = y$的对角线方向波长为$\sqrt{2}a$（$k = \sqrt{2}\pi/a$）的平面波时的情况。

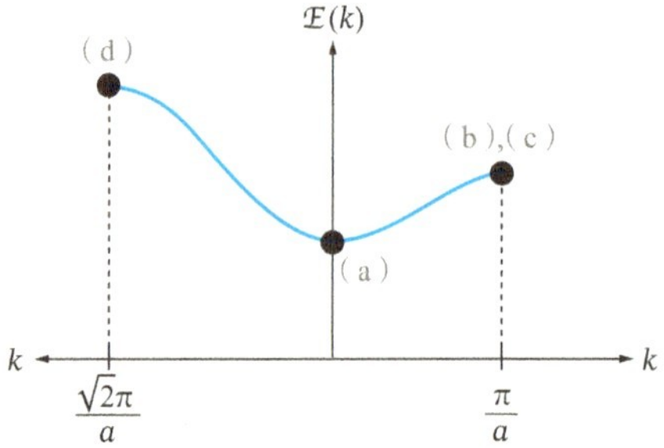

图 2.18　图 2.17 中二维虚拟物质的$\mathcal{E}(k)$曲线示意图

（a）由于全部形成成键态，因此能量最低。另一方面，（b）和（c）的情况下，在波的传播方向形成反键态，与传播方向垂直的方向形成成键态，因此能量较高。（d）的情况下，由于与周围所有原子都形成了反键态，因此能量最高。

2-3-6　二维 p 轨道物质

假设原子位于正方形格子的顶点，正方形边长为a。由p_z轨道组成的二维材料由π键构成，具有与二维s轨道材料相同的$\mathcal{E}(k)$曲线。但是，由于π轨道之间的相互作用较小，$\mathcal{E}(k)$曲线可能会接近平坦。

接下来考虑由p_x轨道构成的二维物质，如图 2.19（a）所示。能量最低的状态不是$(k_x, k_y) = (0,0)$。在这种情况下，在y轴方向上为π轨道的成键态，而在x轴方向上为σ轨道的反键态，因此是能量较高的状态。如图 2.19（b）所示，考虑沿x轴方向传播的波长为$2a$（$k_x = \pm\pi/a$）的平面波，x轴方向为σ轨道的成键态，y轴方向为π轨道的成键态，因此能量最低。如图 2.19（c）所示，考虑沿y轴方向传播的波长为$2a$（$k_y = \pm\pi/a$）的平面波$(k_x, k_y) = (0, \pi/a)$，x轴方向为σ轨道的反键态，y轴方向为π轨道的反键态，处于能量最高的状态，但由于π轨道之间的相互作用较小，因此形成了几乎平坦的$\mathcal{E}(k)$曲线。

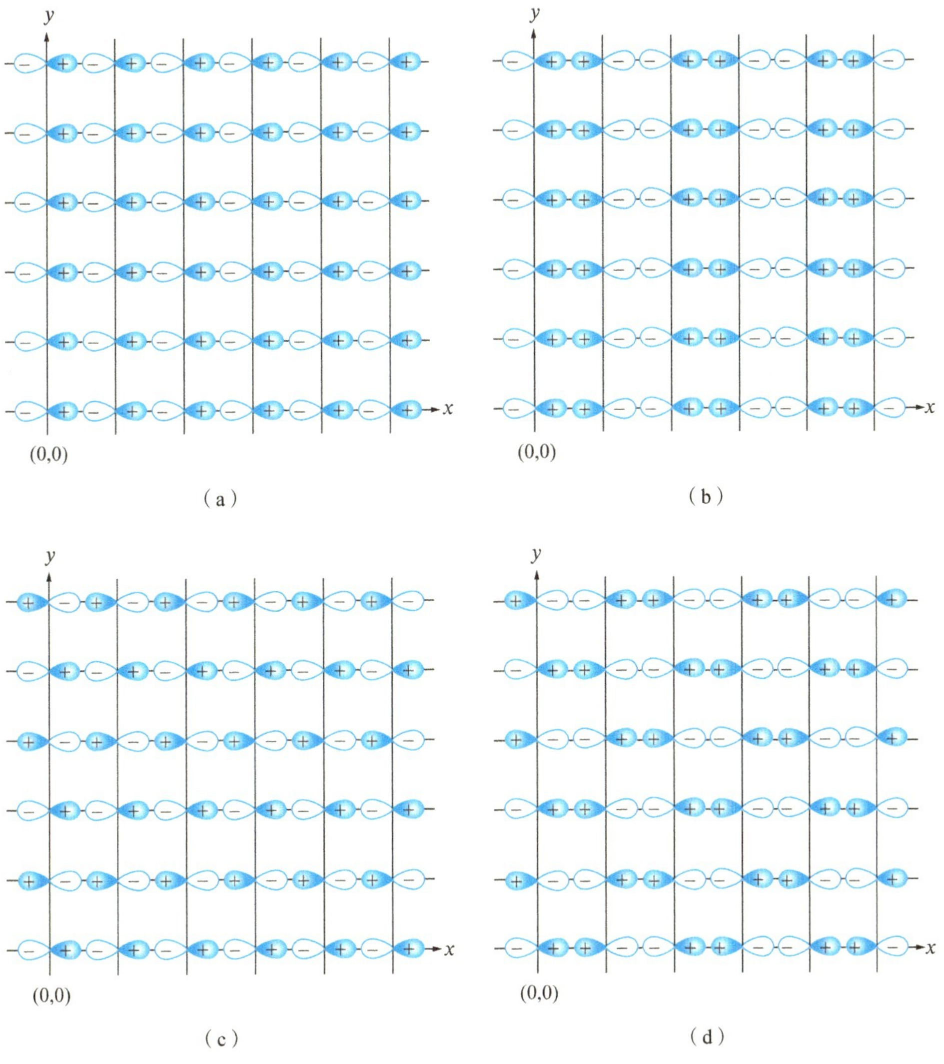

图 2.19　由正方形格子的顶点处的p轨道构成的二维虚拟物质

（a）$\lambda = \infty$的情况。（b）当存在沿x轴方向波长为$2a$（$k_x = \pm\pi/a$）的平面波时的情况。（c）当存在沿y轴方向波长为$2a$（$k_y = \pm\pi/a$）的平面波时的情况。（d）当存在沿$x = y$的对角线方向波长为$\sqrt{2}a$（$k = \sqrt{2}\pi/a$）的平面波时的情况。

在$x = y$方向($k_x = k_y$)方向上传播的波长$\sqrt{2}a$($|k| = \sqrt{2}\pi/a$)的波，其能量如图 2.19(d)所示，x轴方向形成σ轨道的成键态，y轴方向形成π轨道的反成键态，由于π轨道之间的相互作用较小，能量的上升很小。因此，能量比$(k_x, k_y) = (0,0)$低，比$(k_x, k_y) = (\pi/a, 0)$高，比$(k_x, k_y) = (0, \pi/a)$低。由此，可以得到如图 2.20 所示的$\mathcal{E}(k)$曲线。

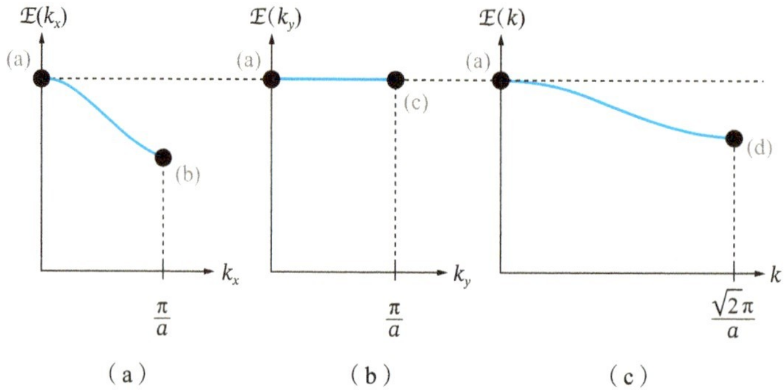

图 2.20　图 2.19 中二维虚拟物质的$\mathcal{E}(k)$曲线示意图

(a) x轴方向形成σ轨道的反键态，y轴方向形成π轨道的成键态，因此能量较高。(b) x轴方向形成σ轨道的成键态，y轴方向形成π轨道的成键态，因此能量最低。(c) x轴方向形成σ轨道的反键态，y轴方向形成π轨道的反键态，但π轨道的能量变化较小，因此$\mathcal{E}(k)$曲线与(a)几乎相同。(d) x轴方向形成σ轨道的成键态，y轴方向形成π轨道的反键态，π轨道的能量变化较小，但比由σ轨道的成键态和π轨道的成键态构成的(b)能量稍高。

2-3-7　三维 p 轨道物质

基于以上考虑，我们来考虑三维p轨道物质。假设原子位于边长为a的立方格子的顶点上。每个原子都具有p_x轨道、p_y轨道和p_z轨道。考虑沿x轴方向传播的平面波，与一维和二维情况下的x轴类似，波长为$2a$，即$k_x = \pm\pi/a$，σ轨道会转变为成键态，因此能量下降。另一方面，由于p_y轨道和p_z轨道都是π轨道，因此能量变化较小，从$(k_x, k_y, k_z) = (0,0,0)$到$(\pi/a, 0,0)$，$\mathcal{E}(k)$曲线如图 2.21 右侧所示。

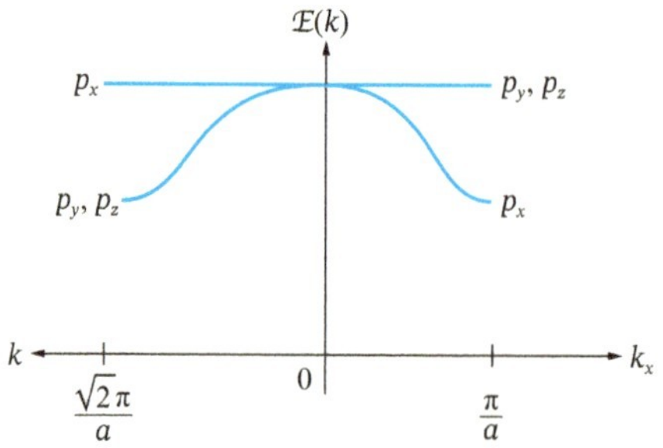

图 2.21　由位于立方格子顶点的p_x轨道，p_y轨道，p_z轨道构成的三维虚拟物质的$\mathcal{E}(k)$曲线示意图

注：右侧表示沿x轴方向传播的波，左侧表示沿$y = z$方向传播的波。

接下来，考虑沿$(k_x, k_y, k_z) = (0, \pi/a, \pi/a)$方向传播的平面波。在这种情况下，$p_x$轨道将变为$\pi$轨道，因此波数对能量的变化影响较小。另一方面，$p_y$轨道和$p_z$轨道都处于类似于图 2.19（d）的状态，因此相比于$(k_x, k_y, k_z) = (0,0,0)$的状态能量会下降。这导致了如图 2.21 左侧所示的$\mathcal{E}(k)$曲线。这些结果意味着，当具有p轨道性质的轨道构成晶体时，会形成凸起的能带结构。

章末问题

（1） 画出由 7 个氢原子组成的线性虚拟分子的能量分裂成 7 个的示意图。

（2） 假设存在 1 个单元中包含 1 个原子的一维物质。该原子由s轨道和p轨道组成，其中s原子轨道的能量低于p原子轨道，p轨道形成σ键。请讨论这种情况下的能带结构。

CHAPTER 3

第 3 章

能带理论

3-1 晶体的周期性和晶体结构

本书研究的是由原子周期性排列的物质，称为“单晶”。原子之间的位置关系在长距离范围内缺乏规律，或者是无序排列的非晶结构以及多晶结构都不在研究范围之内。

首先，考虑一维的单晶。在图 3.1（a）中，原子 A 之间有间距a，规则地排列着。此外，在图 3.1（b）中，原子 B 和原子 C 存在于原子 A 的排列之间，如果定义从原子 A 到 B 和 C 的距离分别为x_{B}和x_{C}，那么原子 A、B、C 的位置可以表示为：

$$\begin{aligned}&\text{原子 A 的位置} = na\\&\text{原子 B 的位置} = na + x_{\mathrm{B}}\\&\text{原子 C 的位置} = na + x_{\mathrm{C}}\end{aligned} \tag{3.1}$$

这里，$n = 0, \pm1, \pm2, \cdots$。需要注意的是，在图 3.1 中，虽然将原点设置为原子 A 的位置，但如图 3.2 所示，原点也可以设置在与原子 A 不同的位置。

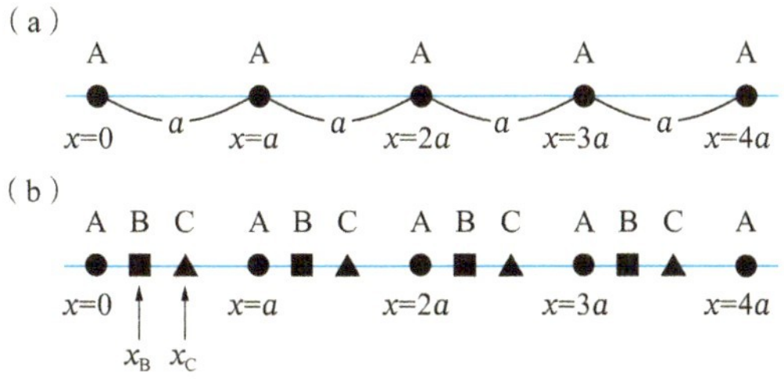

图 3.1 原子间距为a的一维排列

（a）当只有一种原子时。（b）间距为a的一维单位格子的情况，其中包含了三种不同的原子。将原点$x = 0$设置为位于原子 A 的位置。

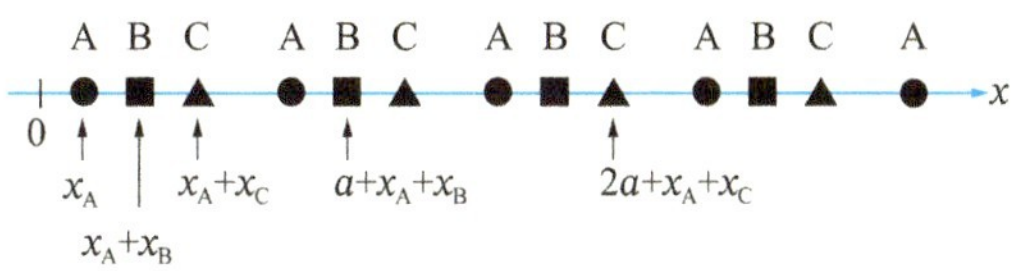

图 3.2 将原子 A 设置为与原点$x = 0$不同位置时的一维原子排列

对于一维情况，也可以将位置表示为：

$$\begin{aligned}&\text{原子 A 的位置} = na + x_{\mathrm{A}}\\&\text{原子 B 的位置} = na + x_{\mathrm{A}} + x_{\mathrm{B}}\\&\text{原子 C 的位置} = na + x_{\mathrm{A}} + x_{\mathrm{C}}\end{aligned} \tag{3.2}$$

就像这样。重要的一点是，原子 A、B 和 C 的排列都具有周期性a。

接下来考虑如图 3.3 所示的原子 A 的二维排列。定义矢量$\boldsymbol{a}$和$\boldsymbol{b}$，就可以表示原子 A 的位置：

$$\boldsymbol{R} = m\boldsymbol{a} + n\boldsymbol{b} \quad (m, n = 0, \pm 1, \pm 2, \cdots) \tag{3.3}$$

$\boldsymbol{a}$和$\boldsymbol{b}$被称为二维平面内的基矢，可以使用直角坐标系的单位矢量$\boldsymbol{i}$和$\boldsymbol{j}$表示：

$$\boldsymbol{a} = a_x\boldsymbol{i} + a_y\boldsymbol{j}, \quad \boldsymbol{b} = b_x\boldsymbol{i} + b_y\boldsymbol{j} \tag{3.4}$$

晶体可以通过图 3.3 中蓝色菱形的重复来描述。这个晶体的重复单位被称为晶胞。也就是说，整个晶体由晶胞的重复构成。需要注意的是，与一维情况类似，晶胞的顶点不必像图 3.3 中的类型 1 那样设置在原子位置上，也可以像类型 2 那样设置。在任何情况下，晶胞中都包含一个原子。

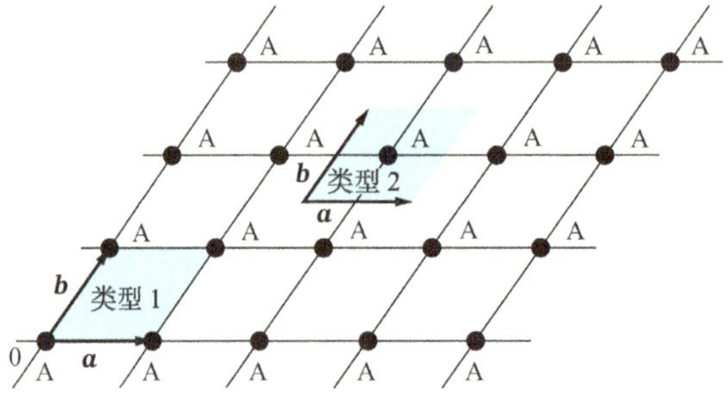

图 3.3　原子的二维排列

当一个晶胞中只包含一个原子时，可以定义$\boldsymbol{a}$和$\boldsymbol{b}$为基矢。这里展示了类型 1 和类型 2 的两种晶胞，但晶胞的选取方式不仅限于这些。

现在，假设除了原子 A 之外，还有两个原子 B（B_1 和 B_2）和一个原子 C 存在于晶胞中。在晶胞内，原子 B_1、B_2 和 C 的位置如图 3.4 所示，原子 A 到原子 B_1、B_2 和 C 的矢量分别为$\boldsymbol{\alpha}$、$\boldsymbol{\beta}$和$\boldsymbol{\gamma}$，将原子 A 的位置表示为$\boldsymbol{R}$：

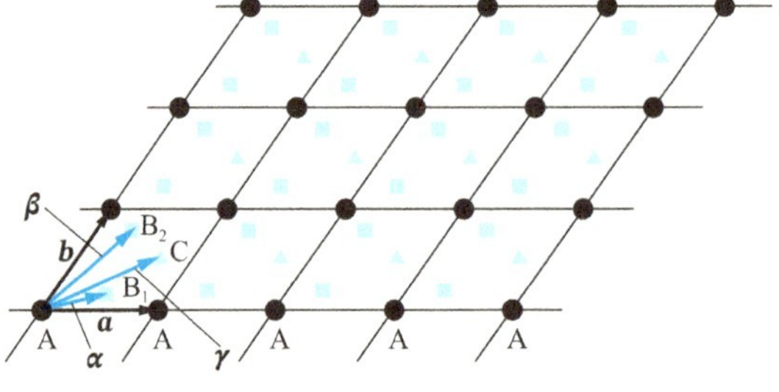

图 3.4　晶胞内存在多个原子的二维原子排列示例

晶胞内包含两个原子 B（B_1 和 B_2）和一个原子 C。$\boldsymbol{a}$和$\boldsymbol{b}$是基矢。

$$原子B_1的位置 = \boldsymbol{R} + \boldsymbol{\alpha}$$
$$原子B_2的位置 = \boldsymbol{R} + \boldsymbol{\beta} \tag{3.5}$$
$$原子 C 的位置 = \boldsymbol{R} + \boldsymbol{\gamma}$$

对于三维的原子排列，同样的论点也成立。假设如图 3.5 所示，在平行六面体的顶点存在原子 A㊀。对于这种情况，如果定义基矢$\boldsymbol{a}$，$\boldsymbol{b}$和$\boldsymbol{c}$，那么原子 A 的位置$\boldsymbol{R}$是：

$$\boldsymbol{R} = m\boldsymbol{a} + n\boldsymbol{b} + l\boldsymbol{c} \quad (m,n,l = 0, \pm1, \pm2, \cdots) \tag{3.6}$$

此外，在晶胞中存在的原子位置为$\boldsymbol{x}_1$，$\boldsymbol{x}_2$，$\boldsymbol{x}_3$，…，则它们在晶体内的位置可表示为$\boldsymbol{R} + \boldsymbol{x}_i$；这样，可以表示所有原子的位置。

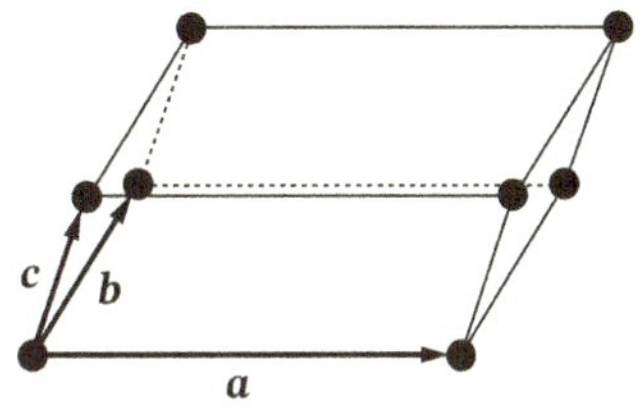

图 3.5　三维原子排列示例

在晶胞内包含一个原子。$\boldsymbol{a}$，$\boldsymbol{b}$，$\boldsymbol{c}$是基矢。

在晶体结构中，有关原子位置、方向和晶面的表示方法有一套详细的规则。具体信息请参考固体物理学的书籍。在这里，我们将稍微回顾一下晶面的表示方法。正如前面所述，晶胞是由基矢$\boldsymbol{a}$、$\boldsymbol{b}$和$\boldsymbol{c}$表示的。然而，在考虑原子存在于立方体顶点的简单立方格子时，可以轻松想象出如图 3.6（a）、（b）、（c）所示的平面。这些平面与基矢方向的轴以坐标$(x, y, z) = (1, \infty, \infty)$、$(1,1,\infty)$、$(1,1,1)$相交。通过使用这些交点的坐标来定义这些平面，将出现无限大。由于不能处理无限大，因此决定取其倒数，结果变为(1 0 0)、(1 1 0)和(1 1 1)。

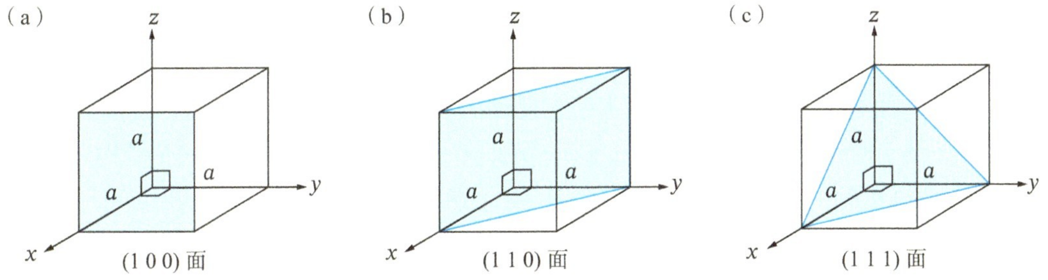

图 3.6　简单立方格子的晶面表示

（a）代表(1 0 0)面，（b）代表(1 1 0)面，（c）代表(1 1 1)面。

那么，像图 3.7（a）所示的面如何表示呢？这个面与基矢方向的轴交于坐标$(2, \infty, 1)$。取其倒数得到(1/2 0 1)，但为了将其化为整数，需要乘以 2，定义为(1 0 2)面。

然后，图 3.7（b）中的晶面与基矢方向的轴在坐标$(4, \infty, 2)$相交。求倒数后为(1/4 0 1/2)，

㊀ 满足条件$\boldsymbol{a} \neq \boldsymbol{b} \neq \boldsymbol{c}$，$\alpha \neq \beta \neq \gamma \neq 90°$的晶体结构称为三斜晶系。

整数化后与（a）相同，都是(1 0 2)晶面。显而易见的是，这两个晶面上的原子排列也是相同的。通常情况下，当写成($h\ k\ l$)面时，表示它与基矢方向的轴在坐标($1/h\ \ 1/k\ \ 1/l$)相交。这种晶面不止一个。例如($2/h\ \ 2/k\ \ 2/l$)和($3/h\ \ 3/k\ \ 3/l$)求倒数后变为($h/2\ \ k/2\ \ l/2$)，($h/3\ \ k/3\ \ l/3$)，整数化后均为($h\ k\ l$)晶面。那么($n/h\ \ n/k\ \ n/l$)和($(n+1)/h\ \ (n+1)/k\ \ (n+1)/l$)有什么不同呢？($n/h\ \ n/k\ \ n/l$)和($(n+1)/h\ \ (n+1)/k\ \ (n+1)/l$)代表相邻的晶面，它们的晶面性质是相同的。

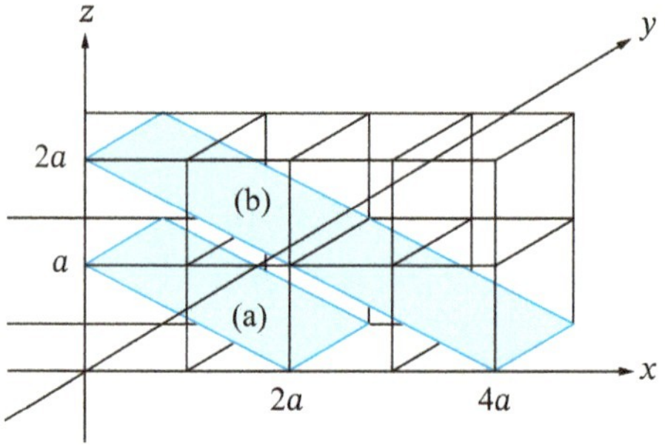

图 3.7　(1 0 2)面的两个例子

注：（a）和（b）是相同的晶面。

尽管在三维空间中，有无数种可以由晶胞重复构成的结构，但已知只有 7 种晶系（包括之前提到的三斜晶系）和 14 种布拉维格子能够没有重叠或缺口地填满三维空间。图 3.8 展示了最简单的晶格结构，包括简单立方格子，体心立方格子和面心立方格子。

在这里，我们简要提及与半导体密切相关的金刚石结构。金刚石结构如图 3.9（a）所示，由两个错开的面心立方格子构成。基本结构是面心立方格子，因此用于表示晶胞特征的矢量如图 3.9（b）所示为$a_1 = a/2[1\,1\,0]$，$a_2 = a/2[1\,0\,1]$，$a_3 = a/2[0\,1\,1]$。这个结构的特点是晶胞内有两个原子。

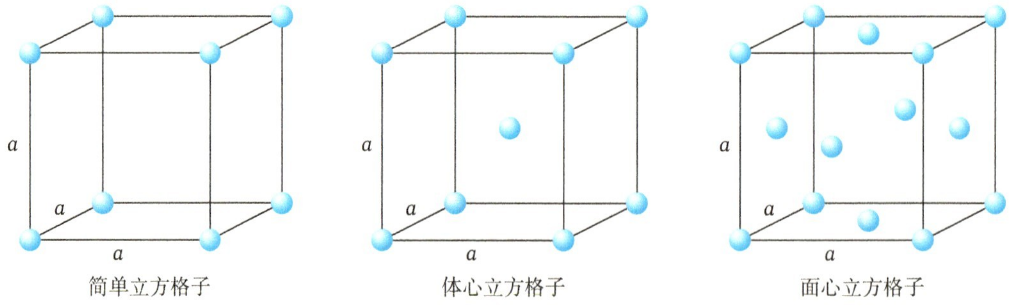

图 3.8　简单的晶格结构

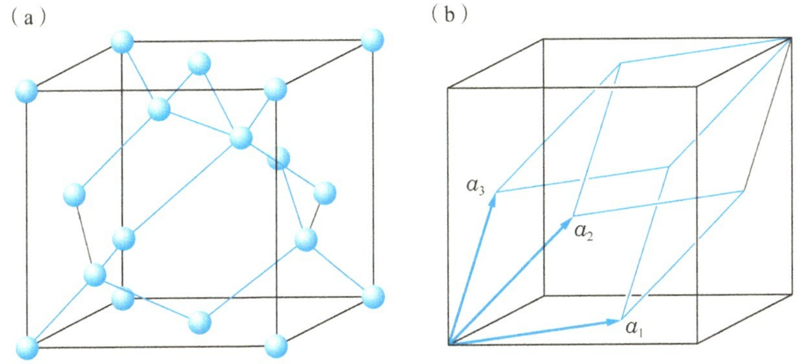

图 3.9　金刚石结构

晶胞的基矢与面心立方格子相同，但晶胞内包含两个原子。其中一个原子位于晶胞的角落，另一个完全位于内部。当这两个原子种类不同时（例如 GaAs），这种结构被称为闪锌矿结构。

3-2　金属自由电子理论

3-2-1　波函数与能量

物质中的电子在受到周期性排列的原子核引力的作用下运动。此外，对于其中的任一个电子，其他电子也会施加排斥力。尽管物质中的电子一直受到这些力的影响，但金属自由电子理论采用了一种简化模型，忽略了这些效应，假设电子总是在恒定的电势场中运动。然而，金属中的电子不会从表面飞出，因为物质表面存在原子核引力形成的势垒。即使我们忽略了原子的势能，电子仍然在一个具有有限势垒的方势阱中运动。按照这个模型求解薛定谔方程，将变成一个与方势阱相同的问题。正如前面提到的，其解是驻波。正如我们所知，驻波是不传播的波。这与我们所知的金属中电子是在运动的这一事实相矛盾，因此这个解并不适用。

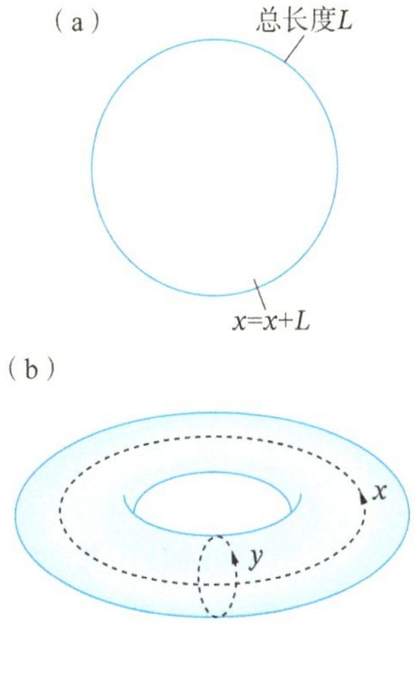

图 3.10　(a) 一维和 (b) 二维的周期性边界条件

对于电子的平面波假设，我们引入周期性边界条件来替代方势阱。关于周期性边界条件，我们在第 2 章的 2-3-1 小节中已经略有提及，对于一维情况，我们可以将长度为L的物质的两端相连形成一个环，考虑沿环的顺时针和逆时针运动的模型（如图 3.10（a）所示）。

这个环存在于二维平面上。另一方面，对于在二维平面上运动的电子引入周期性边界条件，就会呈现出像游泳圈一样的形状，电子的波将存在于三维空间中。而对于在三维空间中运动的电子引入周期性边界条件，波存在的空间将成为四维，因此难以进行图示。

首先，我们从一维问题开始考虑。在当前的周期性边界条件下，电子在运动时，其势能是恒定的，不随时间变化。由于这个恒定势能只是改变了能量的参考点，为了简化问题，我们将势能函数$V(x)$设为 0。因此，只需要解出以下定态薛定谔方程即可㊀：

$$-\frac{\hbar^2}{2m_\mathrm{e}}\frac{\partial^2\varphi(x)}{\partial x^2}=\mathcal{E}\varphi(x) \tag{3.7}$$

考虑含有时间因子的波函数，则得到：

$$\Psi(x,t)=\varphi(x)\exp\left(-\frac{\mathrm{i}\mathcal{E}t}{\hbar}\right) \tag{3.8}$$

考虑在某个时刻t的电子状态，位置x和与x距离一个周期L的$x+L$处必须具有相同的电子状态，因此波函数应满足：

$$\Psi(x,t)=\Psi(x+L,t) \tag{3.9}$$

即以下关系成立：

$$\varphi(x)=\varphi(x+L) \tag{3.10}$$

式(3.7)可以轻松求解。由于电子在物质中运动，所以动能为正，即$\mathcal{E}>0$。令$k^2=2m_\mathrm{e}\mathcal{E}/\hbar^2$（$k$是实数），我们可以得到波函数的解为：

$$\varphi(x)=A\exp(\mathrm{i}kx)\text{或者}\varphi(x)=A\exp(-\mathrm{i}kx) \tag{3.11}$$

其中A是波函数的振幅。如果允许k具有正值或负值，那么波函数可以表示为：

$$\varphi(x)=A\exp(\mathrm{i}kx) \tag{3.12}$$

从式(3.10)中得到：

$$A\exp(\mathrm{i}kx)=A\exp[\mathrm{i}k(x+L)] \tag{3.13}$$

为了使这个关系成立，需要满足以下条件：

$$k=\frac{2\pi n}{L}\quad(n=0,\pm1,\pm2,\cdots) \tag{3.14}$$

这意味着波数k不能取任意值，而是取离散的值。这种不连续性对应着电子的物质波在位置x和位置$x+L$上处于相同状态需要满足$L=n\lambda$（$\lambda=2\pi/k$）的关系。然而，波可以在x的正方向和负方向传播，因此n可以取正值或负值，这对应于k可以取正值或负值。波函数

㊀ 这里电子的质量表示为m_e。

的振幅A可以从归一化条件中得到：

$$\int_0^L |\varphi(x)|^2 \,\mathrm{d}x = 1 \tag{3.15}$$

从中求得$A = 1/\sqrt{L}$。此外，能量为：

$$\mathcal{E} = \frac{\hbar^2}{2m_\mathrm{e}}\left(\frac{2\pi}{L}\right)^2 n^2 \quad (n = 0, \pm 1, \pm 2, \cdots) \tag{3.16}$$

现在，我们将这种考虑方式扩展到边长为L的立方体这样的三维物体。对于三维情况，薛定谔方程如下：

$$-\frac{\hbar^2}{2m_\mathrm{e}}\nabla^2\varphi(\boldsymbol{r}) = \mathcal{E}\varphi(\boldsymbol{r}) \tag{3.17}$$

波函数表示为：

$$\varphi(\boldsymbol{r}) = \frac{1}{L^{3/2}}\exp\left[\mathrm{i}(k_x x + k_y y + k_z z)\right] \tag{3.18}$$

$1/L^{3/2}$是归一化常数。通过类似的讨论，根据周期性边界条件，需要满足以下条件：

$$k_x = \frac{2\pi n_x}{L}, \quad k_y = \frac{2\pi n_y}{L}, \quad k_z = \frac{2\pi n_z}{L} \quad (n_x, n_y, n_z = 0, \pm 1, \pm 2, \cdots) \tag{3.19}$$

同时，能量也满足以下条件：

$$\mathcal{E} = \frac{\hbar^2}{2m_\mathrm{e}}\left(\frac{2\pi}{L}\right)^2 ({n_x}^2 + n_y^2 + n_z^2) \quad (n_x, n_y, n_z = 0, \pm 1, \pm 2, \cdots) \tag{3.20}$$

k_x，k_y和k_z取离散的正值或负值，但在以k_x，k_y和k_z为轴的坐标系中，三维的小立方体$(2\pi/L)^3$是最小的单元，每一个小立方体对应一个电子状态。考虑到自旋，一个小立方体最多可以容纳一个自旋向上和一个自旋向下的两个电子。需要注意的是，以k_x，k_y和k_z为轴的坐标系被称为k空间。

到目前为止，我们得到的电子状态是在假设一个边长为L的立方体物质中只存在一个电子的情况下求得的单电子状态。现在考虑将N个电子填充到这种状态中[㊀]。由于N是自由电子在金属中的数量，可以考虑到单位体积电子的数量通常是在阿伏伽德罗常数的量级，大约是10^{24}。

这么大数量的电子集合体实现最低能量状态，是通过从能量最低的状态开始填充电子来实现的。电子的能量由式(3.20)给出，在电子数量非常多的情况下，将电子从能量较低的

㊀ 首先，假设我们要填充N个电子，那么之前得出的单电子波函数和能量是不成立的。但是，在这里为了进行简化，我们假设这是可能的，以便进行进一步讨论。

状态开始填充的结果在k空间中形成了一个球状分布。这个球体称为费米球。费米球的半径k_F称为费米波数，满足以下关系式：

$$2 \times \frac{(4\pi/3)k_F^3}{(2\pi/L)^3} = N \tag{3.21}$$

左边第一项的系数 2 对应于自旋自由度（自旋向上、自旋向下），$(4\pi/3)k_F^3$是k空间中半径k_F的球体的体积。而$(2\pi/L)^3$是最小单元小立方体的体积，因此$(4\pi/3)k_F^3/(2\pi/L)^3$表示在半径k_F的球体中有多少个小立方体存在。但是需要注意，这个关系只在绝对温度为 0K 的情况下成立。费米球的表面从微观角度看，会受到k空间中小立方体的凹凸影响，但是k的值非常大，比小立方体的边长$2\pi/L$大得多，因此可以忽略表面的微小凹凸。这个球体的表面称为费米面。

为了获得具体的数值概念，假设$L = 1\text{cm}$，那么：

$$k_F \approx 3 \times 10^8 \text{cm}^{-1} \tag{3.22}$$

而小立方体的边长是 $2\pi\text{cm}^{-1}$。此外，将费米波数转化为粒子的速度，自由电子的动量为$\hbar k_F$，因此：

$$v_F = \frac{\hbar k_F}{m_e} \tag{3.23}$$

根据这个关系，$v_F \approx 3 \times 10^8 \text{cm/s}$。在这里，$m_e$代表电子的质量。这个值非常大，相当于光速的 1%，称为费米速度。费米波数处的能量称为费米能量。用$\mathcal{E}_F = \hbar^2 k_F^2/(2m_e)$将费米能量转化为温度：

$$\mathcal{E}_F = \frac{\hbar^2 k_F^2}{2m_e} = k_B T \tag{3.24}$$

大约在 10^5K 左右。与室温 300K 相比，这是一个明显高得多的温度。这里，k_B是玻尔兹曼常数。

3-2-2 状态密度

状态密度（Density of States，DOS）$D(\mathcal{E})$是一个物理量，它表示在能量$\mathcal{E}$和$\mathcal{E} + \Delta\mathcal{E}$之间电子可能占据的状态数量$\Delta N(\mathcal{E})$。它由$\Delta N(\mathcal{E}) = D(\mathcal{E})\Delta\mathcal{E}$定义。在自由电子模型中，状态密度$D(\mathcal{E})$可以通过以下方式计算：

考虑能量为$\mathcal{E}$的球面，其半径k应该满足关系：

$$\mathcal{E} = \frac{\hbar^2 k^2}{2m_e} \tag{3.25}$$

因此表面积为$4\pi k^2$，半径在k和$k + \Delta k$之间的部分体积可写为$4\pi k^2 \Delta k$。其中包含的状态数为：

$$D(\mathcal{E})\Delta\mathcal{E} = 2 \times \frac{4\pi k^2 \Delta k}{(2\pi/L)^3} \tag{3.26}$$

系数 2 代表自旋的自由度。利用式(3.25)将上式以$\mathcal{E}$表示：

$$D(\mathcal{E}) = \frac{L^3(2m_e)^{3/2}}{2\pi^2\hbar^3}\mathcal{E}^{1/2} \tag{3.27}$$

其中$L^3 = V$。从式(3.27)可以看出，在三维空间中$D(\mathcal{E})$与$\mathcal{E}^{1/2}$成正比。

那么，在一维空间中状态密度与能量的关系会怎样呢？在一维空间中，k与能量的关系如图 3.11（a）所示，呈现二次函数的形式。需要注意的是，k是具有不连续值的，其间隔为$2\pi/L$。基于图 3.11（b），我们考虑某个能量附近的微小量$\Delta\mathcal{E}$。

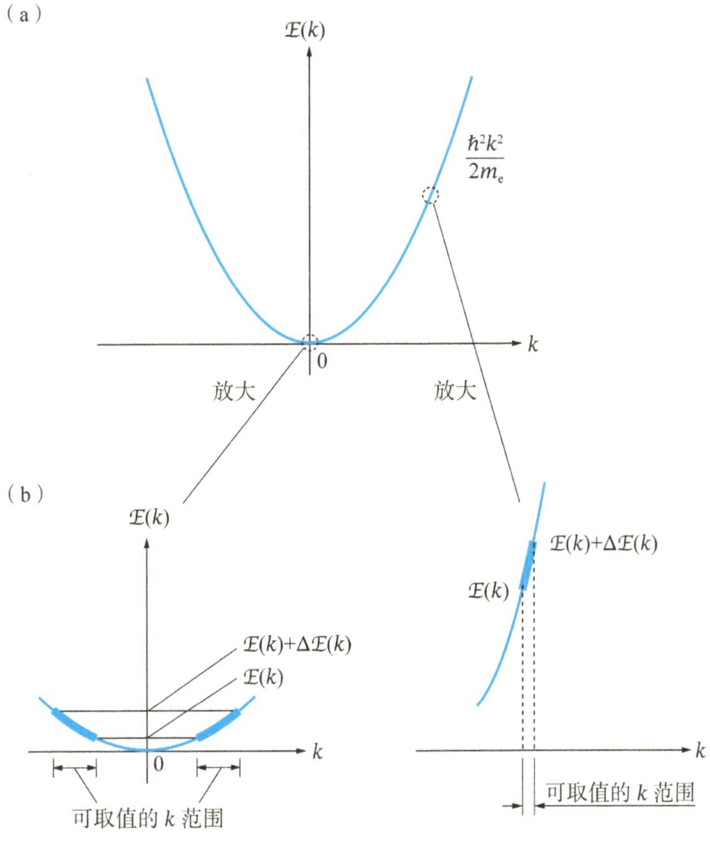

图 3.11　在一维空间中状态密度与能量关系

（a）$\mathcal{E}(k)$曲线，（b）$\mathcal{E}(k) = 0$ 附近和$\mathcal{E}(k) \neq 0$ 附近的放大图。虽然$\mathcal{E}(k) \neq 0$ 附近的状态在k为负值的区域也存在，但已省略。

当$\mathcal{E}$接近零时，在$\mathcal{E}$和$\mathcal{E}+\Delta\mathcal{E}$之间存在许多可能的$k$值。然而，随着$\mathcal{E}$的增大，只有少数几个$k$值被允许。因此，在一维情况下，$\mathcal{E}$增大时，状态密度会减小。通过进行类似于上述的计算，得出状态密度与$1/\mathcal{E}^{1/2}$成正比的结果。

在二维情况下会发生什么呢？在三维空间中与$\mathcal{E}^{1/2}$成正比，而在一维空间中与$1/\mathcal{E}^{1/2}$成正比，因此预计在二维空间中状态密度会与$\mathcal{E}$无关。如图 3.12 所示，随着k的增大，k和$k+\Delta k$之间的区域面积增大。这个面积为$2\pi k\Delta k$，因此状态密度可以表示为：

$$D(\mathcal{E})\Delta\mathcal{E}=2\times\frac{2\pi k\Delta k}{(2\pi/L)^2} \tag{3.28}$$

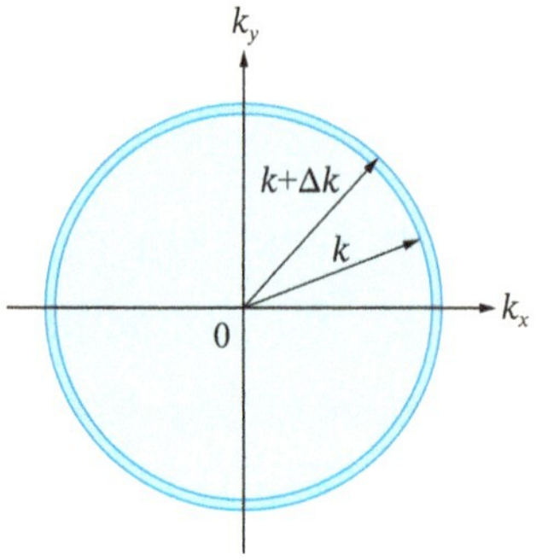

图 3.12　在二维空间中的状态密度

通过使用式(3.25)重新表示，得到的结果是$D(\mathcal{E})$为与能量无关的定值$\{m_e/(\pi h^2)\}L^2$。在二维和三维空间中的差异在于，三维空间中的状态密度与k空间中球体的表面积成正比，即与k^2有关，而在二维空间中与周长成正比，即与k成正比，因此具有较低的k相关性。总之，状态密度随维数的变化如图 3.13 所示。

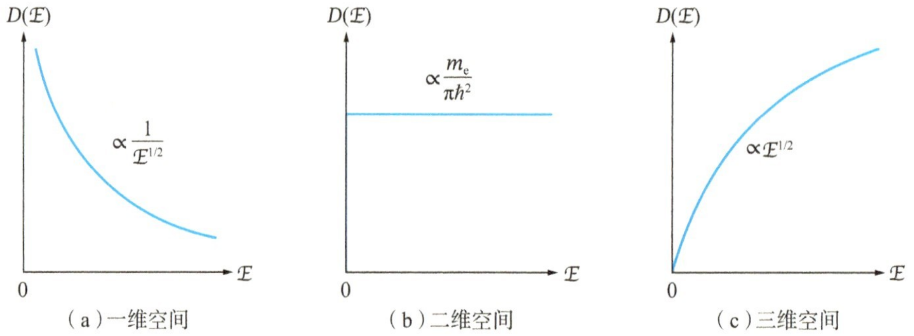

图 3.13　（a）一维空间，（b）二维空间，（c）三维周期性边界条件下的状态密度$D(\mathcal{E})$与能量$\mathcal{E}$的相关性

3-2-3　电子比热

比热是一种物理量，它表示在某一温度T下，当物质的温度产生一个微小量ΔT的变化时，内部能量$\mathcal{E}(T)$会发生多大的变化，其定义如下：

$$C(T)=\frac{\mathrm{d}\mathcal{E}(T)}{\mathrm{d}T} \tag{3.29}$$

比热可分为电子运动引起的电子比热和晶格运动引起的晶格比热两种。

在这里，我们考虑电子比热。前面的讨论中，我们假设费米球是一个具有明确边界的球体。然而，这只在绝对温度为 0K 的情况下成立，在有限温度下不成立。有限温度下存在热能，电子会吸收热能，激发到高能量状态。

当温度上升至ΔT时，是否大约 10^{24} 个电子都会吸收热能而被激发？实际情况并非如此。这是因为存在泡利不相容原理。在室温下，热能$k_B\Delta T$（其中k_B是玻尔兹曼常数）约为 0.026eV，但费米能量是数 eV，相当于 10^5K。因此，位于费米球内部的电子，即使吸收热能，获得的能量也很微弱，并且激发后的状态已经被其他电子占据。因此，费米球内的电子不会发生任何变化。另一方面，对位于费米球表面（费米面）的电子而言，吸收热能后存在更高能量且未被占据的状态可供跃迁。因此，只有费米球表面的电子会吸收热能并跃迁到激发态。可能吸收热能并跃迁到高能状态的电子数量由费米能量附近的状态密度$D(\mathcal{E}_F)$决定，因此可以写成$D(\mathcal{E}_F)k_BT$。因为每个电子都吸收热能，所以温度T下的能量增加约为$D(\mathcal{E}_F)(k_BT)^2$。现在，当温度从T升至$T+\Delta T$时，内部能量的增加量$\Delta\mathcal{E}(T)$是：

$$\Delta\mathcal{E}(T) = D(\mathcal{E}_F)\{[k_B(T+\Delta T)^2 - (k_BT)^2]\} \tag{3.30}$$

所以，比热是：

$$C(T) \propto D(\mathcal{E}_F)k_B^2T \tag{3.31}$$

因此，比热与温度T和费米能量处的状态密度$D(\mathcal{E}_F)$成正比。

到目前为止的讨论是围绕由金属中的电子引起的电子比热进行的，但考虑到晶格振动对整个物质的比热有重大贡献，因此还需要考虑晶格比热。在低温下，晶格振动的比热与T^3成正比，因此将电子比热和晶格比热相加后，得到$C=\gamma T+\beta T^3$。将这个公式变形为$C/T=\gamma+\beta T^2$，以T^2为横轴，C/T为纵轴绘图，从与纵轴的交点和斜率可以确定γ和β，图 3.14 是一个范例。此外，$D(\mathcal{E}_F)$取决于电子的质量，所以通过电子比热的测量，可以获得与电子质量（在物质中通常是有效质量）有关的信息。

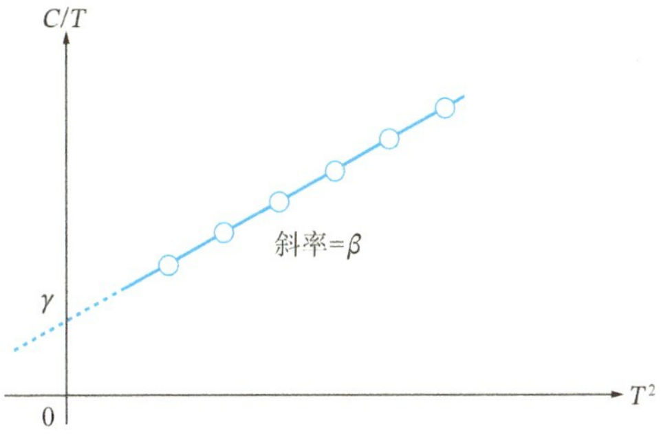

图 3.14　低温比热的C/T与T^2的关系

3-2-4　费米-狄拉克分布函数和玻尔兹曼分布函数

费米-狄拉克分布函数是描述在给定温度T下电子占据能量为$\mathcal{E}$的状态的概率的函数。在由许多电子组成的系统中，为了将能量最小化，必须根据泡利不相容原理，从能量较低的状态开始填充电子，因此低能态中一定存在电子。另一方面，极高能态下存在电子的概率将接近于零。正如前面所述，绝对温度为 0K 时，在费米能量以下一定存在电子，而在费米能量以上则不存在电子，因此概率分布类似于图 3.15 中的虚线。此外，在有限温度下，电子的热激发能量约为k_BT，因此费米能量附近的电子分布变化幅度将与k_BT的数量级相当，可以预期其概率分布将类似于实线所示。更精确的分析表明，费米-狄拉克分布函数可以表示为：

$$f(\mathcal{E}) = \left[1 + \exp\left(\frac{\mathcal{E} - \mathcal{E}_F}{k_B T}\right)\right]^{-1} \tag{3.32}$$

其中，$\mathcal{E}_F$是费米能量，在有限温度T下，电子占据能量$\mathcal{E}_F$的概率为 1/2。

上述费米-狄拉克分布函数考虑了泡利不相容原理的分布函数，因此是以量子统计学为基础的。那么在电子密度较低的情况下会发生什么呢？在电子密度较低的情况下，两个电子同时占据包括自旋在内的相同量子态的概率非常低，因此考虑基于泡利不相容原理的量子统计学没有意义。在这种情况下，可以将电子视为经典粒子，此时经典统计学是适用的。在有限温度T下的费米-狄拉克分布函数，对于满足$\mathcal{E} \gg \mathcal{E}_F$关系的高能态电子，可以表示为：

$$f(\mathcal{E}) \propto \exp\left(-\frac{\mathcal{E}}{k_B T}\right) \tag{3.33}$$

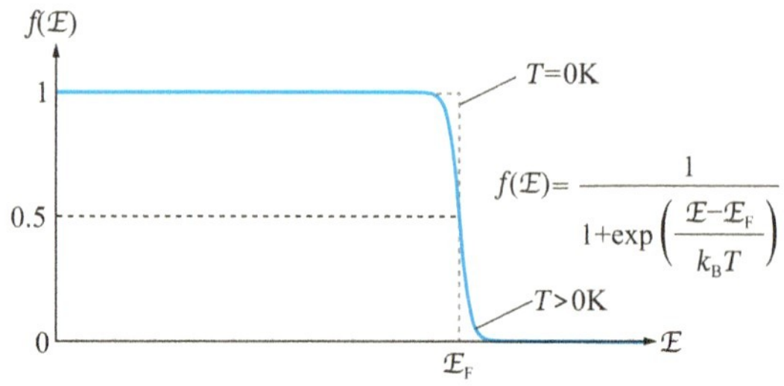

图 3.15　费米-狄拉克分布函数

这是一种被称为玻尔兹曼分布的经典分布函数。后面会讲到，例如在硅（Si）的本征半导体中，导带中的电子的能量远大于室温下的热能，因此数量非常有限，此时玻尔兹曼分布函数是一个很好的近似。

3-3 布洛赫定理

本书涉及的晶体原子排列具有周期性。因此，作用于电子的电势也是周期性的，电子在周期性势场中运动。在这种周期性势场中运动的电子的性质将会如何呢？

为了简单起见，我们从一维情况开始讨论。如果势能不随时间变化，那么就处于稳态，薛定谔方程可写为[㊀]：

$$\left\{-\frac{\hbar^2}{2m_e}\frac{\partial^2}{\partial x^2}+V(x)\right\}\phi(x)=\mathcal{E}\phi(x) \tag{3.34}$$

原子按周期a规则排列，势能$V(x)$应具有以下性质：

$$V(x)=V(x+a)=V(x+2a)=\cdots \tag{3.35}$$

在这里使用x与$(x+a)$之间的关系：

$$\frac{\partial}{\partial x}=\frac{\partial}{\partial(x+a)}\times\frac{\partial(x+a)}{\partial x} \tag{3.36}$$

可以将方程(3.34)中的x改写为$(x+a)$，并使用$V(x)=V(x+a)$的关系，可以得到：

$$\left\{-\frac{\hbar^2}{2m_e}\frac{\partial^2}{\partial(x+a)^2}+V(x+a)\right\}\phi(x+a)=\mathcal{E}\phi(x+a) \tag{3.37}$$

将$(x+a)$记作x'，则方程(3.37)变为：

$$\left\{-\frac{\hbar^2}{2m_e}\frac{\partial^2}{\partial x'^2}+V(x')\right\}\phi(x')=\mathcal{E}\phi(x') \tag{3.38}$$

将方程(3.34)和方程(3.38)进行比较，可以发现它们是相同的微分方程，因此有如下关系：

$$\phi(x+a)=C\phi(x) \tag{3.39}$$

由于波函数是复数函数，C可以是实数，也可以是复数。晶体具有a的周期性，电子的分布也必须具有a的周期性。因此得到以下关系：

$$|\phi(x+a)|^2=|\phi(x)|^2=|C|^2|\phi(x)|^2 \tag{3.40}$$

正如之前提到的，C可以是复数，所以方程(3.40)表明$C=\exp(\mathrm{i}\theta)$。θ是相位因子，$C=1$是$C=\exp(\mathrm{i}\theta)$的特殊解。从式(3.39)中可以看出，如果平移距离a，则波函数会变化$C=\exp(\mathrm{i}\theta)$，如果平移 $2a$，则会变化$\exp(\mathrm{i}2\theta)$。所以，如果平移na，它会变化$\exp(\mathrm{i}n\theta)$。

在这里考虑周期性边界条件。总长度为L，假设$L=Na$（N是原子的数量）成立，则有：

$$\phi(x+L)=\phi(x+Na)=\phi(x) \tag{3.41}$$

所以以下关系成立：

$$\exp(\mathrm{i}N\theta)=1 \tag{3.42}$$

即需要满足：

$$N\theta=2\pi n\quad(n=0,\pm1,\pm2,\cdots) \tag{3.43}$$

㊀ 在这里，将满足布洛赫定理的波函数记为$\phi(x)$。

这个式子中不包含原子间隔a，我们需要对这个式子稍作变形：

$$\theta = \frac{2\pi n}{N} = \left(\frac{2\pi n}{L}\right)a = ka \tag{3.44}$$

这里：

$$k = \frac{2\pi n}{L} \quad (n = 0, \pm 1, \pm 2, \cdots) \tag{3.45}$$

根据式(3.44)，式(3.39)变为：

$$\phi(x+a) = \exp(\mathrm{i}ka)\phi(x) \tag{3.46}$$

当平移距离$R = na$时：

$$\phi(x+R) = \exp(\mathrm{i}kR)\phi(x) \tag{3.47}$$

这种关系被称为布洛赫定理。在导出布洛赫定理的过程中，没有使用近似。因此，布洛赫定理是具有周期结构的物质中的电子所具有的基本波函数性质。式(3.47)中的R表示原子排列的周期性，一旦知道原子排列就可以确定它。另一方面，k是式(3.47)中的一个重要量子数。但是，$\phi(x)$具体是怎样的函数仍然不清楚。

那么，$\phi(x)$会是什么样的呢？电子在没有周期性势场时是平面波，如果周期性势场很弱，电子的运动将趋近于平面波。因此，波函数可以写成：

$$\phi(x) = \exp(\mathrm{i}kx)u(x) \tag{3.48}$$

$u(x)$是调制平面波$\exp(\mathrm{i}kx)$的函数。$\phi(x)$必须满足布洛赫定理。为了使式(3.48)满足布洛赫定理，需要有：

$$\begin{aligned}\phi(x+a) &= \exp[\mathrm{i}k(x+a)]u(x+a)\\ &= \exp(\mathrm{i}ka)\exp(\mathrm{i}kx)u(x+a)\\ &= \exp(\mathrm{i}ka)\phi(x)\\ &= \exp(\mathrm{i}ka)\exp(\mathrm{i}kx)u(x)\end{aligned} \tag{3.49}$$

因此，以下关系必须成立：

$$u(x+a) = u(x) \tag{3.50}$$

上式表明$u(x)$是一个在晶胞内变化的函数。最终，布洛赫函数$\phi(x)$如图 3.16 所示，由$u(x)$决定了晶胞内电子的状态，而整个晶体的状态则由平面波函数决定。

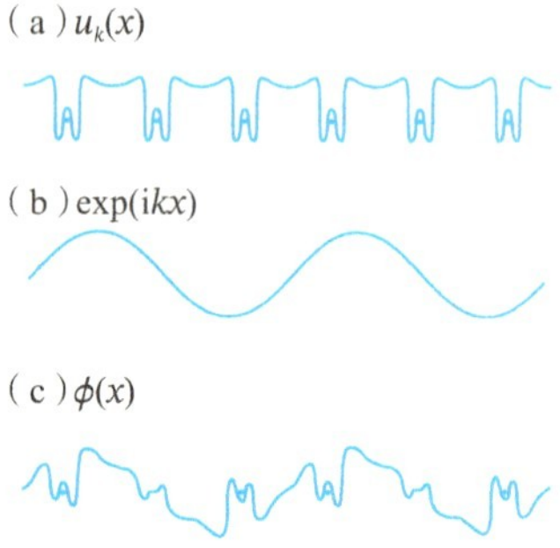

图 3.16　函数（a）$u_k(x)$，（b）$\exp(\mathrm{i}kx)$，（c）$\phi(x) = \exp(\mathrm{i}kx)u_k(x)$的形状

引用自：上村洸，中尾宪司《电子物性论》（1995 年，培风馆出版社）

此外，从布洛赫定理中，我们可以了解关于k的一些重要性质。周期函数可以通过傅里叶级数展开，因此函数$u(x)$可以表示为：

$$u(x) = \sum_G u_G \exp(\mathrm{i}Gx) \tag{3.51}$$

这里，由于$u(x+a)=u(x)$成立，所以有：

$$u(x+a)=\sum_G u_G \exp[\mathrm{i}G(x+a)]=u(x)=\sum_G u_G \exp(\mathrm{i}Gx) \tag{3.52}$$

由上式可以得出$\exp(\mathrm{i}Ga)=1$ 的关系。即：

$$G=\frac{2\pi n}{a} \quad (n=0,\pm 1,\pm 2,\cdots) \tag{3.53}$$

G被称为倒易晶格矢量。使用满足这个关系的G，布洛赫函数可以表示为：

$$\phi_k(x)=\sum_G u_{k+G} \exp[\mathrm{i}(k+G)x] \tag{3.54}$$

将系数的下标变为$k+G$，记作u_{k+G}。将k平移一个倒易晶格矢量K，将k替换为$k+K$，得到如下形式：

$$\phi_{k+K}(x)=\sum_G u_{k+K+G} \exp[\mathrm{i}(k+K+G)x] \tag{3.55}$$

由于K和G都是倒易晶格矢量，所以$K+G=G'$，使用G'来重写式(3.55)，得到：

$$\phi_{k+K}(x)=\sum_{G'} u_{k+G'} \exp[\mathrm{i}(k+G')x]=\phi_k(x) \tag{3.56}$$

由此，我们知道k和$k+K$代表相同的量子状态。这一事实表明了一个重要的关系：

$$\mathcal{E}(k)=\mathcal{E}(k+K) \tag{3.57}$$

那么，对于具有某个波数k的电子，其能量将会如何变化呢？$u(x)$是表示晶胞尺寸的电子状态函数，因此类似于讨论方势阱或氢原子时的情形，能量应该是离散的。为了验证这一点，我们将式(3.48)代入薛定谔方程式(3.34)中，得到如下结论：

$$\left\{-\frac{\hbar^2}{2m_\mathrm{e}}\frac{\partial^2}{\partial x^2}-\frac{\mathrm{i}\hbar^2 k}{m_\mathrm{e}}\frac{\partial}{\partial x}+\frac{\hbar^2 k^2}{2m_\mathrm{e}}+V(x)\right\}u(x)=\mathcal{E}(k)u(x) \tag{3.58}$$

根据式(3.58)大括号中的第 2 项和第 3 项依赖于k的性质，我们可以得出能量应该依赖于k，用$\mathcal{E}(k)$表示。考虑到$V(x)$是来自原子核的引力势能，假设它类似于氢原子的势能。那么，虽然是在一维情况下，由于式(3.58)大括号中的第 1 项和第 4 项类似于氢原子的方程式，我们可以猜测$\mathcal{E}(k)$应该具有离散的能量值。如果按顺序命名从基态开始的能级为$n=1,2,3,\cdots$，那么$u(x)$和$\mathcal{E}(k)$将取决于k和n，需要用$u_{n,k}(x)$，$\mathcal{E}_n(k)$来表示。将k代入式(3.58)并取负号，得到：

$$\left\{-\frac{\hbar^2}{2m_\mathrm{e}}\frac{\partial^2}{\partial x^2}+\frac{\mathrm{i}\hbar^2 k}{m_\mathrm{e}}\frac{\partial}{\partial x}+\frac{\hbar^2 k^2}{2m_\mathrm{e}}+V(x)\right\}u_{n,-k}(x)=\mathcal{E}(-k)u_{n,-k}(x) \tag{3.59}$$

另一方面，由于$\mathcal{E}(k)$是能量的本征值，所以它是实数，同时需要注意到势能$V(x)$也是实数。对式(3.58)进行复共轭操作，可以得到：

$$\left\{-\frac{\hbar^2}{2m_\mathrm{e}}\frac{\partial^2}{\partial x^2}+\frac{\mathrm{i}\hbar^2 k}{m_\mathrm{e}}\frac{\partial}{\partial x}+\frac{\hbar^2 k^2}{2m_\mathrm{e}}+V(x)\right\}u_{n,k}^*(x)=\mathcal{E}(k)u_{n,k}^*(x) \tag{3.60}$$

这个微分方程与方程(3.59)完全相同，因此$\mathcal{E}(-k) = \mathcal{E}(k)$成立。此外，在周期性边界条件下，需要满足$k = 2\pi n/L$（$n = 0, \pm1, \pm2, \cdots$）的关系，因此$k$也是离散的值。所以，对于$k$和$\mathcal{E}(k)$之间的关系，可以用图 3.17 来示意。

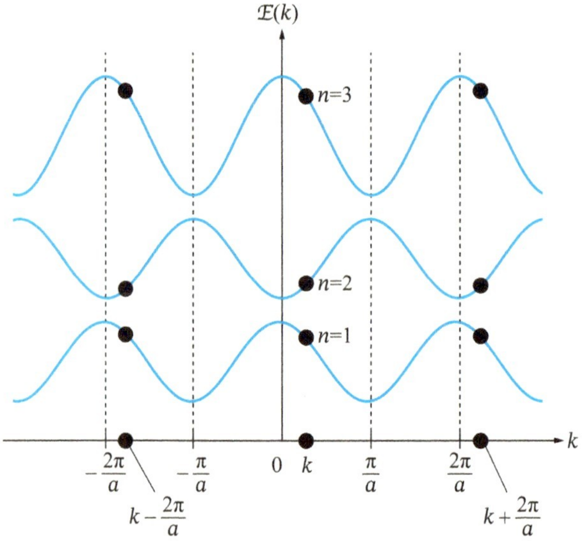

图 3.17　在一维周期性边界条件下的$\mathcal{E}_n(k)$曲线

在这里，k取离散的数值。

将以上内容扩展到三维空间是相对容易的。将电子的位置坐标x扩展到三维矢量$\boldsymbol{r}$，将波数k扩展为三维波矢量$\boldsymbol{k}$，将R扩展为三维晶格矢量$\boldsymbol{R}$，将K扩展为三维倒易晶格矢量$\boldsymbol{K}$，可以得到以下方程(3.61)~(3.64)。至于倒易晶格，我们将在其他章节中进一步详细讨论。

$$\phi_{n,\boldsymbol{k}}(\boldsymbol{r}+\boldsymbol{R}) = \exp(\mathrm{i}\boldsymbol{k}\cdot\boldsymbol{R})\,\phi_{n,\boldsymbol{k}}(\boldsymbol{r}) \tag{3.61}$$

$$\phi_{n,\boldsymbol{k}}(\boldsymbol{r}) = \exp(\mathrm{i}\boldsymbol{k}\cdot\boldsymbol{r})\,u_{n,\boldsymbol{k}}(\boldsymbol{r}) \tag{3.62}$$

$$\phi_{n,\boldsymbol{k}+\boldsymbol{K}}(\boldsymbol{r}) = \phi_{n,\boldsymbol{k}}(\boldsymbol{r}) \tag{3.63}$$

$$\mathcal{E}_n(\boldsymbol{k}) = \mathcal{E}_n(\boldsymbol{k}+\boldsymbol{K}) \tag{3.64}$$

这里要提一下布洛赫函数的归一化。假设物质在基矢的方向上由N_1、N_2、N_3个晶胞组成，晶胞的数目为N（$= N_1 \times N_2 \times N_3$）。如果要对晶胞内的$u_{n,\boldsymbol{k}}(\boldsymbol{r})$进行归一化，那么需要满足如下关系：

$$\int_{\text{晶胞}} \left|u_{n,\boldsymbol{k}}(\boldsymbol{r})^2\right| \mathrm{d}\boldsymbol{r} = 1 \tag{3.65}$$

布洛赫函数表示为：

$$\phi_{n,\boldsymbol{k}}(\boldsymbol{r}) = \frac{1}{\sqrt{N}}\exp(\mathrm{i}\boldsymbol{k}\cdot\boldsymbol{r})\,u_{n,\boldsymbol{k}}(\boldsymbol{r}) \tag{3.66}$$

3-4 一维空格子的电子结构

空格子是一种模型，其中原子周期性地排列，但没有势能。由于没有势能，人们可能认为它类似于自由电子，但由于周期性的存在，它与自由电子不同。那么，具有这种周期性的电子状态会是什么样子呢？此外，布洛赫定理在空格子中将如何表现？在本节中，我们的目标是在一维系统中验证这一点。

在空格子中，由于晶体的周期性，波函数必须满足布洛赫定理。因此，将$u(x)$按照倒易晶格矢量G（$=2\pi n/a$，$n=0,\pm1,\pm2,\pm3,\cdots$）进行傅里叶展开，可以将布洛赫函数表示如下：

$$\phi_k(x) = \sum_G u_{k+G}\exp[\mathrm{i}(k+G)x] \tag{3.67}$$

将上式代入薛定谔方程，得到如下结果：

$$\frac{\hbar^2}{2m_\mathrm{e}}\sum_G u_{k+G}(k+G)^2\exp[\mathrm{i}(k+G)x] = \mathcal{E}(k)\sum_G u_{k+G}\exp[\mathrm{i}(k+G)x] \tag{3.68}$$

在这里，我们关注某个倒易晶格矢量$\boldsymbol{K}$（$=2\pi m/a$），对上式左乘函数$\exp[-\mathrm{i}(k+K)x]$并在物质的长度$L=Na$上进行空间积分时，空间积分中仅剩下$G=K$项，其他空间积分为 0。结果得到：

$$\mathcal{E}(k) = \frac{\hbar^2(k+K)^2}{2m_\mathrm{e}} \tag{3.69}$$

对于$K=0,\pm2\pi/a,\pm4\pi/a,\cdots$的情况绘制图形，得到图 3.18。值得再次强调的是，在周期性边界条件下，k也是不连续的值。

倒易晶格矢量$\boldsymbol{K}$和k虽然都是不连续的值，但间隔大小不同。倒易晶格矢量的分母是a，而k的分母是$L=Na$。能量依赖于k，例如，当关注$k=\alpha$时，其能量是离散的，表示为$\mathcal{E}_n(\alpha)$。同时，图 3.18 满足$\mathcal{E}_n(\alpha)=\mathcal{E}_n(\alpha+\boldsymbol{K})$的关系。此外，在波函数方面，以$n=1$的情况为例，当$k=\alpha$时是$\exp(\mathrm{i}\alpha x)$，而在具有相同能量的$k=\alpha+2\pi/a$和$k=\alpha+4\pi/a$处也是$\exp(\mathrm{i}\alpha x)$，可以确认$\alpha$和$\alpha+K$具有相同的波函数。这个结果也适用于$n=2,3,\cdots$的状态。

注意观察图 3.18，可以看到图形在重复呈现区间$-\pi/a\leqslant k\leqslant\pi/a$的结构。因此，一旦了解了这个区域的电子结构，就可以了解其他区域的电子结构。区间$-\pi/a\leqslant k\leqslant\pi/a$被称为第一布里渊区（Brillouin zone）。

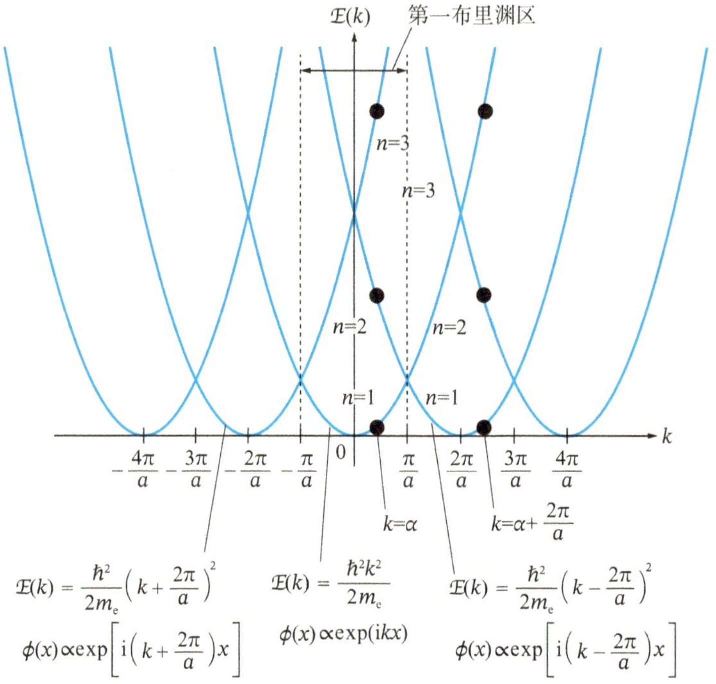

图 3.18 一维空格子中的$\mathcal{E}_n(k)$曲线

3-5 一维晶格的带隙

在前一节中，我们讨论了一维空格子的电子结构。如果每个格子上都有来自原子核的引力势能，会发生什么现象呢？本节将在假定势能较弱的情况下，从微扰理论的角度来研究这个问题。

根据非简并微扰理论，对于关注的电子状态，能量相差较大的电子状态产生的影响较弱。这种思考方式适用于前一节中的空格子电子结构，其中当$k \neq 0, \pm\pi/a, \pm 2\pi/a, \cdots$时，不同$n$的能量间隔较大。此外，在这种情况下，能量和波函数仅略微偏离无微扰状态（即没有原子引力势能的空格子）。

然而，当$k=0$、$k=\pm\pi/a$、$k=\pm 2\pi/a, \cdots$时情况不同。在这种情况下，不同的波函数具有相同的能量（简并状态），非简并微扰理论不适用。由于相互作用较强的是具有相同能量状态的波函数，因此我们将只关注简并的波函数。例如，$n=1$，$k=\pi/a$时，具有相同能量状态的波函数为$\phi_k(x)=(1/\sqrt{L})\exp(ikx)$和$\phi_{k-2\pi/a}(x)=(1/\sqrt{L})\exp[i(k-2\pi/a)x]$，我们只考虑这两个波函数。这两个波函数在$k=\pi/a$时叠加，但叠加方式有两种。这类似于考虑氢分子时，存在两种叠加方式，即成键轨道和反键轨道的叠加。成键轨道的叠加方式为：

$$\psi_+(x) \propto \phi_k(x) + \phi_{k-2\pi/a}(x) = \frac{1}{\sqrt{L}}\left\{\exp\left(\mathrm{i}\frac{\pi}{a}x\right) + \exp\left(-\mathrm{i}\frac{\pi}{a}x\right)\right\} \tag{3.70}$$

反键轨道的叠加方式为：

$$\psi_-(x) \propto \phi_k(x) - \phi_{k-2\pi/a}(x) = \frac{1}{\sqrt{L}}\left\{\exp\left(\mathrm{i}\frac{\pi}{a}x\right) - \exp\left(-\mathrm{i}\frac{\pi}{a}x\right)\right\} \tag{3.71}$$

在这里，我们忽略了归一化因子。这两个波函数具有不同的性质。成键轨道和反键轨道的电子存在概率分别为：

$$|\psi_+(x)|^2 \propto 4\cos^2\left(\frac{\pi}{a}x\right) \tag{3.72}$$

$$|\psi_-(x)|^2 \propto 4\sin^2\left(\frac{\pi}{a}x\right) \tag{3.73}$$

这两者的相位是不同的。

假设在位置$x = \cdots, -2a, -a, 0, a, 2a, \cdots$处存在原子，如图 3.19 所示，式(3.72)表示电子在原子位置的存在概率较高，而式(3.73)表示在两个原子之间的存在概率较高。电子存在于原子位置时，可以更显著地受到来自原子核的引力势能的影响，一般来说能量会更低。

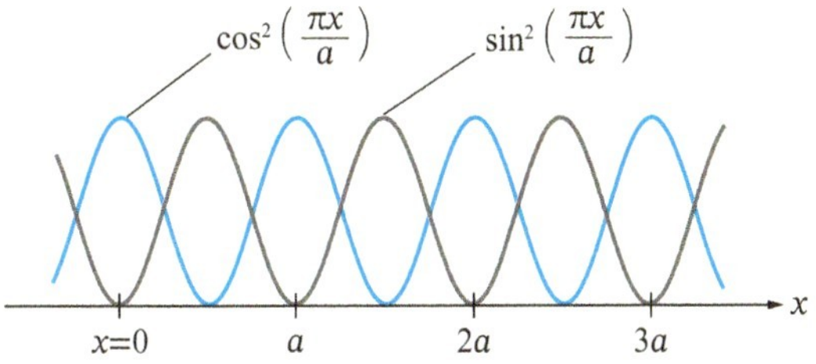

图 3.19　在一维空格子中引入势能时的波函数平方$|\psi(x)|^2$

因此，在$V(x) = 0$（空格子）时简并的状态在$V(x) \neq 0$（实际晶格）时将分裂。这种关系会在图 3.18 中的所有简并点发生。结果，得到了图 3.20 中的$\mathcal{E}(k)$曲线。这种波数k和能量$\mathcal{E}(k)$的关系被称为能带结构。从图 3.20 可以看出，对于某些$\mathcal{E}(k)$的值，该能量区域不存在对应的波数k。这个区域被称为带隙（也被称为禁带宽度）。另一方面，存在波数k的能量区域被称为允带。最终，能带结构是导带和带隙的重复。

带隙的形成可以用布拉格反射来解释。现在，假设在间距a的无限长一维物质中，电子的平面波在传播。传播的平面波会在每个原子处反射并产生反射波，但由于在每个原子处产生的反射波的相位是随机的，因此在每个原子处产生的反射波相互抵消，强度（振幅）会减弱。然而，在特定波长下，反射波的相位会一致，强度（振幅）会增强。这个条件如图 3.21 所示，可以写成：

$$2a = n\lambda \quad (n = \pm1, \pm2, \cdots) \tag{3.74}$$

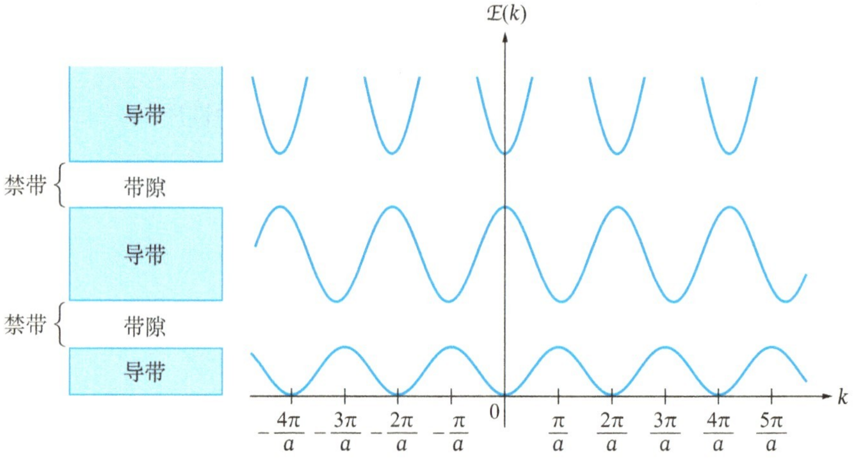

图 3.20　一维空格子引入引力势能时的$\mathcal{E}(k)$曲线

引入引力势能会形成带隙。

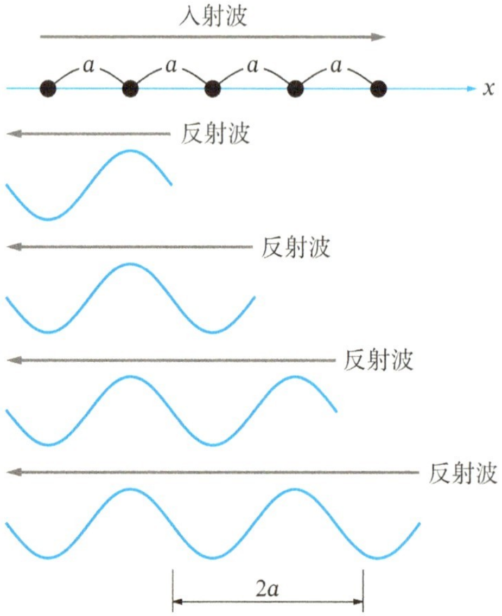

图 3.21　在晶格间距a的一维晶体中，前进的平面波被反射的情况

在波长 $2a$处，反射波的相位匹配，反射波的强度增大。

在这里，n的负值表示从与正值相反的方向入射。考虑在无限数量的原子中前进的电子物质波，在式(3.74)的条件下应该保持前进波和反射波各自占据一半的平衡条件。在$n=1$的情况下，前进波和反射波分别为：

$$\psi_{前进波}(x) \propto \exp\left(\mathrm{i}\frac{\pi}{a}x\right) \tag{3.75}$$

$$\psi_{反射波}(x) \propto \exp\left(-\mathrm{i}\frac{\pi}{a}x\right) \tag{3.76}$$

这两个波的振幅相等。在物质中的任何一点，这两个波同时存在，因此它们相互叠加形成了新的波，即成键轨道和反键轨道。这与式(3.70)和(3.71)相同，形成了驻波。此外，电子的存在概率由式(3.72)和(3.73)给出。因此，波长$\lambda=2a/n$（$k=n\pi/a$，$n=0,\pm1,\pm2,\cdots$）时会产生带隙。

3-6 二维和三维晶格的带隙

从一维情况的讨论中，我们了解到带隙的形成与布拉格反射形成的驻波，即不传播的波有关。在本节中，首先考虑电子在二维材料中的传播。

作为一个简单的例子，图 3.22 考虑一个边长为a的正方形晶胞，假设电子作为平面波在二维平面内传播。如果平面波沿着x方向传播，那么间隔为a的晶格列（通过将纸面横放并沿平行于y的方向查看，可以确认这一点）将导致波长（波数）为 $2a=n\lambda$（$k_x=n\pi/a, n=0,\pm1,\pm2,\cdots$）的情况下发生布拉格反射，从而形成了驻波。

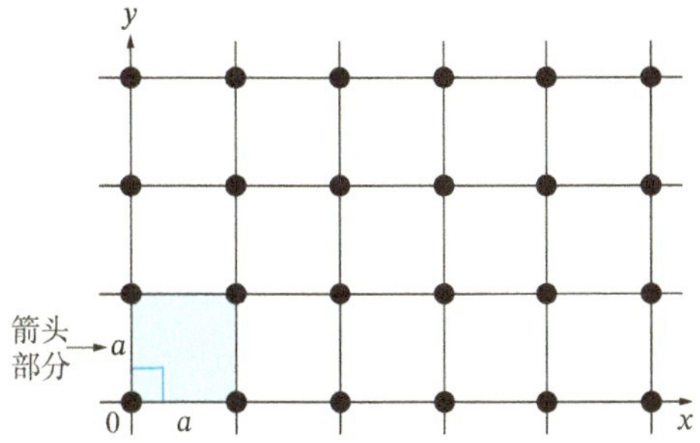

图 3.22　边长为a的二维正方形晶格

箭头部分代表一个晶胞。

另一方面，沿y方向传播的平面波，间距为a的晶格列（如果将纸张横置并沿平行于x的方向观察，可以确认这一点）将导致波长（波数）为 $2a=n\lambda$（$k_y=n\pi/a$，$n=0,\pm1,\pm2,\cdots$）的情况下发生布拉格反射，从而形成驻波。此外，沿⟨1,1⟩方向传播的平面波，间距为$a/\sqrt{2}$的晶格列（如果将纸张横置并从垂直于⟨1,1⟩方向的角度观察，可以确认这一点）将导致波长（波数）为$2\times(a/\sqrt{2})=n\lambda$（$k=n\sqrt{2}\pi/a$，$n=0,\pm1,\pm2,\cdots$）的情况下发生布拉格反射，从而形成驻波。按照这样考虑，k空间中具有图 3.23 中所示波数的电子波将产生带隙。

例如，从⟨1,1⟩方向稍微偏离的图 3.24 中的→方向的平面波会怎样呢？如果将→分解为⟨1,1⟩方向和垂直于它的方向，那么⟨1,1⟩方向的分量大小约为$k=\sqrt{2}\pi/a$，满足了布拉格反射条件。这个性质适用于图 3.24 中终止于虚线上的所有波矢量中的⟨1,1⟩方向分量。

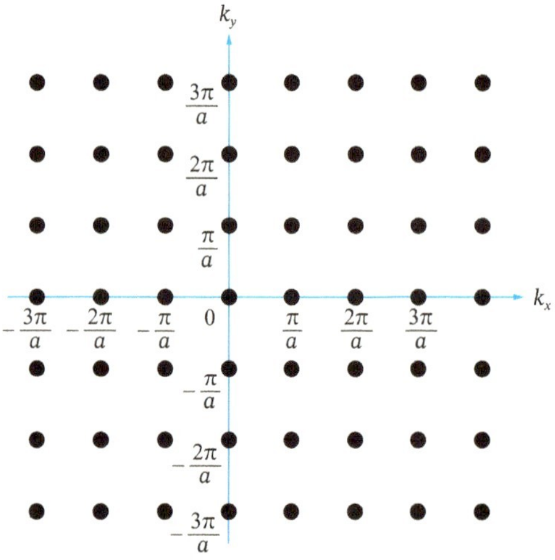

图 3.23　在k空间中表示形成带隙的电子波的波数

在k空间中，通过点$k_x=n\pi/a$（$n=0,\pm1,\pm2,\cdots$）和$k_y=n\pi/a$（$n=0,\pm1,\pm2,\cdots$）产生带隙。

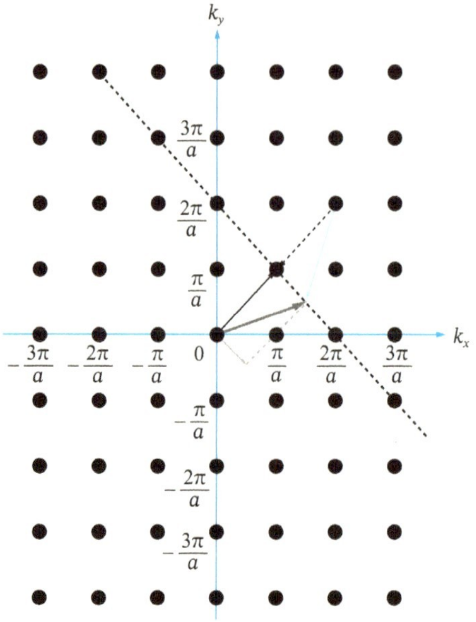

图 3.24　在k空间中表示了入射波和反射波的关系

对于从原点朝着虚线前进的平面波→，垂直于其方向的分量（黑色箭头→）经历了布拉格反射。因此，反射波的方向是浅色箭头所示的方向。

分量→会产生图中用虚线箭头表示的反射波。然而，与⟨1,1⟩方向垂直的分量不满足布拉格反射条件，因此会保持不变。最终，合成的反射波将沿着绿色箭头的方向。

虽然前面的示例考虑了一个非常对称的晶胞，因此很容易理解，但是对于具有像图 3.25 中所示晶胞的二维材料，情况会如何呢？基矢$\boldsymbol{a}$和$\boldsymbol{b}$不相互垂直，并且它们的大小也不相同。垂直于基矢$\boldsymbol{a}$的平面波，将在与$\boldsymbol{a}$垂直方向上的面间距（二维空间中是线间距）对应的波长情况下发生布拉格反射，形成驻波。另一方面，垂直于基矢$\boldsymbol{b}$的平面波，将在与$\boldsymbol{b}$垂直方向上的面间距（二维空间中是线间距）对应的波长情况下发生布拉格反射，形成驻波。

因此在二维平面内，电子波方向的基准不是实空间的x和y方向，而是垂直于构成晶胞的基矢$\boldsymbol{a}$和$\boldsymbol{b}$的方向$\boldsymbol{b}^*$和$\boldsymbol{a}^*$[㊀]。这些矢量满足以下关系：

$$\boldsymbol{b}\cdot\boldsymbol{a}^*=\boldsymbol{a}\cdot\boldsymbol{b}^*=0 \tag{3.77}$$

㊀ 请注意，与$\boldsymbol{a}$和$\boldsymbol{b}$垂直的方向不是$\boldsymbol{a}^*$和$\boldsymbol{b}^*$。

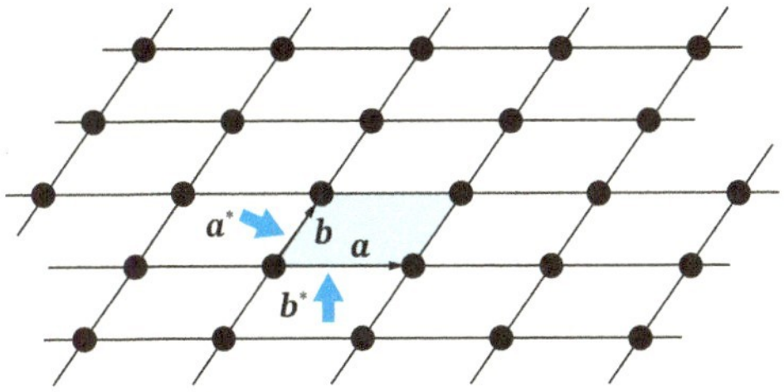

图 3.25　二维晶格的晶胞和基本平面波的入射方向

其中，$\boldsymbol{a}$和$\boldsymbol{b}$是晶胞的基矢，$\boldsymbol{a}^*$和$\boldsymbol{b}^*$是平面波的入射方向基准。

二维平面内，矢量$\boldsymbol{b}^*$和$\boldsymbol{a}^*$除上式(3.77)以外还满足以下方程：

$$\boldsymbol{a}\cdot\boldsymbol{a}^* = \boldsymbol{b}\cdot\boldsymbol{b}^* = 2\pi \tag{3.78}$$

具有这些特性的$\boldsymbol{a}^*$和$\boldsymbol{b}^*$被称为倒易晶格基矢。考虑一个电子波的波矢量$\boldsymbol{k}$，如上所述，电子的传播方向的参照基准是$\boldsymbol{a}^*$和$\boldsymbol{b}^*$，所以用$\boldsymbol{a}^*$和$\boldsymbol{b}^*$来表示k会更加方便。这样的空间称为倒易空间。对由$\boldsymbol{k}$平移倒易晶格矢量$\boldsymbol{K}$后的$\boldsymbol{k}+\boldsymbol{K}$运用布洛赫定理得：

$$\phi(\boldsymbol{r}+\boldsymbol{R}) = \exp(\mathrm{i}\boldsymbol{k}\cdot\boldsymbol{R})\,\phi(\boldsymbol{r}) = \exp[\mathrm{i}(\boldsymbol{k}+\boldsymbol{K})\cdot\boldsymbol{R}]\,\phi(\boldsymbol{r}) \tag{3.79}$$

需要满足以下条件：

$$\boldsymbol{K}\cdot\boldsymbol{R} = 2\pi n \quad (n = 0, \pm1, \pm2, \cdots) \tag{3.80}$$

在这里，$\boldsymbol{R}$是实空间的格点，$\boldsymbol{R} = m_1\boldsymbol{a} + m_2\boldsymbol{b}$（$m_1, m_2 = 0, \pm1, \pm2, \cdots$）。在式(3.78)的条件下，可以定义倒易晶格矢量$\boldsymbol{K}$为：

$$\boldsymbol{K} = n_1\boldsymbol{a}^* + n_2\boldsymbol{b}^* \quad (n_1, n_2 = 0, \pm1, \pm2, \cdots) \tag{3.81}$$

则式(3.80)总是成立的。

为了更好地理解一般情况，如图 3.26 所示考虑一个由单位晶格构成的(l, m)面（二维空间中是线）。考虑在这个面上有哪些情况下会发生布拉格反射并形成驻波。这个面（二维空间中是线）上的矢量是平行于$(1/l)\boldsymbol{a}-(1/m)\boldsymbol{b}$（$l$，$m$是整数）的。另一方面，考虑倒易晶格矢量$\boldsymbol{K} = l\boldsymbol{a}^* + m\boldsymbol{b}^*$，这个矢量垂直于关注的面。这一点在取两者的内积时是明显的（注意，我们使用了$\boldsymbol{a}\cdot\boldsymbol{a}^* = \boldsymbol{b}\cdot\boldsymbol{b}^* = 2\pi$的关系）。$(l, m)$面与等价的相邻面之间的距离是：

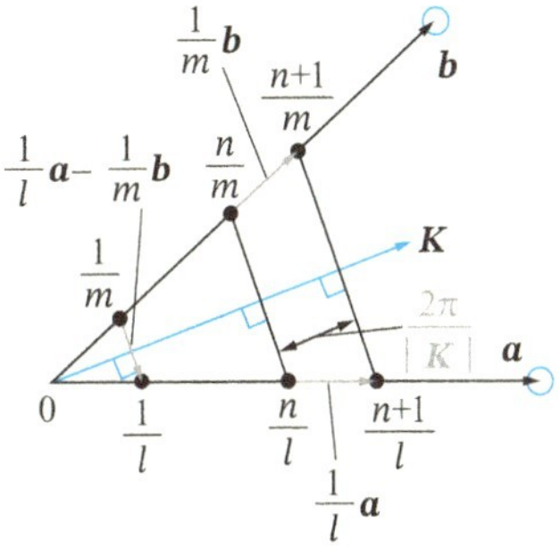

图 3.26　在二维格子的(lm)面上，面间距和倒易晶格矢量$\boldsymbol{K}$的关系

$$\frac{1}{l}\times\frac{\boldsymbol{a}\cdot\boldsymbol{K}}{|\boldsymbol{K}|} = \frac{1}{m}\times\frac{\boldsymbol{b}\cdot\boldsymbol{K}}{|\boldsymbol{K}|} = \frac{2\pi}{|\boldsymbol{K}|} \tag{3.82}$$

所以，对于一维的布拉格反射条件$2a = n$对应的方程是：

$$2 \times \frac{2\pi}{|\boldsymbol{K}|} = n\lambda = n \times \frac{2\pi}{|\boldsymbol{k}|} \quad (n = 0, \pm 1, \pm 2, \cdots) \tag{3.83}$$

由上式变形可得：

$$|\boldsymbol{k}| = \frac{n|\boldsymbol{K}|}{2} \quad (n = 0, \pm 1, \pm 2, \cdots) \tag{3.84}$$

这表示入射波的方向与$\boldsymbol{K}$平行㊀且大小为$|\boldsymbol{k}| = n|\boldsymbol{K}|/2$的情况下，通过布拉格反射会产生驻波，从而形成带隙。

另外，对于波矢量$\boldsymbol{k}$终止在将倒易晶格矢量$\boldsymbol{K}$等分的面（在二维情况下是线）上的情况，$\boldsymbol{k}$中与$\boldsymbol{K}$平行的分量总是满足产生布拉格反射的条件。这与图 3.24 中所示的情况相同。

由于在物质中传播的平面波的基准方向是$\boldsymbol{a}^*$和$\boldsymbol{b}^*$，因此在这些方向上考虑周期性边界条件。将电子波的波矢量表示为$\boldsymbol{k} = k_1\boldsymbol{a}^* + k_2\boldsymbol{b}^*$，那么以下方程必须成立：

$$\phi_{n,\boldsymbol{k}}(\boldsymbol{r} + N_1\boldsymbol{a}) = \phi_{n,\boldsymbol{k}}(\boldsymbol{r}), \quad \phi_{n,\boldsymbol{k}}(\boldsymbol{r} + N_2\boldsymbol{b}) = \phi_{n,\boldsymbol{k}}(\boldsymbol{r}) \tag{3.85}$$

因此波矢量的可能值是：

$$\boldsymbol{k} = \frac{\alpha_1}{N_1}\boldsymbol{a}^* + \frac{\alpha_2}{N_2}\boldsymbol{b}^* \quad (\alpha_1 = 0, \pm 1, \pm 2, \cdots, \quad \alpha_2 = 0, \pm 1, \pm 2, \cdots) \tag{3.86}$$

其中，N_1和N_2分别是$\boldsymbol{a}$和$\boldsymbol{b}$方向上的晶胞数。现在让我们考虑方程(3.86)中的α。在晶体中，存在以下关系：

$$\phi_{n,\boldsymbol{k}+\boldsymbol{K}}(\boldsymbol{r}) = \phi_{n,\boldsymbol{k}}(\boldsymbol{r}) \tag{3.87}$$

因此，α必须满足条件：

$$\alpha_1 = 0, \pm 1, \pm 2, \cdots, \pm \frac{N_1}{2}, \quad \alpha_2 = 0, \pm 1, \pm 2, \cdots, \pm \frac{N_2}{2} \tag{3.88}$$

这是因为即使选择了不同的α_1和α_2值，倒易晶格矢量平移后仍然会与式(3.88)中已包含的状态相同。式(3.88)中的这个范围被称为第一布里渊区，与第 3-4 节中讨论的情况相同。

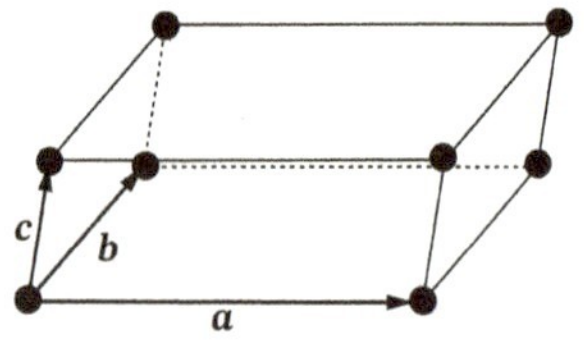

图 3.27　三斜晶系晶格的晶胞

基矢$\boldsymbol{a}$、$\boldsymbol{b}$和$\boldsymbol{c}$不正交，长度也不相同。

这些结果在三维中也成立。假设有一种物质，由基矢$\boldsymbol{a}$、$\boldsymbol{b}$和$\boldsymbol{c}$构成晶胞（三斜晶系），如图 3.27 所示。对于在物质中作为平面波传播的电子而言，基准方向分别是与基矢$\boldsymbol{a}$和$\boldsymbol{b}$构成的平面垂直的方向，与基矢$\boldsymbol{b}$和$\boldsymbol{c}$构成的平面垂直的方向，以及与基矢$\boldsymbol{c}$和$\boldsymbol{a}$构成的平面垂直的方向。在与每个晶格面间距相

㊀ 意味着它垂直于(l, m)面。

对应的波长处，通过沿入射路径逆向传播的反射波形成驻波，从而产生带隙。例如，与由基矢$\boldsymbol{a}$和$\boldsymbol{b}$构成的平面垂直的方向的矢量可以用$\boldsymbol{a}\times\boldsymbol{b}$（$\times$表示外积）表示，但为了满足布洛赫定理，需要考虑其大小，从而有：

$$\boldsymbol{c}^* = 2\pi\frac{\boldsymbol{a}\times\boldsymbol{b}}{\boldsymbol{a}\cdot(\boldsymbol{b}\times\boldsymbol{c})} \tag{3.89}$$

这是三维倒易晶格基矢。如果要描述所有方向，那么可以表示为：

$$\boldsymbol{a}^* = 2\pi\frac{\boldsymbol{b}\times\boldsymbol{c}}{\boldsymbol{a}\cdot(\boldsymbol{b}\times\boldsymbol{c})},\quad \boldsymbol{b}^* = 2\pi\frac{\boldsymbol{c}\times\boldsymbol{a}}{\boldsymbol{a}\cdot(\boldsymbol{b}\times\boldsymbol{c})},\quad \boldsymbol{c}^* = 2\pi\frac{\boldsymbol{a}\times\boldsymbol{b}}{\boldsymbol{a}\cdot(\boldsymbol{b}\times\boldsymbol{c})} \tag{3.90}$$

与之前关于二维空间情况的讨论一样，倒易空间中的格点满足布洛赫定理，遵循以下关系：

$$\boldsymbol{K} = n_1\boldsymbol{a}^* + n_2\boldsymbol{b}^* + n_3\boldsymbol{c}^* \quad (n_1,n_2,n_3 = 0,\pm1,\pm2,\pm3,\cdots) \tag{3.91}$$

$$\boldsymbol{R} = m_1\boldsymbol{a} + m_2\boldsymbol{b} + m_3\boldsymbol{c} \quad (m_1,m_2,m_3 = 0,\pm1,\pm2,\pm3,\cdots) \tag{3.92}$$

为了满足这一点，需要有：

$$\boldsymbol{K}\cdot\boldsymbol{R} = 2\pi(n_1m_1 + n_2m_3 + n_3m_3) = 2\pi\times\text{整数} \tag{3.93}$$

这表明在三维情况下，当倒易晶格矢量$\boldsymbol{K} = h\boldsymbol{a}^* + k\boldsymbol{b}^* + l\boldsymbol{c}^*$垂直于$(h\ \ k\ \ l)$面时，$\boldsymbol{K}$与平面波平行入射，并且当$|\boldsymbol{k}| = n|\boldsymbol{K}|/2$时，由于布拉格反射而产生驻波，从而产生带隙。此外，对于终止于倒易晶格矢量$\boldsymbol{K}$的等分面（由于是三维情况，因此是平面）上的波矢量$\boldsymbol{k}$，$\boldsymbol{k}$中平行于$\boldsymbol{K}$的分量总是满足布拉格反射条件。

另外，以$\boldsymbol{a}^*$、$\boldsymbol{b}^*$和$\boldsymbol{c}^*$的方向为基准，考虑周期性边界条件时，可以得到：

$$\boldsymbol{k} = \frac{\alpha_1}{N_1}\boldsymbol{a}^* + \frac{\alpha_2}{N_2}\boldsymbol{b}^* + \frac{\alpha_3}{N_3}\boldsymbol{c}^* \tag{3.94}$$

$$\alpha_1 = 0,\pm1,\pm2,\cdots,\pm\frac{N_1}{2},\quad \alpha_2 = 0,\pm1,\pm2,\cdots,\pm\frac{N_2}{2},\quad \alpha_3 = 0,\pm1,\pm2,\cdots,\pm\frac{N_3}{2} \tag{3.95}$$

N_1，N_2，N_3分别代表$\boldsymbol{a}$、$\boldsymbol{b}$和$\boldsymbol{c}$方向上的晶胞数。此外，满足式(3.95)的α值范围对应于第一布里渊区。

3-7 一维强关联近似

在前两节中，我们以自由电子为出发点，考虑了由原子施加的势能微扰，讨论了带隙的形成。另一方面，带隙的形成还有另一种解释方法，就是从化学键的角度出发加以考虑，我们已经在 2-3 节中对此大致解释过。这两种方法是两个极端，而实际的半导体物质通常处于两者之间。

让我们再次从一维开始。即使在引入化学键的理论进行考虑时，电子仍然必须满足周期性结构的要求。此外，原子轨道必须满足以下条件：

$$\mathcal{H}_0\varphi_m(x) = \mathcal{E}_m^{(0)}\varphi_m(x) \tag{3.96}$$

$\mathcal{H}_0$是描述一个原子内电子轨道的哈密顿算符。$\varphi_m(x)$表示轨道m的电子轨道，$\mathcal{E}_m$是轨道m的能量。在物质中，电子受到不同于图 3.28 所示的原子势能的作用。这种差异用$\Delta V(x)$表示。

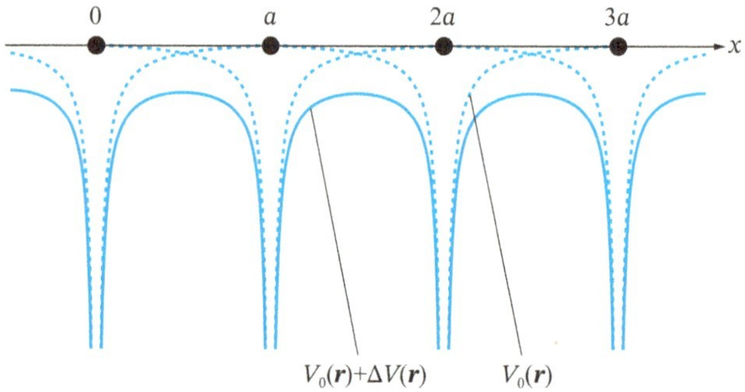

图 3.28　间距为a的一维晶格中的势能

除了来自原子本身的势能外，还增加了来自周围原子的势能。

因此，薛定谔方程变成了：

$$\mathcal{H}\phi_m(x) = [\mathcal{H}_0 + \Delta V(x)]\phi_m(x) = \mathcal{E}\phi_m(x) \tag{3.97}$$

这里，$\Delta V(x)$是由周围原子的原子核引力产生的势能，通常为负值。

从化学键角度考虑，物质中的波函数由属于各个原子的轨道的一次结合给出。为了简单起见，假设在间距为a的晶胞中只存在一个原子。现在，关注原子轨道φ_m，那么由m个一次结合组成的轨道φ_m将会是：

$$\phi_m(x) = \sum_i C_i\varphi_m(x - R_i) = \sum_i C_i\varphi_m(x - ia) \tag{3.98}$$

然而，这个式子不满足布洛赫定理。值得注意的是，此处假设$R_i = ia$。因此，考虑以下类型的一次结合：

$$\phi_{k,m}(x) = \frac{1}{\sqrt{N}}\sum_i \exp(\mathrm{i}kR_i)\,\varphi_m(x - R_i) \tag{3.99}$$

N表示晶胞的数量，$1/\sqrt{N}$是归一化因子。式(3.99)满足布洛赫定理，当且仅当x是原子间距离a的整数倍，即$R = na$（$n = 0, \pm1, \pm2, \cdots$）时，有：

$$
\begin{aligned}
\phi_{k,m}(x+R) &= \sum_i \exp(\mathrm{i}kR_i)\,\varphi_m(x+R-R_i) \\
&= \exp(\mathrm{i}kR)\sum_i \exp[\mathrm{i}k(-R+R_i)]\,\varphi_m[x-(-R+R_i)] \\
&= \exp(\mathrm{i}kR)\,\phi_{k,m}(x)
\end{aligned} \tag{3.100}
$$

当将k平移一个倒易晶格矢量$\boldsymbol{K}$时，有：

$$
\begin{aligned}
\phi_{k+K,m}(x) &= \frac{1}{\sqrt{N}}\sum_i \exp[\mathrm{i}(k+K)R_i]\,\varphi_m(x-R_i) \\
&= \frac{1}{\sqrt{N}}\sum_i \exp(\mathrm{i}kR_i)\,\varphi_m(x-R_i) \\
&= \phi_{k,m}(x)
\end{aligned} \tag{3.101}
$$

此时布洛赫定理成立。在这里，我们使用了倒易晶格矢量的性质$K \cdot R_i = 2\pi n$的关系。对于k，由周期性边界条件得到$k = 2\pi n/L$（$L = Na$）的关系。

这里存在一个问题，即波函数$\phi_{k,m}(x)$是否已归一化。计算$|\phi_{k,m}(x)|^2$时，下式成立：

$$
\begin{aligned}
|\phi_{k,m}(x)|^2 &= \frac{1}{N}\sum_{i,j} \exp[-\mathrm{i}k(R_j-R_i)]\,\langle\varphi_m(x-R_j)|\varphi_m(x-R_i)\rangle \\
&= \sum_j \exp(-\mathrm{i}kR_j)\,\langle\varphi_m(x-R_j)|\varphi_m(x)\rangle
\end{aligned} \tag{3.102}
$$

这证明了当我们假设不同的原子位置上的波函数的积分$\langle\varphi_m(x-R_j)|\varphi_m(x)\rangle$为 0 时，满足归一化条件。当然，我们也假设同一原子上不同轨道的波函数是正交的，即$\langle\varphi_l(x)|\varphi_m(x)\rangle = \delta_{l,m}$。一阶微扰能量$\Delta\mathcal{E} = \langle\phi_{k,m}(x)|\Delta V(x)|\phi_{k,m}(x)\rangle$，具体可以写成：

$$
\begin{aligned}
\Delta\mathcal{E} &= \left\langle \frac{1}{\sqrt{N}}\sum_j \exp(\mathrm{i}kR_j)\,\varphi_m(x-R_j) \,\middle|\, \Delta V(x) \,\middle|\, \frac{1}{\sqrt{N}}\sum_i \exp(\mathrm{i}kR_i)\,\varphi_m(x-R_i) \right\rangle \\
&= \frac{1}{N}\sum_{ij} \exp[-\mathrm{i}k(R_j-R_i)]\,\langle\varphi_m(x-R_j)|\Delta V(x)|\varphi_m(x-R_i)\rangle \\
&= \sum_j \exp(-\mathrm{i}kR_j)\,\langle\varphi_m(x-R_j)|\Delta V(x)|\varphi_m(x)\rangle
\end{aligned} \tag{3.103}
$$

可以想见，对积分$\langle\varphi_m(x-R_j)|\Delta V(x)|\varphi_m(x)\rangle$的大小贡献最大的是位于原点的晶胞内的原子波函数$\varphi_m(x)$与最近的晶胞内的原子波函数之间的积分值。因此，我们有：

$$
\langle\varphi_m(x)|\Delta V(x)|\varphi_m(x)\rangle = \alpha \tag{3.104}
$$

$$
\langle\varphi_m(x-R_{\text{最近邻原子}})|\Delta V(x)|\varphi_m(x)\rangle = t(R_{\text{最近邻原子}}) \tag{3.105}
$$

$R_{\text{最近邻原子}}$表示到最近原子的距离。$t(R_{\text{最近邻原子}})$被称为转移积分，它表示从位置x转移到最近邻的原子$x-R_{最近邻原子}$的过程。在一维情况下，$R_{最近邻原子}$是指位于原点晶胞两侧距离为a的两个晶胞内的原子，因此有：

$$\begin{aligned}\mathcal{E}_m(k) &= \mathcal{E}_m^{(0)} + \alpha + \sum_{最近邻原子} \exp(-\mathrm{i}kR_{最近邻原子}) \cdot t(a) \\ &= \mathcal{E}_m^{(0)} + \alpha + 2\cos(ka) \cdot t(a) \end{aligned} \tag{3.106}$$

现在，考虑s轨道的电子，$\Delta V(x)$是负值，所以α和$t(a)$也是负值。因此，得到了如图 3.29（a）所示的能带结构。这个能带图具有倒易晶格矢量周期性。由于不同轨道的电子态具有不同的能量和波函数，所以应该能够得到不同的$\mathcal{E}(k)$曲线。通过这种思考方式，可以得到如图 3.29（b）所示的能带结构。

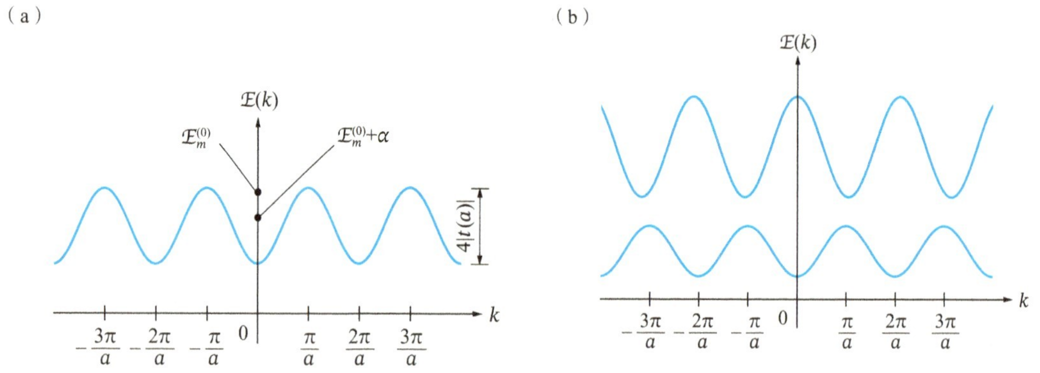

图 3.29　间距a的一维原子排列中的电子态

（a）由s轨道组成时的$\mathcal{E}(k)$曲线，（b）当存在不同于s轨道的轨道时。

需要注意的是，转移积分的大小取决于所考虑的轨道，随着转移积分的增大，能带宽度也会增加。这与能量和时间的不确定性原理$(\Delta\mathcal{E})\times(\Delta\tau)\geqslant\hbar/2$有关。大的转移积分意味着更容易过渡到另一种状态，换句话说，某一状态的寿命τ较短，从不确定性原理来看，能量的不确定性（即带宽）必须较大。

现在，让我们更仔细地考虑$\varphi_m(x)$并思考原子轨道对能带结构的影响。如果$\varphi_m(x)$具有s轨道性质，就像之前所述，$t(a)$将是负值。因此，能量的最小值在$k=0$处，最大值在$k=\pi/a$处。另一方面，如果$\varphi_m(x)$具有p轨道性质（即 σ 键结构），那么考虑$t(a)$的积分符号，$\lambda=\infty$（$k=0$）时将为正值。因此，像图 3.30（b）那样，最高能态将位于$k=0$。此外，当$\lambda=2a$（$k=\pm\pi/a$）时，将出现像图 3.30（c）那样的成键状态，成为最低能态。因此，具有p轨道性质的轨道显示出不同于s轨道的k相关性。

如果晶胞内不只有一个原子而是有多个原子存在，我们该如何考虑呢？在这种情况下，为了简化问题，可以假设晶胞内都是相同种类的原子。每个原子都应该具有周期性，因此每个原子在其晶胞内的位置可以表示为x_l，并且相对于整个晶体的位置可以表示为$R_i + x_l$，其中R_i是第i个晶胞的原点位置。假设位于位置$R_i + x_l$的原子的第m个轨道为$\varphi_{ml}[x - (R_i + x_i)]$，那么与该原子轨道相关的布洛赫函数可以写为：

$$\phi_{k,ml}(x) = \frac{1}{\sqrt{N}} \sum_i \exp[ik(R_i + x_l)] \varphi_{ml}[x - (R_i + x_l)] \tag{3.107}$$

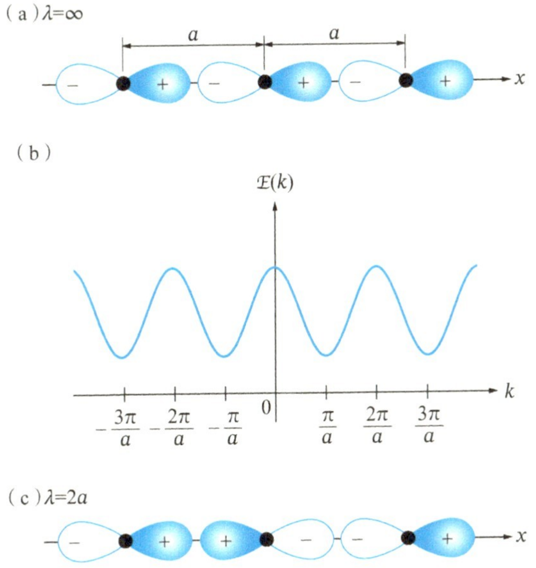

图 3.30　由p_x轨道（σ 轨道）组成的一维原子排列的能带结构

（a）反键状态，对应于$\lambda = \infty$（$k = 0$）。（b）$\mathcal{E}(k)$曲线。（c）成键状态，对应于$\lambda = 2a$（$k = \pm\pi/a$）。

总波函数可以看作由晶胞内的每个原子的各轨道构成的布洛赫函数的线性组合。也就是说，总波函数可以表示为：

$$\Psi_k(x) = \sum_{ml} C_{ml} \phi_{k,ml}(x) \tag{3.108}$$

C_{ml}是线性组合的系数。

现在考虑一个简单的具体例子，即如图 3.31 中所示的一维物质。晶胞中包含有两个相同种类的原子。晶胞的长度为 2a，两个原子的位置分别是x_1和x_2。这两个原子的位置密集地位于晶胞的中央部分。这种状态通常

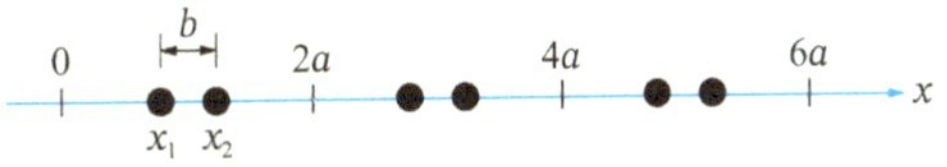

图 3.31　具有相同两个种类原子的晶胞的原子排列

将晶胞的长度设定为 2a。

被称为二聚体化。

现在，让我们关注轨道m，波数k的布洛赫数表示为：

$$\phi_{k,m1}(x)=\frac{1}{\sqrt{N}}\sum_i \exp[ik(R_i+x_1)]\varphi_{m1}[x-(R_i+x_1)] \tag{3.109}$$

$$\phi_{k,m2}(x)=\frac{1}{\sqrt{N}}\sum_j \exp[ik(R_j+x_2)]\varphi_{m2}[x-(R_j+x_2)] \tag{3.110}$$

总波函数是：

$$\Psi_k(x)=C_1\phi_{k,m1}(x)+C_2\phi_{k,m2}(x) \tag{3.111}$$

需要解的薛定谔方程为：

$$\mathcal{H}|\Psi_k(x)\rangle=\mathcal{E}|\Psi_k(x)\rangle \tag{3.112}$$

将式(3.112)左乘$\phi^*_{k,m1}(x)$并对空间积分，得到：

$$\langle\phi_{k,m1}(x)|\mathcal{H}|C_1\phi_{k,m1}(x)+C_2\phi_{k,m2}(x)\rangle=\mathcal{E}\langle\phi_{k,m1}(x)\mid C_1\phi_{k,m1}(x)+C_2\phi_{k,m2}(x)\rangle \tag{3.113}$$

经过变换后，它可以写成：

$$C_1(\mathcal{E}_m^{(0)}-\mathcal{E})+C_2\langle\phi_{k,m1}(x)|\mathcal{H}|\phi_{k,m2}(x)\rangle=0 \tag{3.114}$$

同样，将式(3.112)左乘$\phi^*_{k,m2}(x)$并对空间积分，得到：

$$C_1\langle\phi_{k,m2}(x)|\mathcal{H}|\phi_{k,m1}(x)\rangle+C_2(\mathcal{E}_m^{(0)}-\mathcal{E})=0 \tag{3.115}$$

在这里，假设$\langle\phi_{k,m1}(x)|\mathcal{H}|C_1\phi_{k,m1}(x)\rangle=\langle\phi_{k,m2}(x)|\mathcal{H}|\phi_{k,m2}(x)\rangle=\mathcal{E}_m^0$。

接下来考虑$\langle\phi_{k,m1}(x)|\mathcal{H}|\phi_{k,m2}(x)\rangle$。由于与位于$x_2$的原子最近邻的是同一晶胞内的$x_1$处的原子，因此：

$$\exp[-ik(x_1-x_2)]\langle\varphi_{m1}(x-x_1)|\mathcal{H}|\varphi_{m2}(x-x_2)\rangle=\exp(ikb)\cdot t_1 \tag{3.116}$$

另外，令$x_2-x_1=b$，$t_1=\langle\varphi_{m1}(x-x_1)|\mathcal{H}|\varphi_{m2}(x-x_2)\rangle$。从位于$x_2$处原子的角度看，离它第二近的$x_1$原子是位于相邻的$R_j=R_i+2a$的晶胞内的$x_1$原子，因此在这里写作[㊀]：

$$\exp[-ik(x_1-x_2+2a)]\langle\varphi_{m1}(x-2a-x_1)|\mathcal{H}|\varphi_{m2}(x-x_2)\rangle=\exp[-ik(2a-b)]\cdot t_2 \tag{3.117}$$

令$t_2=\langle\varphi_{m1}(x-2a-x_1)|\mathcal{H}|\varphi_{m2}(x-x_2)\rangle$，则有：

$$\langle\phi_{k,m1}(x)|\mathcal{H}|\phi_{k,m2}(x)\rangle=\exp(ikb)\cdot t_1+\exp[-ik(2a-b)]\cdot t_2 \tag{3.118}$$

另一方面，对于$\langle\phi_{k,m2}(x)|\mathcal{H}|\phi_{k,m1}(x)\rangle$，通过类似的思考，可以得到：

$$\langle\phi_{k,m2}(x)|\mathcal{H}|\phi_{k,m1}(x)\rangle=\exp(-ikb)\cdot t_1+\exp[ik(2a-b)]\cdot t_2 \tag{3.119}$$

所以有关C_1和C_2的矩阵元素可以得到：

$$\begin{pmatrix}\mathcal{E}_m^{(0)}-\mathcal{E} & \exp(ikb)\times t_1+\exp[-ik(2a-b)]\times t_2\\ \exp(-ikb)\times t_1+\exp[ik(2a-b)]\times t_2 & \mathcal{E}_m^{(0)}-\mathcal{E}\end{pmatrix} \tag{3.120}$$

㊀ 考虑到第二近邻原子为止。

整理一下，得到：

$$\mathcal{E} = \mathcal{E}_m^{(0)} \pm (t_1^2 + t_2^2 + 2t_1t_2\cos 2ka)^{1/2} \tag{3.121}$$

当考虑s轨道时，由于$t_1, t_2 < 0$，结果如图 3.32 所示，出现了两个能带。这是因为它对应于晶胞内两个原子的成键态和反键态。

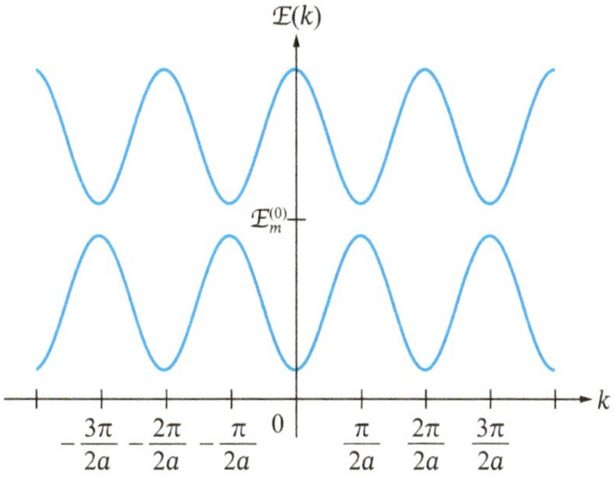

图 3.32　晶胞内含有两个相同种类原子的原子排列的$\mathcal{E}(k)$曲线

分为成键态和反键态两个能带，它们随k的变化各不相同。

在实际物质中，即使原子 1 和原子 2 是相同类型的原子，它们之间的不同轨道之间的相互作用也不能忽视。此外，原子 1 和原子 2 可能属于不同的物质。尽管能带形成的理论非常复杂，但思路已经清晰。这些思路可以在式(3.107)和式(3.108)中看到。

3-8 二维强关联近似

将一维强关联近似扩展到二维是容易的，波函数可以表示如下：

$$\Psi_{\boldsymbol{k}}(\boldsymbol{r}) = \sum_{ml} C_{ml}\phi_{\boldsymbol{k},ml}(\boldsymbol{r}) \tag{3.122}$$

这里：

$$\phi_{\boldsymbol{k},ml}(\boldsymbol{r}) = \frac{1}{\sqrt{N}}\sum_i \exp[\mathrm{i}\boldsymbol{k}\cdot(\boldsymbol{R}_i + \boldsymbol{r}_l)]\,\varphi_{ml}[\boldsymbol{r} - (\boldsymbol{R}_i + \boldsymbol{r}_l)] \tag{3.123}$$

其中$\boldsymbol{k}$是波矢量，$\boldsymbol{R}_i$是第i个晶胞的位置，$\boldsymbol{r}_l$是晶胞中第l个原子的位置，因此位置矢量是$\boldsymbol{R}_i + \boldsymbol{r}_l$。$\varphi_{ml}[\boldsymbol{r} - (\boldsymbol{R}_i + \boldsymbol{r}_l)]$是位于$\boldsymbol{R}_i + \boldsymbol{r}_l$位置的原子$l$的第$m$个原子轨道，$N$是晶胞的数量。

作为一个二维具体计算的例子，考虑由碳原子构成的石墨烯[㊀]。石墨烯是一个由图 3.33 所示的单原子层构成的完全的二维物质。在这里，晶胞的选择如图 3.33 所示，并定义基矢 $\boldsymbol{a}_1$ 和 $\boldsymbol{a}_2$：

$$\boldsymbol{a}_1=\left(\frac{\sqrt{3}a}{2},\frac{a}{2}\right),\quad \boldsymbol{a}_2=\left(\frac{\sqrt{3}a}{2},-\frac{a}{2}\right) \tag{3.124}$$

晶胞的位置记为 $\boldsymbol{R}_i=n_1\boldsymbol{a}_1+n_2\boldsymbol{a}_2$，则晶胞内有两个碳原子，将晶胞内的第一个原子位置记为 $\boldsymbol{r}_1$，第二个原子位置记为 $\boldsymbol{r}_2$，那么可以描述如下：

$$\boldsymbol{r}_1=\left(\frac{\sqrt{3}a}{3},0\right),\quad \boldsymbol{r}_2=\left(\frac{2\sqrt{3}a}{3},0\right) \tag{3.125}$$

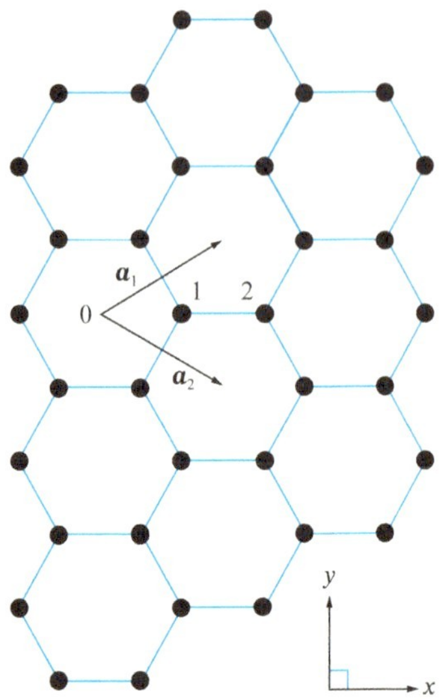

图 3.33　石墨烯的晶格

每个点的位置都有碳原子存在，每个晶胞中包含 2 个碳原子。$\boldsymbol{a}_1$ 和 $\boldsymbol{a}_2$ 是基矢。

所有原子的位置可以用这些矢量 $\boldsymbol{R}_i+\boldsymbol{r}_l$（其中 l 是 1 或 2）来描述。在考虑碳原子轨道时，朝向相邻原子的 σ 轨道成键态可以形成很强的结合，因此能量非常低。另一方面，反键态的能量非常高。接下来，我们考虑 π 轨道。

π 轨道实际上是 p_z 轨道，因此针对原子 1 或原子 2 的 π 轨道可以用以下方式描述：

有关 p_z 轨道的布洛赫函数如下：

$$\phi_{\boldsymbol{k},\mathrm{p}_z,1}(\boldsymbol{r})=\frac{1}{\sqrt{N}}\sum_i\exp[\mathrm{i}\boldsymbol{k}\cdot(\boldsymbol{R}_i+\boldsymbol{r}_1)]\,\varphi_{\mathrm{p}_z,1}[\boldsymbol{r}-(\boldsymbol{R}_i+\boldsymbol{r}_1)] \tag{3.126}$$

$$\phi_{\boldsymbol{k},\mathrm{p}_z,2}(\boldsymbol{r})=\frac{1}{\sqrt{N}}\sum_j\exp[\mathrm{i}\boldsymbol{k}\cdot(\boldsymbol{R}_j+\boldsymbol{r}_2)]\,\varphi_{\mathrm{p}_z,2}[\boldsymbol{r}-(\boldsymbol{R}_j+\boldsymbol{r}_2)] \tag{3.127}$$

表示总波函数的式(3.122)为：

$$\Psi_{\boldsymbol{k}}(\boldsymbol{r})=C_1\phi_{\boldsymbol{k},\mathrm{p}_z,1}(\boldsymbol{r})+C_2\phi_{\boldsymbol{k},\mathrm{p}_z,2}(\boldsymbol{r}) \tag{3.128}$$

需要解的薛定谔方程如下：

$$\mathcal{H}|\Psi_k(\boldsymbol{r})\rangle=\mathcal{E}|\Psi_k(\boldsymbol{r})\rangle \tag{3.129}$$

具体写成如下形式：

$$\mathcal{H}|C_1\phi_{\boldsymbol{k},\mathrm{p}_z,1}(\boldsymbol{r})+C_2\phi_{\boldsymbol{k},\mathrm{p}_z,2}(\boldsymbol{r})\rangle=\mathcal{E}|C_1\phi_{\boldsymbol{k},\mathrm{p}_z,1}(\boldsymbol{r})+C_2\phi_{\boldsymbol{k},\mathrm{p}_z,2}(\boldsymbol{r})\rangle \tag{3.130}$$

将此式两边都左乘 $\phi^*_{\boldsymbol{k},\mathrm{p}_z,1}(\boldsymbol{r})$ 并进行空间积分得到：

㊀ 有关石墨烯的能带结构已在许多教科书中有详细介绍，读者可以参考这些书籍。

$$(\text{左边}) = \langle \phi_{\boldsymbol{k},\mathrm{p}_z,1}(\boldsymbol{r})|\mathcal{H}|C_1\phi_{\boldsymbol{k},\mathrm{p}_z,1}(\boldsymbol{r}) + C_2\phi_{\boldsymbol{k},\mathrm{p}_z,2}(\boldsymbol{r})\rangle$$
$$= C_1\mathcal{E}_{\mathrm{p}_z} + C_2\langle \phi_{\boldsymbol{k},\mathrm{p}_z,1}(\boldsymbol{r})|\mathcal{H}|\phi_{\boldsymbol{k},\mathrm{p}_z,2}(\boldsymbol{r})\rangle \tag{3.131}$$

$$(\text{右边}) = \mathcal{E}\left[\langle \phi_{\boldsymbol{k},\mathrm{p}_z,1}(\boldsymbol{r}) \mid C_1\phi_{\boldsymbol{k},\mathrm{p}_z,1}(\boldsymbol{r}) + C_2\phi_{\boldsymbol{k},\mathrm{p}_z,2}(\boldsymbol{r})\rangle\right] = C_1\mathcal{E} \tag{3.132}$$

在这里，我们假设了正交归一性，即：$\langle \phi_{\boldsymbol{k},\mathrm{p}_z,i}(\boldsymbol{r})|\phi_{\boldsymbol{k},\mathrm{p}_z,j}(\boldsymbol{r})\rangle = \delta_{ij}$。对式子两边进行整理得到：

$$C_1(\mathcal{E}_{\mathrm{p}_z} - \mathcal{E}) + C_2\langle \phi_{\boldsymbol{k},\mathrm{p}_z,1}(\boldsymbol{r})|\mathcal{H}|\phi_{\boldsymbol{k},\mathrm{p}_z,2}(\boldsymbol{r})\rangle = 0 \tag{3.133}$$

同样，将式(3.131)的两边都左乘以$\varphi^*_{\boldsymbol{k},\mathrm{p}_z,2}(\boldsymbol{r})$并进行空间积分，则得到：

$$C_1\langle \phi_{\boldsymbol{k},\mathrm{p}_z,2}(\boldsymbol{r})|\mathcal{H}|\phi_{\boldsymbol{k},\mathrm{p}_z,1}(\boldsymbol{r})\rangle + C_2(\mathcal{E}_{\mathrm{p}_z} - \mathcal{E}) = 0 \tag{3.134}$$

积分：

$$\langle \phi_{\boldsymbol{k},\mathrm{p}_z,2}(\boldsymbol{r})|\mathcal{H}|\phi_{\boldsymbol{k},\mathrm{p}_z,1}(\boldsymbol{r})\rangle = \alpha \tag{3.135}$$

$$\langle \phi_{\boldsymbol{k},\mathrm{p}_z,1}(\boldsymbol{r})|\mathcal{H}|\phi_{\boldsymbol{k},\mathrm{p}_z,2}(\boldsymbol{r})\rangle = \alpha^* \tag{3.136}$$

是从点 1 到点 2，或从点 2 到点 1 的转移积分。式(3.133)和式(3.134)可以表示为：

$$C_1(\mathcal{E}_{\mathrm{p}_z} - \mathcal{E}) + C_2\alpha^* = 0 \tag{3.137}$$

$$C_1\alpha + C_2(\mathcal{E}_{\mathrm{p}_z} - \mathcal{E}) = 0 \tag{3.138}$$

从而得到：

$$\mathcal{E} = \mathcal{E}_{\mathrm{p}_z} \pm |\alpha^2|^{1/2} \tag{3.139}$$

接下来，为了具体计算α，将它写成如下形式：

$$\alpha = \Big\langle \frac{1}{\sqrt{N}}\sum_j \exp[\mathrm{i}\boldsymbol{k}\cdot(\boldsymbol{R}_j + \boldsymbol{r}_2)]\,\varphi_{\mathrm{p}_z,2}[\boldsymbol{r} - (\boldsymbol{R}_j + \boldsymbol{r}_2)]|\mathcal{H}|$$
$$\frac{1}{\sqrt{N}}\sum_i \exp[\mathrm{i}\boldsymbol{k}\cdot(\boldsymbol{R}_i + \boldsymbol{r}_1)]\,\varphi_{\mathrm{p}_z,1}[\boldsymbol{r} - (\boldsymbol{R}_i + \boldsymbol{r}_1)]\Big\rangle \tag{3.140}$$

这个方程可以进一步简化为：

$$\alpha = \Big\langle \sum_j \exp[\mathrm{i}\boldsymbol{k}\cdot(\boldsymbol{R}_j + \boldsymbol{r}_2)]\,\varphi_{\mathrm{p}_z,2}[\boldsymbol{r} - (\boldsymbol{R}_j + \boldsymbol{r}_2)]|\mathcal{H}|\exp(\mathrm{i}\boldsymbol{k}\cdot\boldsymbol{r}_1)\,\varphi_{\mathrm{p}_z,1}(\boldsymbol{r} - \boldsymbol{r}_1)\Big\rangle$$
$$= \sum_j \exp[-\mathrm{i}\boldsymbol{k}\cdot(\boldsymbol{R}_j + \boldsymbol{r}_2 - \boldsymbol{r}_1)]\langle \varphi_{\mathrm{p}_z,2}[\boldsymbol{r} - (\boldsymbol{R}_j + \boldsymbol{r}_2)]|\mathcal{H}|\varphi_{\mathrm{p}_z,1}(\boldsymbol{r} - \boldsymbol{r}_1)\rangle \tag{3.141}$$

在上式中，我们关注了位于$\boldsymbol{r}_1$处的原子，并将其晶胞设置为$\boldsymbol{R}_i = 0$。由于最近邻的原子之间波函数的积分有较大的值，因此我们只需关注与位于晶胞$\boldsymbol{R}_i = 0$ 的$\boldsymbol{r}_1$位置上的第 1 个碳原子最近邻的碳原子 2。此外，碳原子 2 可能属于与我们关注的碳原子 1 不同的晶胞，也就是说，我们只需要找到矢量$\boldsymbol{R}_j + \boldsymbol{r}_2 - \boldsymbol{r}_1$的大小最小的原子 2。其中一个是$\boldsymbol{R}_j = 0$，也就是与我们关注的碳原子 1 位于同一个晶胞内的碳原子 2。另一个是属于$\boldsymbol{R}_j = -\boldsymbol{a}_1$晶胞的碳原子 2，最后一个是属于$\boldsymbol{R}_j = -\boldsymbol{a}_2$晶胞的碳原子 2。

对于每一个碳原子 2，$\boldsymbol{R}_j + \boldsymbol{r}_2 - \boldsymbol{r}_1$的矢量表示如下：$(\sqrt{3}a/3,0)$，$(-\sqrt{3}a/6,-a/2)$，$(-\sqrt{3}a/6,a/2)$。由于碳原子 1 和上述三个碳原子 2 之间的距离是相等的，所以有：

$$\langle \varphi_{\mathrm{p}_z,2}(\boldsymbol{r}-\boldsymbol{r}_2)|\mathcal{H}|\varphi_{\mathrm{p}_z,1}(\boldsymbol{r}-\boldsymbol{r}_1)\rangle = t \tag{3.142}$$

总之有：

$$\begin{aligned}\alpha &= t\left\{\exp\left(-\frac{\mathrm{i}\sqrt{3}ak_x}{3}\right)+\exp\left[\mathrm{i}\left(\frac{\sqrt{3}ak_x}{6}+\frac{ak_y}{2}\right)\right]+\exp\left[\mathrm{i}\left(\frac{\sqrt{3}ak_x}{6}-\frac{ak_y}{2}\right)\right]\right\}\\ &= t\left\{\exp\left(-\frac{\mathrm{i}\sqrt{3}ak_x}{3}\right)+2\exp\left(\frac{\mathrm{i}\sqrt{3}ak_x}{6}\right)\cos\left(\frac{ak_y}{2}\right)\right\}\end{aligned} \tag{3.143}$$

同样，对于α^*可求得：

$$\alpha^* = t\left\{\exp\left(\frac{\mathrm{i}\sqrt{3}ak_x}{3}\right)+2\exp\left(-\frac{\mathrm{i}\sqrt{3}ak_x}{6}\right)\cos\left(\frac{ak_y}{2}\right)\right\} \tag{3.144}$$

结果，能量为：

$$\mathcal{E} = \mathcal{E}_{\mathrm{p}_z} \pm t\left\{1+4\cos^2\left(\frac{ak_y}{2}\right)+4\cos\left(\frac{\sqrt{3}ak_x}{2}\right)\cos\left(\frac{ak_y}{2}\right)\right\}^{1/2} \tag{3.145}$$

其中，$\mathcal{E}_{\mathrm{p}_z}$是不依赖于$k$的，因此，式(3.145)中的$\{\}^{1/2}$项是唯一需要关注的部分。$\{\}^{1/2}$项在$\Gamma = (0,0)$，$\mathrm{M} = (2\pi/(\sqrt{3}a),0)$，$\mathrm{K} = (2\pi/(\sqrt{3}a),2\pi/(\sqrt{3}a))$处分别为 3，1，0。另外，$\{\}^{1/2}$项与$k$的关系如图 3.34 所示。在 K 点，带隙为 0。在 K 点附近出现了特征性的能带结构，这是石墨烯引人注目的物性的起源。更多详细信息请参考专业书籍。

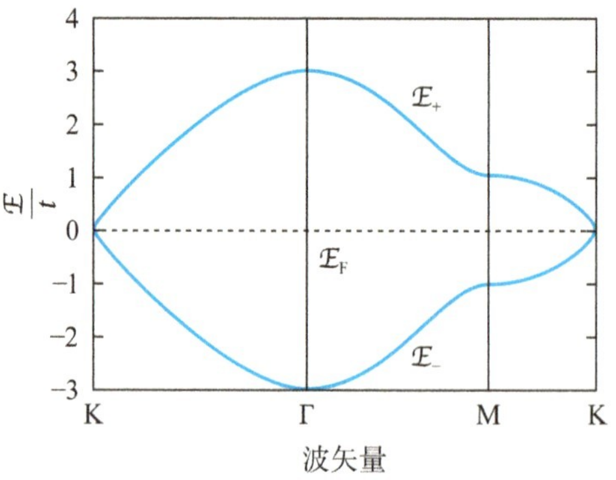

图 3.34　石墨烯的能带结构

章末问题

（1）就石墨烯能带结构中的 Γ 点和 M 点，从成键和反键轨道的角度，使用图表讨论能带的分离程度。

（2）在构成面心立方格子的原子是 p 轨道时，使用强关联近似来求解带结构。请注意，只需考虑相互作用到最近邻原子即可。

CHAPTER 4

第 4 章

半导体的能带结构

4-1 强关联近似下的能带结构

在前一章中，我们讨论了一维和二维的强关联近似。通过将这些结果扩展到三维，我们可以得到三维强关联近似中的波函数如下所示。

$$\Psi_{\boldsymbol{k}}(\boldsymbol{r})=\sum_{ml}C_{ml}\phi_{\boldsymbol{k},ml}(\boldsymbol{r}) \tag{4.1}$$

在这里：

$$\phi_{\boldsymbol{k},ml}(\boldsymbol{r})=\frac{1}{\sqrt{N}}\sum_{i}\exp[\mathrm{i}\boldsymbol{k}\cdot(\boldsymbol{R}_i+\boldsymbol{r}_l)]\varphi_{ml}[\boldsymbol{r}-(\boldsymbol{R}_i+\boldsymbol{r}_l)] \tag{4.2}$$

其中，$\boldsymbol{R}_i$代表第i个晶胞的位置，$\boldsymbol{r}_l$代表晶胞内第l个原子的位置。$\varphi_{ml}(\boldsymbol{r})$表示第$l$个原子的第$m$个轨道。另外，$N$代表晶胞的数量。

在这里，我们将考虑由金刚石结构或闪锌矿结构组成的半导体的能带结构。再次参考图 4.1 所示的金刚石结构，它的特征是在面心立方结构的基础上，面心立方格子的每个晶胞内存在两个原子。将一个原子放置在晶胞的原点上，晶胞内两个原子的位置矢量分别为$\boldsymbol{r}_1=(0,0,0)$和$\boldsymbol{r}_2=(a/4,a/4,a/4)$。金刚石结构和闪锌矿结构的区别在于这两个原子是否相同㊀。

由于每个位置的原子都具有s、p（p_x、p_y、p_z）轨道，所以波函数可以用以下 8 个布洛赫函数的线性组合表示：

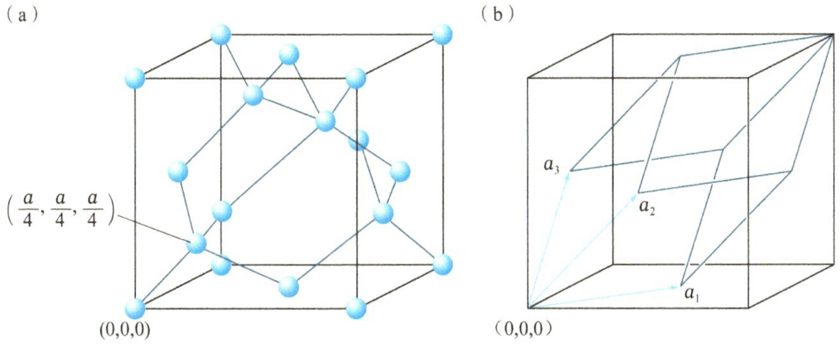

图 4.1 金刚石结构

注：基矢与面心立方晶格相同，但晶胞包含两个原子。

㊀ 这意味着每个晶胞的原点都位于位置$\boldsymbol{r}_1$处。

$$
\begin{aligned}
\Psi_{\boldsymbol{k}}(\boldsymbol{r}) = & \frac{C_{\mathrm{s}1}}{\sqrt{N}}\sum_i \exp(\mathrm{i}\boldsymbol{k}\cdot\boldsymbol{R}_i)\,\varphi_{\mathrm{s}1}(\boldsymbol{r}-\boldsymbol{R}_i)] + \\
& \frac{C_{\mathrm{p}_x1}}{\sqrt{N}}\sum_i \exp(\mathrm{i}\boldsymbol{k}\cdot\boldsymbol{R}_i)\,\varphi_{\mathrm{p}_x1}(\boldsymbol{r}-\boldsymbol{R}_i)] + \\
& \frac{C_{\mathrm{p}_y1}}{\sqrt{N}}\sum_i \exp(\mathrm{i}\boldsymbol{k}\cdot\boldsymbol{R}_i)\varphi_{\mathrm{p}_y1}(\boldsymbol{r}-\boldsymbol{R}_i)] + \\
& \frac{C_{\mathrm{p}_z1}}{\sqrt{N}}\sum_i \exp(\mathrm{i}\boldsymbol{k}\cdot\boldsymbol{R}_i)\varphi_{\mathrm{p}_z1}(\boldsymbol{r}-\boldsymbol{R}_i)] + \\
& \frac{C_{\mathrm{s}2}}{\sqrt{N}}\sum_i \exp[\mathrm{i}\boldsymbol{k}\cdot(\boldsymbol{R}_i+\boldsymbol{r}_2)]\varphi_{\mathrm{s}2}[\boldsymbol{r}-(\boldsymbol{R}_i+\boldsymbol{r}_2)] + \\
& \frac{C_{\mathrm{p}_x2}}{\sqrt{N}}\sum_i \exp[\mathrm{i}\boldsymbol{k}\cdot(\boldsymbol{R}_i+\boldsymbol{r}_2)]\varphi_{\mathrm{p}_x2}[\boldsymbol{r}-(\boldsymbol{R}_i+\boldsymbol{r}_2)] + \\
& \frac{C_{\mathrm{p}_y2}}{\sqrt{N}}\sum_i \exp[\mathrm{i}\boldsymbol{k}\cdot(\boldsymbol{R}_i+\boldsymbol{r}_2)]\varphi_{\mathrm{p}_y2}[\boldsymbol{r}-(\boldsymbol{R}_i+\boldsymbol{r}_2)] + \\
& \frac{C_{\mathrm{p}_z2}}{\sqrt{N}}\sum_i \exp[\mathrm{i}\boldsymbol{k}\cdot(\boldsymbol{R}_i+\boldsymbol{r}_2)]\varphi_{\mathrm{p}_z2}[\boldsymbol{r}-(\boldsymbol{R}_i+\boldsymbol{r}_2)]
\end{aligned}
\tag{4.3}
$$

其中，下标s，p_x，p_y，p_z代表s，p_x，p_y，p_z轨道，1，2 代表原子 1 和 2。薛定谔方程为：

$$\mathcal{H}|\Psi_{\boldsymbol{k}}(\boldsymbol{r})\rangle = \mathcal{E}|\Psi_{\boldsymbol{k}}(\boldsymbol{r})\rangle \tag{4.4}$$

对于这个方程，例如，从左边乘以其共轭：$\varphi_{\boldsymbol{k},\mathrm{s}1}(r) = (1/\sqrt{N})\sum_j \exp(\mathrm{i}\boldsymbol{k}\cdot\boldsymbol{R}_j)\,\varphi_{\mathrm{s}1}(\boldsymbol{r}-\boldsymbol{R}_j)$ 并进行空间积分，可以得到：

$$
\begin{aligned}
& C_{\mathrm{s}1}\mathcal{E}_{\mathrm{s}1} + \\
& C_{\mathrm{s}2}\sum_j \exp[-\mathrm{i}\boldsymbol{k}\cdot(\boldsymbol{R}_j-\boldsymbol{r}_2)]\,\langle\varphi_{\mathrm{s}1}(\boldsymbol{r}-\boldsymbol{R}_j)|\mathcal{H}|\varphi_{\mathrm{s}2}(\boldsymbol{r}-\boldsymbol{r}_2)\rangle + \\
& C_{\mathrm{p}_x2}\sum_j \exp[-\mathrm{i}\boldsymbol{k}\cdot(\boldsymbol{R}_j-\boldsymbol{r}_2)]\,\langle\varphi_{\mathrm{s}1}(\boldsymbol{r}-\boldsymbol{R}_j)|\mathcal{H}|\varphi_{\mathrm{p}_x2}(\boldsymbol{r}-\boldsymbol{r}_2)\rangle + \\
& C_{\mathrm{p}_y2}\sum_j \exp[-\mathrm{i}\boldsymbol{k}\cdot(\boldsymbol{R}_j-\boldsymbol{r}_2)]\,\langle\varphi_{\mathrm{s}1}(\boldsymbol{r}-\boldsymbol{R}_j)|\mathcal{H}|\varphi_{\mathrm{p}_y2}(\boldsymbol{r}-\boldsymbol{r}_2)\rangle + \\
& C_{\mathrm{p}_z2}\sum_j \exp[-\mathrm{i}\boldsymbol{k}\cdot(\boldsymbol{R}_j-\boldsymbol{r}_2)]\,\langle\varphi_{\mathrm{s}1}(\boldsymbol{r}-\boldsymbol{R}_j)|\mathcal{H}|\varphi_{\mathrm{p}_z2}(\boldsymbol{r}-\boldsymbol{r}_2)\rangle = C_{\mathrm{s}1}\mathcal{E}
\end{aligned}
\tag{4.5}
$$

在这里，我们利用了同一原子的不同轨道相互正交的性质。

对所有波函数进行类似的计算，得到了关于$C_{\mathrm{s}1}, C_{\mathrm{p}_x1}, \cdots, C_{\mathrm{p}_y2}, C_{\mathrm{p}_z2}$的 8×8 矩阵。要继续具体的计算，需要对晶胞进行求和，但是正如我们在第 3-7 节和第 3-8 节中讨论的那样，对于与波函数相关的积分，最合理的假设是与最近邻的原子相互作用最大。因此，式(4.5)中每一项积分的内部，对原点的晶胞中位于$\boldsymbol{r}_2$的原子 2 只需考虑与最近邻的原子 1 之间的相互作用。所以，令$\exp[-\mathrm{i}\boldsymbol{k}\cdot(\boldsymbol{R}_j-\boldsymbol{r}_2)]=\exp(\mathrm{i}\boldsymbol{k}\cdot\boldsymbol{d}),\boldsymbol{d}=-\boldsymbol{R}_j+\boldsymbol{r}_2$，则有以下四种情况：

$$\boldsymbol{d}_1=\left(\frac{a}{4},\frac{a}{4},\frac{a}{4}\right),\boldsymbol{d}_2=\left(\frac{a}{4},-\frac{a}{4},-\frac{a}{4}\right),\boldsymbol{d}_3=\left(-\frac{a}{4},\frac{a}{4},-\frac{a}{4}\right),\boldsymbol{d}_4=\left(-\frac{a}{4},-\frac{a}{4},\frac{a}{4}\right) \tag{4.6}$$

指数项可表示为$\exp(\mathrm{i}\boldsymbol{k}\cdot\boldsymbol{d}_1),\exp(\mathrm{i}\boldsymbol{k}\cdot\boldsymbol{d}_2),\exp(\mathrm{i}\boldsymbol{k}\cdot\boldsymbol{d}_3),\exp(\mathrm{i}\boldsymbol{k}\cdot\boldsymbol{d}_4)$。

接下来需要仔细考虑积分项。作为例子，考虑式(4.5)中第三项的积分$\langle\varphi_{\mathrm{s}1}(\boldsymbol{r}-\boldsymbol{R}_j)|\mathcal{H}|\varphi_{\mathrm{p}_x2}(\boldsymbol{r}-\boldsymbol{r}_2)\rangle$。这个积分涉及原点晶胞中位置为$\boldsymbol{r}_2$的原子 2 的$p_x$轨道与原子 1 的$s$轨道之间的积分，但是与原子 1 的积分会因位置不同而有不同的相位（符号）。例如，考虑原子 2 的p_x轨道与原子 1 的s轨道之间的积分，$\boldsymbol{d}_1$和$\boldsymbol{d}_2$，以及$\boldsymbol{d}_3$和$\boldsymbol{d}_4$的符号相同，但是$\boldsymbol{d}_1$和$\boldsymbol{d}_3$的符号不同。令积分$\langle\varphi_{\mathrm{s}1}(\boldsymbol{r})|\mathcal{H}|\varphi_{\mathrm{p}_x2}(\boldsymbol{r}-\boldsymbol{r}_2)\rangle=H_{\mathrm{s}1,\mathrm{p}_x2}$，那么有：

$$\begin{aligned}&\sum_j\exp[-\mathrm{i}\boldsymbol{k}\cdot(\boldsymbol{R}_j-\boldsymbol{r}_2)]\langle\varphi_{\mathrm{s}1}(\boldsymbol{r}-\boldsymbol{R}_j)|\mathcal{H}|\varphi_{\mathrm{p}_x2}(\boldsymbol{r}-\boldsymbol{r}_2)\rangle\\&=H_{\mathrm{s}1,\mathrm{p}_x2}[+\exp(\mathrm{i}\boldsymbol{k}\cdot\boldsymbol{d}_1)+\exp(\mathrm{i}\boldsymbol{k}\cdot\boldsymbol{d}_2)-\exp(\mathrm{i}\boldsymbol{k}\cdot\boldsymbol{d}_3)-\exp(\mathrm{i}\boldsymbol{k}\cdot\boldsymbol{d}_4)]\\&=H_{\mathrm{s}1,\mathrm{p}_x}g_1(\boldsymbol{k})\end{aligned} \tag{4.7}$$

这里需要注意$g_1(\boldsymbol{k})$，以及后面会出现的$g_0(\boldsymbol{k})$，$g_2(\boldsymbol{k})$，$g_3(\boldsymbol{k})$，它们的定义将在后面的式(4.14)中介绍。

此外，需要注意$H_{\mathrm{s}1,\mathrm{p}_x2}$的大小。上述积分和$s$轨道与连接两个原子的直线上的$p_x$轨道形成的$\sigma$轨道（称为$\sigma_{\mathrm{sp}_x}$轨道）有所不同，其$p_x$轨道方向并不在连接两个原子的直线方向上，如图 4.2（a）所示。将其分解为沿连接线方向和垂直于连接线方向的成分，如图 4.2（b）和（c）所示，得到$H_{\mathrm{s}1,\mathrm{p}_x2}=H_{\mathrm{s}1,\mathrm{p}2}=V_{\mathrm{sp}\sigma}/\sqrt{3}$。这里，$V_{\mathrm{sp}\sigma}$表示当$p$轨道的负侧存在$s$轨道时的相互作用强度，需要注意的是，当考虑$H=H_0+\Delta V(\boldsymbol{r})$（其中$\Delta V(\boldsymbol{r})<0$）时，这个值将为正值。此外，根据对称性，图 4.2（c）中垂直成分的积分为零。另一方面，如图 4.3 所示，当原子 2 具有s轨道而原子 1 具有p_x轨道时，得到$H_{\mathrm{p}_x1,\mathrm{s}2}=-H_{\mathrm{s}1,\mathrm{p}_x2}$。因此，对于所有最近邻原子的求和结果为$-H_{\mathrm{s}1,\mathrm{p}2}g_1(\boldsymbol{k})$。

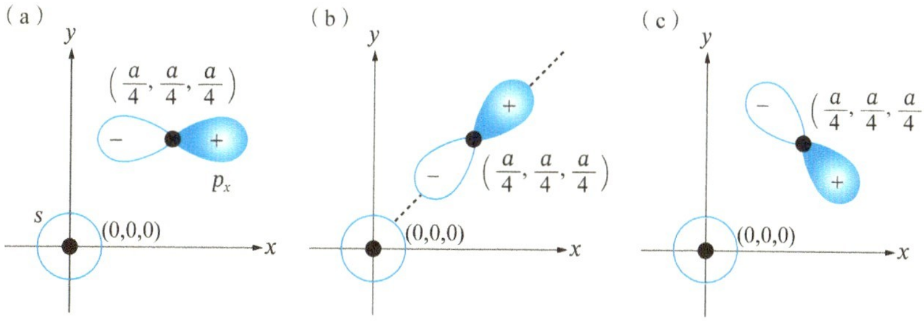

图 4.2　s轨道和p_x轨道之间相互作用的大小（1）

（a）原子 1 具有s轨道，原子 2 具有p_x轨道时的位置关系。（b）和（c）分别显示了沿连接原子 1 和 2 的方向以及垂直于连接原子 1 和 2 的方向上的p_x轨道分解示意图。

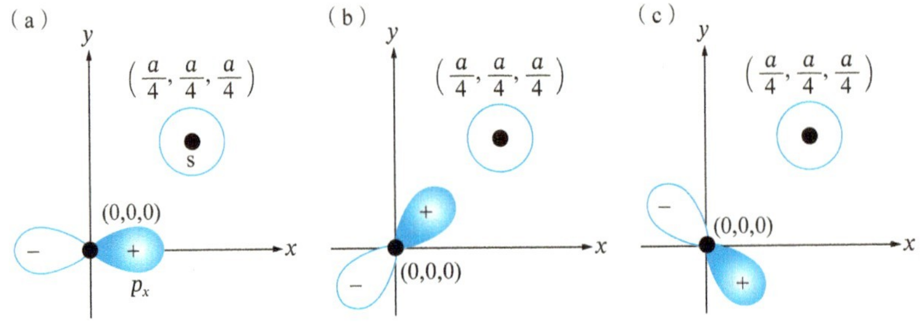

图 4.3　s轨道和p_x轨道之间相互作用的大小（2）

（a）原子 1 具有p_x轨道，原子 2 具有s轨道时的位置关系。（b）和（c）分别显示了沿连接原子 1 和 2 的方向以及垂直于连接原子 1 和 2 的方向上的p_x轨道分解示意图。

此外，对于式(4.4)，如果我们左乘$\phi_{\boldsymbol{k},\mathrm{p}_x1}(\boldsymbol{r}) = (1/\sqrt{N})\sum_j \exp(\mathrm{i}\boldsymbol{k}\cdot\boldsymbol{R}_j)\varphi_{\mathrm{p}_x1}(\boldsymbol{r}-\boldsymbol{R}_j)$的复共轭并进行空间积分，则会出现一项$\sum_j \exp[-\mathrm{i}\boldsymbol{k}\cdot(\boldsymbol{R}_j-\boldsymbol{r}_2)]\langle\varphi_{\mathrm{p}_x1}(\boldsymbol{r}-\boldsymbol{R}_j)|\mathcal{H}|\varphi_{\mathrm{p}_y2}(\boldsymbol{r}-\boldsymbol{r}_2)\rangle$。对于$\langle\varphi_{\mathrm{p}_y1}(\boldsymbol{r}-\boldsymbol{R}_j)|\mathcal{H}|\varphi_{\mathrm{p}_y2}(\boldsymbol{r}-\boldsymbol{r}_2)\rangle$这个积分项也一样，考虑到金刚石结构的对称性，对于原子 2，除图中的原子 1 以外，还有 3 个最近邻原子，这 4 个最近邻原子的位置分别记为$\boldsymbol{d}_1,\boldsymbol{d}_2,\boldsymbol{d}_3,\boldsymbol{d}_4$。对于每一个积分项$\langle\varphi_{\mathrm{p}_x1}(\boldsymbol{r}-\boldsymbol{R}_j)|\mathcal{H}|\varphi_{\mathrm{p}_y2}(\boldsymbol{r}-\boldsymbol{r}_2)\rangle$，其中的$\boldsymbol{d}_1$和$\boldsymbol{d}_4$，$\boldsymbol{d}_2$和$\boldsymbol{d}_3$的符号相同，但$\boldsymbol{d}_1$和$\boldsymbol{d}_2$的符号相反。令积分项$\langle\varphi_{\mathrm{p}_x1}(\boldsymbol{r})|\mathcal{H}|\varphi_{\mathrm{p}_y2}(\boldsymbol{r}-\boldsymbol{r}_2)\rangle = H_{\mathrm{p}_x1,\mathrm{p}_y2}$，可以得到：

$$\begin{aligned}&\sum_j \exp[-\mathrm{i}\boldsymbol{k}\cdot(\boldsymbol{R}_j-\boldsymbol{r}_2)]\langle\varphi_{\mathrm{p}_x1}(\boldsymbol{r}-\boldsymbol{R}_j)|\mathcal{H}|\varphi_{\mathrm{p}_y2}(\boldsymbol{r}-\boldsymbol{r}_2)\rangle\\&= H_{\mathrm{p}_x1,\mathrm{p}_y2}[+\exp(\mathrm{i}\boldsymbol{k}\cdot\boldsymbol{d}_1)-\exp(\mathrm{i}\boldsymbol{k}\cdot\boldsymbol{d}_2)-\exp(\mathrm{i}\boldsymbol{k}\cdot\boldsymbol{d}_3)+\exp(\mathrm{i}\boldsymbol{k}\cdot\boldsymbol{d}_4)]\\&= H_{\mathrm{p}_x1,\mathrm{p}_y2}g_3(\boldsymbol{k})\end{aligned} \tag{4.8}$$

对于$H_{\mathrm{p}_x1,\mathrm{p}_y2}$的值，我们还需要考虑到，如图 4.4（a）所示的$p_x$和$p_y$轨道在连接两个原子的方向和轨道方向上存在差异。将这两个轨道的相互作用分解为σ轨道的成键轨道和π轨道的成键轨道，如图 4.4（b）和（c）所示，得到$H_{\mathrm{p}_x1,\mathrm{p}_y2} = (1/3)(V_{\mathrm{pp}\sigma}-V_{\mathrm{pp}\pi})$。

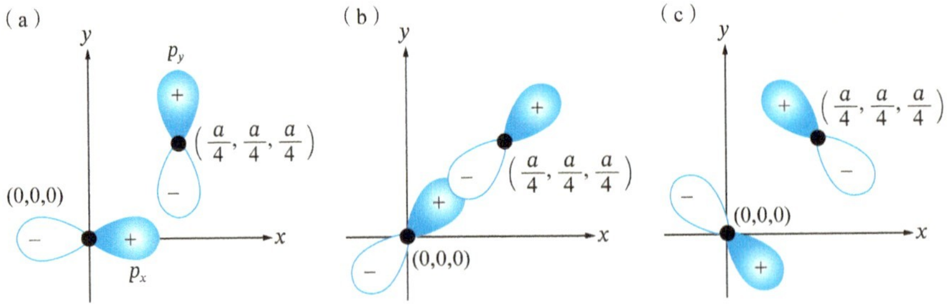

图 4.4　p_x轨道和p_y轨道的相互作用大小（1）

（a）原子 1 具有p_x轨道，原子 2 具有p_y轨道时的位置关系。（b）和（c）分别显示了沿连接原子 1 和 2 的方向以及垂直于连接原子 1 和 2 的方向上的各轨道分解示意图。

在这里，$V_{pp\sigma}$表示沿连接两个原子的方向上，p轨道之间形成的σ键的相互作用大小，为正值。$V_{pp\pi}$表示垂直于连接两个原子的方向上，p轨道之间形成的π键的相互作用大小，为负值。$V_{pp\pi}$带有负号，表示它是反键的π轨道。另一方面，图 4.5 表示了当原子 2 是p_x轨道，原子 1 是p_y轨道时的情况，与图 4.4 对比可见，H_{p_y1,p_x2}相对于H_{p_x1,p_y2}没有符号变化，因此$\exp\sum[-\mathrm{i}\boldsymbol{k}\cdot(\boldsymbol{R}_i-\boldsymbol{r}_2)]\langle\varphi_{p_x1}(\boldsymbol{r})|\mathcal{H}|\varphi_{p_x2}(\boldsymbol{r}-\boldsymbol{r}_2)\rangle$为$H_{p_x1,p_y2}g_3(\boldsymbol{k})$。此外，当原子 2 是$p_x$轨道，原子 1 是$p_z$轨道时，情况如图 4.6 所示，因此$H_{p_z1,p_x2}=H_{p_y1,p_x2}=H_{p_x1,p_y2}$，对所有最近邻原子进行求和，得到$H_{p_x1,p_y2}g_2(\boldsymbol{k})$。

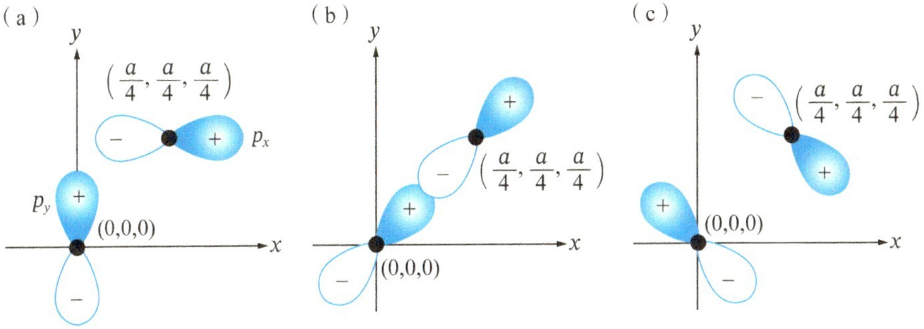

图 4.5　p_x轨道和p_y轨道的相互作用大小（2）

（a）原子 1 是p_y轨道，原子 2 是p_x轨道时的位置关系。（b）和（c）分别显示了沿连接原子 1 和 2 的方向以及垂直于连接原子 1 和 2 的方向上的各轨道分解示意图。

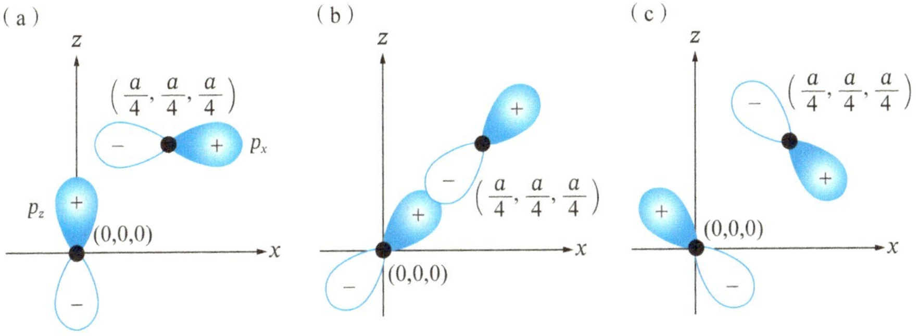

图 4.6　p_x轨道和p_z轨道的相互作用大小

（a）原子 1 是p_z轨道，原子 2 是p_x轨道时的位置关系。（b）和（c）分别显示了沿连接原子 1 和 2 的方向以及垂直于连接原子 1 和 2 的方向上的各轨道分解示意图。

此外，对式(4.4)左乘$\phi_{\boldsymbol{k},p_x2}(\boldsymbol{r})=(1/\sqrt{N})\sum_j\exp[\mathrm{i}\boldsymbol{k}\cdot(\boldsymbol{R}_j+\boldsymbol{r}_2)]\varphi_{p_x2}[\boldsymbol{r}-(\boldsymbol{R}_j+\boldsymbol{r}_2)]$的复共轭并进行空间积分，得到$C_{p_y1}$项，表示为：

$$\left\langle \frac{1}{\sqrt{N}}\sum_j \exp[\mathrm{i}\boldsymbol{k}\cdot(\boldsymbol{R}_j+\boldsymbol{r}_2)]\varphi_{\mathrm{p}_x2}[\boldsymbol{r}-(\boldsymbol{R}_j+\boldsymbol{r}_2)]|\mathcal{H}| \right.$$
$$\left. \frac{1}{\sqrt{N}}\sum_i \exp(\mathrm{i}\boldsymbol{k}\cdot\boldsymbol{R}_i)\varphi_{\mathrm{p}_y1}(\boldsymbol{r}-\boldsymbol{R}_i)\right\rangle \tag{4.9}$$

经整理后，得到以下表达式：

$$\sum_j \exp[-\mathrm{i}\boldsymbol{k}\cdot(\boldsymbol{R}_j+\boldsymbol{r}_2)]\langle\varphi_{\mathrm{p}_x2}[\boldsymbol{r}-(\boldsymbol{R}_j+\boldsymbol{r}_2)]|\mathcal{H}|\varphi_{\mathrm{p}_y1}(\boldsymbol{r})\rangle \tag{4.10}$$

在原点的晶胞中，位于原点位置的原子 1 的p_y轨道与最近邻的原子 2 相对应，可以写成$\exp[\mathrm{i}\boldsymbol{k}(-\boldsymbol{R}_j-\boldsymbol{r}_2)]-\exp(\mathrm{i}\boldsymbol{k}\cdot\boldsymbol{d})$，则有：

$$\boldsymbol{d}_1=\left(-\frac{a}{4},-\frac{a}{4},-\frac{a}{4}\right),\ \boldsymbol{d}_2=\left(-\frac{a}{4},\frac{a}{4},\frac{a}{4}\right),\ \boldsymbol{d}_3=\left(\frac{a}{4},-\frac{a}{4},\frac{a}{4}\right),\ \boldsymbol{d}_4=\left(\frac{a}{4},\frac{a}{4},-\frac{a}{4}\right) \tag{4.11}$$

这里与式(4.6)中的$\boldsymbol{d}$符号相反。另一方面，对于$\langle\varphi_{\mathrm{p}_x2}[\boldsymbol{r}-(\boldsymbol{R}_j+\boldsymbol{r}_2)]|\mathcal{H}|\varphi_{\mathrm{p}_y1}(\boldsymbol{r})\rangle$，例如考虑如图 4.7 所示在同一晶胞中的原子 2，有$\langle\varphi_{\mathrm{p}_x2}(\boldsymbol{r}-\boldsymbol{r}_2)|\mathcal{H}|\varphi_{\mathrm{p}_y1}(\boldsymbol{r})\rangle=H_{\mathrm{p}_x2,\mathrm{p}_y1}$，与图 4.4 等价，因此$H_{\mathrm{p}_x2,\mathrm{p}_y1}=H_{\mathrm{p}_x1,\mathrm{p}_y2}$成立。所以，对于所有最近邻原子求和，有$H_{\mathrm{p}_x1,\mathrm{p}_y2}g_3^*(\boldsymbol{k})$。

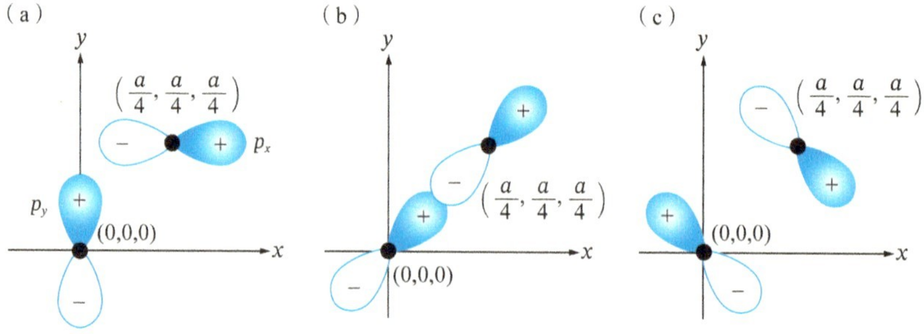

图 4.7　本图的位置关系与图 4.4 和图 4.5 相同

另外，对于式(4.4)左乘$\phi_{\boldsymbol{k},\mathrm{p}_x2}(\boldsymbol{r})=(1/\sqrt{N})\sum_j\exp[\mathrm{i}\boldsymbol{k}\cdot(\boldsymbol{R}_j+\boldsymbol{r}_2)]$的复共轭并进行空间积分，可以得到$C_{\mathrm{p}_x1}$的项，表示为：

$$\left\langle \frac{1}{\sqrt{N}}\sum_j \exp[\mathrm{i}\boldsymbol{k}\cdot(\boldsymbol{R}_j+\boldsymbol{r}_2)]\,\varphi_{\mathrm{p}_x2}[\boldsymbol{r}-(\boldsymbol{R}_j+\boldsymbol{r}_2)]|\mathcal{H}| \right.$$
$$\left. \frac{1}{\sqrt{N}}\sum_i \exp(\mathrm{i}\boldsymbol{k}\cdot\boldsymbol{R}_i)\,\varphi_{\mathrm{p}_x1}(\boldsymbol{r}-\boldsymbol{R}_i)\right\rangle \tag{4.12}$$

进行整理后可得：

$$\sum_j \exp[-\mathrm{i}\boldsymbol{k}\cdot(\boldsymbol{R}_j+\boldsymbol{r}_2)]\langle\varphi_{\mathrm{p}_x2}[\boldsymbol{r}-(\boldsymbol{R}_j+\boldsymbol{r}_2)]|\mathcal{H}|\varphi_{\mathrm{p}_x1}(\boldsymbol{r})\rangle \tag{4.13}$$

其中$\langle\varphi_{p_x2}[\boldsymbol{r}-(\boldsymbol{R}_j+\boldsymbol{r}_2)]|\mathcal{H}|\varphi_{p_x1}(\boldsymbol{r})\rangle$是在晶胞原点位置的原子 1 的$p_x$轨道和最近邻原子 2 的$p_x$轨道之间的积分产生的相关项。考虑原子 2 为位于原点的晶胞的$\boldsymbol{r}_2$位置，这会导致如图 4.8（a）所示的相互作用，如图 4.8（b）和（c）所示将其分解为σ键和π键，则有$H_{p_x2,p_x1}=(1/3)V_{pp\sigma}+(2/3)V_{pp\pi}$。对所有最近邻原子求和，得到$H_{p_x2,p_x1}g_0^*(\boldsymbol{k})$。

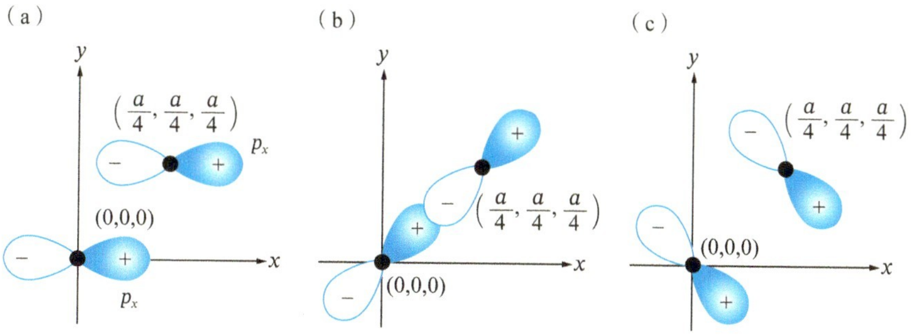

图 4.8 两个p_x轨道之间的相互作用大小

（a）当原子 1 和原子 2 都是p_x轨道时的位置关系。（b）和（c）分别显示了沿连接原子 1 和 2 的方向以及垂直于连接原子 1 和 2 的方向上的各轨道分解的示意图。

像这样计算所有的积分，并使用以下式子，可以整理成表 4.1 中的形式。

表 4.1 与最近邻原子相关的积分项

	s1	p_x1	p_y1	p_z1	s2	p_x2	p_y2	p_z2
s1	$\mathcal{E}_{s1}-\mathcal{E}(\boldsymbol{k})$	0	0	0	$H_{s1,s2}g_0(\boldsymbol{k})$	$H_{s1,p2}g_1(\boldsymbol{k})$	$H_{s1,p2}g_2(\boldsymbol{k})$	$H_{s1,p2}g_3(\boldsymbol{k})$
p_x1	0	$\mathcal{E}_{p1}-\mathcal{E}(\boldsymbol{k})$	0	0	$-H_{s1,p2}g_1(\boldsymbol{k})$	$H_{p_x1,p_x2}g_0(\boldsymbol{k})$	$H_{p_x1,p_y2}g_3(\boldsymbol{k})$	$H_{p_x1,p_y2}g_2(\boldsymbol{k})$
p_y1	0	0	$\mathcal{E}_{p1}-\mathcal{E}(\boldsymbol{k})$	0	$-H_{s1,p2}g_2(\boldsymbol{k})$	$H_{p_x1,p_y2}g_3(\boldsymbol{k})$	$H_{p_x1,p_x2}g_0(\boldsymbol{k})$	$H_{p_x1,p_y2}g_1(\boldsymbol{k})$
p_z1	0	0	0	$\mathcal{E}_{p1}-\mathcal{E}(\boldsymbol{k})$	$-H_{s1,p2}g_3(\boldsymbol{k})$	$H_{p_x1,p_y2}g_2(\boldsymbol{k})$	$H_{p_x1,p_y2}g_1(\boldsymbol{k})$	$H_{p_x1,p_x2}g_0(\boldsymbol{k})$
s2	$H_{s1,s2}g_0^*(\boldsymbol{k})$	$-H_{s1,p2}g_1^*(\boldsymbol{k})$	$-H_{s1,p2}g_2^*(\boldsymbol{k})$	$-H_{s1,p2}g_3^*(\boldsymbol{k})$	$\mathcal{E}_{s2}-\mathcal{E}(\boldsymbol{k})$	0	0	0
p_x2	$H_{s1,p2}g_1^*(\boldsymbol{k})$	$H_{p_x1,p_x2}g_0^*(\boldsymbol{k})$	$H_{p_x1,p_y2}g_3^*(\boldsymbol{k})$	$H_{p_x1,p_y2}g_2^*(\boldsymbol{k})$	0	$\mathcal{E}_{p2}-\mathcal{E}(\boldsymbol{k})$	0	0
p_y2	$H_{s1,p2}g_2^*(\boldsymbol{k})$	$H_{p_x1,p_y2}g_3^*(\boldsymbol{k})$	$H_{p_x1,p_x2}g_0^*(\boldsymbol{k})$	$H_{p_x1,p_y2}g_1^*(\boldsymbol{k})$	0	0	$\mathcal{E}_{p2}-\mathcal{E}(\boldsymbol{k})$	0
p_z2	$H_{s1,p2}g_3^*(\boldsymbol{k})$	$H_{p_x1,p_y2}g_2^*(\boldsymbol{k})$	$H_{p_x1,p_y2}g_1^*(\boldsymbol{k})$	$H_{p_x1,p_x2}g_0^*(\boldsymbol{k})$	0	0	0	$\mathcal{E}_{p2}-\mathcal{E}(\boldsymbol{k})$

$$
\begin{aligned}
g_0(\boldsymbol{k})&=[+\exp(\mathrm{i}\boldsymbol{k}\cdot\boldsymbol{d}_1)+\exp(\mathrm{i}\boldsymbol{k}\cdot\boldsymbol{d}_2)+\exp(\mathrm{i}\boldsymbol{k}\cdot\boldsymbol{d}_3)+\exp(\mathrm{i}\boldsymbol{k}\cdot\boldsymbol{d}_4)]\\
g_1(\boldsymbol{k})&=[+\exp(\mathrm{i}\boldsymbol{k}\cdot\boldsymbol{d}_1)+\exp(\mathrm{i}\boldsymbol{k}\cdot\boldsymbol{d}_2)-\exp(\mathrm{i}\boldsymbol{k}\cdot\boldsymbol{d}_3)-\exp(\mathrm{i}\boldsymbol{k}\cdot\boldsymbol{d}_4)]\\
g_2(\boldsymbol{k})&=[+\exp(\mathrm{i}\boldsymbol{k}\cdot\boldsymbol{d}_1)-\exp(\mathrm{i}\boldsymbol{k}\cdot\boldsymbol{d}_2)+\exp(\mathrm{i}\boldsymbol{k}\cdot\boldsymbol{d}_3)-\exp(\mathrm{i}\boldsymbol{k}\cdot\boldsymbol{d}_4)]\\
g_3(\boldsymbol{k})&=[+\exp(\mathrm{i}\boldsymbol{k}\cdot\boldsymbol{d}_1)-\exp(\mathrm{i}\boldsymbol{k}\cdot\boldsymbol{d}_2)-\exp(\mathrm{i}\boldsymbol{k}\cdot\boldsymbol{d}_3)+\exp(\mathrm{i}\boldsymbol{k}\cdot\boldsymbol{d}_4)]
\end{aligned}
\tag{4.14}
$$

解这个方程组可以得到每个$\boldsymbol{k}$点的能量。虽然非常复杂，但在具有高对称性的点上可以简单地求解。例如在Γ点（$\boldsymbol{k}=0$）处，$g_0=4$，而其他为0。经过一些简单计算，可以转化为表4.2。

在金刚石结构（如硅Si或锗Ge）中$\mathcal{E}_{s1}=\mathcal{E}_{s2}$，$\mathcal{E}_{p1}=\mathcal{E}_{p2}$。考虑到这一点，对角化后可以得到：

$$\mathcal{E}=\begin{cases}\mathcal{E}_s \pm 4H_{s1,s2} \\ \mathcal{E}_p \pm 4H_{p_x1,p_x2} \quad (\text{三重简并})\end{cases} \tag{4.15}$$

表4.2　表4.1在Γ点（$k=0$）的计算结果

	$s1$	$s2$	p_x1	p_x2	p_y1	p_y2	p_z1	p_z2
$s1$	$\mathcal{E}_{s1}-\mathcal{E}$ $(\boldsymbol{k}=0)$	$4H_{s1,s2}$	0	0	0	0	0	0
$s2$	$4H_{s1,s2}$	$\mathcal{E}_{s2}-\mathcal{E}$ $(\boldsymbol{k}=0)$	0	0	0	0	0	0
p_x1	0	0	$\mathcal{E}_{p1}-\mathcal{E}$ $(\boldsymbol{k})$	$4H_{p_x1,p_x2}$	0	0	0	0
p_x2	0	0	$4H_{p_x1,p_x2}$	$\mathcal{E}_{p2}-\mathcal{E}$ $(\boldsymbol{k}=0)$	0	0	0	0
p_y1	0	0	0	0	$\mathcal{E}_{p1}-\mathcal{E}$ $(\boldsymbol{k}=0)$	$4H_{p_x1,p_x2}$	0	0
p_y2	0	0	0	0	$4H_{p_x1,p_x2}$	$\mathcal{E}_{p2}-\mathcal{E}$ $(\boldsymbol{k}=0)$	0	0
p_z1	0	0	0	0	0	0	$\mathcal{E}_{p1}-\mathcal{E}$ $(\boldsymbol{k}=0)$	$4H_{p_x1,p_x2}$
p_z2	0	0	0	0	0	0	$4H_{p_x1,p_x2}$	$\mathcal{E}_{p2}-\mathcal{E}$ $(\boldsymbol{k}=0)$

注：为了更清楚，改变了纵向和横向轨道的顺序。

需要注意的是，在Γ点，同一类型的轨道会叠加在一起。这是因为有三个等价的p轨道，所以存在三重简并。由于s轨道的能量低于p轨道，因此最低能量是s轨道的成键轨道（价带底部）$\Psi_{\boldsymbol{k}=0}(\boldsymbol{r}) \propto s_1+s_2$，其上是三重简并的$p$轨道的成键轨道（价带顶部）$\Psi_{\boldsymbol{k}=0}(\boldsymbol{r}) \propto p_1-p_2$，再上方是$s$轨道的反键轨道（导带底部）$\Psi_{\boldsymbol{k}=0}(\boldsymbol{r}) \propto s_1-s_2$，最高能量是$p$轨道的反键轨道（导带顶部）$\Psi_{\boldsymbol{k}=0}(\boldsymbol{r}) \propto p_1+p_2$。价带顶部波函数为$\Psi_{\boldsymbol{k}=0}(\boldsymbol{r}) \propto p_1-p_2$的原因是，根据图4.9可以清楚地看出，$p_1-p_2$相对于$p_1+p_2$有更大的电子重叠，能够形成较长波长的电子波。

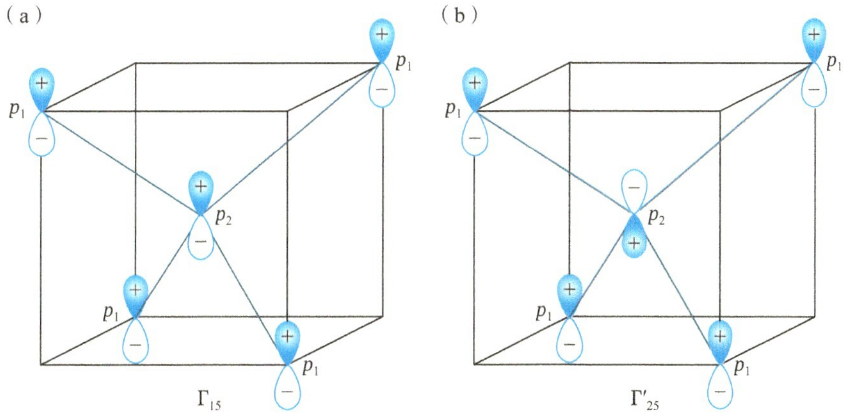

图 4.9 p轨道之间的相互作用

(a)和(b)中间的原子 2 的p轨道符号不同。通过比较(a)和(b),可以发现(b)的能量较低。
引用自:犬井铁郎、田边行人、小野寺嘉孝,《应用群论》,裳华房出版社(1976 年),有改动。

在X点($\boldsymbol{k}=(2\pi/a)(0,0,1)$)处,$g_0=g_1=g_2=0$,$g_3=4\mathrm{i}$。整理后如表 4.3 所示。对于Si和Ge,$\mathrm{E_{s1}}=\mathrm{E_{s2}}=\mathrm{E_s}$,$\mathrm{E_{p1}}=\mathrm{E_{p2}}=\mathrm{E_p}$,因此有:

$$\mathcal{E}_1=\frac{1}{2}(\mathcal{E}_\mathrm{p}+\mathcal{E}_\mathrm{p})+\left[\left\{\frac{1}{2}(\mathcal{E}_\mathrm{s}-\mathcal{E}_\mathrm{p})\right\}^2+16H_{s1,p2^2}\right]^{1/2}\quad(\text{二重简并})$$

表 4.3 表 4.1 在 X 点($k=(2\pi/a)(0,0,1)$)处的计算结果

	$s1$	p_z2	p_z1	$s2$	p_x1	p_y2	p_y1	p_x1
$s1$	$\mathcal{E}_{s1}-\mathcal{E}(X)$	$4iH_{s1,p2}$	0	0	0	0	0	0
p_z2	$-4iH_{s1,p2}$	$\mathcal{E}_{p2}-\mathcal{E}(X)$	0	0	0	0	0	0
p_z1	0	0	$\mathcal{E}_{p1}-\mathcal{E}(X)$	$-4iH_{s2,p1}$	0	0	0	0
$s2$	0	0	$4iH_{s2,p1}$	$\mathcal{E}_{s2}-\mathcal{E}(X)$	0	0	0	0
p_x1	0	0	0	0	$\mathcal{E}_{p1}-\mathcal{E}(X)$	$4iH_{px1,py2}$	0	0
p_y2	0	0	0	0	$-4iH_{px1,py2}$	$\mathcal{E}_{p2}-\mathcal{E}(X)$	0	0
p_y1	0	0	0	0	0	0	$\mathcal{E}_{p1}-\mathcal{E}(X)$	$4iH_{px1,py2}$
p_x1	0	0	0	0	0	0	$-4iH_{px1,py2}$	$\mathcal{E}_{p2}-\mathcal{E}(X)$

这些参数汇总在表 4.4 中。使用这些值,可以按照能量从低到高的顺序排列为$\mathcal{E}_2<\mathcal{E}_4<\mathcal{E}_1<\mathcal{E}_3$,这对于锗而言,可以得到类似于图 4.10 所示的能带结构。

表 4.4　式(4.16)中的各参数在金刚石（C）、硅（Si）和锗（Ge）中的值

	$\mathcal{E}_p-\mathcal{E}_s$	$4H_{ss}$	$4H_{sp}$	$4H_{p_xp_x}$	$4H_{p_xp_y}$
C	7.40	−15.2	10.25	3.0	8.3
Si	7.20	−8.13	5.88	3.17	7.51
Ge	8.41	−6.78	5.31	2.62	6.82

引用自：P. Y. Yu, M. Cardona 著，末元徹，冈泰夫，胜本信吾，大成诚之助译，《半导体基础》，施普林格出版社东京分社（1999 年）。

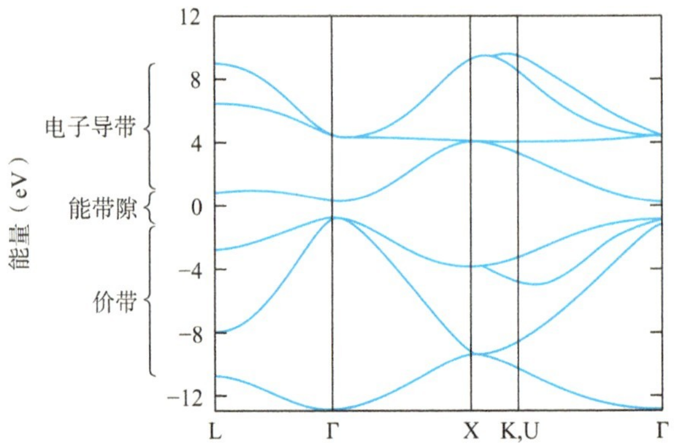

图 4.10　锗的能带结构

引用自：W.A. Harrison 著，小岛忠宜，小岛和子，山田荣三郎译，《固体的电子结构和物性——物理与化学的结合》，现代工程出版社（1983 年），有改动。

$$\mathcal{E}_2=\frac{1}{2}(\mathcal{E}_s+\mathcal{E}_p)-\left[\left\{\frac{1}{2}(\mathcal{E}_s-\mathcal{E}_p)\right\}^2+16H_{s1,p2}^2\right]\quad(\text{二重简并})$$

$$\mathcal{E}_3=\mathcal{E}_p+4H_{p_x1p_y2}\quad(\text{二重简并})$$

$$\mathcal{E}_4=\mathcal{E}_p-4H_{p_x1p_y2}\quad(\text{二重简并})\tag{4.16}$$

进一步的讨论表明，像硅（Si）和锗（Ge）这样的半导体，其价带的顶部位于Γ点（$\boldsymbol{k}=0$），但导带的底部不在Γ点，而导带的底部也在Γ点的半导体是存在的。前者称为间接带隙半导体，后者称为直接带隙半导体。

4-2 $\boldsymbol{k}\cdot\boldsymbol{p}$ 微扰（1）：带边的详细结构

半导体中的电子和空穴数量有限，电子位于导带底部，而空穴位于价带顶部。因此，详细了解这些典型位置的能带结构是非常重要的。其中一种方法是使用$\boldsymbol{k}\cdot\boldsymbol{p}$微扰。

电子的波函数在周期性势场中可以表示为布洛赫函数：

$$\phi_{n,\boldsymbol{k}}(\boldsymbol{r}) = \exp(\mathrm{i}\boldsymbol{k}\cdot\boldsymbol{r})\,u_{n,\boldsymbol{k}}(\boldsymbol{r}) \tag{4.17}$$

同时，薛定谔方程可以写成：

$$\left\{-\frac{\hbar^2}{2m_\mathrm{e}}\nabla^2 + V(\boldsymbol{r})\right\}\phi_{n,\boldsymbol{k}}(\boldsymbol{r}) = \mathcal{E}_n(\boldsymbol{k})\phi_{n,\boldsymbol{k}}(\boldsymbol{r}) \tag{4.18}$$

其中$V(\boldsymbol{r})$是一个周期性函数，$\boldsymbol{R}_i$表示第i个晶胞的位置矢量，满足$V(\boldsymbol{r}) = V(\boldsymbol{r}+\boldsymbol{R}_i)$的关系。将波函数式(4.17)代入薛定谔方程中，我们得到了关于$u_n, k(\boldsymbol{r})$的以下方程：

$$\left\{-\frac{\hbar^2}{2m_\mathrm{e}}\nabla^2 + V(\boldsymbol{r}) + \frac{\hbar^2\boldsymbol{k}^2}{2m_\mathrm{e}} + \frac{\hbar\boldsymbol{k}\cdot\boldsymbol{p}}{m_\mathrm{e}}\right\}u_{n,\boldsymbol{k}}(\boldsymbol{r}) = \mathcal{E}_n(\boldsymbol{k})u_{n,\boldsymbol{k}}(\boldsymbol{r}) \tag{4.19}$$

这与式(3.58)相同。现在，为了简化，假设导带的底部或价带的顶部位于$\boldsymbol{k}=0$ 处，那么在$\boldsymbol{k}=0$ 处，式(4.19)为：

$$\mathcal{H}_0 = -\frac{\hbar^2}{2m_\mathrm{e}}\nabla^2 + V(\boldsymbol{r}) \tag{4.20}$$

当$\boldsymbol{k}$很小时，会额外产生项：

$$\mathcal{H}' = \frac{\hbar^2\boldsymbol{k}^2}{2m_\mathrm{e}} + \frac{\hbar\boldsymbol{k}\cdot\boldsymbol{p}}{m_\mathrm{e}} \tag{4.21}$$

可以将其视为微扰。关注薛定谔方程：

$$\left\{-\frac{\hbar^2}{2m_\mathrm{e}}\nabla^2 + V(\boldsymbol{r})\right\}u_{n,0}(\boldsymbol{r}) = \mathcal{E}_n(0)u_{n,0}(\boldsymbol{r}) \tag{4.22}$$

则因为$V(\boldsymbol{r})$类似于原子具有的势能，并且具有接近原子内电子的轨道，因此期望能够得到波函数$u_{n,0}(\boldsymbol{r})$和能量$\mathcal{E}_n(0)$。此外，这些波函数预计将像原子内的波函数一样满足完全正交性。假设能量$\mathcal{E}_n(0)$不简并，那么在$\boldsymbol{k}$接近$\boldsymbol{k}=0$ 的地方，可以将式(4.21)视为微扰$\mathcal{H}'$。考虑到二阶微扰为止，能量可表示为：

$$\mathcal{E}_n(\boldsymbol{k}) = \mathcal{E}_n(0) + \langle n,0|\mathcal{H}'|n,0\rangle + \sum_{n'\neq n}\frac{\langle n,0|\mathcal{H}'|n',0\rangle\langle n',0|\mathcal{H}'|n,0\rangle}{\mathcal{E}_n(0)-\mathcal{E}_{n'}(0)} \tag{4.23}$$

其中，$|n,0\rangle$代表$\boldsymbol{k}=0$ 的第n个能级的波函数。

如果导带的底部或者价带的顶部位于$\boldsymbol{k}=\boldsymbol{k}_0$的位置，那么在这一点上的布洛赫函数将是$\phi_{n,\boldsymbol{k}_0}(\boldsymbol{r}) = \exp(\mathrm{i}\boldsymbol{k}_0\cdot\boldsymbol{r})u_{n,\boldsymbol{k}_0}(\boldsymbol{r})$。我们已经知道在$\boldsymbol{k}=\boldsymbol{k}_0$时的波函数和能量。$\boldsymbol{k}$的波函数为$\phi_{n,\boldsymbol{k}}(\boldsymbol{r}) = \exp(\mathrm{i}\boldsymbol{k}\cdot\boldsymbol{r})\,u_{n,\boldsymbol{k}}(\boldsymbol{r})$，如果定义$\boldsymbol{k}=\boldsymbol{k}_0+\boldsymbol{k}$，则有㊀：

$$\phi_{n,\boldsymbol{k}}(\boldsymbol{r}) = \exp(\mathrm{i}\boldsymbol{k}\cdot\boldsymbol{r})\exp(\mathrm{i}\boldsymbol{k}_0\cdot\boldsymbol{r})u_{n,\boldsymbol{k}}(\boldsymbol{r}) = \exp(\mathrm{i}\boldsymbol{k}\cdot\boldsymbol{r})\,\phi_{n,\boldsymbol{k}_0,\boldsymbol{k}}(\boldsymbol{r}) \tag{4.24}$$

在这里，我们定义了$\phi_{n,\boldsymbol{k}_0,\boldsymbol{k}}(\boldsymbol{r}) = \exp(\mathrm{i}\boldsymbol{k}_0\cdot\boldsymbol{r})u_{n,\boldsymbol{k}}(\boldsymbol{r})$。将式(4.24)代入薛定谔方程中，得到：

㊀ 参考了上村洸，中尾宪司所著的《电子物性论——物性物理与物质科学》，培风馆出版社（1995 年）。

$$\left\{-\frac{\hbar^2}{2m_\mathrm{e}}\nabla^2+V(\boldsymbol{r})+\frac{\hbar^2\boldsymbol{k}^2}{2m_\mathrm{e}}+\frac{\hbar\boldsymbol{k}\cdot\boldsymbol{p}}{m_\mathrm{e}}\right\}\phi_{n,\boldsymbol{k}_0,\boldsymbol{k}}(\boldsymbol{r})=\mathcal{E}_n(\boldsymbol{R})\phi_{n,\boldsymbol{k}_0,\boldsymbol{k}}(\boldsymbol{r}) \tag{4.25}$$

这里假设已经知道了在$\boldsymbol{k}=\boldsymbol{k}_0$处的波函数和能量，因此下式成立：

$$\left\{-\frac{\hbar^2}{2m_\mathrm{e}}\nabla^2+V(\boldsymbol{r})\right\}\phi_{n,\boldsymbol{k}_0}(\boldsymbol{r})=\mathcal{E}_n(\boldsymbol{k}_0)\phi_{n,\boldsymbol{k}_0}(\boldsymbol{r}) \tag{4.26}$$

这里我们将$\hbar^2\boldsymbol{k}^2/(2m_\mathrm{e})+\hbar\boldsymbol{k}\cdot\boldsymbol{p}/m_\mathrm{e}$作为微扰，并考虑到二阶微扰为止，则有：

$$\begin{aligned}\mathcal{E}_n(\boldsymbol{k})&=\mathcal{E}_n(\boldsymbol{k}_0)+\left\langle n,\boldsymbol{k}_0\left|\frac{\hbar^2\boldsymbol{k}^2}{2m_\mathrm{e}}+\frac{\hbar\boldsymbol{k}\cdot\boldsymbol{p}}{m_\mathrm{e}}\right|n,\boldsymbol{k}_0\right\rangle+\\&\quad\sum_{n'\neq n}\frac{\left\langle n,\boldsymbol{k}_0\left|\frac{\hbar^2\boldsymbol{k}^2}{2m_\mathrm{e}}+\frac{\hbar\boldsymbol{k}\cdot\boldsymbol{p}}{m_\mathrm{e}}\right|n',\boldsymbol{k}_0\right\rangle\left\langle n',\boldsymbol{k}_0\left|\frac{\hbar^2\boldsymbol{k}^2}{2m_\mathrm{e}}+\frac{\hbar\boldsymbol{k}\cdot\boldsymbol{p}}{m_\mathrm{e}}\right|n,\boldsymbol{k}_0\right\rangle}{\mathcal{E}_n(\boldsymbol{k}_0)-\mathcal{E}_{n'}(\boldsymbol{k}_0)}\\&=\mathcal{E}_n(\boldsymbol{k}_0)+\frac{\hbar^2\boldsymbol{k}^2}{2m_\mathrm{e}}+\frac{\hbar^2}{m_\mathrm{e}^2}\sum_{n'\neq n}\frac{\langle n,\boldsymbol{k}_0|\boldsymbol{k}\cdot\boldsymbol{p}|n',\boldsymbol{k}_0\rangle\langle n',\boldsymbol{k}_0|\boldsymbol{k}\cdot\boldsymbol{p}|n,\boldsymbol{k}_0\rangle}{\mathcal{E}_n(\boldsymbol{k}_0)-\mathcal{E}_{n'}(\boldsymbol{k}_0)}\end{aligned} \tag{4.27}$$

此外，波函数可以表示为：

$$\begin{aligned}\phi_{n,\boldsymbol{k}}(\boldsymbol{r})&=\exp(\mathrm{i}\boldsymbol{k}\cdot\boldsymbol{r})\,\phi_{n,\boldsymbol{k}_0,\boldsymbol{\kappa}}(\boldsymbol{r})\\&=\exp(\mathrm{i}\boldsymbol{k}\cdot\boldsymbol{r})\left\{\phi_{n,\boldsymbol{k}_0}(\boldsymbol{r})+\sum_{n'\neq n}\frac{\left\langle n',\boldsymbol{k}_0\left|\frac{\hbar\boldsymbol{k}\cdot\boldsymbol{p}}{m_\mathrm{e}}\right|n,\boldsymbol{k}_0\right\rangle}{\mathcal{E}_n(\boldsymbol{k}_0)-\mathcal{E}_{n'}(\boldsymbol{k}_0)}\times\phi_{n',\boldsymbol{k}_0}(\boldsymbol{r})\right\}\end{aligned} \tag{4.28}$$

到目前为止的讨论假设不存在简并。半导体中能带存在简并的典型示例是价带中的$\boldsymbol{k}=0$态（Γ点）。正如前一节所述，半导体的价带呈上凸形状，在Γ点处有 3 重简并。

在强关联近似中，价带的波函数由具有p_x、p_y和p_z轨道性质的波函数构成（为简化起见，我们将它们表示为$|x\rangle$、$|y\rangle$和$|z\rangle$。根据微扰理论，与价带具有最接近能量的能带将带来最大的影响，我们将只考虑图 4.10 的能带结构中位于价带正上方（$\boldsymbol{k}=0$）的具有s轨道性质（将其表示为$|\mathrm{s}\rangle$）的导带底部。

计算$\langle x|\mathcal{H}'|x\rangle$的二阶微扰项，有：

$$\begin{aligned}\langle x|\mathcal{H}'|x\rangle&=\frac{\left\langle x\left|\frac{\hbar^2\boldsymbol{k}^2}{2m_\mathrm{e}}+\frac{\hbar\boldsymbol{k}\cdot\boldsymbol{p}}{m_\mathrm{e}}\right|s\right\rangle\left\langle s\left|\frac{\hbar^2\boldsymbol{k}^2}{2m_\mathrm{e}}+\frac{\hbar\boldsymbol{k}\cdot\boldsymbol{p}}{m_\mathrm{e}}\right|x\right\rangle}{\mathcal{E}_\mathrm{v}(0)-\mathcal{E}_\mathrm{c}(0)}\\&=-\frac{\hbar^2k_x^2}{m_\mathrm{e}^2\mathcal{E}_g}\langle x|p_x|\mathrm{s}\rangle\langle\mathrm{s}|p_x|x\rangle=-Lk_x^2\end{aligned} \tag{4.29}$$

此处：

$$\mathcal{E}_\mathrm{v}(0)-\mathcal{E}_\mathrm{e}(0)=-\mathcal{E}_g$$

$$L=\frac{\hbar^2}{m_\mathrm{e}^2\mathcal{E}_g}\langle x|p_x|\mathrm{s}\rangle\langle\mathrm{s}|p_x|x\rangle \tag{4.30}$$

需要注意的是，这些积分仅考虑了其奇偶性并进行了简化表示，旨在找到非零的项。同样，如果计算$\langle y|\mathcal{H}'|x\rangle$的二阶微扰项，会得到：

$$\langle y|\mathcal{H}'|x\rangle = \frac{\left\langle y\left|\frac{\hbar^2\boldsymbol{k}^2}{2m_e}+\frac{\hbar\boldsymbol{k}\cdot\boldsymbol{p}}{m_e}\right|s\right\rangle\left\langle s\left|\frac{\hbar^2\boldsymbol{k}^2}{2m_e}+\frac{\hbar\boldsymbol{k}\cdot\boldsymbol{p}}{m_e}\right|x\right\rangle}{\mathcal{E}_v(0)-\mathcal{E}_e(0)}$$

$$= -\frac{\hbar^2 k_x k_y}{m_e^2\mathcal{E}_g}\langle y|p_y|\mathrm{s}\rangle\langle \mathrm{s}|p_x|x\rangle = -Lk_xk_y \tag{4.31}$$

因此，包含一阶微扰项在内的行列式为：

$$\begin{vmatrix} \frac{\hbar^2\boldsymbol{k}^2}{2m_e}-Lk_x^2-\mathcal{E} & -Lk_xk_y & -Lk_xk_z \\ -Lk_xk_y & \frac{\hbar^2\boldsymbol{k}^2}{2m_e}-Lk_y^2-\mathcal{E} & -Lk_yk_z \\ -Lk_xk_z & -Lk_yk_z & \frac{\hbar^2\boldsymbol{k}^2}{2m_e}-Lk_z^2-\mathcal{E} \end{vmatrix} = 0 \tag{4.32}$$

解这个行列式可以得到价带的能量为：

$$\mathcal{E} = \begin{cases} \frac{\hbar^2\boldsymbol{k}^2}{2m_e} \quad (\text{二重简并}) & (4.33\text{a}) \\ \frac{\hbar^2\boldsymbol{k}^2}{2m_e} - L\boldsymbol{k}^2 & (4.33\text{b}) \end{cases}$$

这导致能级的分裂。在这里，我们将价带的顶点作为能量的原点。L是正值，如果$L > (\hbar^2/2m_e)$，那么式(4.33b)将成为一个没有简并的二次曲线，从而导致图 4.11 所示的能带结构。上述模型只考虑了导带底部和价带顶部，但实际上还存在其他能带，因此矩阵元素会变得更加复杂。

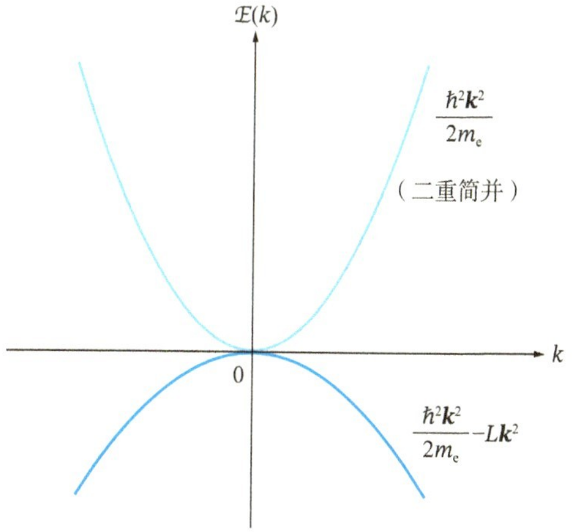

图 4.11　位于导带底部的s轨道和价带顶部的三重简并p轨道在考虑了$\boldsymbol{k}\cdot\boldsymbol{p}$微扰后的价带能带结构

4-3　$k \cdot p$ 微扰（2）：基于面心立方结构空格子的计算

在第 4-1 节中，我们根据强关联近似的思想考虑了价带的结构，而在这里，将根据 Dresselhaus，Kip 和 Kittel 的方法[1]进行考虑。我们将处理基于面心立方结构的空格子的波

[1] G. Dresselhaus, A. F. Kip, and C. Kittel, Phys.Rev., 98, 368 (1955)。

函数。这是因为金刚石结构的晶胞与面心立方格子相同。

首先，让我们考虑面心立方结构的空格子。将一维空格子的概念扩展到三维，能量将取决于倒易晶格矢量$\boldsymbol{K}$：

$$\mathcal{E}(\boldsymbol{k})=\frac{\hbar^2(\boldsymbol{k}+\boldsymbol{K})^2}{2m_e} \tag{4.34}$$

另一方面，波函数可以描述为：

$$\phi(\boldsymbol{r})\propto \exp[\mathrm{i}(\boldsymbol{k}+\boldsymbol{K})\cdot\boldsymbol{r}] \tag{4.35}$$

这里忽略了归一化因子。$\boldsymbol{K}$是面心立方结构的倒易晶格矢量，可以用倒易晶格基矢$\boldsymbol{b}_1=(2\pi/a)[1,1,-1]$，$\boldsymbol{b}_2=(2\pi/a)[1,-1,1]$，$\boldsymbol{b}_3=(2\pi/a)[-1,1,1]$来表示，其中$\boldsymbol{K}=\boldsymbol{n}_1\boldsymbol{b}_1+\boldsymbol{n}_2\boldsymbol{b}_2+\boldsymbol{n}_3\boldsymbol{b}_3$。也就是说，$\boldsymbol{K}=[(2\pi/a)(n_1+n_2-n_3),(2\pi/a)(n_1-n_2+n_3),(2\pi/a)(-n_1+n_2+n_3)]$。图4.12显示了金刚石结构的第一布里渊区。在这里，Γ点是$(2\pi/a)[0,0,0]$，X点是$(2\pi/a)[1,0,0]$，L点是$(2\pi/a)[1/2,1/2,1/2]$。

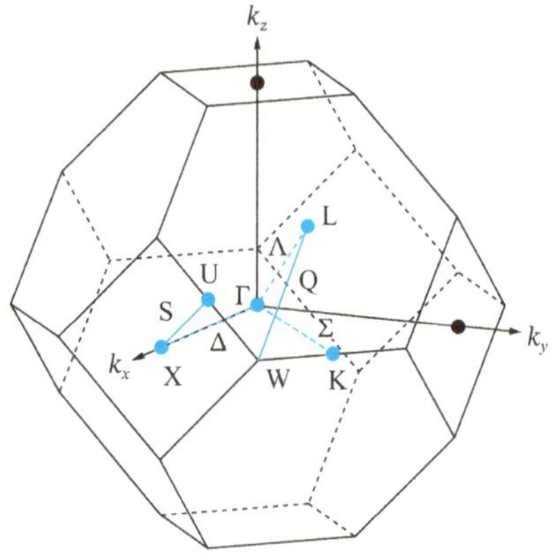

图 4.12　金刚石结构的第一布里渊区

Γ: $(2\pi/a)[0,0,0]$, X: $(2\pi/a)[1,0,0]$, L: $(2\pi/a)[1/2,1/2,1/2]$。

首先，考虑从Γ点到X点方向的能量曲线。在这些方向上，$k_y=k_z=0$。对于$\boldsymbol{K}$的选值从小到大为：

$$\boldsymbol{K}=[0,0,0],2\pi/a[\pm1,\pm1,\pm1],2\pi/a[\pm2,0,0],2\pi/a[0,\pm2,0],2\pi/a[0,0,\pm2] \tag{4.36}$$

对于各个情况，计算能量如下：

$$\mathcal{E}(k_x)=\begin{cases}\dfrac{\hbar^2 {k_x}^2}{2m_e}\\ \dfrac{\hbar^2}{2m_e}\left\{\left(k_x\pm\dfrac{2\pi}{a}\right)^2+2\times\left(\dfrac{2\pi}{a}\right)^2\right\} & (\text{正负号各自有四重简并})\\ \dfrac{\hbar^2}{2m_e}\left(k_x\pm2\times\dfrac{2\pi}{a}\right)^2\\ \dfrac{\hbar^2}{2m_e}\left\{k_x^2+4\left(\dfrac{2\pi}{a}\right)^2\right\} & (\text{四重简并})\end{cases} \tag{4.37}$$

对于能量，我们以$\{\hbar^2/(2m_e)\}(2\pi/a)^2$为单位，并将波数表示为$k_x=(2\pi/a)\xi_x$，从而将上式表示为$\xi_x$的函数：

$$\mathcal{E}(\xi_x)=\begin{cases}\xi_x^2 \\ (\xi_x \pm 1)^2+2 \quad (\text{正负号各自有四重简并}) \\ (\xi_x \pm 2)^2 \\ \xi_x^2+4 \quad (\text{四重简并})\end{cases} \tag{4.38}$$

将其绘制成图形，如图 4.13 右半部分所示。

接下来，考虑从Γ点到L点的方向，能量表示如下：

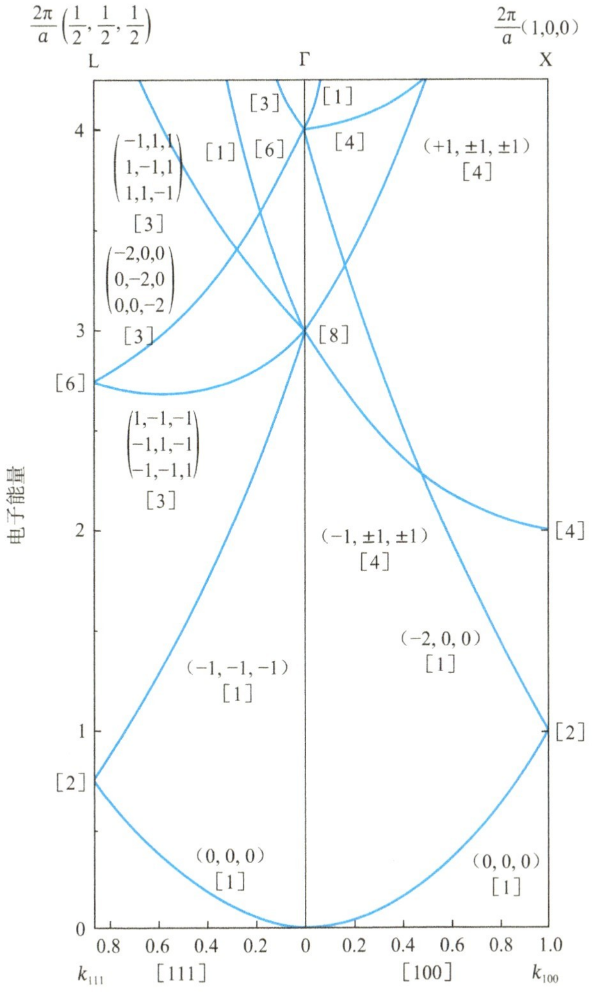

图 4.13　基于空格子的能带结构

引用自：滨口智寻，《固体物理（下）》，丸善出版社（1976 年），有改动。

$$\mathcal{E}(\boldsymbol{k})=\begin{cases}\dfrac{\hbar^2}{2m_e}(k_x^2+k_y^2+k_z^2)\\[2mm]\dfrac{\hbar^2}{2m_e}\left\{\left(k_x\pm\dfrac{2\pi}{a}\right)^2+\left(k_y\pm\dfrac{2\pi}{a}\right)^2+\left(k_z\pm\dfrac{2\pi}{a}\right)^2\right\}\\[2mm]\dfrac{\hbar^2}{2m_e}\left\{\left(k_x\pm 2\times\dfrac{2\pi}{a}\right)^2+k_y^2+k_z^2\right\}\\[2mm]\dfrac{\hbar^2}{2m_e}\left\{k_x^2+\left(k_y\pm 2\times\dfrac{2\pi}{a}\right)^2+k_z^2\right\}\\[2mm]\dfrac{\hbar^2}{2m_e}\left\{k_x^2+k_y^2+\left(k_z\pm 2\times\dfrac{2\pi}{a}\right)^2\right\}\end{cases} \tag{4.39}$$

在这个方向上，$k_x=k_y=k_z$，$k=(k_x^2+k_y^2+k_z^2)^{(1/2)}$，所以$k_x=k_y=k_z=k/\sqrt{3}$。$\boldsymbol{k}$的范围到L点的坐标$(2\pi/a)[1/2,1/2,1/2]$为止。将能量以$\{\hbar^2/(2m_e)\}(2\pi/a)^2$为单位，可以得到如图 4.13 左半部分所示的图形。

关注Γ点（$\boldsymbol{k}=0$）的能量，$\mathcal{E}(0)=3\hbar^2(2\pi/a)^2/(2m)$（如图 4.13 所示，能量为 3）有 8 重简并。对于每个倒易晶格矢量，$\boldsymbol{k}=0$ 的波函数对应于$\exp[(2\pi/a)(x+y-z)]$，$\exp[(2\pi/a)(x-y+z)]$，$\exp[(2\pi/a)(-x+y+z)]$等。

由于以下内容涉及群论知识，此处省略详细内容，只做简要说明。当原子具有势能（即不是空格子）时，在具有O_h对称性的金刚石结构中，Γ点的 8 重简并将分裂成Γ_1(1 重)$+\Gamma_2'$(1 重)$+\Gamma_{25}'$(3 重)$+\Gamma_{15}$(3 重)。Γ_1，Γ_2'根据简并度推测，应该是强关联近似中的s轨道，3 重简并的Γ_{25}'和Γ_{15}应该是强关联近似中的p轨道。通过群表查找Γ_1，Γ_2'的基函数，可以从对称性推测出Γ_1对应于s轨道的成键态，Γ_2'对应于反键态。由于Γ_{15}的基函数在x，y和z方向上对称，与Γ_{25}'的基函数$|1\rangle=yz$，$|2\rangle=zx$，$|3\rangle=xy$相比，Γ_{25}'的能量较低。由于Γ_{25}'上最多可以有 8 个电子，Γ_{25}'对应于价带的顶部。

根据 Kittel 的固体量子理论，可以解释$\mathcal{E}(\Gamma_{25}')<\mathcal{E}(\Gamma_{15})$的关系。图 4.14（a）和（b）分别是位于一维直线上的两个p轨道。Γ_{15}的基函数是x，y，z，这意味着它在中点两侧具有相反的符号，是图 4.14（a）中的反键态。另一方面，Γ_{25}'的基函数是yz，zx和xy，这意味着它在中点两侧具有相同的符号，是图 4.14（b）中的成键态。因此，Γ_{25}'的能量低于Γ_{15}。这与图 4.9 中的解释相符。$\mathcal{E}(\Gamma_2')$和$\mathcal{E}(\Gamma_{15})$的能级顺序不容易确定，Si和Ge中的这两个能级的顺序是相反的。

利用这些信息，可以基于$\boldsymbol{k}\cdot\boldsymbol{p}$微扰对$\Gamma_{25}'$（即价带顶部的）进行微扰计算。首先，计算$\langle 1|\mathcal{H}'|1\rangle$。$\langle 1|\mathcal{H}'|1\rangle$的二阶微扰是：

$$\langle 1|\mathcal{H}'|1\rangle=\sum_i\frac{\left\langle yz\left|\dfrac{\hbar^2\boldsymbol{k}^2}{2m_e}+\dfrac{\hbar\boldsymbol{k}\cdot\boldsymbol{p}}{m_e}\right|j\right\rangle\left\langle j\left|\dfrac{\hbar^2\boldsymbol{k}^2}{2m_e}+\dfrac{\hbar\boldsymbol{k}\cdot\boldsymbol{p}}{m_e}\right|yz\right\rangle}{\mathcal{E}_v(0)-\mathcal{E}_j(0)} \tag{4.40}$$

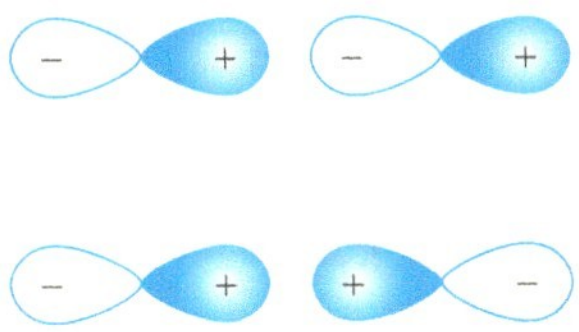

图 4.14　波函数的图像

（a）Γ_{15}（b）Γ_{25}'
引用自：C. Kittel 著，堂山昌男译，《固体量子论》（1972 年），有改动。

对于式(4.40)，状态j是选择了位于$\boldsymbol{k}=0$，并且具有接近价带顶部的能量，会对能量产生强烈影响指的就是能量接近价带顶部，因为远离价带的状态在前式中的对应项值算出来会很小，也就是说影响小。在这里，我们将考虑Γ_2'和Γ_{15}。

首先，考虑Γ_2'的状态。从群表可以看出，Γ_2'具有xyz的对称性，二阶微扰是：

$$\langle 1|\mathcal{H}'|1\rangle=\frac{\hbar^2 k_x^2}{m_e^2}\times\frac{\langle yz|p_x|xyz\rangle\langle xyz|p_x|yz\rangle}{\mathcal{E}_v(0)-\mathcal{E}_{\Gamma_2}(0)} \tag{4.41}$$

这个结果是因为p_y，p_z成分等于 0，而会出现$(\hbar^2k_x^2/m_e^2)\times[\cdots]$这一项。接下来考虑$\Gamma_{15}$。$\Gamma_{15}$具有$xyz$的对称性，选择它们作为状态$j$，有：

$$\begin{aligned}\langle 1|\mathcal{H}'|1\rangle&=\frac{\hbar^2 k_x^2}{m_e^2}\times\frac{k_y^2\langle yz|p_y|z\rangle\langle z|p_y|yz\rangle+k_z^2\langle yz|p_z|y\rangle\langle y|p_z|yz\rangle}{\mathcal{E}_v(0)-\mathcal{E}_{\Gamma_{15}}(0)}\\&=\frac{\hbar^2(k_y^2+k_z^2)}{m_e^2}\times\frac{\langle yz|p_y|z\rangle\langle z|p_y|yz\rangle}{\mathcal{E}_v(0)-\mathcal{E}_{\Gamma_{15}}(0)}\end{aligned} \tag{4.42}$$

$[\hbar^2(k_y^2+k_z^2)/m_e^2]\times[\cdots]$这一项仍然存在。对$\Gamma$点的其他能量状态进行类似的计算，并将它们相加，整理得到：

$$\langle 1|\mathcal{H}'|1\rangle=k_x^2L+(k_y^2+k_z^2)M \tag{4.43}$$

从式(4.41)和(4.42)分母中的能量项可以看出，L和M是负值。

对于非对角元素$\langle 2|\mathcal{H}'|1\rangle$，考虑二阶微扰，表示如下：

$$\langle 2|\mathcal{H}'|1\rangle=\sum_j\frac{\left\langle zx\left|\frac{\hbar^2\boldsymbol{k}}{2m_e}+\frac{\hbar\boldsymbol{k}\cdot\boldsymbol{p}}{m_e}\right|j\right\rangle\left\langle j\left|\frac{\hbar^2\boldsymbol{k}}{2m_e}+\frac{\hbar\boldsymbol{k}\cdot\boldsymbol{p}}{m_e}\right|yz\right\rangle}{\mathcal{E}_v(0)-\mathcal{E}_j(0)} \tag{4.44}$$

作为上述计算中j的一例，我们对Γ_2'进行计算，利用xyz的对称性，得到二阶微扰项：

$$\langle 2|\mathcal{H}'|1\rangle=\frac{\hbar^2 k_xk_y}{m_e^2}\times\frac{\langle zx|p_y|xyz\rangle\langle xyz|p_x|yz\rangle}{\mathcal{E}_v(0)-\mathcal{E}_{\Gamma_2'}(0)} \tag{4.45}$$

而对于Γ_{15}，利用xyz的对称性，二阶微扰会变成：

$$\langle 2|\mathcal{H}'|1\rangle = \frac{\hbar^2 k_x k_y}{m_e^2} \times \frac{\langle zx|p_x|z\rangle\langle z|p_y|yz\rangle}{\mathcal{E}_v(0) - \mathcal{E}_{\Gamma_{15}}(0)} \tag{4.46}$$

同样对Γ点的其他状态进行类似的计算，并将它们相加，整理得到：

$$\langle 2|\mathcal{H}'|1\rangle = k_x k_y N \tag{4.47}$$

从式(4.45)和(4.46)分母中的能量项，可以得出N为负值。计算所有矩阵元素，包括一阶微扰，然后得到以下行列式。注意，该式以价带顶部的能量作为原点。

$$\begin{vmatrix} \frac{\hbar^2 \boldsymbol{k}^2}{2m_e} + Lk_x^2 + M(k_y^2 + k_z^2) - \mathcal{E} & Nk_x k_y & Nk_x k_z \\ Nk_x k_y & \frac{\hbar^2 \boldsymbol{k}^2}{2m_e} + Lk_x^2 + M(k_y^2 + k_z^2) - \mathcal{E} & Nk_y k_z \\ Nk_x k_z & Nk_y k_z & \frac{\hbar^2 \boldsymbol{k}^2}{2m_e} + Lk_x^2 + M(k_y^2 + k_z^2) - \mathcal{E} \end{vmatrix} = 0 \tag{4.48}$$

需要计算这个行列式，但由于它相当复杂，让我们考虑$k_x \neq 0$，$k_y = k_z = 0$的简单情况。

$$\mathcal{E} = \begin{cases} \frac{\hbar^2 k_x^2}{2m_e} + Lk_x^2 \\ \frac{\hbar^2 k_x^2}{2m_e} + Mk_x^2 \quad (\text{二重简并}) \end{cases} \tag{4.49}$$

Dresselhaus、Kip 和 Kittel 的论文中提供了关于Ge和Si的L、M和N的值，对于Ge来说，L和M都是负值，且$|L| > |M|$，因此如图 4.15 所示，它们形成了一个向上凸的二次曲线。这两个能带的有效质量是不同的。关于有效质量的讨论将在下一节进行。

以上讨论没有考虑自旋轨道相互作用。自旋轨道相互作用对能带结构产生了很大影响，但由于超出了本书的范围，因此请参考其他文献。

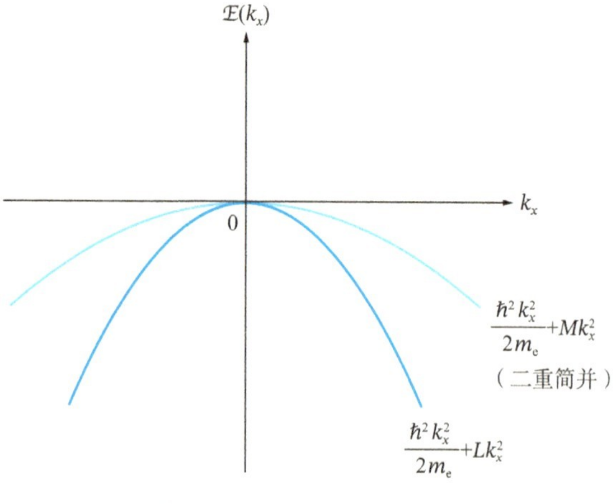

图 4.15　价带的能带结构

基于$\boldsymbol{k}\cdot\boldsymbol{p}$微扰计算得到的结果。

4-4 有效质量与运动方程

4-4-1 认识有效质量与运动方程

质量是一个参数，用于描述当外力作用于物体时，物体的运动会如何改变。因此，当电子在物质内部受到外部力的影响时，如果其响应与真空中的电子不同，我们可以认为它具有与真空中的电子不同的质量。物质内部的电子在运动中会受到原子核的引力及其他电子的斥力作用，因此有可能与真空中电子的质量不同。这种与本来的电子质量不同，用于描述电子在物质内部运动时的电子质量，称为有效质量（effective mass）。

首先，让我们从直观的角度出发，考虑一维情况。我们已经学习了电子具有能带结构，在这里，假设所关注的能带具有不同的形状，如图 4.16（a）和（b）所示。假设电子的运动局限在所关注的带内。因此，可以只通过波数k的值来指定电子的状态。典型的外部力的例子是电场带来的作用力，外部力使得电子从$k=0$的状态移到了能带内的不同k值。图 4.16（a）的能带随着k的轻微变化而能量显著变化。另一方面，图 4.16（b）的能带在k变化时能量几乎不发生变化。将电子状态限定在特定波数k的值上，会导致由于不确定性原理，无法确定电子位于何处，因此我们围绕k创建波包，以考虑周围波数的变化。外部力导致k的变化对应于群速度的变化。图 4.16（a）的能带中，当波数有轻微变化时，群速度显著变化。另一方面，图 4.16（b）的能带中，群速度的变化较小。将这一现象与质量相对应，图 4.16（a）的能带中电子质量较轻，因此在外部力的作用下更容易被加速，从而导致群速度的增加。而图 4.16（b）的能带中电子质量较重，即使施加力电子也不会加速，因此可以认为群速度不会改变。

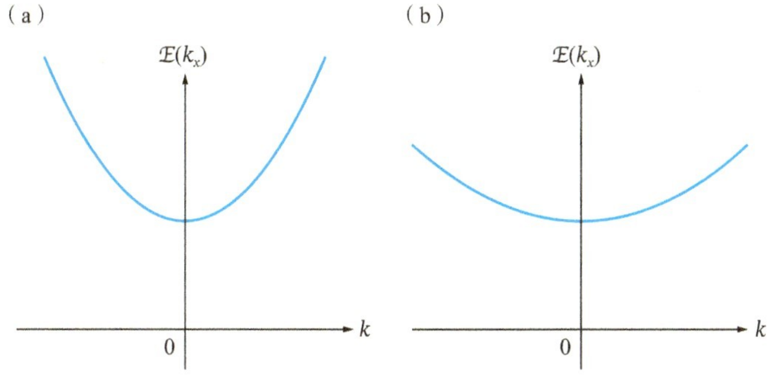

图 4.16　两种不同的能带结构

（a）有效质量较小的情况，（b）有效质量较大的情况。

根据这种描述，可以推测$\mathcal{E}(k)$曲线的曲率与质量有关。也就是说，有效质量m^*满足如下关系：

$$\frac{1}{m^*} \propto \frac{\partial^2 \mathcal{E}(k)}{\partial k^2} \tag{4.50}$$

这种关系可以通过推导布洛赫电子的运动方程来理解，但要注意需求解的运动方程。布洛赫电子的状态由能带的参数n和波数k指定，而不是像牛顿运动方程那样由位置指定。因此，假设电子在一个能带内运动，运动方程将成为关于k的方程，描述了k随时间如何变化。

现在，假设外力F作用在电子上，并且由于外力，电子的状态从k变为$k+\Delta k$。外力对电子做了功，能量的变化量可以用群速度v_g表示为：

$$\begin{aligned}\mathcal{E}(k+\Delta k)-\mathcal{E}(k) &= \left[\frac{\partial \mathcal{E}(k)}{\partial k}\right]\Delta k \\ &= F\Delta x = Fv_g\Delta t = F\left[\frac{1}{\hbar}\frac{\partial \mathcal{E}(k)}{\partial k}\right]\Delta t\end{aligned} \tag{4.51}$$

其中：

$$\hbar\frac{\Delta k}{\Delta t} = F \tag{4.52}$$

这个运动方程以k的时间变化形式给出。也就是说，它表示电子随着时间如何在k轴上变化。正如之前提到的，只要将电子的运动限制在一个能带内，电子的状态就由波数k给定，因此，将运动方程表示为k的方程是合理的。另一方面，如果将电子看作经典粒子，a代表加速度：

$$\begin{aligned}F = m^*a = m^*\frac{\Delta v_g}{\Delta t} &= m^*\frac{\Delta v_g}{\Delta k}\times\frac{\Delta k}{\Delta t} \\ = \frac{m^*F}{\hbar^2}\frac{\partial^2 \mathcal{E}(k)}{\partial k^2}\end{aligned} \tag{4.53}$$

可得：

$$\frac{1}{m^*} = \frac{1}{\hbar^2}\frac{\partial^2 \mathcal{E}(k)}{\partial k^2} \tag{4.54}$$

另外，式(4.53)的变形中使用了群速度的定义$v_g = 1/\hbar \times [\partial \mathcal{E}(k)/\partial k]$和运动方程式。式(4.54)与直观推导的式(4.50)具有相同的形式。在三维情况下，运动方程式改为矢量表示：

$$\hbar\frac{\mathrm{d}\boldsymbol{k}}{\mathrm{d}t} = \boldsymbol{F} \tag{4.55}$$

另外，在三维空间中，能量是矢量$\boldsymbol{k}$的函数，因此是张量，有效质量是：

$$\frac{1}{m_{ij}^*}=\frac{1}{\hbar^2}\frac{\partial^2\mathcal{E}(\boldsymbol{k})}{\partial k_i\,\partial k_j} \tag{4.56}$$

在固体内部，电子不仅仅是平面波，而且是布洛赫函数。因此，不清楚$v_g=1/\hbar\times[\partial\mathcal{E}(\boldsymbol{k})/\partial\boldsymbol{k}]$是否成立。将布洛赫函数代入薛定谔方程式，式(4.19)成立。需要注意的是，$u_{n,\boldsymbol{k}}(\boldsymbol{r})$是$\boldsymbol{k}$的函数。当考虑时间因子时，$\boldsymbol{k}=\boldsymbol{k}_0$的布洛赫函数可以写为：

$$\begin{aligned}\Psi_{n,\boldsymbol{k}_0}(\boldsymbol{r},t)&=\phi_{n,\boldsymbol{k}_0}(\boldsymbol{r})\exp\left[-\frac{\mathrm{i}\mathcal{E}_n(\boldsymbol{k}_0)t}{\hbar}\right]\\&=\exp[\mathrm{i}(\boldsymbol{k}_0\cdot\boldsymbol{r}-\omega_n(\boldsymbol{k}_0)t]u_{n,\boldsymbol{k}_0}(\boldsymbol{r})\end{aligned} \tag{4.57}$$

如果假设波包以$\boldsymbol{k}=\boldsymbol{k}_0$为中心，由周围的波矢构成，那么可以近似地认为$u_{n,\boldsymbol{k}}(\boldsymbol{r})\approx u_{n,\boldsymbol{k}_0}(\boldsymbol{r})$。通过这种近似，与波矢相关的表达式为：

$$\begin{aligned}&\int A(\boldsymbol{k})\exp[\mathrm{i}(\boldsymbol{k}\cdot\boldsymbol{r}-\omega_n(\boldsymbol{k})t]\,u_{n,\boldsymbol{k}}(\boldsymbol{r})\,\mathrm{d}\boldsymbol{k}\\&=u_{n,\boldsymbol{k}_0}(\boldsymbol{r})\int A(\boldsymbol{k})\exp[\mathrm{i}(\boldsymbol{k}\cdot\boldsymbol{r}-\omega_n(\boldsymbol{k})t]\,\mathrm{d}\boldsymbol{k}\end{aligned} \tag{4.58}$$

值得注意的是，积分是在以$\boldsymbol{k}=\boldsymbol{k}_0$为中心的微小范围内进行的，这个表达式与从平面波形成波包的表达式相同。因此，可以认为$v_g=1/\hbar\times[\partial\mathcal{E}(\boldsymbol{k})/\partial\boldsymbol{k}]$成立。这个关系可以直观地理解为，布洛赫函数的整体性质由包络函数的平面波部分决定㊀。

在半导体中，电子位于导带底部，空穴位于价带顶部，因此在这些区域内，有效质量变得重要。这些区域的$\mathcal{E}(\boldsymbol{k})$曲线可以通过之前学过的$\boldsymbol{k}\cdot\boldsymbol{p}$微扰来描述。通过使用式(4.23)来计算式(4.56)，可以计算出有效质量为：

$$\frac{1}{m_{ij}^*}=\frac{1}{m_e}\left(\delta_{ij}+\frac{2}{m_e}\sum_\alpha\frac{\langle 0|p_i|\alpha\rangle\langle\alpha|p_j|0\rangle}{\mathcal{E}_0-\mathcal{E}_\alpha}\right) \tag{4.59}$$

在这里，m_e是电子的质量，$|0\rangle$是所关注的能带。这是在没有简并的情况下的表达式，但如果存在简并，就需要根据微扰理论求解行列式进行计算。通过前一节讨论，我们可以得出位于价带顶部的电子的有效质量$m^*\approx-0.03m_e$和$-0.25m_e$（双重简并）。

4-4-2 电子的运动

假设在具有如图 4.17（a）所示能带结构的一维电子系统中，存在一个朝负方向的电场E。电子的电荷记为$(-e)$（$e>0$），则运动方程为：

㊀ 关于布洛赫电子的群速度的详细讨论可以在以下书籍中找到，建议您参考：植村泰忠、菊池，《半导体的理论与应用（上册）》，裳华房（1960 年）；斯波弘行，《固体物理学基础》，培风馆（2007 年）及其他参考资料。

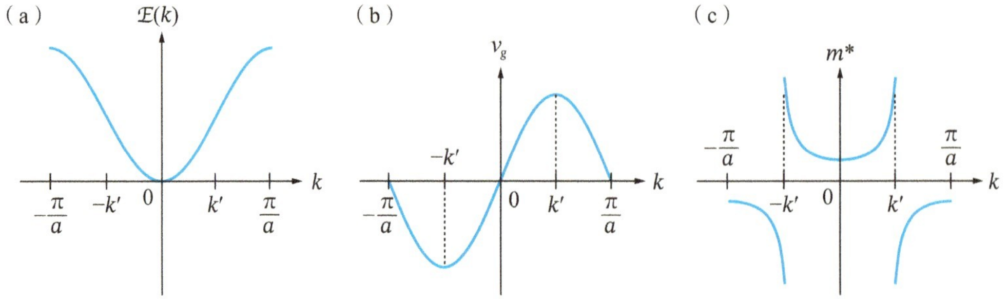

图 4.17 一维系统中电子的（a）能带结构，（b）群速度，以及（c）有效质量。

$$\hbar\frac{\mathrm{d}k}{\mathrm{d}t}=(-e)\times(-E)=eE \tag{4.60}$$

假设电子在运动过程中不发生带间跃迁，那么位于$k=0$ 附近的电子将在k轴向以正方向匀速运动。

首先，考虑$k>0$ 区域的电子运动。由于外力做功，因此群速度增加。然而，如图 4.17（b）所示，当接近某一点k'，即接近π/a时，群速度逐渐减小。如果在施加力的情况下速度饱和，那么可以理解为质量增加，但要减速，则需要有效质量为负值。在周期性表示中，$k=\pi/a$等同于$k=-\pi/a$的状态。从$k=-\pi/a$到$-k'$区域，群速度进一步降低，可以考虑有效质量为负值。当越过这个状态时，群速度会在外力作用方向上增加，因此该区域的有效质量是正的。

通过根据式(4.56)计算有效质量，可以理解图 4.17（c）的结果。特别值得注意的是，即使施加直流电场，电子仍然表现出正负两种群速度，这表明产生了交流电流。这种电流振荡称为布洛赫振荡。布洛赫振荡不容易观测，其原因是，电子会受到晶格振动和杂质散射的影响，在完成往返运动之前会改变运动方向。

接下来，让我们考虑二维情况。假设有一个边长为a的正方形晶胞。基于s轨道的强关联近似进行计算，$\mathcal{E}(\boldsymbol{k})$曲线由以下公式给出，并得到了图 4.18（a）中的能级等高线。[㊀]

$$\mathcal{E}(\boldsymbol{k})=\alpha-2\beta[\cos(k_xa)+\cos(k_ya)] \tag{4.61}$$

在这里我们考虑的是s轨道，所以$\beta>0$。电场朝着x轴的负方向（k_x的负方向）。与k_x和k_y相关的运动方程分别可以写作：

㊀ 在这张图中，已经移动了能量的原点位置。

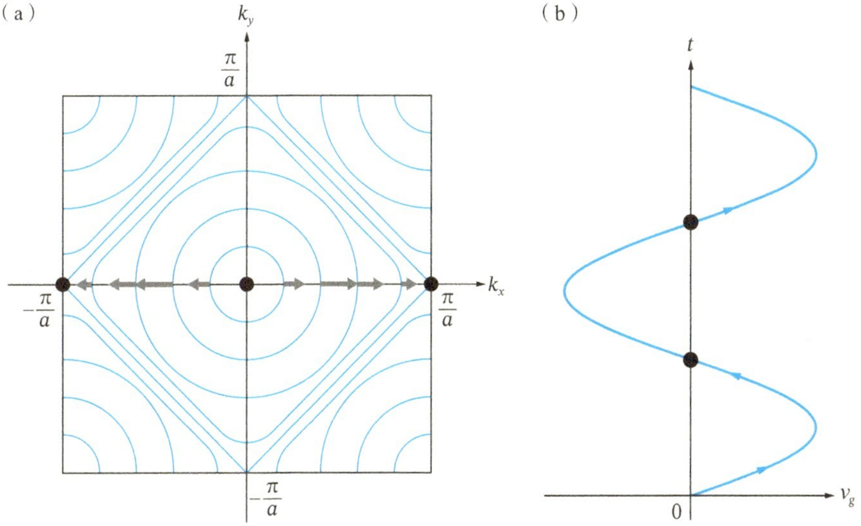

图 4.18　电场存在时二维正方形晶格中电子的运动（1）

在$t=0$时，电子位于$k_x=k_y=0$的情况下。（a）能级等高线和电子在k_x方向上的运动。电场施加在$-x$方向。箭头表示群速度的方向。（b）群速度随时间的变化。

$$\hbar\frac{\mathrm{d}k_x}{\mathrm{d}t}=(-e)\times(-E)=eE$$
$$\hbar\frac{\mathrm{d}k_y}{\mathrm{d}t}=0 \tag{4.62}$$

群速为：

$$v_x=\frac{2\beta a}{\hbar}\sin(k_x a)$$
$$v_y=\frac{2\beta a}{\hbar}\sin(k_y a) \tag{4.63}$$

假设在$t=0$的时刻电子位于$k_x=k_y=0$的位置，如图 4.18（a）所示，群速度方向始终与k_x轴平行。因此，如图 4.18（b）所示，群速度的方向会随时间变化，沿着x轴往复运动。这就是之前提到的布洛赫振动。然而，如果在$t=0$时刻$k_x=0$，而$k_y\neq 0$，则电子会在k空间中平行于k_x轴运动，但群速度的方向和大小会不断变化，如图 4.19（a）中的箭头所示，因此其轨迹会变得复杂，如图 4.19（b）所示。

接下来，考虑存在外部磁场作用的情况。磁场对运动的电子施加洛伦兹力，这个力是垂直于运动方向的，不会做功。因此，虽然存在式(4.55)的运动方程是否成立的疑问，但类似于经典力学中的运动方程的表达式，下式成立：

$$\hbar \frac{\mathrm{d}\boldsymbol{k}}{\mathrm{d}t} = (-e)(\boldsymbol{E} + \boldsymbol{v} \times \boldsymbol{B}) \tag{4.64}$$

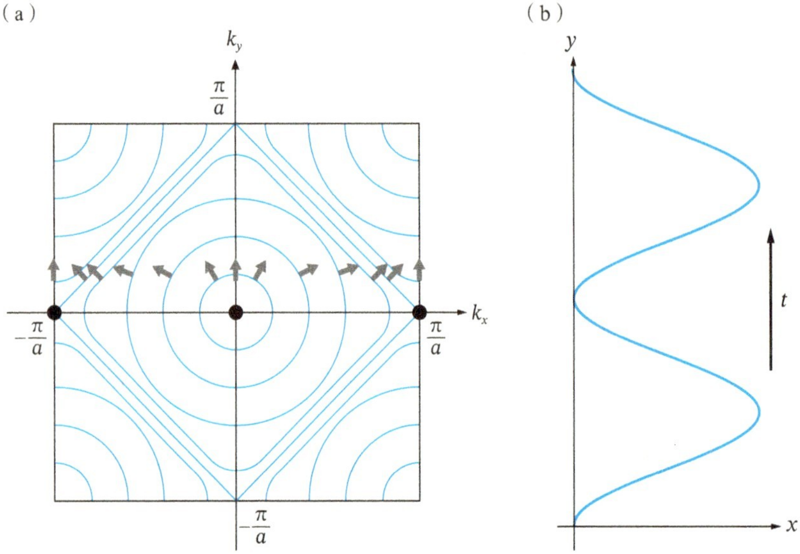

图 4.19　电场存在时二维正方形晶格中电子的运动（2）

在$t=0$时，电子位于$k_x=0$和$k_y \neq 0$的情况下。（a）能级等高线和电子的群速度。电场施加在$-x$方向。箭头表示群速度的方向。（b）位置随时间的变化。随着时间的推移，沿着$+y$方向前进，并在x方向上往复运动。

引用自：小林浩一，《化学家的电导入门》，裳华房出版社（1989 年），有改动。

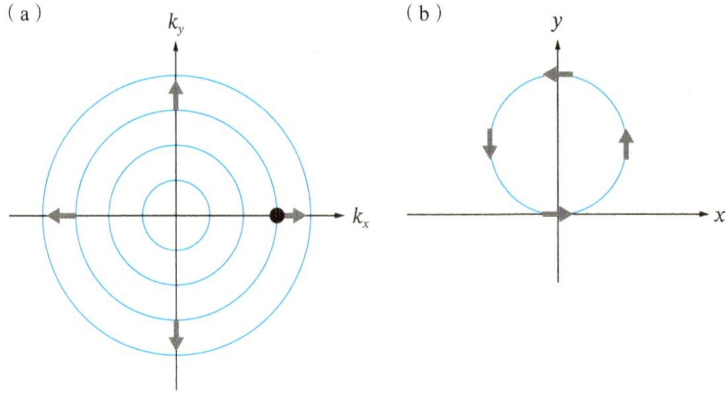

图 4.20　磁场存在时二维正方格子中电子的运动

当电场$E=0$时，在二维平面上垂直于磁场B的情况下。（a）电子在k空间中的运动。假设电子初始状态位于图 4.20（a）中标记的位置。（b）电子在实空间中的轨迹。

引用自：小林浩一，《化学家的电导入门》，裳华房出版社（1989 年），有改动。

其中v是群速度$v_g = 1/\hbar \times \left[\frac{\partial \mathcal{E}(\boldsymbol{k})}{\partial \boldsymbol{k}}\right]$。首先，假设电场为零，只有沿着$z$轴方向存在磁场$B$。假设电子的初始位置如图 4.20（a）所示，洛伦兹力垂直于群速度，并且在没有电场的情况下，能量是守恒的，因此电子会沿着k空间的等能量线移动，就像图 4.20（b）中一样。

接下来，考虑电场和磁场同时存在的情况，特别是在$\boldsymbol{k}=0$附近，$\mathcal{E}(\boldsymbol{k})$曲线为：

$$\mathcal{E}(\boldsymbol{k}) = \alpha - 2\beta + 2\beta a^2(k_x^2 + k_y^2) \tag{4.65}$$

由此可见，电磁场中的电子与自由电子同样随波数变化。这里导入有效质量m^*，并移动能量的原点位置，可简化为$\mathcal{E}(\boldsymbol{k}) = \hbar^2\boldsymbol{k}^2/(2m^*)$。假设电场施加在$-x$方向，磁场施加在$+z$方向，自由电子近似下运动方程的解可写作：

$$\begin{aligned} x(t) &= \frac{m^*E}{eB^2}\{1-\cos(\omega_c t)\} \\ y(t) &= \frac{m^*E}{eB^2}\{\omega_c t - \sin(\omega_c t)\} \end{aligned} \tag{4.66}$$

电子将遵循如图 4.21 所示的运动轨迹。$\omega_c = eB/m^*$称为回旋频率。图 4.21 是一个示例，实际上轨迹的形状取决于E和B的大小。尽管沿$-x$方向的电场有使电子向$+x$方向运动的趋势，$+x$方向的速度会使得电子受到y方向上的洛伦兹力，使得电子向y方向移动。为了使电子能够向着$+x$方向移动，散射是必要的。电子在受到散射的同时朝着电场方向移动的运动称为漂移。

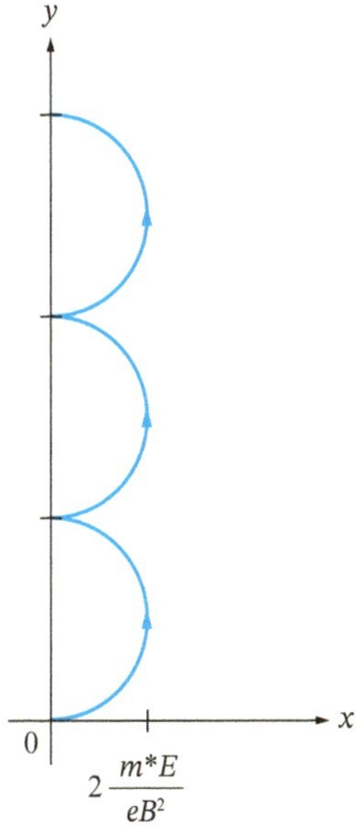

图 4.21 电场和磁场共同作用下的电子回旋运动

4-5 空穴

考虑在已被填满的价带中由于电子不存在（离开）而留下的空位。我们还是从一维情况开始考虑。由于价带顶点位于波数空间的$k=0$处，具有上凸的形状，因此：

$$\mathcal{E}(k) = -\frac{\hbar^2k^2}{2m^*} \tag{4.67}$$

价带顶部的电子具有负的有效质量。在已经填满了电子的价带中，如果关注某个波数k，那么必然存在相反符号的$-k$的电子，两者的波数总和为 0。因此，如图 4.22（a）所示，当在k'处电子不存在（空位）时，只留下$-k'$的电子。这可以通过下式更清楚地进行数学表达：

$$\sum_{k \neq k'} k + k' = 0 \tag{4.68}$$

左边第一项的$\sum_{k \neq k'} k$是k'处存在电子空位的状态，上式可写作：

$$\sum_{k \neq k'} k = -k' \tag{4.69}$$

也就是说，除波数k的空位以外被电子填充满的状态，与波数$-k$的状态是等价的。

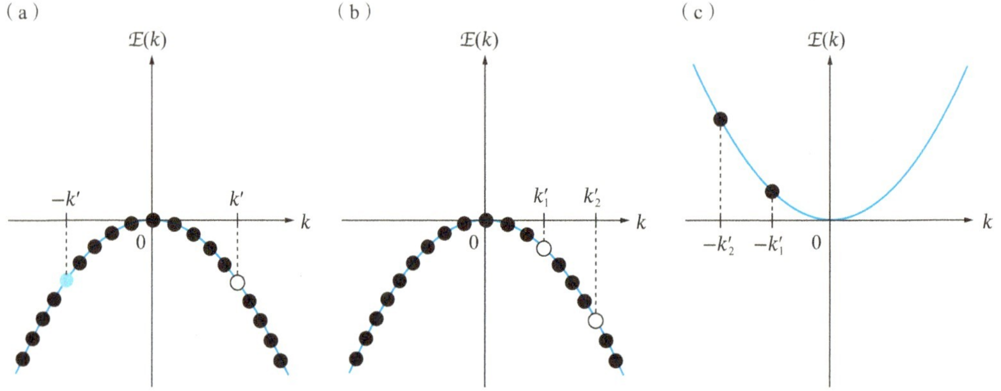

图 4.22　具有某一波数状态下不存在电子（空穴）的半导体能带结构

（a）表示在波数k'处存在空位（空穴）的状态，（b）表示在波数k_1'和k_2'处没有电子存在的状态下价带顶部附近的能带结构，（c）重新绘制（b）中状态的能带图，以$k = 0$处的空位（空穴）状态为基准。

接下来考虑能量。如图 4.22（b）所示，对k_1'存在电子空位的状态与k_2'存在电子空位的状态进行比较。因为k_1'是电子能量较高的状态，而k_2'是电子能量较低的状态。因此k_1'存在空位的状态比k_2'存在空位的状态能量更低。总结以上内容，存在空位状态的能量可以绘制成如图 4.22（c）所示。在这里，我们考虑了式(4.69)中所表示的空位相关的波数关系。将其称为空位相关的能带。

接下来考虑运动方程。假设电场施加在$-x$方向上。价带中电子的k空间运动方程是：

$$\hbar \frac{\mathrm{d}k}{\mathrm{d}t} = (-e) \times (-E) = eE \tag{4.70}$$

所有电子都在k轴上朝$+x$方向匀速运动，空位也以与电子相同的速度在k轴上朝$+x$方向运动。如图 4.23 所示，随着时间的推移，电子的空位从位置 1 移动到位置 2，在能带图上的状态也随之由位置 1′移动到 2′。

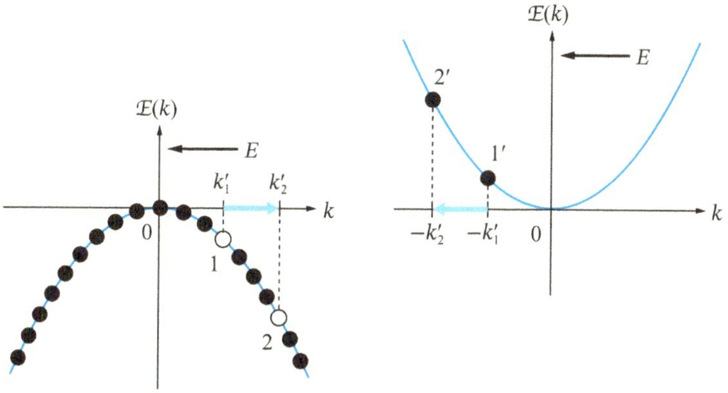

图 4.23 电子空位（空穴）的移动

假设在k_1'状态中存在空位（空穴）。电场朝$-k$方向施加时，空位将由k_1'向k_2'移动。
如果关注空位，可以对应于右侧的能带结构图中$-k_1'$向$-k_2'$的移动。

如果关注群速度，电子的空位与价带中的电子一同移动，所以应该与价带电子的群速度是一样的。在能带中空位由位置 1′移动到位置 2′的群速度与由位置 1 移动到位置 2 的电子的群速度是一样的。

关注空位在能带中的移动，在外力作用下空位在能带中的移动方向是与电子相反的，看起来就像是带有正电荷的粒子。此外，如果我们假设它带有正电荷，那么电场力应该指向$-x$方向，当空位从位置 1′移动到位置 2′时，群速度在$-x$方向上变大。换句话说，它在外力作用的方向上被加速，有效质量是正的。这个值与价带中的电子的有效质量相同，只是符号不同。这个性质与空位的能带曲率是一致的。具有这种性质的空位称为空穴（hole）。

4-6 本征半导体载流子浓度与温度的关系

电流的贡献者，即电子和空穴，通称为载流子（carrier）。在这里，我们考虑本征半导体的载流子浓度，首先进行直观的讨论，然后开展详细的论述。

半导体的带隙如图 4.24 所示，不论是直接带隙半导体（图 4.24（a））还是间接带隙半导体（图 4.24（b）），其带隙均由导带底部和价带顶部之间的能量差（如图 4.24（c）所示）定义。半导体的带隙记为$\mathcal{E}_g$。本征半导体是指导带的电子被激发到价带，导带电子密度n_e与价带空穴密度n_h之间满足$n_e = n_h$关系的半导体。相反，引入将在下一章中介绍的施主或受主，可以形成电子占绝对多数或空穴占绝对多数的半导体，则被称为掺杂半导体。

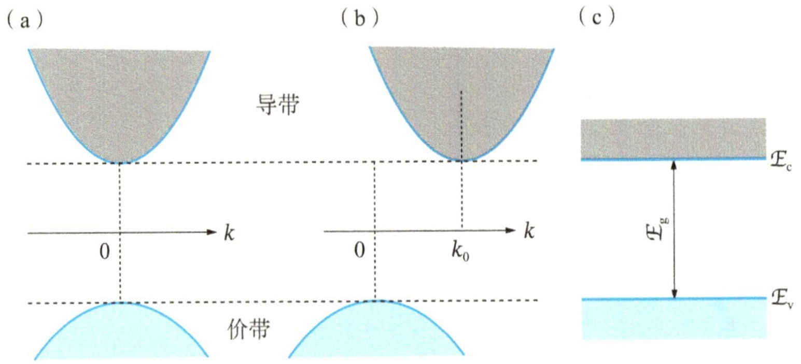

图 4.24　半导体的带隙结构示意图

（a）直接带隙半导体的能带结构，（b）间接带隙半导体的能带结构，（c）半导体的带隙定义。

现在，假设位于价带顶部的电子获得热能并被激发到导带中，根据质量作用定律，将导带电子数和价带空穴数分别记为n_e和n_h，则以下关系成立：

$$\frac{n_e n_h}{n_{e-h}} = K(T) \tag{4.71}$$

n_{e-h}考虑的是复合的电子和空穴数量。而$K(T)$是与温度相关的平衡常数，与超过带隙的热激发能量导致的电子-空穴对形成有关：

$$K(T) = A\exp\left(-\frac{\mathcal{E}_g}{k_B T}\right) \tag{4.72}$$

在本征半导体中，$n_e = n_h$，所以有：

$$n_e = n_h \propto \exp\left(-\frac{\mathcal{E}_g}{2k_B T}\right) \tag{4.73}$$

换言之，绘制阿伦尼乌斯图时，将纵轴设为$\ln n_e$，横轴设为$1/T$，图形将成为向右下倾斜的直线，斜率将为$-E_g/(2k_B)$。

接下来我们将更详细地讨论这一点。但首先通过一个更容易理解的具体例子重新审视一下导带电子数的计算方法。假设有一个像图 4.25 那样的剧场。座位的大小与位置无关且相同。此外，入场费与座位位置无关且相同。随着距离r增加，椅子的数量会增加。将这种关系表示为$D(r)$。另外，假设座位占用率取决于距离r，用$f(r)$表示，则在靠近舞台的地方，座位占用率可能会达到 1，因为在那里可以很好地看到表演。另一方面，远离舞台的人可能认为没有必要花钱观看表演，因此座位占用率会小于 1。在这个模型中，座位上所有观众的数量N可以写作：

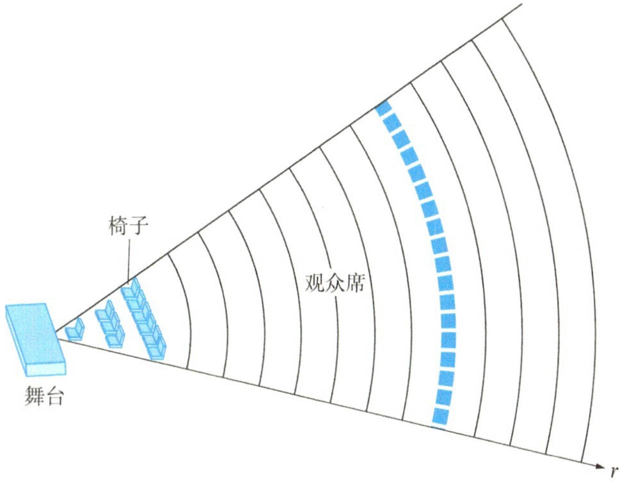

图 4.25　使用剧场观众人数作为模型的导带电子数计算

$$N \propto \int_0^\infty D(r) f(r)\,\mathrm{d}r \tag{4.74}$$

对于导带的电子，距离r决定了电子的能量$\mathcal{E}$，距离r上的座位数量对应于状态密度$D(\mathcal{E})$。距离r上的座位占用率由费米-狄拉克分布函数$f(\mathcal{E})$给定。基于这一点，导带中每单位体积的电子数可以使用状态密度$D(\mathcal{E})$和费米-狄拉克分布函数来计算：

$$n_\mathrm{e} = \int_{\mathcal{E}_\mathrm{c}}^\infty D(\mathcal{E}) f(\mathcal{E})\,\mathrm{d}\mathcal{E} \tag{4.75}$$

半导体的导带能量呈向下凹陷的结构，在导带底部($\mathcal{E} = \mathcal{E}_\mathrm{c}$)附近是与波数$k$有关的二次函数，因此如果将有效质量记作$m_\mathrm{e}^*$，则可以写作$\mathcal{E}_\mathrm{c}(k) = \hbar^2 k^2/(2m_\mathrm{e}^*) + \mathcal{E}_\mathrm{c}$。所以，状态密度$D_\mathrm{c}(\mathcal{E})$为：

$$D_\mathrm{c}(\mathcal{E}) = \frac{(2m_\mathrm{e}^*)^{3/2}}{2\pi^2\hbar^3}(\mathcal{E} - \mathcal{E}_\mathrm{e})^{1/2} \tag{4.76}$$

这里，m_e^*是导带电子的有效质量。导带单位体积中的电子数由式(4.75)给出，所以有：

$$n_\mathrm{e} = \int_{\mathcal{E}_\mathrm{c}}^\infty D_\mathrm{c}(\mathcal{E}) f(\mathcal{E})\,\mathrm{d}\mathcal{E} = \frac{(2m_\mathrm{e}^*)^{3/2}}{2\pi^2\hbar^3}\int \frac{(\mathcal{E} - \mathcal{E}_\mathrm{c})^{1/2}}{1 + \exp[(\mathcal{E} - \mathcal{E}_\mathrm{F})/k_\mathrm{B}T]}\mathrm{d}\mathcal{E} \tag{4.77}$$

这里，积分本该从导带的底部能量$\mathcal{E}_\mathrm{c}$到导带的顶部能量。但是，在导带的顶部高能量处，费米-狄拉克分布函数$f(\mathcal{E})$等于 0，因此，即使积分到无穷大也没有问题。另外，费米能量$\mathcal{E}_\mathrm{F}$可能未知，但在某一温度T的热平衡状态下，它由电中性条件决定，限制在带隙内的某个特定能量。后面将会讨论，$\mathcal{E}_\mathrm{F}$通常位于带隙中心附近。

关于导带的$D_c(\mathcal{E}), f(\mathcal{E}), D_c(\mathcal{E}) \times f(\mathcal{E})$的图示如图 4.26（a）、（b）、（c）所示。在典型的半导体材料如Si中，如果将导带电子的能量标为$\mathcal{E}$，那么在室温附近，$\mathcal{E} - \mathcal{E}_F \geqslant \mathcal{E}_g/2 \gg k_B T$成立。因此有如下近似：

$$f(\mathcal{E}) = \exp\left(-\frac{\mathcal{E} - \mathcal{E}_F}{k_B T}\right) \tag{4.78}$$

若对$y(x) = x^{1/2}\exp(-x)$的形式使用相应的积分公式，可以得到：

$$n_e = N_c \exp\left(-\frac{\mathcal{E}_c - \mathcal{E}_F}{k_B T}\right) \tag{4.79}$$

这里$N_c = 2(2\pi m_e^* k_B T/h^2)^{3/2}$，称为有效状态密度。

另一方面，在价带中，每单位体积的空穴数对应于可被占据的电子态数减去实际存在的电子数，因此有：

$$D_v(\mathcal{E}) = \frac{(2m_h^*)^{3/2}}{2\pi^2\hbar^3}(\mathcal{E}_v - \mathcal{E})^{1/2} \tag{4.80}$$

因此可以计算出：

$$n_h = \int_{-\infty}^{\mathcal{E}_v} D_v(\mathcal{E})\,\mathrm{d}\mathcal{E} - \int_{-\infty}^{\mathcal{E}_v} D_v(\mathcal{E}) f(\mathcal{E})\,\mathrm{d}\mathcal{E} \tag{4.81}$$

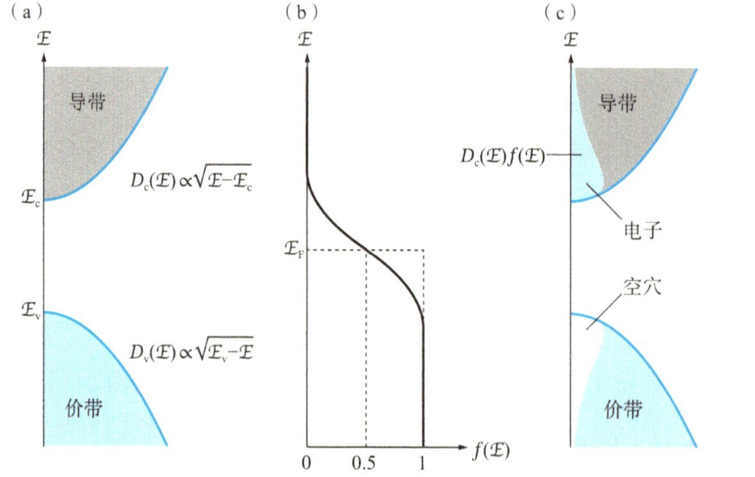

图 4.26　在有限温度下计算导带电子浓度和价带空穴浓度的方法

（a）导带和价带的状态密度$D_c(\mathcal{E})$、$D_v(\mathcal{E})$，（b）费米-狄拉克分布函数$f(\mathcal{E})$，（c）导带的电子分布$D_e(\mathcal{E}) \times f(\mathcal{E})$和价带的空穴分布$D_v(\mathcal{E}) \times \{1 - f(\mathcal{E})\}$。

使用相同的近似，可以计算出对应于图 4.26 中价带的空穴部分：

$$n_{\mathrm{h}} = N_{\mathrm{v}} \exp\left(-\frac{\mathcal{E}_{\mathrm{F}} - \mathcal{E}_{\mathrm{v}}}{k_{\mathrm{B}}T}\right) \tag{4.82}$$

上式中$N_{\mathrm{v}} = 2(2\pi m_{\mathrm{h}}^{*} k_{\mathrm{B}} T/h^2)^{3/2}$。这里，$m_{\mathrm{h}}^{*}$是空穴的有效质量，其大小（绝对值）与价带中的电子的有效质量相同。根据有效状态密度的定义，并考虑到有效质量和能带的简并度，可以计算出硅（Si）和砷化镓（GaAs）的有效状态密度，如表 4.5 所示。此外，载流子浓度随温度的变化如图 4.27 所示。

表 4.5　硅（Si）和砷化镓（GaAs）中的有效状态密度

	$N_{\mathrm{c}}(\mathrm{cm}^{-3})$	$N_{\mathrm{v}}(\mathrm{cm}^{-3})$
Si	2.8×10^{19}	1.0×10^{19}
GaAs	4.7×10^{19}	7.0×10^{19}

本征半导体中的n_{e}和n_{h}记作$n_{\mathrm{e,i}}$和$n_{\mathrm{h,i}}$，$n_{\mathrm{e,i}} = n_{\mathrm{h,i}}$，因此：

$$n_{\mathrm{e,i}} = n_{\mathrm{h,i}} - (N_{\mathrm{c}}N_{\mathrm{v}})^{1/2} \exp\left(-\frac{\mathcal{E}_g}{2k_{\mathrm{B}}T}\right) \tag{4.83}$$

由此我们能够计算费米能级：

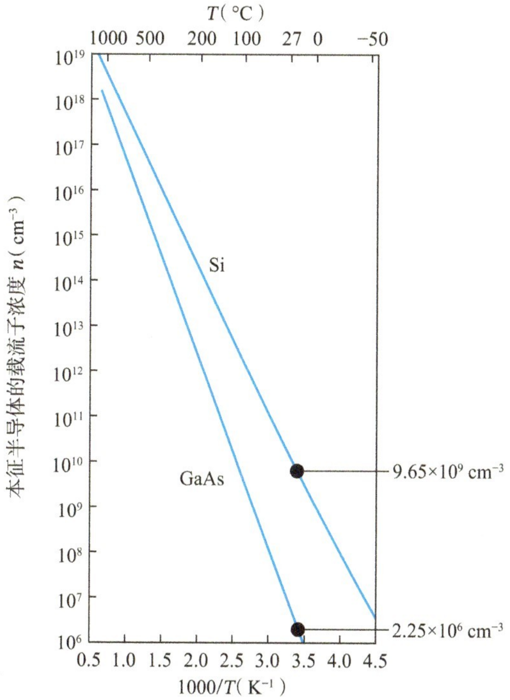

图 4.27　本征硅（Si）和砷化镓（GaAs）的载流子浓度随温度的变化关系

引用自：S. M. Sze 著，南日康夫，川边光央，长谷川文夫译，《半导体器件》，产业图书出版社（1987 年），有改动。

$$
\begin{aligned}
\mathcal{E}_{\mathrm{F}} &= \frac{1}{2}(\mathcal{E}_{\mathrm{c}} + \mathcal{E}_{\mathrm{v}}) + \frac{k_{\mathrm{B}}T}{2}\ln\left(\frac{N_{\mathrm{v}}}{N_{\mathrm{c}}}\right) \\
&= \frac{1}{2}(\mathcal{E}_{\mathrm{c}} + \mathcal{E}_{\mathrm{v}}) + \frac{3k_{\mathrm{B}}T}{4}\ln\left(\frac{m_{\mathrm{h}}^*}{m_{\mathrm{e}}^*}\right)
\end{aligned} \tag{4.84}
$$

由于$m_{\mathrm{h}}^*/m_{\mathrm{e}}^*$接近 1，$\ln(m_{\mathrm{h}}^*/m_{\mathrm{e}}^*)$几乎为零。此外，在室温附近，$k_{\mathrm{B}}T$非常小，约为 0.026eV。因此，本征半导体的费米能级出现在带隙的中间位置。

现在让我们来解释有关$n_{\mathrm{e}}n_{\mathrm{h}}$乘积的规律。考虑一个块状半导体材料，其在温度$T$的热平衡状态下的费米能级$\mathcal{E}_{\mathrm{F}}$为一个定值。因此，计算$n_{\mathrm{e}}$的式(4.79)中和计算$n_{\mathrm{h}}$的式(4.82)中的$\mathcal{E}_{\mathrm{F}}$是相同的。现在计算$n_{\mathrm{e}}n_{\mathrm{h}}$乘积，将得到：

$$
n_{\mathrm{e}} \times n_{\mathrm{h}} = N_{\mathrm{c}}N_{\mathrm{v}}\exp\left(-\frac{\mathcal{E}_{\mathrm{g}}}{k_{\mathrm{B}}T}\right) = n_{\mathrm{e,i}}^2 = n_{\mathrm{h,i}}^2 \tag{4.85}
$$

后续章节的掺杂半导体或者pn结中，特定温度的热平衡状态下，费米能级都为定值，因此式(4.85)的关系始终成立。这被称为$n_{\mathrm{e}}n_{\mathrm{h}}$乘积恒定法则。

章末问题

（1）当考虑自旋轨道相互作用时，对于价带顶部的能带结构，应该通过哪些途径来考虑能带结构？请进行分析。

（2）利用有效状态密度，计算室温下本征半导体硅（Si）的电子数。

CHAPTER 5

第 5 章

掺杂半导体

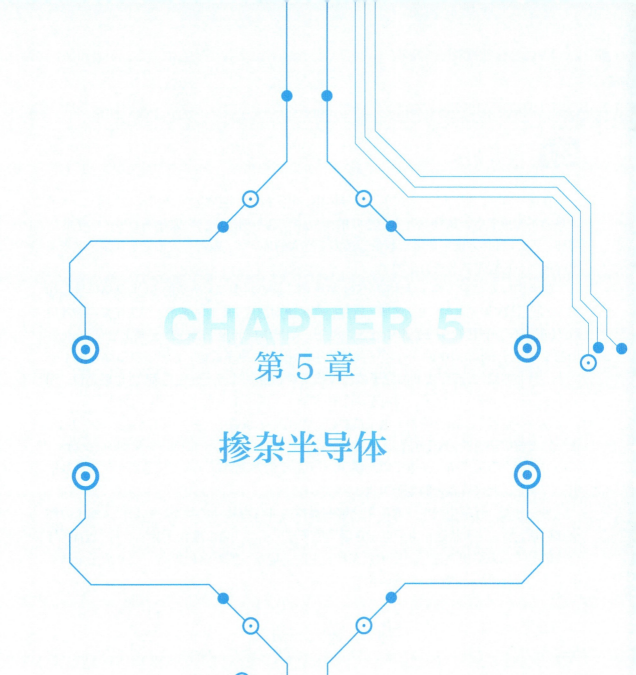

5-1 施主与受主

在前一章中，我们讨论了在本征半导体中，电子数量和空穴数量是相等的。因此，本征半导体不能形成电子数量远远多于空穴的半导体，也不能形成空穴数量远远多于电子的半导体。那么，如何才能形成电子数量远远多于空穴的半导体，或者空穴数量远远多于电子的半导体呢？这就是本节要讨论的。

让我们以典型的IV族半导体硅（Si）来考虑。假设对图 5.1 所示的 Si 的晶格位置，如图 5.2 所示被V族元素磷（P）替换。首先，考虑绝对温度 0K 时的情况。V族元素在最外层的*s*轨道中有 2 个电子㊀，*p*轨道中有 3 个电子。如果IV族元素 Si 被V族元素 P 替代，*s*轨道中的 2 个电子和*p*轨道中的 2 个电子将被用于与相邻 Si 原子成键，P 原子将最终多出 1 个电子。另一方面，V族元素 P 的原子核比IV族元素 Si 多一个质子（正电荷）。也就是说，相对于 Si，P 多出了一个电子，但由于原子核多带 1 个单位正电荷，P 是电中性的。

在这种情况下，额外的 1 个电子最初位于 P 的原子轨道中，并且具有动能。另一方面，由于原子核的正电荷，这个电子会受到原子核的库仑引力的作用。因此，结果如图 5.2 所示，离心力和库仑引力平衡，使电子以环绕 P 原子运动的方式稳定下来。注意因为价带已经被电子占满，因此没有多余的电子可进入。

另一方面，导带中的电子对应于能够在晶体内部自由移动的状态，如果以氢原子为例类比的话，那么这个状态相当于电子克服了原子核的引力，自由地在真空中运动。因此，导带中的电子比束缚在 P 原子周围的状态具有更高的能量。按照这种思路，被 P 原子束缚的电子状态比导带的底部能级更低，位置在带隙中。

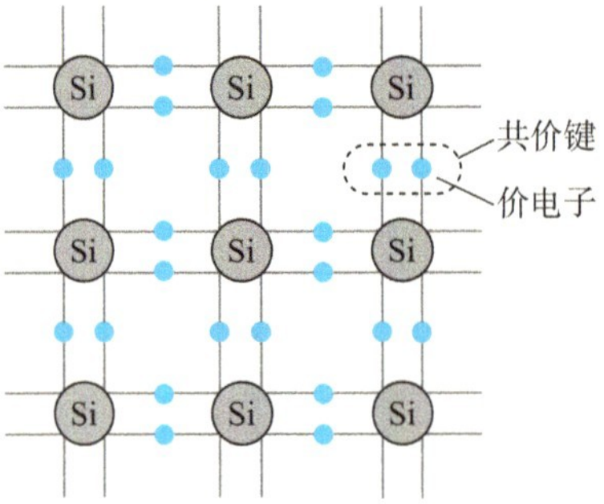

图 5.1　IV型半导体硅中的化学键

㊀ 这两个电子的自旋方向是相反的。

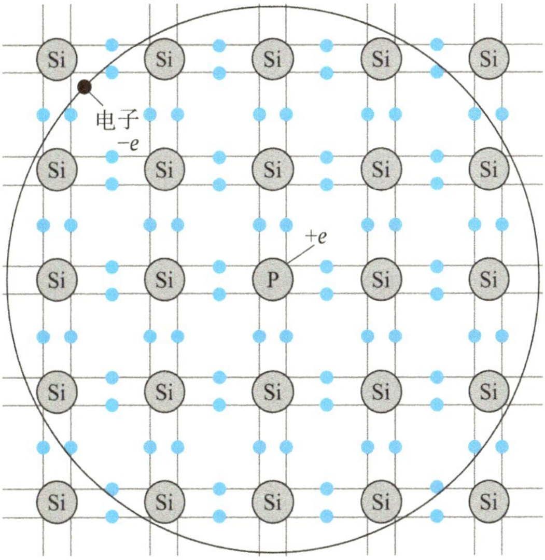

图 5.2　图 5.1 中 Si 的晶格位置被V族的 P 原子替代时电子的运动

基于化学键理论的观点时的情况。极低温下，电子环绕 P 原子核运动。

进一步具体考虑这一点。在氢原子中，电子在真空中自由运动，但是被 P 原子束缚的电子存在于半导体物质中，P 原子与环绕其运动的电子之间还有半导体物质。在这种情况下，与真空中不同，由环绕 P 原子核的电子产生的电场将在物质中引发介电极化效应。这会减弱库仑引力。这种现象与电磁学中的相对介电常数密不可分。因此，对于被束缚在半导体中 P 原子周围的额外电子，使用氢原子能量表达式时，应该采用包含相对介电常数的 $\mathcal{E}_s\mathcal{E}_0$，而不是真空介电常数$\mathcal{E}_0$。此外，在物质中运动的电子质量由有效质量给出，因此其能量应该在氢原子中电子能量表达式的基础上修改后表示为：

$$\mathcal{E}_n = -13.6 \times \frac{m_e^*}{m} \times \frac{1}{\mathcal{E}_s^2} \times \frac{1}{n^2(\mathrm{eV})} \quad (n = 1,2,3,\cdots) \tag{5.1}$$

这里-13.6eV 是氢原子的基态（1s 轨道）能量。IV族半导体，如 Si 和 Ge，其相对介电常数分别为 12 和 16，因此意味着它们束缚额外电子的能量约为氢原子的 1/100。考虑这些因素后，如图 5.2 所示被 P 原子束缚的电子将具有非常接近导带的能级。

电子被束缚的状态在k空间中如何表示呢？电子受到引力束缚，意味着位置的不确定性Δx很小。因此，根据不确定性原理，动量空间（k空间）中的不确定性很大。此外，由于能带中的电子不仅依赖于k，还依赖于能带指标n，因此束缚在空间中的电子状态可以看作n和波数k的叠加状态。

现在，让我们考虑有限温度下被V族原子束缚的电子会发生什么。正如前面所述，由于被 P 原子束缚的电子的束缚能非常小，因此在有限温度下，它们将吸收热能并摆脱 P 原子的束缚，从而能够自由运动。从能带结构的角度来看，这意味着原本位于带隙中的束缚电子将被激发到导带中，如图 5.3（a）、图 5.3（b）所示。像这样在有限温度下将电子提供给导带的杂质称为施主（donor）。在电子被提供到导带后，施主原子带有正电荷。此外，当掺杂施主时，电子成为主要的载流子，这样的半导体称为 n 型半导体。在这里，我们只考虑了V族杂质，但除了0/+状态外，还有一些在带隙中具有+/+ +能级的杂质[㊀]。这些施主称为双施主，包括VI族的硫（S）、硒（Se）和碲（Te）等元素。

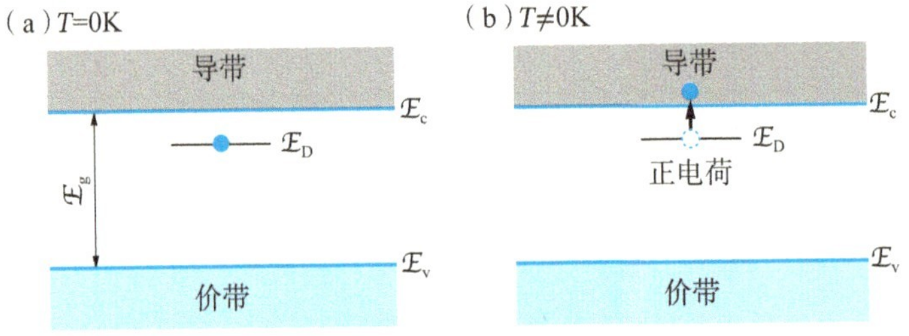

图 5.3　被施主束缚的电子被热激发到导带中

（a）T = 0K，（b）$T \neq$ 0K。被施主束缚的电子被热激发到导带中，从而使施主原子带有正电荷。

接下来考虑如何形成含有大量空穴的半导体。如果V族原子可以将电子提供给导带，那么提供空穴的应该是Ⅲ族原子。如图 5.4（a）所示，根据化学键理论，这是因为存在缺失一个电子的状态（空位）。那么这些空位会一直停留在实空间的一个地方吗？通过Ⅲ族元素硼（B）的替代产生的电子空位将由相邻的键合电子填补。这会导致一个新的地方出现电子空位。随后，其他的相邻键合电子将移动以填补这个空位，导致电子空位移动到另一个位置。因此，空位将在晶格中不断移动。

那么，在绝对温度 0K 下，这些空位是否会在空间中自由移动？Ⅲ族原子的周围存在多余的电子以填补空穴。这使得周围带有负电荷。与此同时，由于缺少电子，空穴带有正电荷。因此，带有负电荷的 B 原子和空穴通过库仑相互作用呈现出图 5.4（b）中的环绕运动状态。这种情况类似于在施主中，施主电子受到带正电荷的V族原子束缚的情况，可以视为符号相反的系统。与施主的情况类似，由于半导体物质作为介质存在，库仑相互作用被削弱。

㊀ 请参考章末问题。0/+这种表示方式表示了施主电荷的变化。

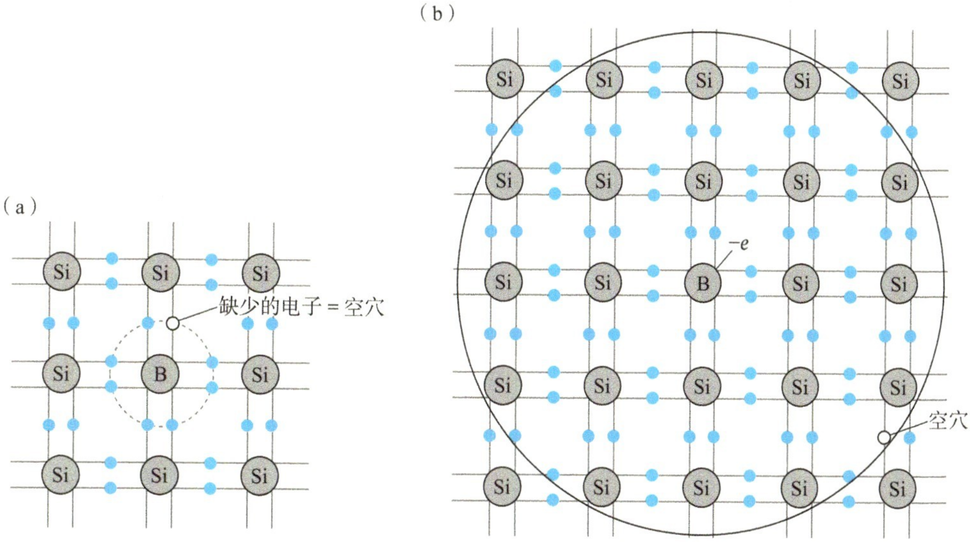

图 5.4　图 5.1 中 Si 的晶格位置被替换为Ⅲ族 B 原子时的（a）化学键和（b）空穴的运动

（a）由 B 原子引起的空穴处于被 B 原子束缚的状态。（b）在极低温下，空穴环绕 B 原子核运动

在有限温度下，吸收热能克服库仑引力的束缚，这个空位就可以自由移动。从能带结构的角度看，这种状态可以看作是在价带中形成的空位，如图 5.5（a）所示。此外，由于库仑引力在物质中被减弱，空位被束缚在 B 原子附近的状态应该在带隙中位于价带附近。像这样为价带提供空位的Ⅲ族杂质被称为受主（acceptor）。这个空位是已满的价带中的电子空位，因此是空穴。掺杂受主后，空穴成为主要载流子，这样的半导体称为 p 型半导体。

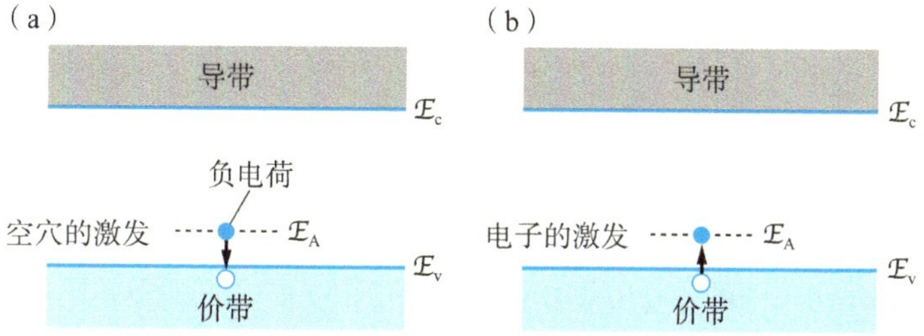

图 5.5　图 5.4 状态下的空穴在有限温度下的跃迁

（a）空穴被激发到价带中，形成带负电荷的受主。（b）另一种视角

如上所述，根据化学键理论，空穴的运动在实空间中似乎是通过在化学键之间的跳跃来实现的。但实际上，空穴的运动方式是否如此呢？电子以波包的形式运动，但

作为电子波数空间的"空位"，空穴却被认为是跳跃运动，这似乎有点奇怪。空穴的能带与电子的能带一样，可以用波数和相应的能量来描述，如第 4 章的图 4.22 所讨论的那样，其表示与电子相同。因此，从这个角度来看，应该将空穴也看作是以波包的形式运动的。

在此，考虑空穴在能带结构中的能量方向。由于能带结构是相对于电子能量绘制的，因此上方是电子能量较高的方向。另一方面，由于空穴是电子的"空位"，所以在常规的能带图中，下方是能量较高的方向。当从电子的角度重新审视图 5.5（a）中被受主束缚的空穴在热激发作用下跃迁到价带的过程时，可以将其视为（如图 5.5（b）所示）价带中的电子被激发到受主能级，在价带中形成空穴，并使受主带负电荷的过程。通常情况下，可以用这种方式来考虑电子的跃迁，因为电子才是实际存在的物质。

5-2 浅能级杂质中心的有效质量近似

5-2-1 浅能级施主的有效质量近似

我们将考虑存在杂质原子引力势$U(\boldsymbol{r})$的情况下电子运动的方程，并大胆地使用近似。在这里，我们以施主电子为例进行讨论。一如既往，我们将从一维开始考虑。要描述电子被杂质捕获并局域化的状态，必须形成属于多个能带的不同波数电子态的叠加状态。然而，对于具有浅能级的施主电子，由于其具有非常接近导带底部的能级，并且相对于晶格间距变化非常缓慢的势能，可以认为导带底部的布洛赫函数受到$U(x)$的调制。因此，波函数可以近似为在导带底部附近具有波数的布洛赫函数的叠加，可以忽略导带以外的能带。

现在，假设在波数$k=0$附近仅存在一个具有$\mathcal{E}(k)=(\hbar^2k^2)/(2m_e^*)$（$m_e^*$是电子的有效质量）形状的导带底部，那么在$k=0$附近的布洛赫函数可以写成：

$$\phi_k(x)=\exp(\mathrm{i}kx)\,u_k(x)\approx u_0(x)\exp(\mathrm{i}kx)=\phi_0(x)\exp(\mathrm{i}kx) \tag{5.2}$$

波函数仅考虑导带，忽略其他带。

在式(5.2)中，我们省略了参数n。虽然$u_k(x)$是k的函数，但考虑到导带底部附近的波数叠加，我们近似地认为$u_k(x)\approx u_0(x)=\phi_0(x)$成立。将$\mathcal{H}_0$表示为包括了周期性势场的形式：

$$\mathcal{H}_0=-\frac{\hbar^2}{2m_e}\frac{\partial^2}{\partial x^2}+V(x) \tag{5.3}$$

则薛定谔方程是：

$$\{\mathcal{H}_0 + U(x)\}\Psi(x) = \mathcal{E}\Psi(x) \tag{5.4}$$

另一方面，Ψ(x)由导带底部附近的布洛赫函数叠加形成，可以写成[㊀]：

$$\begin{aligned}\Psi(x) &= \sum_k F(k)\phi_k(x) = \sum_k F(k)\exp(\mathrm{i}kx)\,u_k(x) \approx \phi_0(x)\sum_k F(k)\exp(\mathrm{i}kx) \\ &= \phi_0(x)F(x)\end{aligned} \tag{5.5}$$

这里$F(x) = \sum_k F(k)\exp(\mathrm{i}kx)$，$F(x)$为平面波的叠加。另外，由于布洛赫函数满足$\mathcal{H}_0\phi_k(x) = \mathcal{E}(k)\phi_k(x)$的关系，所以有：

$$\begin{aligned}\mathcal{H}_0\Psi(x) &= \mathcal{H}_0\sum_k F(k)\phi_k(x) = \sum_k F(k)\mathcal{E}(k)\phi_k(x) \\ &= \phi_0(x)\sum_k F(k)\mathcal{E}(k)\exp(\mathrm{i}kx)\end{aligned} \tag{5.6}$$

在这里，我们假设$\mathcal{E}(k) = (\hbar^2k^2)/(2m_\mathrm{e}^*)$，可以写作：

$$\begin{aligned}\mathcal{H}_0\Psi(x) &= \phi_0(x)\sum_k F(k)\frac{\hbar^2k^2}{2m_\mathrm{e}^*}\exp(\mathrm{i}kx) \\ &= \frac{\hbar^2}{2m_\mathrm{e}^*}\phi_0(x)\sum_k F(k)\left(-\mathrm{i}\frac{\mathrm{d}}{\mathrm{d}x}\right)^2\exp(\mathrm{i}kx) \\ &= \frac{\hbar^2}{2m_\mathrm{e}^*}\phi_0(x)\left(-\mathrm{i}\frac{\mathrm{d}}{\mathrm{d}x}\right)^2\sum_k F(k)\exp(\mathrm{i}kx)\end{aligned} \tag{5.7}$$

整理整个薛定谔方程后可以得到：

$$\begin{aligned}&\phi_0(x)\frac{\hbar^2}{2m_\mathrm{e}^*}\left(-\mathrm{i}\frac{\mathrm{d}}{\mathrm{d}x}\right)^2\sum_k F(k)\exp(\mathrm{i}kx) + \phi_0(x)U(x)\sum_k F(k)\exp(\mathrm{i}kx) \\ &= \phi_0(x)\mathcal{E}\sum_k F(k)\exp(\mathrm{i}kx)\end{aligned} \tag{5.8}$$

也就是说：

$$\left\{\mathcal{E}\left(-\mathrm{i}\frac{\mathrm{d}}{\mathrm{d}x}\right) + U(x)\right\}F(x) = \mathcal{E}F(x) \tag{5.9}$$

$\mathcal{E}(-\mathrm{i}\,\mathrm{d}/\,\mathrm{d}x)$表示以$-\mathrm{i}\,\mathrm{d}/\,\mathrm{d}x$代入$\mathcal{E}(k) = \hbar^2k^2/(2m_\mathrm{e}^*)$中的$k$。如果$\mathcal{E}$变为负值，意味着电子处于束缚态。式(5.9)中消去了体现晶体具有周期性势能$V(x)$的部分，取而代之的是电子的质量变为有效质量m_e^*。

㊀ 参考了 J.H.Davies 著，桦泽宇纪译，《低维半导体物理》，施普林格出版社日本分社（2004）。

当将这个表达式扩展到导带底部位于$k=0$ 且具有有效质量m_e^*的三维半导体物质中的束缚态时，薛定谔方程可以写成：

$$\left\{-\frac{\hbar^2}{2m_e^*}\times\nabla^2+U(\boldsymbol{r})\right\}F(\boldsymbol{r})=\mathcal{E}F(\boldsymbol{r}) \tag{5.10}$$

库仑势能是：

$$U(\boldsymbol{r})=-\frac{e^2}{4\pi\mathcal{E}_0\mathcal{E}_s r} \tag{5.11}$$

需要求解的方程是：

$$\left(-\frac{\hbar^2}{2m_e^*}\times\nabla^2-\frac{e^2}{4\pi\mathcal{E}_0\mathcal{E}_s r}\right)F(\boldsymbol{r})=\mathcal{E}F(\boldsymbol{r}) \tag{5.12}$$

上式与氢原子中电子的薛定谔方程类似。需要注意的是，总波函数可以从公式(5.5)中得到，为$\Psi(\boldsymbol{r})=\phi_0(\boldsymbol{r})F(\boldsymbol{r})$。在上述计算中，由于$\phi_0(\boldsymbol{r})\approx u_0(\boldsymbol{r})$，所以它是一个随着晶胞间距周期性变化的函数。总波函数的形状由$F(\boldsymbol{r})$决定，这类似于包络函数（envelope function）。其中有来自$u_0(\boldsymbol{r})$的晶胞周期性微观结构，这一特性类似于布洛赫函数。

在这种方法中，如公式(5.5)所示，束缚态的波函数是从布洛赫函数构建的。然而，布洛赫函数本来是广泛分布在整个空间的状态，所以我们不仅可以从这个状态中构建束缚态，还可以从局域电子态中形成束缚态。这种方法作为使用瓦尼尔函数（Wannier function）的方法在许多教科书中介绍过。在这里，为了进一步扩展到$k\neq 0$ 的情况，我们选择了使用布洛赫函数的方法。

5-2-2 导带底部位于 $k\neq 0$ 时的有效质量方程

在典型半导体材料如 Si 或 Ge 中，如图 5.6（a）和（b）所示，导带的底部并不位于$k=0$。因此，根据对称性，k空间中存在许多等效的导带底部。此外，$\mathcal{E}(k)$也具有不对称性。在这种情况下，应该如何处理有效质量近似呢？我们将从一维开始讨论。

如果能带底部位于k，那么可以认为，施主电子的束缚态由k_0附近的波数k构成，因此，将$u_k(x)$的部分近似为$u_k(x)\approx u_{k_0}(x)$。此外，与 5-2-1 小节相同，我们只考虑导带。将$\exp(\mathrm{i}kx)$的部分更改为$\exp[\mathrm{i}(k_0+k)x]$，并将k_0视为中心。此外，假设在$k=k_0$附近的能量为$\mathcal{E}(k)=\hbar^2(k-k_0)^2/(2m_e^*)=\hbar^2k^2/(2m_e^*)=\mathcal{E}(k)$。波函数$\Psi(x)$可以表示为：

$$\begin{aligned}\Psi(x)&=\sum_k F(k)\phi_k(x)\approx\exp(\mathrm{i}k_0x)\,u_{k_0}(x)\sum_k F(k_0+k)\exp(\mathrm{i}kx)\\&=\phi_{k_0}(x)F(x)\end{aligned} \tag{5.13}$$

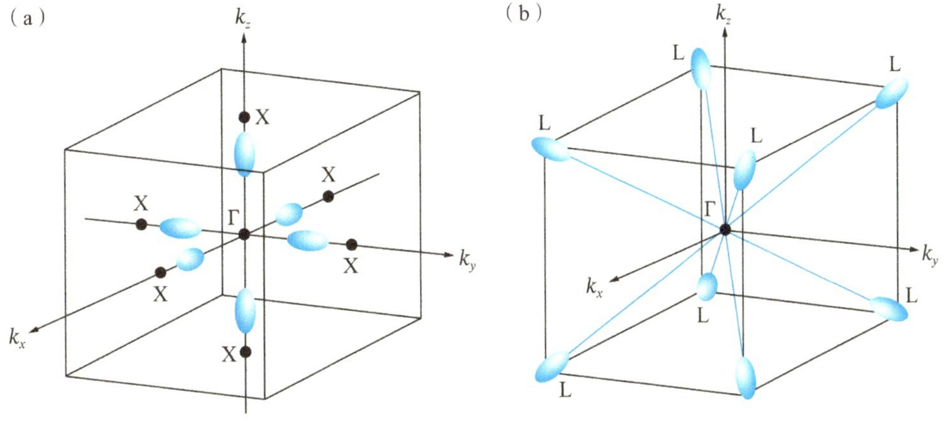

图 5.6　IV族半导体中的导带底部等能面

（a）硅（Si），（b）锗（Ge）。

这里，令$F(x)=\sum\limits_{\kappa}F(k_0+k)\exp(\mathrm{i}kx)$。使用与式(5.7)相同的方法计算$\mathcal{H}_0\Psi(x)$，得到的结果是：

$$\mathcal{H}_0\Psi(x)=\mathcal{H}_0\sum_k F(k)\phi_k(x)=\phi_{k_0}(x)\frac{\hbar^2}{2m_\mathrm{e}^*}\left(-\mathrm{i}\frac{\mathrm{d}}{\mathrm{d}x}\right)^2F(x) \tag{5.14}$$

这里的薛定谔方程是：

$$\begin{aligned}\{\mathcal{H}_0+U(x)\}\Psi(x)&=\phi_{k_0}(x)\frac{\hbar^2}{2m_\mathrm{e}^*}\left(-\mathrm{i}\frac{\mathrm{d}}{\mathrm{d}x}\right)^2F(x)+\phi_{k_0}(x)U(x)F(x)\\&=\mathcal{E}\phi_{k_0}(x)F(x)\end{aligned} \tag{5.15}$$

由此可得：

$$\left\{\mathcal{E}\left(-\mathrm{i}\frac{\mathrm{d}}{\mathrm{d}x}\right)+U(x)\right\}F(x)=\mathcal{E}F(x) \tag{5.16}$$

波函数$\Psi(x)=\phi_{k_0}(x)F(x)$，因此，包络函数$F(x)$成了由$k=k_0$的布洛赫函数$\phi_{k_0}(x)$调制的形式。

如果导带底部位于k_0，则根据对称性在$-k_0$处也存在导带底部。由于对被束缚电子的状态产生相同的贡献，波函数将是$\Psi(x)=\phi_{k_0}(x)F(x)$和$\Psi(x)=\phi_{-k_0}(x)F(x)$的线性组合。

接下来考虑将其扩展到三维。从回旋共振实验中已经明确了 Si 和 Ge 的导带底部位于哪个方向，对于 Si 是[1 0 0]方向，对于 Ge 是[1 1 1]方向，如图 5.6 所示。在这里，以 Si 为例进行解释。

现在，在$(k_x,k_y,k_z)=(0,0,k_0)$处，假设导带的表达式为：

$$\mathcal{E}(\boldsymbol{k}) = \frac{\hbar^2}{2m_\perp}(k_x^2 + k_y^2) + \frac{\hbar^2}{2m_{/\!/}}(k_z - k_0)^2$$
$$= \frac{\hbar^2}{2m_\perp}(k_x^2 + k_y^2) + \frac{\hbar^2}{2m_{/\!/}}k_z'^2 \tag{5.17}$$

包络函数$F(\boldsymbol{r})$的方程是：

$$\left\{-\frac{\hbar^2}{2m_\perp}\left(\frac{\partial^2}{\partial x^2} + \frac{\partial^2}{\partial y^2}\right) - \frac{\hbar^2}{2m_{/\!/}}\frac{\partial^2}{\partial z^2} - \frac{e^2}{4\pi\varepsilon_0\varepsilon_s r}\right\}F(\boldsymbol{r}) = \mathcal{E}F(\boldsymbol{r}) \tag{5.18}$$

在这种情况下，波函数$\Psi(\boldsymbol{r})$可以表示为$\Psi(\boldsymbol{r}) = \phi_{(0,0,k_0)}(\boldsymbol{r})F(\boldsymbol{r})$。这里，$\phi_{(0,0,k_0)}(\boldsymbol{r})$是$(k_x, k_y, k_z) = (0, 0, k_0)$的布洛赫函数。假设式(5.18)的已归一化的试探解是：

$$F_{(001)} = \left(\frac{1}{\pi a^2 b}\right)^{1/2} \exp\left[-\left(\frac{x^2 + y^2}{a^2} + \frac{z^2}{b^2}\right)^{1/2}\right] \tag{5.19}$$

求解使$\mathcal{E}$最小化的a和b，如表 5.1 所示束缚能是 0.029eV。由于包络函数类似于氢原子的方程式，因此很容易想象能级结构类似于氢原子[㊀]。

表 5.1 通过式(5.19)计算得出的 Si 的最小能量 $\mathcal{E}$ 和参数 a、b

a（10^{-8}cm）	b（10^{-8}cm）	$\mathcal{E}_{1s}$（eV）
25	14.2	0.029

引用自：川村肇，《半导体物理》，槙书店出版社（1971 年）

对于三维情况，由于有 5 个与$(k_x, k_y, k_z) = (0, 0, k_0)$等效的位置，必须形成相对应的线性组合。因此，波函数如下：

$$\Psi(\boldsymbol{r}) = \sum_j \alpha_j \phi_{k_j 0}(\boldsymbol{r}) F_j(\boldsymbol{r}) \tag{5.20}$$

这里，j代表导带底部的位置。对于 Si 来说，这意味着$(k_x, k_y, k_z) = (\pm k_0, 0, 0)$，$(0, \pm k_0, 0)$，$(0, 0, \pm k_0)$的 6 个位置。$\alpha_j$是线性组合的系数，同时也是归一化因子。

接下来考虑基态是什么样的。由于方程(5.18)类似于氢原子的方程式，因此基态可能是 1s 态。由于存在 6 个导带底部，1s 态是 6 重简并的。但是，周围的硅原子不是球对称的，因此简并将根据α_j的组合而解除。直观地考虑，所有系数相等波函数，即：

$$\alpha_j = \frac{1}{\sqrt{6}}(1,1,1,1,1,1) \tag{5.21}$$

可以预期由于其对称性最高，电子在原子核位置存在的概率最大，能最有效地受到原

㊀ 严格来说是不同的。

子核的库仑引力作用。具体的系数组合是通过群论确定的。被V族原子所替代的 Si 原子位置具有T_d对称性。根据群论，1s 态具有A_1，E（二重简并），T_1（三重简并）三种可能的状态，参考群表中记载的基函数，遵循各自的对称性的波函数组合如下：

$$
\begin{aligned}
A_1 &= \frac{1}{\sqrt{6}}(1,1,1,1,1,1) \\
E &= \frac{1}{2}(1,1,-1,-1,0,0) \\
E &= \frac{1}{\sqrt{12}}(-1,-1,-1,-1,2,2) \\
T_1 &= \frac{1}{\sqrt{2}}(1,-1,0,0,0,0) \\
T_1 &= \frac{1}{\sqrt{2}}(0,0,1,-1,0,0) \\
T_1 &= \frac{1}{\sqrt{2}}(0,0,0,0,1,-1)
\end{aligned}
\tag{5.22}
$$

在这里，系数是按照导带底部的位置$(k_x,k_y,k_z)=(k_0,0,0)$，$(-k_0,0,0)$，$(0,k_0,0)$，$(0,-k_0,0)$，$(0,0,k_0)$，$(0,0,-k_0)$的系数按顺序列出的。1s 态的这些分裂能级，以及与氢原子类似存在激发态（如 p 态）的情况，已经从光吸收实验中得到了证实。

受主也可以用有效质量近似。然而，由于价带的复杂结构，有效质量近似也变得更为复杂[㊀]。

5-3 被施主杂质束缚的电子的空间分布

想要知道导带底部位于k空间的哪个位置，该怎么办呢？导带底部的朝向已通过回旋共振实验得到了明确的结果[㊁]。然而，其位置（例如，k空间中从Γ点到导带底部的距离）不能从回旋共振实验中得知。这里介绍可以明确其位置的电子自旋共振实验[㊂]。

假设电子位于磁场H中，电子能量的哈密顿量是：

$$\mathcal{H} = g\mu_B s\cdot H \tag{5.23}$$

在这里，考虑了电子的自旋s。如果将s的值设为m_s，则式(5.23)可写为：

㊀㊁ 对于感兴趣的读者，可以参考更进阶的书籍（例如川村肇,《半导体物理》，槙书店出版社（1971 年））。

㊂ 请参考章末问题。

$$\mathcal{E} = g\mu_{\mathrm{B}} m_{\mathrm{s}} H \tag{5.24}$$

这里，m_{s}可以取+1/2 或−1/2，所以能级会像图 5.7（a）中那样分裂。如果在磁场H的垂直方向上添加频率为ν_0的交变磁场，那么对于满足以下条件的磁场H_0，就会发生共振吸收：

$$h\nu_0 = \hbar\omega_0 = g\mu_{\mathrm{B}} H_0 \tag{5.25}$$

在式(5.25)的情况下，共振磁场只出现在一个位置。

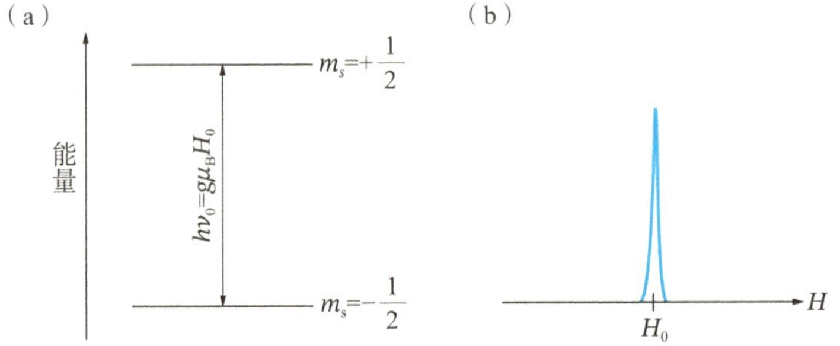

图 5.7　电子自旋共振的原理和峰值

（a）$g>0$ 时的能量图。（b）固定微波频率，扫描磁场时获得的微波吸收峰。在H_0的位置发生共振。

在 Si 中的V族杂质原子，例如 P 原子束缚的施主电子，在低温下由于库仑力的作用环绕 P 原子运动，但由于 P 原子具有核自旋$I = 1/2$，因此会产生磁性上的超精细相互作用。一般来说，超精细相互作用由电子自旋和原子核自旋之间的偶极相互作用$\mathcal{H}_{\text{d-d}}$和费米接触相互作用$\mathcal{H}_{\mathrm{F}}$组成，以$\boldsymbol{\mu}_{\mathrm{N}}$表示核磁矩，则以上相互作用的关系式分别为：

$$\mathcal{H}_{\text{d-d}} = \frac{1}{r^3}\left\{(\boldsymbol{\mu}_{\mathrm{e}} \cdot \boldsymbol{\mu}_{\mathrm{N}}) - \frac{3}{\boldsymbol{r}^2}(\boldsymbol{\mu}_{\mathrm{e}} \cdot \boldsymbol{r}) \cdot (\boldsymbol{\mu}_{\mathrm{N}} \cdot \boldsymbol{r})\right\} \tag{5.26}$$

$$\mathcal{H}_{\mathrm{F}} = \frac{8\pi}{3}(\boldsymbol{\mu}_{\mathrm{e}} \cdot \boldsymbol{\mu}_{\mathrm{N}})\delta(\boldsymbol{r}_{\mathrm{N}} - \boldsymbol{r}_{\mathrm{e}}) \tag{5.27}$$

另外，$\mathcal{H}_{\mathrm{F}}$与电子在$\boldsymbol{r}_{\mathrm{N}}$处的存在概率$|\psi(\boldsymbol{r}_{\mathrm{N}})|^2$成正比。考虑施主电子和 P 原子核自旋之间的超精细相互作用，低温下 1s 状态的施主电子存在于基态 A_1 中，由于施主电子的空间分布重心位于 P 原子核自旋位置，所以偶极相互作用$\mathcal{H}_{\text{d-d}}$不会发生，只剩下费米接触相互作用$\mathcal{H}_{\mathrm{F}}$。将 P 原子的位置设为坐标原点，那么能量可以表示为：

$$\mathcal{E} = g\mu_{\mathrm{B}} m_{\mathrm{s}} H + \frac{\mu_{\mathrm{N}}}{I_{\mathrm{N}}} m_{\mathrm{N}} H + \frac{8\pi}{3} g\mu_{\mathrm{B}} m_{\mathrm{s}} \frac{\mu_{\mathrm{N}}}{I_{\mathrm{N}}} m_{\mathrm{N}} |\psi(0)|^2 \tag{5.28}$$

$m_s = +1/2, -1/2$，$m_N = +1/2, -1/2$的情况下，可以得到图 5.8 中的能级。式(5.28)中，等号右侧的第二项表示核自旋在磁场中的能量。由于电子自旋共振（ESR：微波区域）和核磁共振（NMR：无线电波区域）的频率不同，所以在电子自旋共振的频率范围内测量磁场时，核自旋不会改变。因此，电子自旋共振对应于图 5.8 中实线的能级差，产生两个共振吸收峰。

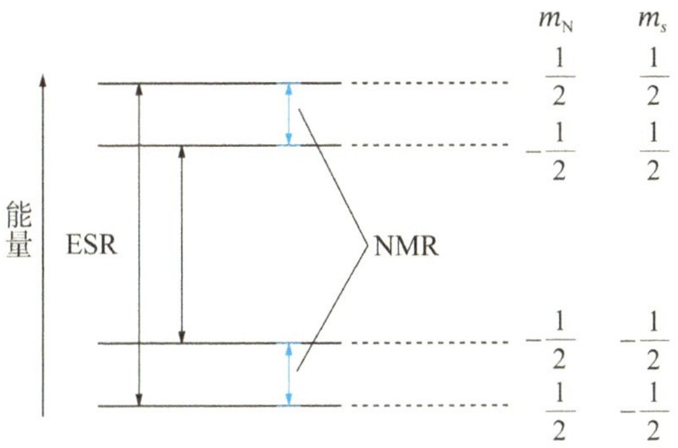

图 5.8　当电子被具有核自旋$I = 1/2$ 的原子束缚时的能级分裂以及与电子自旋共振（ESR）和核磁共振（NMR）的关系

一般来说，具有核自旋I的V族杂质的电子自旋共振信号会分裂成$2I + 1$ 个。这表明在施主电子的基态中，电子存在于核的位置。如果已知 P 原子的核磁矩，可以通过两个分裂能级之间的间隔来计算$|\psi(0)|^2$。这个实验值应与基于有效质量近似从基态波函数计算得到的$|\psi(0)|^2$相比较。对于具有各种核自旋的施主，已通过实验获得了$|\psi(0)|^2$，如表 5.2 所示。可以看出，不同杂质会导致$|\psi(0)|^2$的差异。另一方面，如果假设基态为 1s（A_1），则从有效质量近似中可得到$|\psi(0)|^2 = 6|F(0)|^2|\phi_{k_0}(0)|^2$。这里，$\phi_{k_0}(0)$表示导带底部的布洛赫函数在$r = 0$ 时的值。根据从其他实验中获得的$|\psi(0)|^2$数据，$|\psi(0)|^2 = 0.042 \times 10^{24}\text{cm}^{-3}$。这个值是实验值的 1/10，而且实验值因施主杂质的不同而有所差异。正如后文所述，光吸收实验也揭示了基态能级因施主类型不同而有所差异。这些结果表明核周围的势场比有效质量近似中假定的库仑力更强，而且根据不同杂质具有不同特征。

P 原子的施主电子引起的两根 ESR 谱线应该非常锐利，但实验得到的吸收谱线如图 5.9 所示，具有较宽的线宽。该线宽与杂质种类无关，约为 3Oe。这表明线宽的影响因素可能不仅仅是施主杂质，还可能与其他因素有关。这个线宽的起因是具有核自旋$I = 1/2$ 的天然丰度为 4.9%的 ^{29}Si。

当 P 原子附近存在 ^{29}Si 原子时，由于施主电子的存在概率相对较高，施主电子和 ^{29}Si

之间会发生强烈的偶极相互作用和费米接触相互作用。因此，在远离 P 吸收线的位置会产生额外的吸收线。然而，P 附近的 Si 晶格位置数量有限，因此其强度相对较弱。相反，如果距离 P 较远的位置有 ^{29}Si 原子存在，预计施主电子的电子密度会较低，因此施主电子与 ^{29}Si 之间的偶极相互作用和费米接触相互作用将较弱。这意味着在 P 吸收线附近将产生额外的吸收线。由于与 P 的距离越远，Si 晶格位置的数量就越多，因此 ^{29}Si 的原子数也就越多，其强度相对较强。考虑到这些因素，被 P 原子束缚的施主电子的 ESR 信号呈现出类似于图 5.9 中较宽线宽的形状。此外，由于线宽的影响因素不是施主杂质原子本身，因此可以解释为什么线宽不会强烈依赖于施主杂质种类。在表 5.2 中，由于 As 的线宽最宽，可以推测 As 的能级最深，电子局域化最强㊀。

表 5.2　对各种施主杂质通过实验测定的 ESR 信号参数

施主杂质	核自旋 I	信号分裂	$\|\psi(0)\|^2$（cm^{-3}）	线宽（Oe）*
P	1/2	2	0.44×10^{24}	2.9
As	3/2	4	1.80×10^{24}	3.6
^{121}Sb	5/2	6	1.20×10^{24}	2.7
^{123}Sb	7/2	8	1.20×10^{24}	2.7

* Oe：表示磁化强度单位奥斯特，在大气中，1Oe = 1G（高斯）。
引用自：川村肇，《半导体物理》，槙书店出版社（1971 年）。

图 5.9　被 P 原子束缚的施主电子的 ESR 信号

产生的两个信号线宽较宽。测量时使用的微波频率为 9GHz。
引用自：川村肇，《半导体物理》，槙书店出版社（1971 年），有改动。

需要注意的是，上述的直观图像适用于施主电子的基态与氢原子 1s 轨道一样呈球对称分布，其电子存在概率随着与 P 原子的距离增加而单调减小。然而，Si 中施主电子的基态 1s（A_1）的波函数由下式给出：

$$\psi(\boldsymbol{r})=\frac{1}{\sqrt{6}}\sum_j F_j(\boldsymbol{r})\exp(\mathrm{i}\boldsymbol{k}_j\cdot\boldsymbol{r})\,u_j(\boldsymbol{r}) \tag{5.29}$$

㊀ 从光吸收实验中，证明 As 的 1s 态是最深的。

因此，不能确定施主电子在 P 的最近邻 Si 位置的存在概率一定比次近邻的 Si 位置或第 3 近邻的 Si 位置的存在概率高。

现在，假设我们可以使用某种方法观察施主电子与位于各个位置的 ^{29}Si 之间的相互作用信号，那么可以通过施主电子和所关注的 ^{29}Si 之间的偶极相互作用随磁场角度的变化，推断 P 原子与 ^{29}Si 的相对方向。此外，通过角度相关性图谱的重心，可以确定存在于各个位置的 ^{29}Si 与施主电子的费米接触相互作用强度，即$|\psi(r_{Si})|^2$。由于波函数由式(5.29)给出，因此需要通过对各个位置上的 ^{29}Si 反复试验，求得使实验结果与理论相一致的k_j值。

Feher 利用电子-核双共振（ENDOR）㊀实现了这一点，并计算出$|k_j| = 0.85 \times 2\pi/a$。有关详细信息，请参考其他书籍。

5-4 掺杂半导体中载流子浓度与温度的关系

在这里，我们讨论掺杂了浅能级V族施主的 n 型半导体的载流子浓度随温度变化的情况。为了简化问题，我们假设没有受主存在。施主的电子能级非常接近导带，导带的电子密度随温度的变化如图 5.10 所示。在绝对温度 0K 附近，由于热能不足，电子无法从施主的库仑引力束缚中逃逸（图 5.10（a））。但是，当温度略微上升时，电子从施主的库仑引力束缚中释放出来，并开始被激发到导带中（弱电离区，图 5.10（b））。随着温度的进一步上升，被施主束缚的电子几乎全部被激发到导带中，施主的电子占有率接近 0（饱和区，也被称作强电离区，图 5.10（c））。随着温度的进一步上升，从价带到导带的电子激发变得可能。在这种情况下，由于价带中的状态密度非常大，电子直接从价带激发到导带，因此产生比施主浓度多得多的导电电子，表现出类似本征半导体的温度相关性。

现在，让我们考虑每个状态的费米能级。在低温的弱电离区中，施主的电子占有率略小于 1。因此，费米能级位于施主能级之上。然而，电子并没有多到与导带状态密度大致相等，因此费米能级低于导带底部。所以，费米能级位于导带底部和施主能级之间。随着温度上升进入饱和区，束缚在施主上的电子几乎全部被激发到导带中，施主的电子占有率接近 0。这表明费米能级低于施主能级。当温度进一步上升时，由于状态密度非常大，电子可以通过热激发从价带跃迁到导带，因此费米能级位于带隙中间附近的位置。

㊀ 关于 ENDOR，请参考川村肇，《半导体物理》，槙书店出版社（1971）。

接下来看电子密度的温度相关性，如图 5.11 所示。如果掺杂的施主数为N_D，那么激发到导带的电子密度n_e和带有正电荷的离子化施主原子数量相等。如果用N_D^0表示施主保有电子（束缚电子）、仍呈电中性的状态数量（密度），N_D^+表示电子被热激发到导带并离子化的施主数量（密度），那么根据电中性条件，可以写作：

$$n_e = N_D^+ = N_D - N_D^0 \tag{5.30}$$

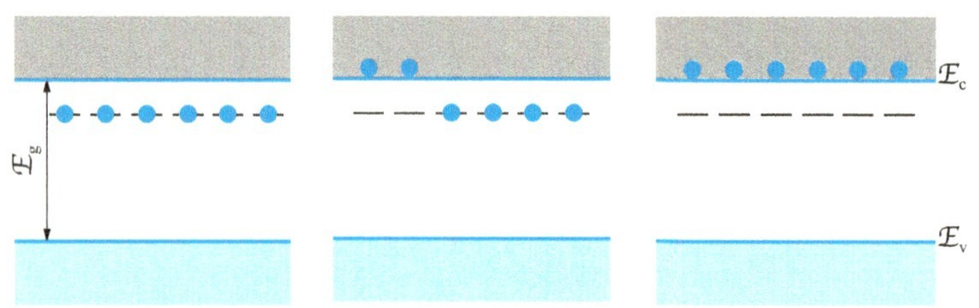

图 5.10　掺杂施主的 n 型半导体中的电子状态，分别为（a）接近 0K，（b）弱电离区，（c）饱和区

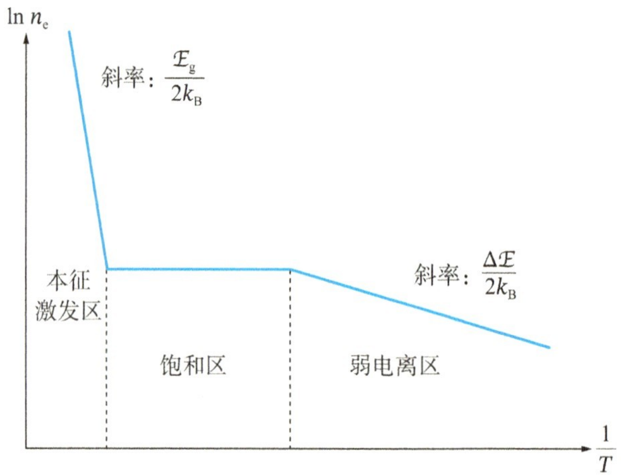

图 5.11　掺杂施主的 n 型半导体中导带电子密度的温度相关性

导带中的电子密度n_e可以使用导带的有效状态密度N_c来表示：

$$n_e = N_c \exp\left(-\frac{\mathcal{E}_c - \mathcal{E}_F}{k_B T}\right) \tag{5.31}$$

保有电子的施主数量可以使用费米-狄拉克统计$f(\mathcal{E})$来表示。

$$N_D^0 = N_D f(\mathcal{E}_D) \tag{5.32}$$

使用这些方程，可以得到：

$$n_e = N_c \exp\left(-\frac{\mathcal{E}_c - \mathcal{E}_F}{k_B T}\right) = N_D\{1 - f(\mathcal{E}_D)\} \tag{5.33}$$

在这里，需要注意以下几点。占据着 1s 态的施主电子的自旋方向可以是自旋向上或自旋向下，但如果将与第一个电子具有相反自旋的第二个电子放置在 1s 态中，因为电子处于束缚状态时距离较近，这两个电子之间会存在库仑斥力的相互作用。结果，电子将进入高能量状态。因此，1s 态只能占据一个电子。考虑到这一点，可以对费米-狄拉克分布进行修正：

$$f(\mathcal{E}) = \left[1 + \frac{1}{2}\exp\left(\frac{\mathcal{E} - \mathcal{E}_F}{k_B T}\right)\right]^{-1} \tag{5.34}$$

由于在低温下$k_B T$的值非常小，有$\mathcal{E}_F - \mathcal{E}_D \gg k_B T$。因此，从式(5.33)得到：

$$\mathcal{E}_F = \frac{\mathcal{E}_D + \mathcal{E}_c}{2} + \frac{k_B T}{2}\ln\left(\frac{N_D}{2N_c}\right) \tag{5.35}$$

式(5.35)的第二项非常小，可以忽略不计，于是费米能级出现在导带底部和施主能级之间。将这个结果代入式(5.31)中，得到：

$$n_e = \left(\frac{N_c N_D}{2}\right)^{1/2} \exp\left(-\frac{\mathcal{E}_c - \mathcal{E}_D}{2k_B T}\right) = \left(\frac{N_c N_D}{2}\right)^{1/2} \exp\left(-\frac{\Delta\mathcal{E}}{2k_B T}\right) \tag{5.36}$$

在这里，$\Delta\mathcal{E}_D = \mathcal{E}_c - \mathcal{E}_D$。导带电子浓度的温度相关性对应的激活能，是电子从施主能级激发到导带所需能量$\Delta\mathcal{E}_D$的一半。式(5.36)的形式与式(4.83)近似，其中N_V变更为$N_D/2$。1/2 的因子反映了施主能级只能被一个电子占据的事实。

根据质量作用定律得到：

$$(\text{保有电子的施主}) \rightleftarrows (\text{导带电子}) + (\text{失去了电子的施主})$$

从这个关系出发，下式成立：

$$\frac{n_e \times N_D^+}{N_D^0} = \frac{n_e \times n_e}{N_D - n_e} \approx \frac{n_e^2}{N_D} = K(T) \tag{5.37}$$

$K(T)$是温度相关的反应常数，激活能是$\Delta\mathcal{E} = \mathcal{E}_c - \mathcal{E}_D$。当导带电子浓度较低时$n_e \propto \exp[-(\Delta\mathcal{E}_D)/(2k_B T)]$。

类似的现象也发生在受主中。然而，被受主束缚的电子对应的费米-狄拉克分布受到了价带的复杂能带结构的影响，需要变更为：

$$f(\mathcal{E})=\left[1+2\exp\left(\frac{\mathcal{E}-\mathcal{E}_F}{k_B T}\right)\right]^{-1} \tag{5.38}$$

在应用于器件时，确保在器件工作温度下，载流子数量保持恒定至关重要。为了实现这一点，必须确保设备的工作温度处于饱和区。图 5.12 展示了 n 型 Si 的载流子浓度变化，室温位于饱和区内。这意味着如果在制造器件时可以精确控制掺杂量，就可以控制器件中电子和空穴的浓度。

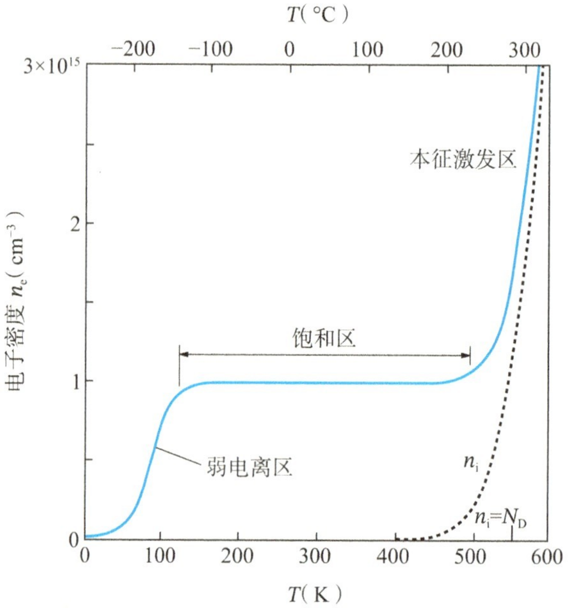

图 5.12　n 型 Si 半导体（施主浓度$N_D=10^{15}cm^{-3}$）的导带电子密度随温度的变化

引用自：S. M. Sze 著，南日康夫，川边光央，长谷川文夫译，《半导体器件》，产业图书出版社（1987 年），有改动。

章末问题

（1）Si 和 Ge 的相对介电常数分别为 12 和 16。请考虑在有效质量近似下施主的基态能级。为了简化问题，假设它们的有效质量与真空中的电子质量相同，导带底部位于$k=0$，并且具有各向同性的质量。

（2） 如果使用VI族代替V族的施主原子，讨论将形成什么样的施主能级。

（3） 请阅读确定 Si 导带底部位置的论文，并简要总结其方法：G. Feher, Phys, Rev., 114, 1219(1959)。

CHAPTER 6

第6章

晶格振动

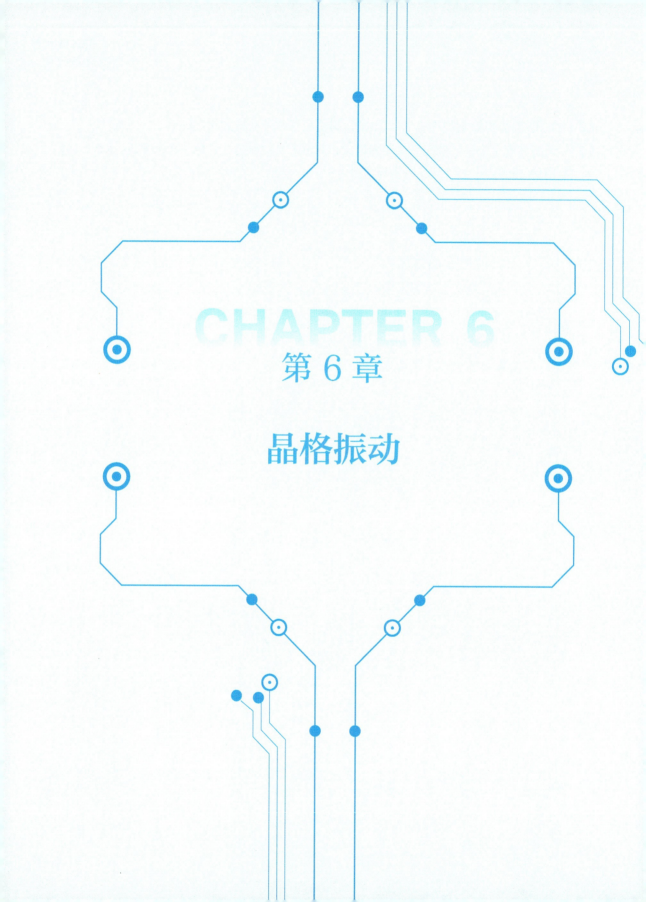

6-1 什么是晶格振动

晶格振动是指构成晶格的原子（格子）振动的现象。首先，让我们从原子振动的原因开始考虑。假设在没有摩擦的地板上，有一个一端固定的弹簧横放着，弹簧的另一端连接着一个重物（单摆模型）。要使重物振动，需要对弹簧拉伸做功（向弹簧输送能量），然后把拉伸弹簧的手松开。输入能量给弹簧的方法可以是其他方式。如果重物非常轻且弹性系数非常小，那么只需很少的能量就可以使其振动。如果能够通过热量提供这少量能量，那么这个系统将在有限温度下振动。

由于物质内的原子并不是通过弹簧相连，所以需要某种力的来源来产生相当于弹簧的恢复力。关于这种力，可以考虑如下：如图 6.1 所示，原子形成晶格的原因是，原子在其位置上的存在状态具有最低的能量，因此，一旦原子偏离稳定位置，能量就会增加。所以，原子受到想要回到原始位置的恢复力的作用。

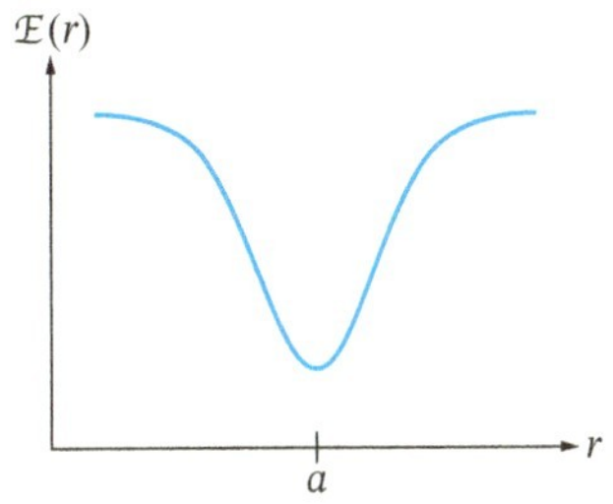

图 6.1　原子按间隔a排列原因的简化能量模型

横轴r表示原子之间的距离。

现在，假设当原子间距$r = a$时能量最小，然后原子稍微移动到$r = a + x$。这里，x是相对于最小能量的原子间距a的偏移量，假定它是微小的。将能量$U(r)$展开到关于x的二阶项，得到：

$$U(r) = U(a) + \left[\frac{\mathrm{d}U(r)}{\mathrm{d}r}\right]_{r=a} x + \frac{1}{2}\left[\frac{\mathrm{d}^2U(r)}{\mathrm{d}r^2}\right]_{r=a} x^2 \tag{6.1}$$

因此，恢复力是：

$$F(r) = -\frac{\mathrm{d}U(r)}{\mathrm{d}r} = -\left[\frac{\mathrm{d}^2U(r)}{\mathrm{d}r^2}\right]_{r=a} x \tag{6.2}$$

此外，由于在$r = a$时能量最小，因此式(6.1)中x的一次项为零。另外，由于式(6.1)是一个凹函数，$\left[\left(\mathrm{d}^2U(r)\right)/\mathrm{d}r^2\right]_{r=a} > 0$。式(6.2)中恢复力与位移量成比例，因此等效于原子之间通过弹簧相连。

由于构成晶格的原子规则排列，所以当一个原子移动时，与两侧相邻原子之间的距离会改变。因此，两侧的原子也受到力的影响而移动。而其相邻的原子也同样会移动，并且更远的原子处也会发生类似的情况。换句话说，每个原子都相互影响，它们不是独立运动的。在接下来的内容中，我们将处理这个模型。

6-2 一维单原子晶格

像往常一样，我们从一维情况开始考虑。作为一个简单的例子，考虑如图 6.2 中所示晶胞中只有一个原子存在的情况。图 6.2（a）展示了平衡状态下的原子排列，晶胞的尺寸（原子间距）为a。图 6.2（b）展示了原子振动的情况，第j个原子位置的原子位移为u_j。

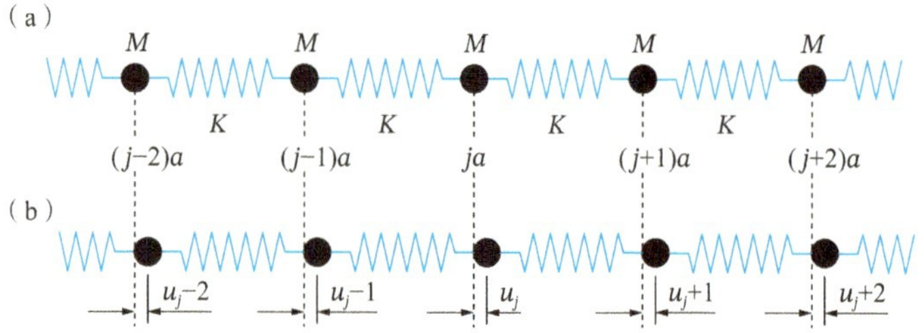

图 6.2　晶胞内只有一个原子存在的系统（一维单原子晶格）的振动

（a）包含一个质量为M的原子的晶胞以间距a排列的情况，弹性系数为K。
（b）原子振动的情况，以u_j表示第j个原子的位移。

假设原子的质量为M，弹性系数为K，那么运动方程是：

$$M\frac{\mathrm{d}^2u_j}{\mathrm{d}t^2}=+K(u_{j+1}-u_j)-K(u_j-u_{j-1}) \tag{6.3}$$

考虑右边第一项，如果$u_{j+1}-u_j$为正值，弹簧就会伸展，然后收缩回原始长度a。这时，对u_j的原子，它会施加一个向$+x$方向的牵引力，即$+K(u_{j+1}-u_j)$。另一方面，如果u_j-u_{j-1}为正，那么弹簧会伸展，然后也会收缩回a。这时，它会对u的质量施加一个向$-x$方向的牵引力，即为$-K(u_j-u_{j-1})$。

式(6.3)中有三个原子位移变量，但只有一个方程，为了解这个方程，需要一些巧妙的方法。每个原子都通过弹簧连接在一起，移动一个原子会导致其他原子同时移动，因此每个原子的运动都不是独立的。这里，我们将原子的运动看作是波动的。设波数为q，第j个原子在平衡状态下的位置为ja。将第j个原子的位移表示为u_j，那么：

$$u_j=A\exp[\mathrm{i}\{qja-\omega(q)t\}] \tag{6.4}$$

这里，A是振幅。角频率ω会随着波数q而不同，因此写作$\omega(q)$。由于我们假设是一维的，因此原子位移仅限于原子排列方向，原子运动的波是纵波。u_{j+1}，u_{j-1}，u_j是具有相同角频率和振幅的波在不同位置的原子位移，因此可以表示为：

$$u_{j+1}=A\exp[\mathrm{i}\{q(j+1)a-\omega(q)t\}] \tag{6.5}$$

$$u_{j-1} = A\exp[\mathrm{i}\{q(j-1)a - \omega(q)t\}] \tag{6.6}$$

将式(6.4)到(6.6)代入式(6.3)后，方程很容易解出：

$$\omega(q) = 2\sqrt{\frac{K}{M}}\left|\sin\left(\frac{qa}{2}\right)\right| \tag{6.7}$$

由于角频率是正值，所以式中有绝对值。如果弹簧很强（弹性系数很大），它会以高频率强烈振动，如果质量很大，它会运动较缓慢（振动频率较低），因此振动频率表达式中出现了K/M的因子是可以理解的。当物质具有有限长度时，会有波长的限制。对于长度为$L = Na$的物质，引入周期性边界条件$u_j = u_{j+N}$。因此，$q = 2\pi n/L(n = 0, \pm 1, \pm 2, \cdots)$。这与电子状态的周期性边界条件相同。负的$q$表示方向与正的$q$相反。因此，会得到类似于图 6.3 的色散关系。

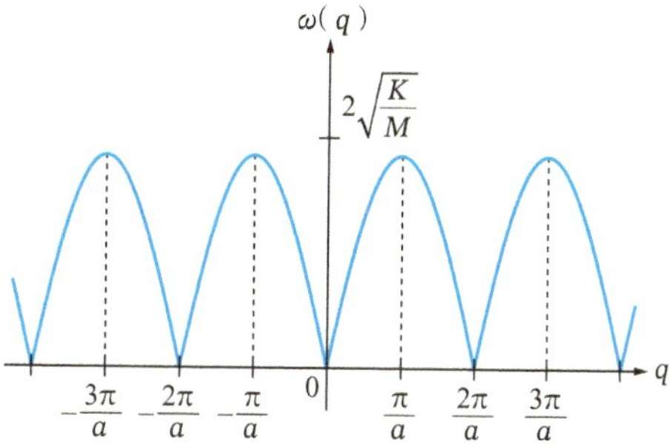

图 6.3　色散关系$\omega(q)$图

现在看看两个特殊波数的振动状态。一个是$q = 0$，另一个是$q = \pi/a$。正如前面所述，考虑的波是纵波，但在图 6.4 中，为了更清楚地显示振动情况，将位移量绘制为垂直于原子排列的方向。图 6.4（a）是$q = 0$（$\lambda = \infty$）时的振动情况。在这种状态下，所有原子沿着相同的方向移动，它们进行了平行移动而没有振动。因此，$q = 0$ 时$\omega = 0$。另一方面，图 6.4（b）对应于$q = \pi/a$（$\lambda = 2a$）的波。在这种情况下，相邻的原子是反方向移动的，这是最强烈的振动状态，因此，角频率最大。

在图 6.3 中，$q = 0$ 和$q = 2\pi/a$之所以具有相同的振动，是因为如图 6.5（a）、（b）所示，所有原子以相同的振幅在这两个波数下振动。尽管在观察图 6.5（a）、（b）时，原子之间的振动方式似乎不同，因此$q = 0$ 和$q = 2\pi/a$看起来是不同的振动，但请注意，原子存在的区域仅限于图 6.5 中的实心圆部分，其他区域没有意义。同样，$q = \pi/a$和$q = 3\pi/a$如图 6.6（a），（b）所示在振动，而原子存在的区域仅限于图 6.6 中的实心圆部分，因此它们是相同的振动。我们可以将波数范围限定为图 6.3 的第一布里渊区（$-\pi/a \leqslant q \leqslant \pi/a$）。在第一布里渊区内，可取的波数$q$的数量为$(2\pi/a)/(2\pi/L) = N$个。这对应于具有 1 个自由度的系统，其中存在$N$个晶胞（原子），总自由度为$N$。

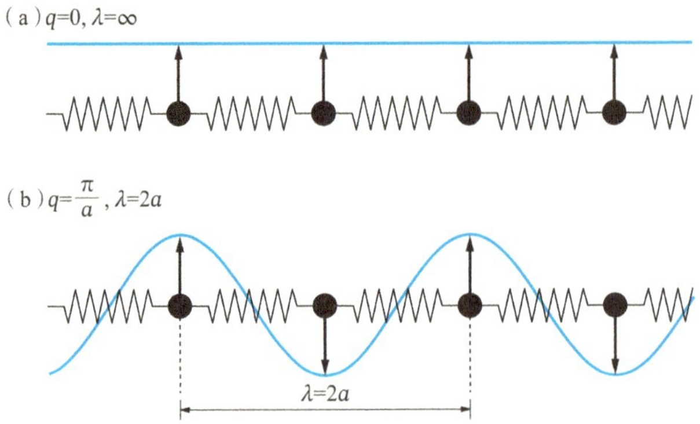

图 6.4　一维单原子晶格中的振动情况（1）

注：(a) $q=0$，波长$\lambda=\infty$，(b) $q=\pi/a$，波长$\lambda=2a$。图中以垂直于振动方向的方式表示了原子的位移。

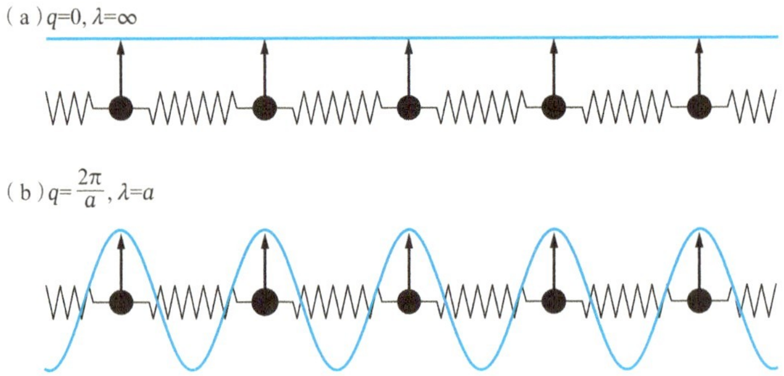

图 6.5　一维单原子晶格中的振动情况（2）

(a) $q=0$，波长$\lambda=\infty$，(b) $q=2\pi/a$，波长$\lambda=a$。在（a）和（b）中，原子位置上的振幅相同。

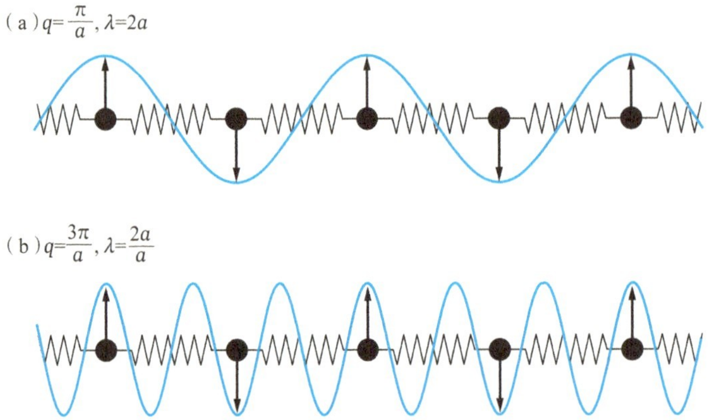

图 6.6　一维单原子晶格中的振动情况（3）

(a) $q=\pi/a$，波长$\lambda=2a$，(b) $q=3\pi/a$，波长$\lambda=2a/a$。在（a）和（b）中，原子位置上的振幅相同。

6-3 一维双原子晶格

如图 6.7 所示，在一维空间中考虑存在两个原子 A 和 B 的晶胞。这种系统称为双原子晶格。由于是一维的，所以存在的波只有纵波。设晶胞的大小为a，原子 A 和 B 的质量分别设为M_A，M_B。假设第j个晶胞内原子 A 的位移为u_j，原子 B 的位移为v_j。原子 A 和 B 的运动方程分别为：

$$M_A \frac{d^2 u_j}{dt^2} = +K_1(v_j - u_j) - K_2(u_j - v_{j-1}) \tag{6.8}$$

$$M_B \frac{d^2 v_j}{dt^2} = -K_1(v_j - u_j) + K_2(u_{j+1} - v_j) \tag{6.9}$$

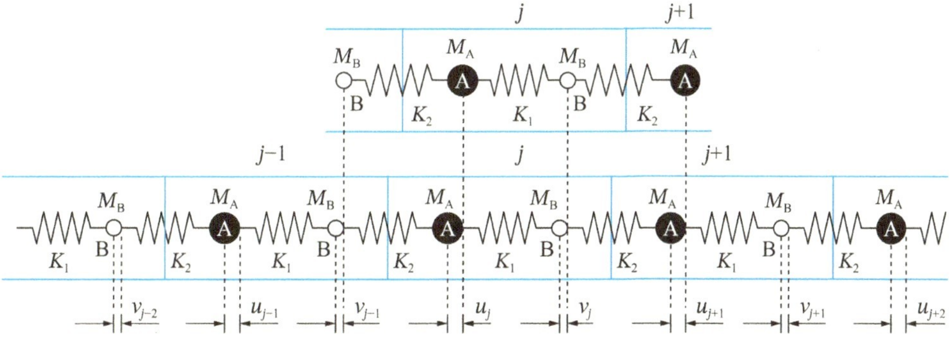

图 6.7 晶胞内存在不同的两个原子 A 和 B 的系统（一维双原子晶格）

假设晶胞以周期a排列。

由上式出发，与式(6.3)的一维单原子晶格基于同样的考虑方式可以得到：

$$u_j = A\exp[i\{qja - \omega(q)t\}] \tag{6.10}$$

$$v_j = B\exp[i\{qja - \omega(q)t\}] \tag{6.11}$$

A和B为各自的振幅。式(6.10)和(6.11)中 exp 项的指数是相同的，它们表示了晶胞的振动。将式(6.10)和(6.11)代入式(6.8)和(6.9)中，得到：

$$-M_A A\omega^2 = -K_1(A - B) - K_2[A - B\exp(-iqa)] \tag{6.12}$$

$$-M_B B\omega^2 = -K_1(B - A) - K_2[B - A\exp(iqa)] \tag{6.13}$$

求解以上方程组得到：

$$\omega^2 = \frac{1}{2}\left(\frac{1}{M_A}+\frac{1}{M_B}\right)(K_1+K_2) \pm$$

$$\left[\frac{1}{4}\left(\frac{1}{M_A}+\frac{1}{M_B}\right)^2(K_1+K_2)^2 - \frac{2K_1K_2}{M_1M_2}\{1-\cos(qa)\}\right]^{1/2} \tag{6.14}$$

在波数$q=0$的极限情况下得到：

$$\omega = \begin{cases} 0 & (6.15a) \\ \left\{\left(\frac{1}{M_A}+\frac{1}{M_B}\right)(K_1+K_2)\right\}^{1/2} & (6.15b) \end{cases}$$

$q=0$时，$\omega=0$的振动模式称为声学模式。这种振动如图 6.8（a）所示，所有的晶胞都沿着相同的方向移动，而晶胞内的原子 A 和 B 也在与晶胞移动方向相同的方向上平移。这可以通过将$\omega=0$代入式(6.12)得到$A=B$来理解。

另一种由式(6.15b)表示的模式如图 6.8（b）所示。虽然晶胞沿相同方向平移，但晶胞内的原子 A 和 B 在以相反方向振动，这种振动模式称为光学模式。这可以通过将式(6.15b)代入式(6.13)得到$B=-(M_A/M_B)A$来理解。

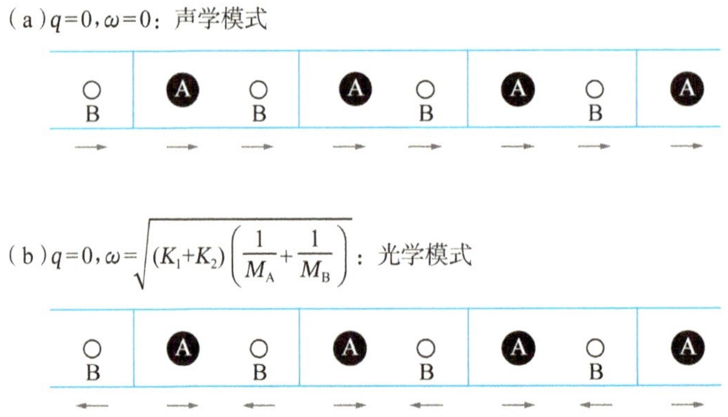

图 6.8　一维双原子晶格中的振动情况

（a）在$q=0$时的声学模式，（b）在$q=0$时的光学模式的振动情况。这里只讨论了振动方向。

在波数$q=\pi/a$的极限下，也会出现两种振动模式。在这个波数下，相邻的晶胞会反向振动。在这种振动中，晶胞内的原子 A 和 B 既可以朝着相同的方向振动，也可以朝着相反的方向振动。$q=\pi/a$的结果略显复杂，因此我们可以首先考虑原子变化的简单情况。

作为第一个例子，假设 A 和 B 是相同种类的原子，质量相同，但弹性系数不同（$K_1>$

K_2)。如果我们将$M_1 = M_2 = M$代入式(6.14)，在$q = 0$时：

$$A = \begin{cases} B, & \omega = 0\text{：声学模式} \quad (6.16a) \\ -B, & \omega = \left[\dfrac{2(K_1 + K_2)}{M}\right]^{1/2}\text{：光学模式} \quad (6.16b) \end{cases}$$

这两种振动的情况如图 6.9（a）和（b）所示，相邻的晶胞都是朝着相同的方向移动的。另外，在$q = \pi/a$的情况下有：

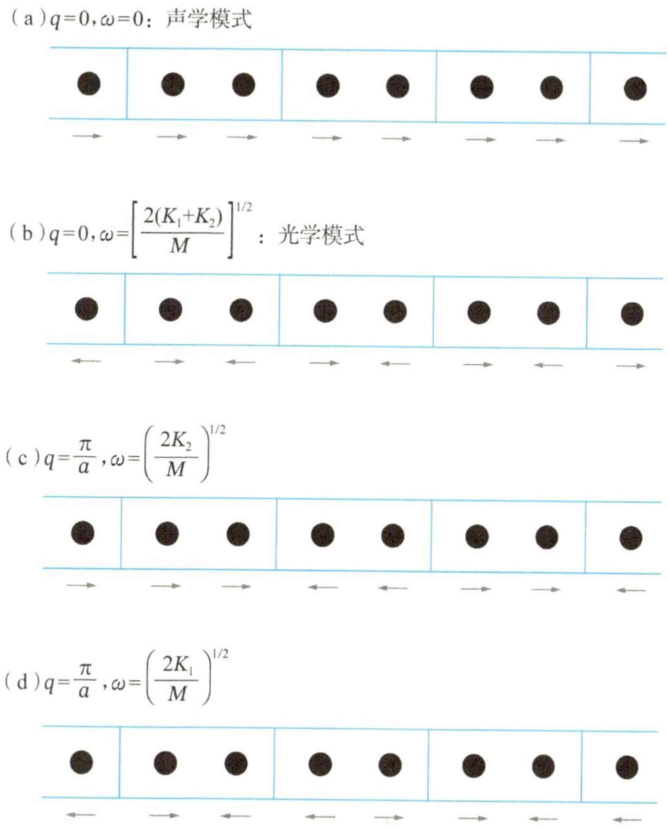

图 6.9　一维双原子晶格中，当晶胞内的两个原子具有相同质量但弹性系数不同（$K_1 > K_2$）时的振动情况

（a）在$q = 0$处的声学模式，（b）在$q = 0$处的光学模式，（c）在$q = \pi/a$处的声学模式，（d）在$q = \pi/a$处的光学模式的振动情况。这里仅讨论振动方向。

这些振动的情况如图 6.9（c）、（d）所示，相邻的晶胞是以相反的方向振动的。在这种情况下的色散关系如图 6.10 所示。

$$A=\begin{cases}B, & \omega=\left(\dfrac{2K_2}{M}\right)^{1/2} \quad (6.17\text{a})\\ -B, & \omega=\left(\dfrac{2K_1}{M}\right)^{1/2} \quad (6.17\text{b})\end{cases}$$

此外，还可以考虑弹性系数相同但晶胞内的原子 A 和 B 的质量不同的情况。在这种情况下，假设弹性系数为$K_1=K_2=K$，并且$M_A>M_B$，那么在$q=0$处：

$$A=\begin{cases}B, & \omega=0\text{：声学模式} \quad (6.18\text{a})\\ -B, & \omega=\left[2K\left(\dfrac{1}{M_A}+\dfrac{1}{M_B}\right)\right]^{1/2}\text{：光学模式} \quad (6.18\text{b})\end{cases}$$

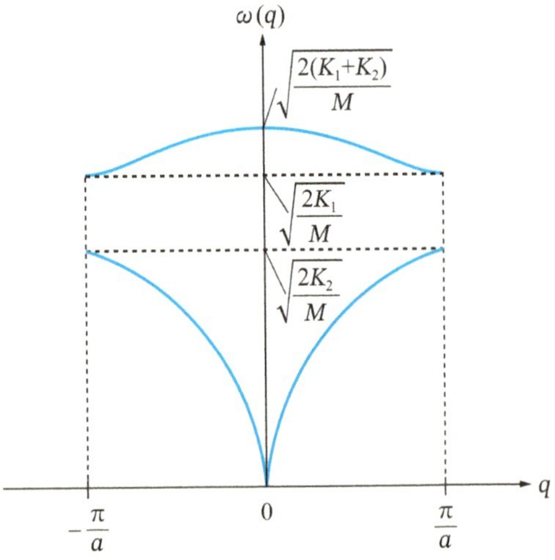

图 6.10　一维双原子晶格中，当晶胞内的两个原子具有相同质量但弹性系数不同（$K_1>K_2$）时的色散关系

这些振动如图 6.11（a）、（b）所示，相邻的晶胞振动相同。此外，在$q=\pi/a$的情况下：

$$\omega=\begin{cases}\left(\dfrac{2K}{M_A}\right)^{1/2}, & A=\text{不定},\ B=0 \quad (6.19\text{a})\\ \left(\dfrac{2K}{M_B}\right)^{1/2}, & A=0,\ B=\text{不定} \quad (6.19\text{b})\end{cases}$$

这些振动如图 6.11（c）、（d）所示，相邻的晶胞振动相反。此外，这种情况下的色散关系如图 6.12 所示。

（a）$q=0, \omega=0$：声学模式

（b）$q=0, \omega=\left[2K\left(\dfrac{1}{M_A}+\dfrac{1}{M_B}\right)\right]^{1/2}$：光学模式

（c）$q=\dfrac{\pi}{a}, \omega=\left(\dfrac{2K}{M_A}\right)^{1/2}$

（d）$q=\dfrac{\pi}{a}, \omega=\left(\dfrac{2K}{M_B}\right)^{1/2}$

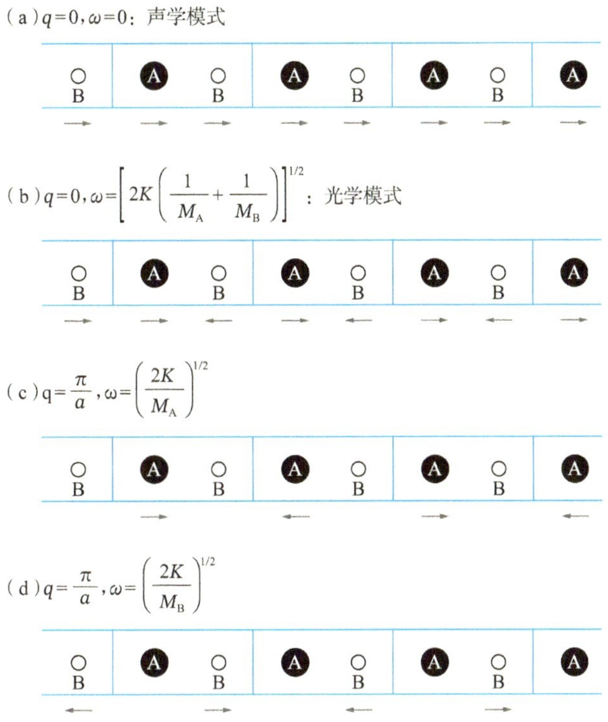

图 6.11　一维双原子晶格的弹性系数相同，但晶胞内两个原子具有不同质量的振动

（a）在 $q=0$ 处的声学模式，（b）在 $q=0$ 处的光学模式，（c）在 $q=\pi/a$ 处的声学模式，
（d）在 $q=\pi/a$ 处的光学模式的振动情况。这里仅讨论振动方向。

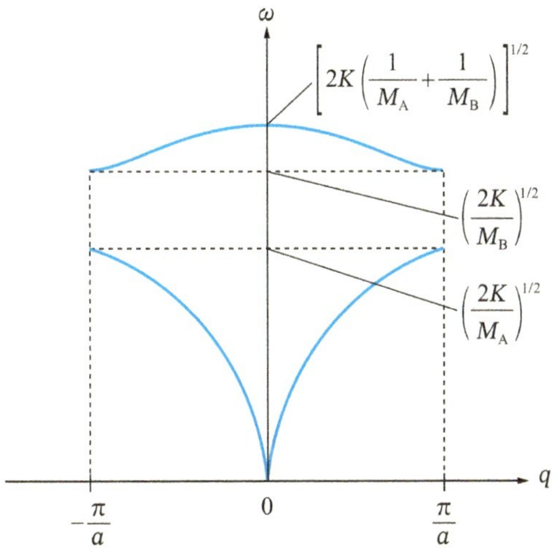

图 6.12　晶胞内两个原子的弹性系数相同，但质量不同（$M_A > M_B$）情况下的色散关系

6-4 三维晶格振动

6-4-1 三维单原子晶格的晶格振动

接下来，考虑三维单原子晶格的晶格振动。将波的传播方向设为$\boldsymbol{q}$。存在位移与波的传播方向相同的纵波（longitudinal wave）和位移垂直于波的传播方向的两种横波（transverse wave），因此，对应于式(6.3)等的公式可以写成：

$$\boldsymbol{u}_{1,j} = \boldsymbol{e}_1 \cdot A\exp[\mathrm{i}\{\boldsymbol{q}\cdot\boldsymbol{R}_j - \omega_1(\boldsymbol{q})t\}] \tag{6.20}$$

$$\boldsymbol{u}_{t1,j} = \boldsymbol{e}_{t1} \cdot A\exp[\mathrm{i}\{\boldsymbol{q}\cdot\boldsymbol{R}_j - \omega_{t1}(\boldsymbol{q})t\}] \tag{6.21}$$

$$\boldsymbol{u}_{t2,j} = \boldsymbol{e}_{t2} \cdot A\exp[\mathrm{i}\{\boldsymbol{q}\cdot\boldsymbol{R}_j - \omega_{t2}(\boldsymbol{q})t\}] \tag{6.22}$$

$\boldsymbol{R}_j$是第j个晶胞的位置（原子位置），$\boldsymbol{e}_1$是与$\boldsymbol{q}$平行的单位矢量（纵波），$\boldsymbol{e}_{t1}$和$\boldsymbol{e}_{t2}$是与$\boldsymbol{q}$垂直的两种单位矢量（横波），$\boldsymbol{e}_{t1}$和$\boldsymbol{e}_{t2}$是正交的。此外，$\omega_1(\boldsymbol{q})$是纵波的角频率，$\omega_1(\boldsymbol{q})$和$\omega_{t2}(\boldsymbol{q})$是横波的角频率。

纵波和横波的振动特点，在考虑一个边长为a的正方形二维晶胞时更容易理解。假设波的传播方向与x轴平行，并考虑原子在x-y平面内的振动，振动如图 6.13（a）和（b）所示。纵波（图 6.13（a））和横波（图 6.13（b））的显著区别在于，纵波形成了材料中密度高低交替的区域，而横波则没有形成这种密度交替。这一差异将对后面要讨论的电子-晶格相互作用产生重大影响。

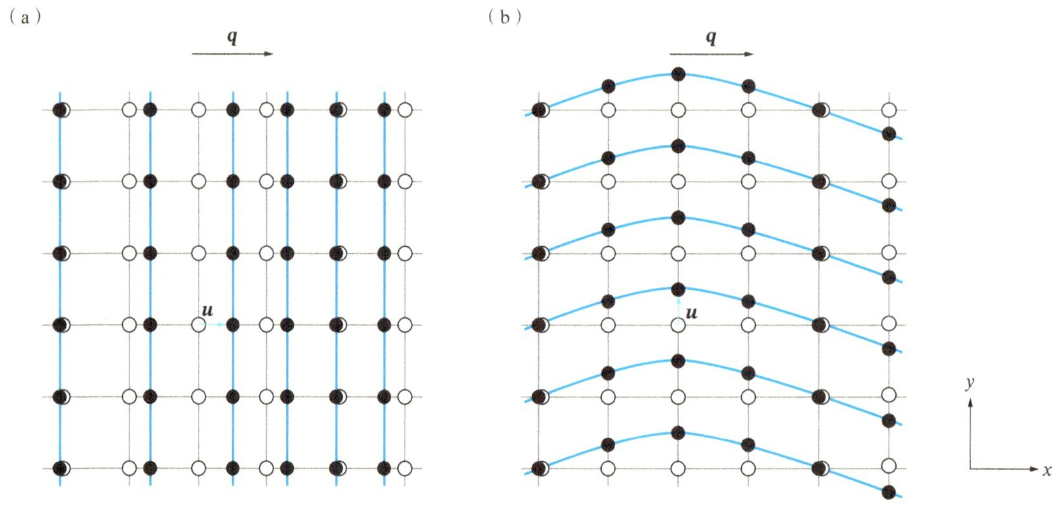

图 6.13 二维单原子正方晶格的振动

（a）纵波，（b）横波的振动示意图。波矢量为$\boldsymbol{q}$。○表示振动前的原子位置。●表示振动后的原子位置。

再次回到三维空间。对于波矢量$\boldsymbol{q}$，振动模式包括一个纵波和两个横波，因此一般将获得三条对于$\boldsymbol{q}$的色散曲线。在对称性较高的$\boldsymbol{q}$方向上会发生简并，但考虑周期性边界条件后，在一般方向上将获得 $3N$个振动模式。这对应于 3 个自由度和晶胞数（原子数）N。在波矢$\boldsymbol{q}=0$ 时，趋近于角频率$\omega=0$ 的振动模式为声学模式，而不存在光学模式。

6-4-2 一般的三维晶体中的晶格振动

声学模式是在波矢$\boldsymbol{q}=0$ 时角频率趋近于$\omega=0$ 的振动模式，但要实现这一点，所有晶胞必须朝着同一方向移动，晶胞内的所有原子也必须沿着与晶胞相同的方向移动。为了实现这一点，只有一个纵波和两个横波是可行的。从以上的讨论中，我们可以得出非常有用的结论。

假设晶胞的数量为N，并且在每个晶胞内有M个原子存在，则总自由度为 $3MN$。考虑到某个波矢$\boldsymbol{q}$，如图 6.14 所示，存在 $3M$条色散曲线，但声学模式只能有 3 个，因此光学模式的色散曲线为 $3M-3$ 条。当然，在对称性较高的q值附近可能会出现简并。

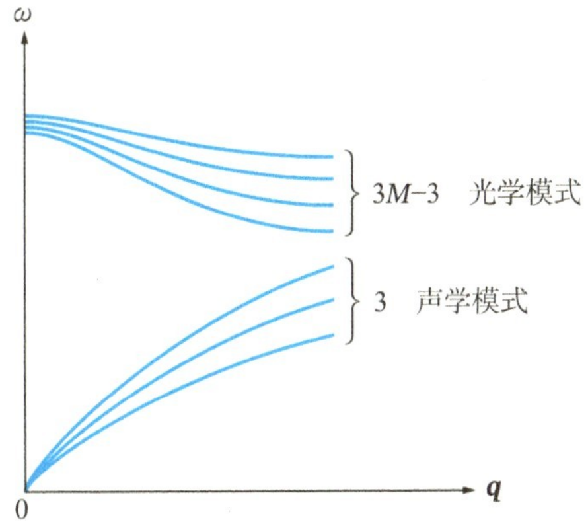

图 6.14 晶胞内存在M个原子的三维晶体的晶格振动色散关系

在金刚石结构和闪锌矿结构的半导体中，由于晶胞内存在 2 个原子，因此对于一般的波数$\boldsymbol{q}$，存在 6 条色散曲线。其中 3 条是$\boldsymbol{q}=0$ 时$\omega(\boldsymbol{q})=0$ 的声学模式，另外 3 条是$\boldsymbol{q}=0$ 但$\omega(\boldsymbol{q})\neq 0$ 的光学模式。作为示例，图 6.15 展示了 Si 和 GaAs 从Γ点到X点的色散关系。TA（横向声学模式）和 TO（横向光学模式）呈二重简并。由于 GaAs 的分子质量较大，其振动频率比 Si 的振动频率小。

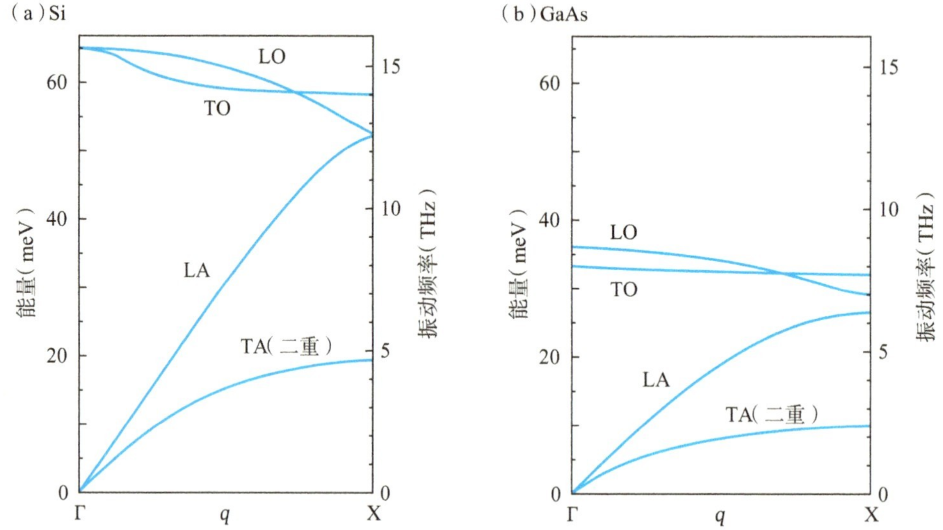

图 6.15 从Γ点到X点的色散关系

(a)硅(Si),(b)砷化镓(GaAs)。

引用自：J. H. Davies 著，华泽宇纪译，《低维半导体物理》，施普林格出版社东京分社(2004 年)，有改动。

6-5 声子

6-5-1 一维单原子晶格的晶格振动与谐振子[㊀]

将单原子晶格的一个格点的位置表示为$\boldsymbol{r}_j$，位移表示为$\boldsymbol{u}_j$。在有限的温度下，应该存在各种不同的振动模式，因此在某一时刻t，第j个原子的位移可以表示为各种不同振动模式的叠加：

$$\boldsymbol{u}(\boldsymbol{r}_j)=\frac{1}{\sqrt{N}}\sum_{\boldsymbol{q}}\boldsymbol{e}_{\boldsymbol{q}}\left[A_{\boldsymbol{q}}\exp\left[\mathrm{i}\{\boldsymbol{q}\cdot\boldsymbol{r}_j-\omega(\boldsymbol{q})t\}\right]+A_{\boldsymbol{q}}^{*}\exp\left[-\mathrm{i}\{\boldsymbol{q}\cdot\boldsymbol{r}_j-\omega(\boldsymbol{q})t\}\right]\right] \tag{6.23}$$

其中，$\boldsymbol{q}$是波矢量，$\boldsymbol{e}_{\boldsymbol{q}}$是表示波的位移方向的单位矢量。换句话说，如果$\boldsymbol{q}\parallel\boldsymbol{e}_{\boldsymbol{q}}$，则为纵波，如果$\boldsymbol{q}\perp\boldsymbol{e}_{\boldsymbol{q}}$，则为横波。$A_{\boldsymbol{q}}$表示波数$\boldsymbol{q}$处波的位移大小(振幅)，而角频率是波数的函数，因此表示为$\omega(\boldsymbol{q})$。由于原子的位移是实数，所以添加了第二项，消除虚数项。另外，式(6.23)中的$(1/N)^{1/2}$将在稍后进行解释。

为了简化讨论，让我们从一维开始。在这种情况下，原子的位移方向仅限于原子排列的

㊀ 参考了小林浩一，《化学家的电导入门》，裳华房出版社(1989 年)。

方向。即只存在纵波，因此省略了原子位移方向的矢量表示，将位移表示为u，将角频率表示为ω_q，则可以写成：

$$u_j = \frac{1}{\sqrt{N}}\sum_q \{A_q \exp[\mathrm{i}(qx_j - \omega_q t)] + A_q^* \exp[-\mathrm{i}(qx_j - \omega_q t)]\} \tag{6.24}$$

如果将原子的质量表示为M，那么动能就是$K = (1/2)M\sum_j (\mathrm{d}u_j/\mathrm{d}t)^2$，因此：

$$\begin{aligned} T = \frac{M}{2N}\sum_j \Big\{ & \sum_q [-\mathrm{i}\omega_q A_q \exp[\mathrm{i}(qx_j - \omega_q t)] + \mathrm{i}\omega_q A_q^* \exp[-\mathrm{i}(qx_j - \omega_q t)]] \times \\ & \sum_{q'} [-\mathrm{i}\omega_{q'} A_{q'} \exp[\mathrm{i}(q'x_j - \omega_{q'} t)] + \mathrm{i}\omega_{q'} A_{q'}^* \exp[-\mathrm{i}(q'x_j - \omega_{q'} t)]] \Big\} \end{aligned} \tag{6.25}$$

在这里，波数q满足周期性边界条件$q = 2\pi n/L$（$L = Na$，其中a是晶胞的尺寸，对应于晶格间距）。此外，注意到$x_j = a_j$，所以在上述乘法中出现的$\sum_j \exp[\mathrm{i}(q+q')x_j]$项是：

$$\begin{aligned} \sum_j \exp[\mathrm{i}(q+q')x_j] &= \sum_j \exp\left[\mathrm{i}(n+n')\frac{2\pi a j}{Na}\right] \\ &= \sum_j \exp\left[\mathrm{i}(n+n')\frac{2\pi j}{N}\right] = N\delta_{n,-n} \end{aligned} \tag{6.26}$$

这里注意到从色散关系中可得出$\omega_q = \omega_{-q}$。利用这一关系有：

$$\begin{aligned} T = \frac{M}{2}\sum_q \omega_q^2 \{ & A_q A_q^* + A_q^* A_q - A_q A_{-q} \exp(-2\mathrm{i}\omega_q t) - \\ & A_q^* A_{-q}^* \exp(2\mathrm{i}\omega_q t)\} \end{aligned} \tag{6.27}$$

接下来计算势能U。如果弹性系数为K，那么：

$$U = \frac{K}{2}\sum_j (u_{j+1} - u_j)^2 \tag{6.28}$$

将这个式子代入式(6.24)进行计算，得到：

$$\begin{aligned} U &= \frac{K}{2}\sum_q [\exp(\mathrm{i}qa) - 1][\exp(-\mathrm{i}qa) - 1] \\ &\quad \{A_q A_q^* + A_q^* A_q + A_q A_{-q}\exp(-2\mathrm{i}\omega_q t) + A_q^* A_{-q}^* \exp(2\mathrm{i}\omega_q t)\} \\ &= \sum_q \frac{M\omega_q^2}{2}\{A_q A_q^* + A_q^* A_q + A_q A_{-q}\exp(-2\mathrm{i}\omega_q t) + \\ &\quad A_q^* A_{-q}^* \exp(2\mathrm{i}\omega_q t)\} \end{aligned} \tag{6.29}$$

因此，总能量$\mathcal{E} = T + U$可以写成[㊀]：

㊀ 有关详细计算，请参考之前提到的小林浩一，《化学家的电导入门》裳华房出版社（1989）。

$$\mathcal{E} = T + U = \sum_q M\omega_q^2\left(A_qA_q^* + A_q^*A_q\right) \tag{6.30}$$

总能量应该是与时间无关且守恒的，式(6.30)中没有包含时间相关的因子。

现在让我们再次考虑式(6.30)。波数q的能量为$M\omega_q^2\left(A_qA_q^* + A_q^*A_q\right)$，由于有$N$个波数$q$，如式(6.30)所示，我们将它们全部相加得到总能量。要得到式(6.30)，式(6.23)和(6.24)必须具有系数$(1/N)^{1/2}$。在这里，我们定义新的坐标Q_q，如下所示：

$$Q_q = A_q\exp\left(-\mathrm{i}\omega_qt\right) + A_q^*\exp\left(\mathrm{i}\omega_qt\right) \tag{6.31}$$

在这个坐标系中，动量P_q可以表示为：

$$P_q = M\frac{\mathrm{d}Q_q}{\mathrm{d}t} = -\mathrm{i}\omega_qMA_q\exp\left(-\mathrm{i}\omega_qt\right) + \mathrm{i}\omega_qMA_q^*\exp\left(\mathrm{i}\omega_qt\right) \tag{6.32}$$

现在，考虑与能量相对应的$\mathcal{E}_q$，即：

$$\mathcal{E}_q = \frac{P_q^2}{2M} + \frac{M\omega_q^2Q_q^2}{2} = M\omega_q^2\left(A_qA_q^* + A_q^*A_q\right) \tag{6.33}$$

因此，总能量是：

$$\mathcal{E} = \sum_q \mathcal{E}_q = \sum_q\left(\frac{P_q^2}{2M} + \frac{M\omega_q^2Q_q^2}{2}\right) \tag{6.34}$$

这表示，单原子晶格的晶格振动总能量可以描述为独立的谐振子的集合。

6-5-2 晶格振动的量子化

对晶格振动进行量子化得到的是声子（phonon）。6-5-1 小节是基于经典力学的表示，为了过渡到量子力学，需要引入$P_q = -\mathrm{i}\hbar\partial/\partial Q_q$以及对易关系$\left[Q_q, P_{q'}\right] = \mathrm{i}\hbar\delta_{q,q'}$。与式(6.34)对应的量子力学哈密顿量是：

$$\mathcal{H} = \sum_q\left(-\frac{\hbar^2}{2M}\frac{\partial^2}{\partial Q_q^2} + \frac{M\omega_q^2Q_q^2}{2}\right) \tag{6.35}$$

这里，括号中的部分是一维谐振子的薛定谔方程。解谐振子的薛定谔方程需要复杂的数学公式，所以在这里只展示其概要。质量为M的粒子在势能$M\omega_q^2Q^2/2$中运动，因此粒子存在于这个势能中。换句话说，波函数存在于这个势能中。因此，在这个势能之外，波函数将指数式衰减为零。此外，高能态下波函数的波长应该较短，这可以理解为原子振动剧烈。然后，波函数的平方（存在概率）应该关于原点对称，因此波函数应该对称或反对称于原点。再者，根据不确定性原理，当粒子静止时，动量会变大，因此波长较长的波应该成为基态。

图 6.16 显示了波函数的一个示例。在这种情况下，已知能量为$\mathcal{E}_n = (n + 1/2)\hbar\omega_q$。最低能量状态是$n = 0$ 时，其值为$\hbar\omega_q/2$，不为零。这是由之前提到的不确定性原理引起的。能量的表示式$\mathcal{E}_n = (n + 1/2)\hbar\omega_q$可以看作是有$n$个具有能量$\hbar\omega_q$的粒子。

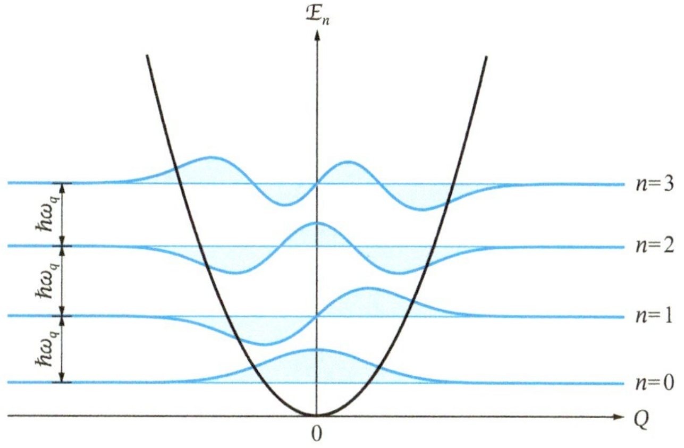

图 6.16　与弹簧连接的粒子振动的量子能级和波函数

根据式(6.35)，总能量是：

$$\mathcal{E} = \sum_q \left(n_q + \frac{1}{2}\right)\hbar\omega_q \quad (n_q = 0,1,2,\cdots) \tag{6.36}$$

现在，我们引入由P_q、Q_q构建的新算符，定义为：

$$a_q = \left(\frac{1}{2\hbar\omega_q M}\right)^{1/2}(M\omega_q Q_q + \mathrm{i}P_q) \quad (\text{湮灭算符}) \tag{6.37}$$

$$a_q^+ = \left(\frac{1}{2\hbar\omega_q M}\right)^{1/2}(M\omega_q Q_q - \mathrm{i}P_q) \quad (\text{产生算符}) \tag{6.38}$$

那么式(6.36)可以写成：

$$\mathcal{E} = \sum_q \left(\frac{\hbar\omega_q}{2}\right)(a_q a_q^+ + a_q^+ a_q) = \sum_q \hbar\omega_q\left(a_q^+ a_q + \frac{1}{2}\right) \tag{6.39}$$

在进行这个计算时，我们使用了$[Q_q, P_{q'-}] = \mathrm{i}\hbar\delta_{q,q'}$的对易关系。通过比较式(6.36)和式(6.39)，可以看出$a_q^+ a_q$对应于n_q。回想一下谐振子的量子力学，n相当于具有能量$\hbar\omega$的粒子的数目。因此，$a_q^+ a_q$表示具有能量$\hbar\omega_q$的波矢q的粒子的数目。

考虑用a_q来表示A_q，通过比较式(6.32)和式(6.37)，(6.38)，我们得到：

$$A_q \exp(-\mathrm{i}\omega_q t) = \left(\frac{\hbar}{2M\omega_q}\right)^{1/2} a_q \tag{6.40}$$

$$A_q^+ \exp(\mathrm{i}\omega_q t) = \left(\frac{\hbar}{2M\omega_q}\right)^{1/2} a_q^+ \tag{6.41}$$

由此得到：

$$u_j = \sum_q \left(\frac{\hbar}{2MN\omega_q}\right)^{1/2} [a_q \exp(\mathrm{i}qx_j) + a_q^+ \exp(-\mathrm{i}qx_j)] \tag{6.42}$$

扩展到三维空间，这个方程变成了：

$$\boldsymbol{u}(\boldsymbol{r}) = \sum_{\boldsymbol{q}} \boldsymbol{e}_{\boldsymbol{q}} \left(\frac{\hbar}{2MN\omega_{\boldsymbol{q}}}\right)^{1/2} [a_{\boldsymbol{q}} \exp(\mathrm{i}\boldsymbol{q}\cdot\boldsymbol{r}) + a_{\boldsymbol{q}}^+ \exp(-\mathrm{i}\boldsymbol{q}\cdot\boldsymbol{r})] \tag{6.43}$$

这表示位移可以用算符表示。此外，需要注意湮灭算符和产生算符满足以下性质：

$$a^+|n\rangle = \sqrt{n+1}|n+1\rangle \tag{6.44}$$

$$a|n\rangle = \sqrt{n}|n-1\rangle \tag{6.45}$$

$$aa^+ - a^+a = 1 \tag{6.46}$$

式(6.46)是反映了$[Q_q, P_{q'}] = \mathrm{i}\hbar\delta_{q,q'}$的对易关系的结果。

6-6 晶格比热

在这里，我们将讨论单原子晶格的晶格振动比热。在有限温度T下，根据经典统计力学的能量均分定理，对于一维情况，一个原子的振动能量按照动能部分为$k_\mathrm{B}T/2$，势能部分为$k_\mathrm{B}T/2$均等地分配。在三维情况下，自由度为 3，每单位体积内的晶胞数量（原子数）为N，因此内部能量$\mathcal{E}$为：

$$\mathcal{E}(T) = 3N\left(\frac{k_\mathrm{B}T}{2} + \frac{k_\mathrm{B}T}{2}\right) = 3Nk_\mathrm{B}T \tag{6.47}$$

当温度从T升高到$T+\Delta T$时，内部能量的变化可以表示为：

$$\Delta\mathcal{E}(T) = \mathcal{E}(T+\Delta T) - \mathcal{E}(T) = 3Nk_\mathrm{B}\Delta T \tag{6.48}$$

因此，定容比热可以表示为：

$$C(T) = \frac{\Delta\mathcal{E}(T)}{\Delta T} = 3Nk_\mathrm{B} \tag{6.49}$$

这里，将N设定为 1 摩尔，比热在物质和温度无关的情况下为 $25\mathrm{JK^{-1}mol^{-1}}$ 的恒定值。表 6.1 显示了室温下的实验值，这些实验值与理论值非常吻合（杜隆-珀蒂定律）。然而，理论值和实验值在低温下不一致。

表 6.1　25°C下的摩尔比热

固体	摩尔比热（$JK^{-1}mol^{-1}$）
金（Au）	25.4
银（Ag）	25.5
铜（Cu）	24.5
铁（Fe）	25.0

在低温下，有一个实验值和理论值相对一致的模型，即爱因斯坦模型。该模型假设原子以与波数q无关的恒定频率ω振动。正如前面所述，原子的振动是量子化的，能量取满足以下关系的不连续的值：

$$\mathcal{E}_n = \left(n + \frac{1}{2}\right)\hbar\omega \tag{6.50}$$

我们来简要解释低温下比热偏离了 $3Nk_B$的原因。当温度足够高时，满足$k_BT \gg \hbar\omega$的关系，原子在高能量状态下振动，因此我们不会感受到能量按照式(6.50)以离散方式分布，这种情况下，可以使用古典统计力学的方法处理。因此，比热为 $3Nk_B$。然而，在低温下，当$k_BT \approx \hbar\omega$时，开始受到能量以离散方式分布的影响。在$\hbar\omega \gg k_BT$时，无法通过吸收热能来激发到激发态，因此内部能量无法增加。所以比热变为 0。

让我们进行简单的计算。根据统计力学，某一温度T下取能量状态$\mathcal{E}_n$的概率P_n由以下公式表示：

$$P_n \propto \exp\left(-\frac{\mathcal{E}_n}{k_BT}\right) = \exp(-\beta\mathcal{E}_n) \tag{6.51}$$

其中$\beta = 1/(k_BT)$。正如前面提到的，这被称为玻尔兹曼分布，相对容易理解。例如，考虑某个能量$\mathcal{E}_n$。在极低温度（$T \approx 0$）下，由于热能较小，能够处于能量$\mathcal{E}_n$状态的概率接近于零。这对应于$\exp(-\beta\mathcal{E}_n) \approx 0$。另一方面，在高温下，由于获得大量热能，可以占据$\mathcal{E}_n$的能量状态。这对应于$\exp(-\beta\mathcal{E}_n)$具有有限值。

现在，根据公式(6.51)，可以将比例常数表示为A：

$$P_n = A\exp(-\beta\mathcal{E}_n) \tag{6.52}$$

这是一个概率分布，根据其中所有状态的概率之和应为 1（$\sum_n P_n = 1$），可以求解A的值，从而确定在某一温度T下，能量$\mathcal{E}_n$的概率P_n为：

$$P_n = \frac{\exp(-\beta\mathcal{E}_n)}{\sum_n \exp(-\beta\mathcal{E}_n)} \tag{6.53}$$

n可以取不同的状态，其平均能量是：

$$\langle \mathcal{E} \rangle = \sum_n \mathcal{E}_n P_n \tag{6.54}$$

可以使用数列或者统计力学的公式来计算，求得：

$$\langle \mathcal{E} \rangle = \left\{ \frac{1}{2} + \frac{1}{\exp(\hbar\omega/k_B T) - 1} \right\} \hbar\omega = \left(\frac{1}{2} + \langle n \rangle \right) \hbar\omega \tag{6.55}$$

第一项$\hbar\omega/2$是与式(6.50)的右边第二项相关的，因为它不依赖于温度，所以它必然会保留下来。这是由于零点振动导致的基态能量。第二项则是根据温度的变化而变化的：

$$\langle n \rangle = \frac{1}{\exp(\hbar\omega/k_B T) - 1} \tag{6.56}$$

根据式(6.55)，在$\hbar\omega \gg k_B T$的情况下，$\langle \mathcal{E} \rangle = \hbar\omega/2$，比热为零。另一方面，当$\hbar\omega \ll k_B T$时，展开$\exp[\hbar\omega/(k_B T)]$并进行计算，得到$\langle \mathcal{E} \rangle = k_B T$。因此，比热为 $3N_A k_B$。在中间温度下，表达式稍微复杂，这里省略。也就是说，比热会如图 6.17 所示进行变化。需要注意的是，在这个图中，我们使用了$\hbar\omega = k_B \Theta_E$（$\Theta_E$为爱因斯坦温度）。

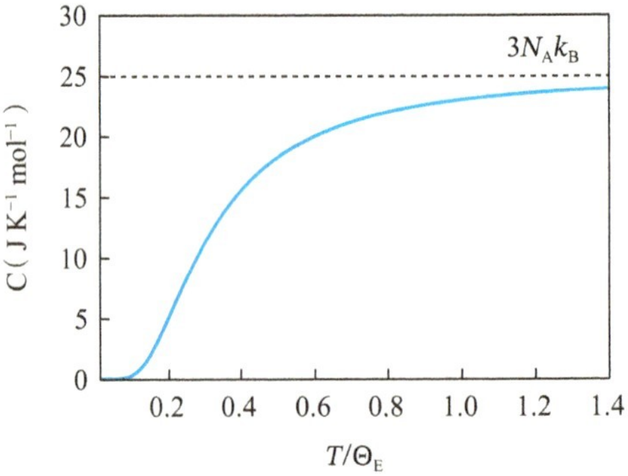

图 6.17　爱因斯坦模型中晶格振动比热随温度的变化

上述讨论的关键点是要理解高温和低温的概念。在爱因斯坦模型中，关键是确定$k_B T$相对于量子化的能量$\hbar\omega$是较大还是较小。在这里，我们讨论的对象是晶格振动，所以要比较的是晶格振动的能量，但在某些特定的物理现象中，温度$k_B T$相对于现象对应的量子化能量的大小也是划分高温和低温的一个重要因素。高温和低温的划分并不是绝对温度高于或低于某个特定值决定的[㊀]。

回到比热的讨论，爱因斯坦模型假设振动以恒定值$\hbar\omega$进行，这对应于光学模式的色散

㊀ 长冈洋介，《低温超导、高温超导》，丸善出版社（1995）

关系的特点。因此，爱因斯坦模型在描述光学模式时是一个合理的近似。

然而，在低温下，比热的实验值显示出与T^3成比例的明显变化。这种差异可以通过以下方式解释：正如晶格振动的色散关系所示，长波长声学模式的波（波数$q \approx 0$）角频率较小，因此，即使在低温下，也可能存在满足$\hbar\omega(q) \ll k_B T$条件的波。在这种情况下，比热将表现出明显的温度相关性。

现在，让我们再次考虑单原子晶格的晶格振动。振动的角频率$\omega_s(q)$对应于波数q和波的类型s（纵波、横波），因此，晶格振动导致的每单位体积的总能量是：

$$\mathcal{E} = \frac{1}{V}\sum_{q,s}\left(n_{q,s} + \frac{1}{2}\right)\hbar\omega_s(q) \tag{6.57}$$

这里$n_{q,s} = 1/\left\{\exp\left[\left(\hbar\omega_s(q)\right)/(k_B T)\right] - 1\right\}$。因此，能量是：

$$\mathcal{E} = \frac{1}{V}\sum_{q,s}\frac{\hbar\omega_s(q)}{\exp\left[\left(\hbar\omega_s(q)\right)/(k_B T)\right] - 1} \tag{6.58}$$

要进行具体的计算，需要了解$\omega_s(q)$的关系[㊀]。德拜模型选择了与声学模式中$q \approx 0$ 相关的$\omega_s = v_s q$的关系。详细的计算请参考固体物理学的教材，已知在低温下可以得到与T^3成正比的比热，与实验结果相一致。假设在晶胞内存在多个原子，并且存在光学模式，如图 6.15 中 Si 和 GaAs 的色散关系所示，光学模式具有高能量，相当于数百 K（Si 的光学模式约为 700K），因此在极低温下不会被激发。因此，可以认为在极低温下光学模式不会对比热产生贡献。

章末问题

（1） 惰性气体 He 在常压下即使在低温下也不会成为固体。请从不确定性原理出发，求出使其在低温下成为固体的条件。

（2） 石墨烯是一种二维材料，其晶胞包含两种相同的原子。然而，有关晶格振动的实验结果显示它具有 6 条色散曲线。这一结果意味着什么？

㊀ 忽略了与温度无关的 1/2 系数。

CHAPTER 7

第 7 章

载流子输运现象

7-1 欧姆定律

本节的目的是将电子视为经典粒子并导出欧姆定律。众所周知，欧姆定律表达了电压V、电流I和电阻R之间的关系。

$$V = I \times R \tag{7.1}$$

这个关系可以使用一些更具体的参数来表示。

$$V = I \times \frac{\rho L}{S} \tag{7.2}$$

其中，ρ代表电阻率，L代表物质的长度，S代表截面积。$\sigma = 1/\rho$被称为电导率，它是描述电流容易流动程度的参数。

假设在半导体内部均匀分布着大小为E沿$-x$方向的电场，使半导体内的电子受到力的作用并运动。简单地写出运动方程如下：

$$m_{\mathrm{e}}^{*}\frac{\mathrm{d}v}{\mathrm{d}t} = (-e)(-E) = eE \tag{7.3}$$

这个方程中，$-e$（$e > 0$）代表电子的电荷，而m_{e}^{*}代表电子的有效质量。求解这个运动方程，可以得到：电子的速度会随着时间增大。

在这里，我们定义了电流的基本单位，即电流密度。电流密度j表示单位时间内通过单位面积的电荷量，可以用以下公式表示：

$$j = (-e)nv \tag{7.4}$$

这个公式中，v代表电子的速度，n代表电子的密度。这个公式的含义可以参考图 7.1 来理解。假设一个单位体积的立方体以速度v运动，那么单位时间内通过单位面积的立方体数量为v个。每个单位体积的立方体中包含n个粒子，因此单位时间内通过单位面积的粒子数为nv个。每个粒子都具有电荷$-e$，所以单位时间内通过单位面积的电荷量为$(-e)nv$。

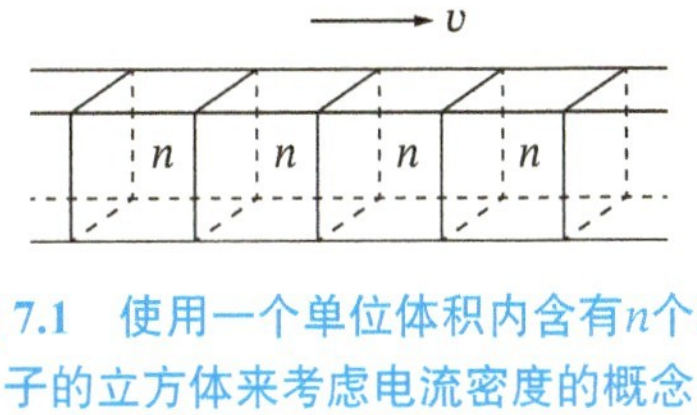

图 7.1　使用一个单位体积内含有n个粒子的立方体来考虑电流密度的概念

现在，假设式(7.3)中的运动方程是正确的，那么电子的速度将会随着时间增大，所以电流密度也会随着时间增大。然而，读者可能在实验中并没有遇到这种现象。那么，上述思考中的问题在哪里呢？问题在于没有考虑到散射。电子会受到晶格振动和杂质的散射，如图 7.2 所示，边改变方向边运动。换句话说，尽管在散射过程中电子会不断改变方向，但它们仍然会在电场的作用下逐渐向前移动。如果在Δt时间内沿着电场方向移动了Δl距离，那么此时的速度将会是：

$$v_{\mathrm{d}}=\frac{\Delta l}{\Delta t} \tag{7.5}$$

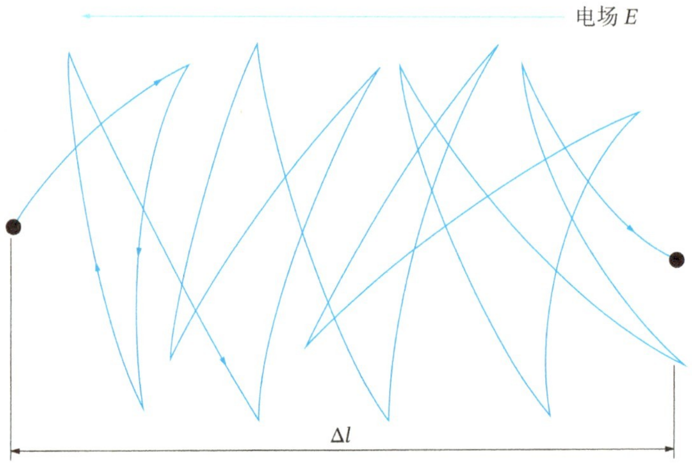

图 7.2　在电场下电子的运动（散射）

电子受到晶格振动和杂质的散射，一边改变运动方向，一边逐渐沿着电场的方向移动。

这个速度明显不同于电子在某次散射与下次散射之间移动的速度。因此，这种在受到散射的同时沿着电场方向移动的速度被称为漂移速度。这个现象类似于从天空降落的雨滴。雨滴在触地时只有肉眼可见的速度。这是因为空气的阻力作用，速度不会增大，而是稳定在一个固定的速度上。

如果我们参考雨滴下落的运动方程来重新表述电场中的运动方程，那么可以得到：

$$m_{\mathrm{e}}^{*}\frac{\mathrm{d}v_{\mathrm{d}}}{\mathrm{d}t}=eE-\frac{m_{\mathrm{e}}^{*}}{\tau}v_{\mathrm{d}} \tag{7.6}$$

等号右边的第二项引入了m_{e}^{*}/τ作为系数，以使其与左边具有相同的量纲，其中τ具有时间量纲，称为弛豫时间。在最终实现的稳态中，等号左边变为零，因此有：

$$v_{\mathrm{d}}=\frac{e\tau}{m_{\mathrm{e}}^{*}}E=\mu E \tag{7.7}$$

$\mu=e\tau/m_{\mathrm{e}}^{*}$被称为迁移率（mobility）。分母中存在$m_{\mathrm{e}}^{*}$是因为如果质量较轻，容易受到电场力的加速作用，分子中存在弛豫时间τ的原因是，如果τ很长，那么从一次散射到下一次散射的时间会很长（散射频率较低），能够更有效地受到电场力的影响，从而在电场方向上的速度会增加。此外，如果E很大，吸引电子的力就会很大，因此速度会增大。

使用公式(7.7)，电流密度可表示为：

$$j=(-e)nv_{\mathrm{d}}=-\frac{ne^2\tau}{m_{\mathrm{e}}^*}\boldsymbol{E}=-ne\mu\boldsymbol{E}=-\sigma E \tag{7.8}$$

电流在$-x$方向流动。σ代表电导率，因此迁移率较大的物质和电子密度较高的物质可以传导更多的电流[㊀]。假设考虑的物质具有横截面S和长度L，并连接到电压为V的外部电源时，电场E的大小为$E=V/L$，因此从$I=j\times S$出发可以得到：

$$\boldsymbol{I}=-\sigma\boldsymbol{E}\times S=-\sigma\times\frac{V}{L}\times S=-\frac{1}{\rho}\times\frac{S}{L}\times V=-\frac{1}{R}\times V$$

$$\boldsymbol{I}=-\sigma\boldsymbol{E}\times\boldsymbol{S}=-\sigma\times\frac{V}{L}\times\boldsymbol{S}=-\frac{1}{\rho}\times\frac{S}{L}\times V=-\frac{1}{R}\times V \tag{7.9}$$

由此得到了欧姆定律。这里，电阻R等于$\rho\times L/S$。

到目前为止，我们只考虑了电子，但假设空穴也同时存在。空穴的漂移速度与电子相反，如图 7.3 所示。但由于电荷与电子相反，所以电流密度与电子的方向相同，如图 7.3 所示。因此，当电子和空穴共存时，总电流值是它们各自的总和：

$$\begin{aligned}\boldsymbol{j}&=n_{\mathrm{e}}(-e)v_{\mathrm{d,e}}+n_{\mathrm{h}}(+e)(-v_{\mathrm{d,h}})=n_{\mathrm{e}}(-e)\mu_{\mathrm{e}}\boldsymbol{E}+n_{\mathrm{h}}(+e)(-\mu_{\mathrm{h}}\boldsymbol{E})\\&=\left(-\frac{n_{\mathrm{e}}e^2\tau_{\mathrm{e}}}{m_{\mathrm{e}}^*}-\frac{n_{\mathrm{h}}e^2\tau_{\mathrm{h}}}{m_{\mathrm{h}}^*}\right)\boldsymbol{E}\\&=-\sigma\boldsymbol{E}\end{aligned} \tag{7.10}$$

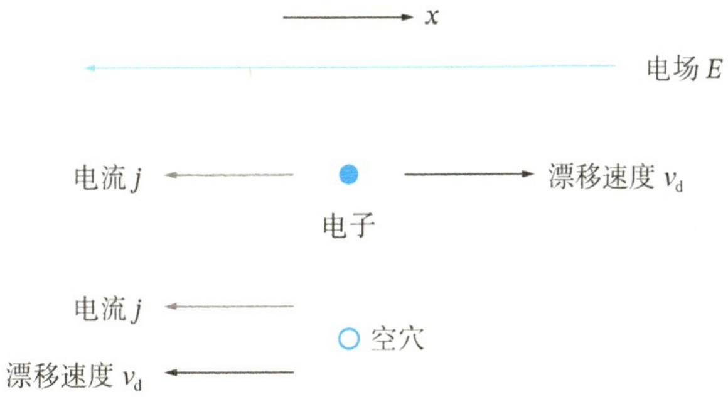

图 7.3　电子和空穴的漂移速度以及电流的方向

这里，$\sigma=n_{\mathrm{e}}e^2\tau_{\mathrm{e}}/m_{\mathrm{e}}^*+n_{\mathrm{h}}e^2\tau_{\mathrm{h}}/m_{\mathrm{h}}^*(>0)$。

㊀ 电场是朝着负x方向施加的。

7-2 霍尔效应

本节将介绍用于测定半导体中载流子浓度和迁移率的重要的实验手段，即霍尔效应。实验设置如图 7.4 所示。为了更容易理解，通常使用 p 型半导体来解释，其中电流的方向与载流子流动的方向相同。在本书中，我们也假定使用 p 型半导体。

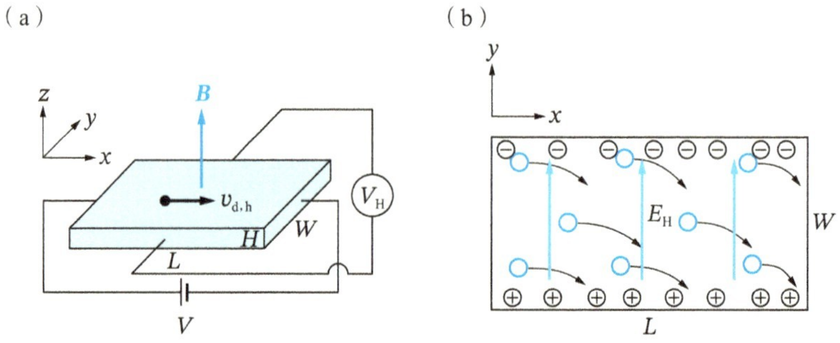

图 7.4 霍尔效应

（a）用于霍尔效应测量的实验设置，（b）霍尔效应的原理。

如图 7.4 所示，考虑一个具有长度L、宽度W和高度H的 p 型半导体样品。同时，设置坐标轴如图所示。$\boldsymbol{B}$是外部磁场，朝向z轴方向。用于流动电流的电场朝x轴方向。如果考虑空穴的漂移速度为$v_{\mathrm{d,h}}$，那么洛伦兹力$\boldsymbol{F}$可以表示为：

$$\boldsymbol{F} = e(v_{\mathrm{d,h}} \times \boldsymbol{B}) \tag{7.11}$$

这里，×表示外积。这个力的大小是$ev_{\mathrm{d,h}}B$，朝向是$-y$方向。因此，以漂移速度$v_{\mathrm{d,h}}$运动的空穴将被推向$-y$方向。结果，$-y$的表面上会积累正电荷。另一方面，反面$+y$的表面会产生负电荷。可以将$+y$表面看作是带有负电荷的受主。重要的是电中性条件成立。这导致在y轴方向产生电压。这个电压被称为霍尔电压[㊀]V_{H}，可以使用电压计测量。

那么，空穴会一直积累在$-y$表面吗？洛伦兹力始终以相同的大小作用于以漂移速度运动的每个空穴。另一方面，如果电荷继续积累，那么在$+y$方向产生的电场（霍尔电场E_{H}）将继续增大，推动空穴向$+y$方向移动的力也会增大。最终，洛伦兹力和霍尔电场对空穴的力应该达到平衡。由于这两者的力平衡，空穴将以与x轴平行的方式漂移。在这种情况下，

㊀ 霍尔电压的名称并非源自“空穴”（hole），而是以其发现者美国物理学家埃德温·赫伯特·霍尔（1855—1938）的名字命名的。

洛伦兹力等于霍尔电场力，因此有：

$$ev_{\mathrm{d,h}}B = eE_{\mathrm{H}} \tag{7.12}$$

并进一步改写为：

$$e\mu_{\mathrm{h}}\frac{V}{L}B = \frac{eV_{\mathrm{H}}}{W} \tag{7.13}$$

从而有：

$$\mu_{\mathrm{h}} = \frac{LV_{\mathrm{H}}}{VBW} \tag{7.14}$$

通过对等号右边这些宏观物理量的组合，可以求出迁移率这一微观的物理量。电流密度是：

$$j = en_{\mathrm{h}}v_{\mathrm{d,h}} = en_{\mathrm{h}}\mu_{\mathrm{h}}E = en_{\mathrm{h}}\mu_{\mathrm{h}}\frac{V}{L} \tag{7.15}$$

因此，电流I可以表示为$I = j \times S = j \times (WH) = en_{\mathrm{h}}\mu_1(V/L)(WH)$。使用公式(7.14)可以得到：

$$R_{\mathrm{H}} = \frac{1}{en_{\mathrm{h}}} = \frac{V_{\mathrm{H}}H}{BI} = \frac{E_{\mathrm{H}}}{Bj} \tag{7.16}$$

$R_{\mathrm{H}} = 1/(en_{\mathrm{h}})$被称为霍尔系数。从这里我们可以看出，通过宏观物理量的组合也可以得到载流子（空穴）浓度n_{h}。此外，载流子（空穴）迁移率也可以写作$\mu_{\mathrm{h}} = R_{\mathrm{H}}\sigma$。由于电导率$\sigma$与电阻$R$存在关系$R = 1/\sigma \times (L/S)$，因此可以从可观测的宏观物理量中获得。此外，如前所述，霍尔系数R_{H}也可以从宏观物理量中观测得到。这表明霍尔效应的一个重要特点是可以从宏观观测量的组合中获得微观物理量。

虽然上面得到的解释容易理解，但过于简化。空穴实际上受到更复杂的力$\boldsymbol{F}$的作用，可以写作[㊀]：

$$\boldsymbol{F} = e(\boldsymbol{E} + v_{\mathrm{d,h}} \times \boldsymbol{B}) \tag{7.17}$$

因此，将空穴视为粒子，写出其运动方程：

$$m_{\mathrm{h}}^*\frac{\mathrm{d}v_{\mathrm{d,h}}}{\mathrm{d}t} = \boldsymbol{F} - \frac{m_{\mathrm{h}}^*}{\tau} \times v_{\mathrm{d,h}} \tag{7.18}$$

在稳态下，$\mathrm{d}v_{\mathrm{d,h}}/\mathrm{d}t = 0$，因此：

$$v_{\mathrm{d,h}} = \frac{\tau e}{m_{\mathrm{h}}^*}(\boldsymbol{E} + v_{\mathrm{d,h}} \times \boldsymbol{B}) \tag{7.19}$$

㊀ 其中$e > 0$。

从这个公式中，可以得到$v_{\mathrm{d,h}}$的各个分量如下：

$$v_{\mathrm{d,h},x}=\frac{1}{1+(\omega_{\mathrm{c}}\tau)^2}\left(\frac{e\tau}{m_{\mathrm{h}}^*}\right)E_x+\frac{\omega_{\mathrm{c}}\tau}{1+(\omega_{\mathrm{c}}\tau)^2}\left(\frac{e\tau}{m_{\mathrm{h}}^*}\right)E_y \tag{7.20}$$

$$v_{\mathrm{d,h},y}=-\frac{\omega_{\mathrm{c}}\tau}{1+(\omega_{\mathrm{c}}\tau)^2}\left(\frac{e\tau}{m_{\mathrm{h}}^*}\right)E_x+\frac{1}{1+(\omega_{\mathrm{c}}\tau)^2}\left(\frac{e\tau}{m_{\mathrm{h}}^*}\right)E_y \tag{7.21}$$

$$v_{\mathrm{d,h},z}=\left(\frac{e\tau}{m_{\mathrm{h}}^*}\right)E_z \tag{7.22}$$

在这里，$\omega_{\mathrm{c}}=eB/m_{\mathrm{h}}^*$是回旋频率。如果$\omega_{\mathrm{c}}\tau\gg1$，那么$\tau/T\gg1$，这意味着在弛豫时间内可以完成多次回旋运动（在回旋面内看是简单的振动）。

现在，电场是沿着x轴方向施加的，假设没有任何散射发生（$\tau=\infty$），那么$v_{\mathrm{d,h},x}=0$，$v_{\mathrm{d,h},y}=-E/B$。这与公式(4.66)的漂移速度一致。

一般来说，电流密度为$j=en_{\mathrm{h}}v_{\mathrm{d,h}}$，其各分量如下：

$$j_{\mathrm{d,h},x}=en_{\mathrm{h}}v_{\mathrm{d,h},x}=\frac{1}{1+(\omega_{\mathrm{c}}\tau)^2}\left(\frac{n_{\mathrm{h}}e^2\tau}{m_{\mathrm{h}}^*}\right)E_x+\frac{\omega_{\mathrm{c}}\tau}{1+(\omega_{\mathrm{c}}\tau)^2}\left(\frac{n_{\mathrm{h}}e^2\tau}{m_{\mathrm{h}}^*}\right)E_y \tag{7.23}$$

$$j_{\mathrm{d,h},y}=en_{\mathrm{h}}v_{\mathrm{d,h},y}=-\frac{\omega_{\mathrm{c}}\tau}{1+(\omega_{\mathrm{c}}\tau)^2}\left(\frac{n_{\mathrm{h}}e^2\tau}{m_{\mathrm{h}}^*}\right)E_x+\frac{1}{1+(\omega_{\mathrm{c}}\tau)^2}\left(\frac{n_{\mathrm{h}}e^2\tau}{m_{\mathrm{h}}^*}\right)E_y \tag{7.24}$$

$$j_{\mathrm{d,h},z}=en_{\mathrm{h}}v_{\mathrm{d,h},z}=\left(\frac{n_{\mathrm{h}}e^2\tau}{m_{\mathrm{h}}^*}\right)E_z \tag{7.25}$$

σ可以用张量表示为：

$$\begin{bmatrix}\dfrac{\sigma_0}{1+(\omega_{\mathrm{c}}\tau)^2} & \dfrac{\omega_{\mathrm{c}}\tau\sigma_0}{1+(\omega_{\mathrm{c}}\tau)^2} & 0\\ -\dfrac{\omega_{\mathrm{c}}\tau\sigma_0}{1+(\omega_{\mathrm{c}}\tau)^2} & \dfrac{\sigma_0}{1+(\omega_{\mathrm{c}}\tau)^2} & 0\\ 0 & 0 & \sigma_0\end{bmatrix} \tag{7.26}$$

各个分量分别是：

$$\sigma_{xx}=\sigma_{yy}=\frac{\sigma_0}{1+(\omega_{\mathrm{c}}\tau)^2} \tag{7.27}$$

$$\sigma_{yx}=-\sigma_{xy}=-\frac{\omega_{\mathrm{c}}\tau\sigma_0}{1+(\omega_{\mathrm{c}}\tau)^2} \tag{7.28}$$

$$\sigma_{zz}=\sigma_0 \tag{7.29}$$

这里，$\sigma_0=n_{\mathrm{h}}e^2\tau/m_{\mathrm{h}}^*$。为了测量霍尔电压，$y$方向上没有电流流动，所以$j_y=0$，于是$\omega_{\mathrm{c}}\tau E_x=E_y$，将其代入$j_x$得到：

$$j_x = en_\mathrm{h}v_{\mathrm{d,h},x} = \sigma_0 E_x \tag{7.30}$$

这里考虑半导体内部的电场方向。沿着y轴方向存在霍尔电场E_y。沿着x轴方向存在用于产生电流的电场E_x，因此，半导体内部的电场方向应该介于x轴和y轴之间。这个由E_x和E_y所定义的夹角被称为霍尔角θ_H。电场的方向和电流的方向如图 7.5 所示，因此有：

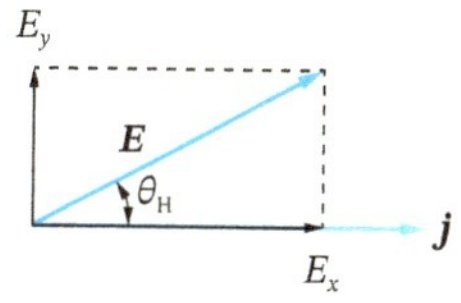

图 7.5 霍尔角θ_H

$$\tan\theta_\mathrm{H} = \frac{E_y}{E_x} = \omega_\mathrm{c}\tau = \mu B \tag{7.31}$$

7-3 迁移率的温度相关性

在这里，我们简要讨论由晶格振动散射和离子杂质散射引起的迁移率与温度的关系。假设载流子以速度v运动。这个速度是载流子在某次散射与下次散射之间运动的速度，而不是漂移速度。散射截面记为σ。另外，单位体积内的散射体密度为N，弛豫时间为τ。将平均自由程l定义为$l = v\tau$，那么弛豫时间τ满足以下关系：

$$N\sigma l = N\sigma v\tau = 1 \tag{7.32}$$

如图 7.6 所示，这个关系可以理解为，将散射体投影到垂直于载流子运动方向的屏幕上，如果满足单位面积被散射体无空隙地填满的条件，那么载流子在弛豫时间内一定会发生散射。

现在将这个关系应用于晶格振动散射的温度相关性。对于晶格振动散射，随着温度上升，原子会强烈振动，因此预期弛豫时间会随温度上升而减小。在允许经典统计的高温区域，可以将这个关系简化为$KA^2 \propto k_\mathrm{B}T$。其中，$A$是原子振动的振幅，$K$是弹性系数。由于振动振幅的平方与散射截面成正比，因此散射截面与温度T成正比。另一方面，对于非简并半导体中的载流子运动，存在运动能量$\propto k_\mathrm{B}T$的关系，总体上$\tau \propto T^{-3/2}$，因此迁移率满足$\mu \propto T^{-3/2}$的关系。需要注意的是，在像金属这样的电子简并系统中，电子速度遵循费米速度，与温度无关，因此满足$\tau \propto T^{-1}$的关系。

此外，根据声子的理论，随着温度上升，晶格振动将更加活跃，这意味着声子数量增加，也就是散射体数量增加。根据玻色.爱因斯坦统计，声子数量可以表示为：

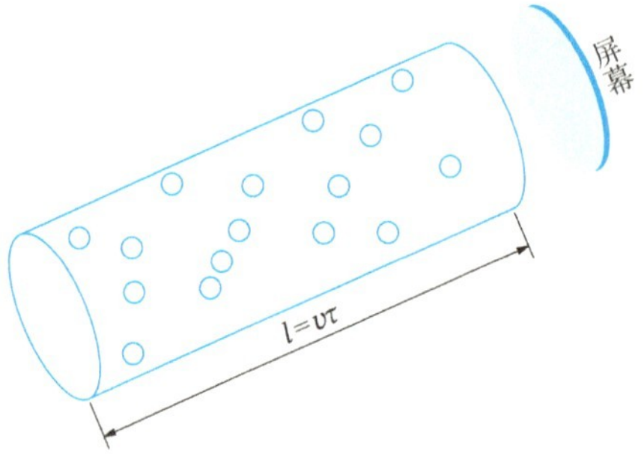

图 7.6 简单的散射模型

○代表具有散射截面σ的散射体。假设每单位体积中存在N个散射体。
作图参考御子柴宣夫,《半导体的物理》,培风馆出版社（1982 年）。

$$N_q = \frac{1}{\exp[\hbar\omega(\boldsymbol{q})/(k_B T)] - 1} \tag{7.33}$$

接下来以施主为例，如图 7.7 所示对由离子化杂质引起的散射情况进行说明。当电子通过施主附近时，如果电子速度较低，它将受到带正电的施主的库仑吸引力，这个吸引力将在相对较长的时间内作用在电子上，导致电子轨道明显偏离。相反，如果电子速度较高，它与施主之间的库仑相互作用时间较短，因此电子轨道的偏移程度较小。温度越高（电子的热运动速度越大），电子受到的散射越少。结果是，迁移率随着温度的升高而增大，符合$\mu \propto T^{3/2}$的关系。这些与量子力学有关的内容将在后续讨论中详细介绍。

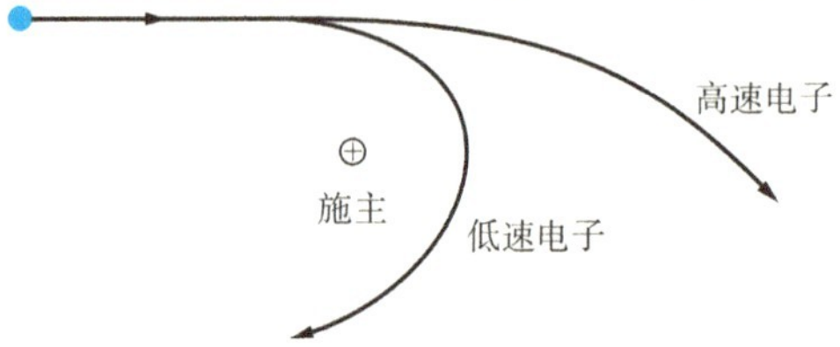

图 7.7 离子化杂质引起的散射

在高温区域，通常可以简化为$N_q = k_B T/\{\hbar\omega(q)\}$，对于类似半导体这样的非简并系统，从公式(7.32)得出了$\tau \propto T^{-3/2}$的结果。

7-4 玻尔兹曼方程

7-4-1 认识玻尔兹曼方程

在这里要提一下玻尔兹曼方程。我们假设电子的状态由波数$\boldsymbol{k}$和坐标$\boldsymbol{r}$在相空间中指定。

让我们关注相空间中的一个微小区域$\Delta\boldsymbol{k}\Delta\boldsymbol{r}$。在某个时刻$t$，微小区域$\Delta\boldsymbol{k}\Delta\boldsymbol{r}$内存在的电子数量可以用分布函数$f(\boldsymbol{k},\boldsymbol{r},t)$表示为$f(\boldsymbol{k},\boldsymbol{r},t)\Delta\boldsymbol{k}\Delta\boldsymbol{r}$。此外，我们假设电子根据运动方程运动。进一步假设电子不发生任何散射，那么根据运动方程，它在开始运动后的$t+\Delta t$时刻，波数应该变为$\boldsymbol{k}\to\boldsymbol{k}+\Delta\boldsymbol{k}$，位置应该变为$\boldsymbol{r}\to\boldsymbol{r}+\Delta\boldsymbol{r}$。以下等式成立：

$$f(\boldsymbol{k}+\Delta\boldsymbol{k},\boldsymbol{r}+\Delta\boldsymbol{r},t+\Delta t)=f(\boldsymbol{k},\boldsymbol{r},t) \tag{7.34}$$

分布函数随时间的变化可以表示为基于外力或浓度梯度导致的流动变化（漂移）以及由散射引起的向其他状态的跃迁，或者从其他状态经散射而来的成分（散射）的总和。即可以表示为：

$$\frac{\partial f}{\partial t}=\left(\frac{\partial f}{\partial t}\right)_{\text{漂移}}+\left(\frac{\partial f}{\partial t}\right)_{\text{散射}} \tag{7.35}$$

另外，我们在这里假设电子不会突然生成或消失。在半导体内部，应该认识到这种生成或消失现象是存在的。例如，当突然受到能量高于带隙的光照射时，会产生电子-空穴对，或者当突然停止光照射时，电子-空穴对会复合并消失。目前，我们先不考虑这种情况。

如果$f(\boldsymbol{k}+\Delta\boldsymbol{k},\boldsymbol{r}+\Delta\boldsymbol{r},t+\Delta t)-f(\boldsymbol{k},\boldsymbol{r},t)$的值不为零，那么其原因可以归因于散射项。也就是说，下式成立：

$$f(\boldsymbol{k}+\Delta\boldsymbol{k},\boldsymbol{r}+\Delta\boldsymbol{r},t+\Delta t)-f(\boldsymbol{k},\boldsymbol{r},t)=\left(\frac{\partial f}{\partial t}\right)_{\text{散射}}\Delta t \tag{7.36}$$

在$\Delta\boldsymbol{k}$、$\Delta\boldsymbol{r}$和Δt都很小的情况下，将左侧第一项展开，得到：

$$\left(\frac{\partial f}{\partial \boldsymbol{k}}\right)\Delta\boldsymbol{k}+\left(\frac{\partial f}{\partial \boldsymbol{r}}\right)\Delta\boldsymbol{r}+\left(\frac{\partial f}{\partial t}\right)\Delta t=\left(\frac{\partial f}{\partial t}\right)_{\text{散射}}\Delta t \tag{7.37}$$

$$\left(\frac{\partial f}{\partial \boldsymbol{k}}\right)\frac{\boldsymbol{F}}{\hbar}+\left(\frac{\partial f}{\partial \boldsymbol{r}}\right)\boldsymbol{v}_{\mathrm{g}}+\left(\frac{\partial f}{\partial t}\right)=\left(\frac{\partial f}{\partial t}\right)_{\text{散射}} \tag{7.38}$$

在这里，我们使用波数空间中的运动方程$\Delta\boldsymbol{k}/\Delta t=\boldsymbol{F}/\hbar$来表示$\Delta\boldsymbol{k}/\Delta t$。另外，$\Delta\boldsymbol{r}/\Delta t$是速度$v$，但是对于波数$\boldsymbol{k}$状态的电子速度由群速度给出，因此可以写成$v=v_{\mathrm{g}}(\boldsymbol{k})=(1/\hbar)\mathrm{grad}_k\mathcal{E}(\boldsymbol{k})$。此外，从式(7.35)和(7.38)可以得到：

$$-\left(\frac{\partial f}{\partial \boldsymbol{k}}\right)\frac{\boldsymbol{F}}{\hbar}-\left(\frac{\partial f}{\partial \boldsymbol{r}}\right)\boldsymbol{v}_{\mathrm{g}}(\boldsymbol{k})=\left(\frac{\partial f}{\partial t}\right)_{\text{漂移}} \tag{7.39}$$

式(7.38)右侧的$(\partial f/\partial t)_{\text{散射}}$项该如何处理呢？在这里，处于状态$\boldsymbol{k}$的电子向状态$\boldsymbol{k}'$跃迁，占据状态$\boldsymbol{k}$的电子数量将减少。另一方面，处于状态$\boldsymbol{k}'$的电子跃迁到状态$\boldsymbol{k}$，状态$\boldsymbol{k}$的电子数量将增加。我们将$\boldsymbol{k}$的电子跃迁到$\boldsymbol{k}'$的概率记为$W(\boldsymbol{k}',\boldsymbol{k})$[⊖]，则：

⊖ 由于与其他书籍的表示方法不同，因此需要注意。

$$\left(\frac{\partial f}{\partial t}\right)_{\text{散射}} = -\sum_{k'} W(\boldsymbol{k}', \boldsymbol{k}) f(\boldsymbol{k})\{1 - f(\boldsymbol{k}')\} + \sum_{k'} W(\boldsymbol{k}, \boldsymbol{k}') f(\boldsymbol{k}')\{1 - f(\boldsymbol{k})\} \tag{7.40}$$

右边的第一项表示从状态$\boldsymbol{k}$到$\boldsymbol{k}'$的跃迁过程，但需要有电子存在于状态$\boldsymbol{k}$。另外，电子跃迁到的$\boldsymbol{k}'$状态必须是空的。因此添加了$f(\boldsymbol{k})\{1 - f(\boldsymbol{k}')\}$的因子。类似的思路也适用于第二项。

在热平衡状态下，$\left(\partial f^{(0)}/\partial t\right)_{\text{散射}} = 0$，所以：

$$0 = \sum_{k'} \left[-W(\boldsymbol{k}', \boldsymbol{k}) f^{(0)}(\boldsymbol{k})\left\{1 - f^{(0)}(\boldsymbol{k}')\right\} + W(\boldsymbol{k}, \boldsymbol{k}') f^{(0)}(\boldsymbol{k}')\left\{1 - f^{(0)}(\boldsymbol{k})\right\}\right] \tag{7.41}$$

$f^{(0)}(\boldsymbol{k})$是热平衡状态的分布函数。在半导体等采用玻尔兹曼分布的系统中，对于电子密度较低的系统，可以考虑$f^{(0)}(\boldsymbol{k}) \ll 1$，$f^{(0)}(\boldsymbol{k}') \ll 1$，然后根据式(7.41)可得：

$$W(\boldsymbol{k}', \boldsymbol{k}) f^{(0)}(\boldsymbol{k}) = W(\boldsymbol{k}, \boldsymbol{k}') f^{(0)}(\boldsymbol{k}') \tag{7.42}$$

这个关系称为详细平衡定理。

现在，假设外力很小，可以写成$f(\boldsymbol{k}) = f^{(0)}(\boldsymbol{k}) + g(\boldsymbol{k})$，其中$f^{(0)}(\boldsymbol{k}) \gg g(\boldsymbol{k})$。此外，我们假设散射引起的能量变化很小，$\boldsymbol{k} \approx \boldsymbol{k}'$，$f^{(0)}(\boldsymbol{k}) \approx f^{(0)}(\boldsymbol{k}')$，$E(\boldsymbol{k}) \approx E(\boldsymbol{k}')$近似成立。使用式(7.42)，式(7.40)可以表示为：

$$\begin{aligned}
\left(\frac{\partial f(\boldsymbol{k})}{\partial t}\right)_{\text{散射}} &= \left(\frac{\partial g(\boldsymbol{k})}{\partial t}\right)_{\text{散射}} \approx \sum_{k'} \{-W(\boldsymbol{k}', \boldsymbol{k}) g(\boldsymbol{k}) + W(\boldsymbol{k}, \boldsymbol{k}') g(\boldsymbol{k}')\} \\
&= -\sum_{k'} W(\boldsymbol{k}', \boldsymbol{k})[g(\boldsymbol{k}) - \{W(\boldsymbol{k}, \boldsymbol{k}')/W(\boldsymbol{k}', \boldsymbol{k})\} \times g(\boldsymbol{k}')] \\
&\approx -g(\boldsymbol{k}) \sum_{k'} W(\boldsymbol{k}', \boldsymbol{k})\left[1 - \left\{f^{(0)}(\boldsymbol{k})/f^{0}(\boldsymbol{k}')\right\} \times \{g(\boldsymbol{k}')/g(\boldsymbol{k})\}\right] \\
&\approx -g(\boldsymbol{k}) \sum_{k'} W(\boldsymbol{k}', \boldsymbol{k})\{1 - g(\boldsymbol{k}')/g(\boldsymbol{k})\} \\
&= -\frac{g(\boldsymbol{k})}{\tau(\boldsymbol{k})} = -\frac{f(\boldsymbol{k}) - f^{(0)}(\boldsymbol{k})}{\tau(\boldsymbol{k})}
\end{aligned} \tag{7.43}$$

这里：

$$\frac{1}{\tau(\boldsymbol{k})} = \sum_{k'} W(\boldsymbol{k}', \boldsymbol{k})\{1 - g(\boldsymbol{k}')/g(\boldsymbol{k})\} \tag{7.44}$$

考虑一下$\tau(\boldsymbol{k})$的含义。现在，我们假设空间分布是均匀的，也就是说$\partial f/\partial t = 0$。如果突然消除了外场$\boldsymbol{F}$，那么根据式(7.38)和式(7.43)，可以得到：

$$\frac{\partial f(\boldsymbol{k})}{\partial t} = -\frac{f(\boldsymbol{k}) - f^{(0)}(\boldsymbol{k})}{\tau(\boldsymbol{k})} \tag{7.45}$$

最终，它应该趋向于热平衡状态，因此这个微分方程的解可以写作：

$$f(\boldsymbol{k}) = f^{(0)}(\boldsymbol{k}) + g(\boldsymbol{k})\exp\left[-\frac{t}{\tau(\boldsymbol{k})}\right] \tag{7.46}$$

$\tau(\boldsymbol{k})$表示分布趋向热平衡状态所需要的特征时间，被称为弛豫时间。趋向热平衡状态的演化过程是由散射引起的，因此$\tau(\boldsymbol{k})$可以看作与散射有关的时间。

在稳态条件下，由于在式(7.38)中$\partial f/\partial t = 0$成立，使用式(7.43)可以得到：

$$\frac{\partial f}{\partial \boldsymbol{k}}\frac{\boldsymbol{F}}{\hbar} + \frac{\partial f}{\partial \boldsymbol{r}}v_{\mathrm{g}}(\boldsymbol{k}) = -\frac{f(\boldsymbol{k}) - f^{(0)}(\boldsymbol{k})}{\tau(\boldsymbol{k})} \tag{7.47}$$

上述近似称为弛豫时间近似。

7-4-2 电导率

在这里，我们将使用玻尔兹曼方程来计算电导率。然而，这里假设电子的空间分布是均匀的，即假设$\partial f/\partial r = 0$。同时，假设物质内部只存在电场$\boldsymbol{E}$。对电子施加的力是$\boldsymbol{F} = (-e)\boldsymbol{E}$（$e > 0$）。将这个方程代入，得到：

$$\frac{\partial f(\boldsymbol{k})}{\partial \boldsymbol{k}}\left(-\frac{e\boldsymbol{E}}{\hbar}\right) = -\frac{f(\boldsymbol{k}) - f^{(0)}(\boldsymbol{k})}{\tau(\boldsymbol{k})} \tag{7.48}$$

得到：

$$f(\boldsymbol{k}) = f^{(0)}(\boldsymbol{k}) + e\tau(\boldsymbol{k})\frac{\partial f(\boldsymbol{k})}{\partial \boldsymbol{k}}\frac{\boldsymbol{E}}{\hbar} \tag{7.49}$$

这里假设$f(\boldsymbol{k})$稍微偏离了$f^{(0)}(\boldsymbol{k})$。

$$f(\boldsymbol{k}) = f^{(0)}(\boldsymbol{k}) + e\tau(\boldsymbol{k})\frac{\partial f^{(0)}(\boldsymbol{k})}{\partial \boldsymbol{k}}\frac{\boldsymbol{E}}{\hbar} \tag{7.50}$$

现在稍微变形一下。

$$f(\boldsymbol{k}) = f^{(0)}(\boldsymbol{k}) + \frac{1}{\hbar}\left(\frac{\partial \mathcal{E}}{\partial \boldsymbol{k}}\right)e\tau(\boldsymbol{k})\left[\frac{\partial f^{(0)}(\boldsymbol{k})}{\partial \mathcal{E}}\right]\boldsymbol{E} \tag{7.51}$$

可以写成：

$$f(\boldsymbol{k}) = f^{(0)}(\boldsymbol{k}) + v_{\mathrm{g}}(\boldsymbol{k})e\tau(\boldsymbol{k})\left[\frac{\partial f^{(0)}(\boldsymbol{k})}{\partial \mathcal{E}}\right]\boldsymbol{E} \tag{7.52}$$

现在，假设在x轴方向上有一个大小为E_x的电场，则：

$$f(\boldsymbol{k}) = f^{(0)}(\boldsymbol{k}) + v_{\mathrm{g},x}(\boldsymbol{k})e\tau(\boldsymbol{k})\left[\frac{\partial f^{(0)}(\boldsymbol{k})}{\partial \mathcal{E}}\right]E_x \tag{7.53}$$

假设电子具有各向同性的有效质量，并且满足$E(k) = \hbar^2k^2/(2m_{\mathrm{e}}^*)$的关系，考虑到式(7.53)右边的第二项是$g(\boldsymbol{k})$，弛豫时间$\tau(\boldsymbol{k})$是：

$$\frac{1}{\tau(\boldsymbol{k})} = \sum_{\boldsymbol{k}'} W(\boldsymbol{k}', \boldsymbol{k})[1 - g(\boldsymbol{k}')/g(\boldsymbol{k})]$$
$$= \sum_{\boldsymbol{k}'} W(\boldsymbol{k}', \boldsymbol{k})[1 - v_{g,x}(\boldsymbol{k}')/v_{g,x}(\boldsymbol{k})]$$
$$= \sum_{\boldsymbol{k}'} W(\boldsymbol{k}', \boldsymbol{k})(1 - k_x'/k_x) \tag{7.54}$$

但是要注意，我们假设$\tau(\boldsymbol{k}) = \tau(\boldsymbol{k}')$。如果散射后的$x$轴方向速度与散射前相同，那么这意味着没有散射。在这种情况下，弛豫时间是无限大的。式(7.54)满足了这一性质。

接下来考虑电流的表达方式。电流密度可以通过对所有波数的电子进行求和来表示：

$$j_x = \sum_{\boldsymbol{k},s} (-e) v_{g,x}(\boldsymbol{k}) f(\boldsymbol{k})$$
$$= \sum_{\boldsymbol{k},s} (-e) v_{g,x}(\boldsymbol{k}) f^{(0)}(\boldsymbol{k}) + \sum_{\boldsymbol{k},s} (-e^2) \{v_{g,x}(\boldsymbol{k})\}^2 \tau(\boldsymbol{k}) \left[\frac{\partial f^{(0)}(\boldsymbol{k})}{\partial \mathcal{E}}\right] E_x \tag{7.55}$$

其中$\sum_{\boldsymbol{k},s}$是关于$\boldsymbol{k}$和自旋s的求和。由于$v_{g,x}(\boldsymbol{k})$是奇函数，因此第一项为零，只有第二项保留下来。将其改写为积分形式：

$$j_x = -\frac{2e^2}{(2\pi)^3} \int \{v_{g,x}(\boldsymbol{k})\}^2 \tau(\boldsymbol{k}) \left[\frac{\partial f^{(0)}(\boldsymbol{k})}{\partial \mathcal{E}}\right] \mathrm{d}\boldsymbol{k} E_x \tag{7.56}$$

在这里，当将$\sum_{\boldsymbol{k}}$变成积分时，利用了周期性边界条件，考虑了在每个$(2\pi/L)^3$内可以取到的值。为了求解电流密度，这里考虑的是单位体积，所以取$L^3 = 1$。同时考虑了自旋，所以乘以 2。电导率σ定义为$\sigma = j/E$，可以表示为：

$$\sigma = -\frac{2e^2}{(2\pi)^3} \int \{v_{g,x}(\boldsymbol{k})\}^2 \tau(\boldsymbol{k}) \left[\frac{\partial f^{(0)}(\boldsymbol{k})}{\partial \mathcal{E}}\right] \mathrm{d}\boldsymbol{k} \tag{7.57}$$

让我们稍微离题一下，电子密度n_e可以写作：

$$n_e = \frac{2}{(2\pi)^3} \int f^{(0)}(\boldsymbol{k})\,\mathrm{d}\boldsymbol{k} \tag{7.58}$$

使用这一表示，式(7.57)可以变换为：

$$\sigma = n_e \left[-\frac{2e^2}{(2\pi)^3} \int \{v_{g,x}(\boldsymbol{k})\}^2 \tau(\boldsymbol{k}) \left[\frac{\partial f^{(0)}(\boldsymbol{k})}{\partial \mathcal{E}}\right] \mathrm{d}\boldsymbol{k}\right] \Big/ \left[\frac{2}{(2\pi)^3} \int f^{(0)}(\boldsymbol{k})\,\mathrm{d}\boldsymbol{k}\right] \tag{7.59}$$

假设能量是各向同性的，即$\mathcal{E}(\boldsymbol{k}) = \hbar \boldsymbol{k}^2/(2m_e^*)$，$\tau(\boldsymbol{k})$只取决于能量，可以写成$\tau(\mathcal{E})$。式(7.58)可表示为：

$$n_e = \frac{2}{(2\pi)^3} \int f^{(0)}(\boldsymbol{k})\,\mathrm{d}\boldsymbol{k} = \frac{2}{(2\pi)^3} \int 4\pi k^2 f^{(0)}(\mathcal{E})\,\mathrm{d}\boldsymbol{k} \tag{7.60}$$

可以改写成：

$$n_{\mathrm{e}} = -\frac{2}{(2\pi)^3}\int \frac{4}{3}\pi k^3\left[\frac{\partial f^{(0)}(\mathcal{E})}{\partial k}\right]\mathrm{d}k$$
$$= -\frac{2}{(2\pi)^3}\int \frac{4}{3}\pi k^3\left[\frac{\partial f^{(0)}(\mathcal{E})}{\partial \mathcal{E}}\right]\left(\frac{\partial \mathcal{E}}{\partial k}\right)\mathrm{d}k$$
$$= -\frac{2m_{\mathrm{e}}^*}{(2\pi)^3}\int v_{\mathrm{g},x}^2\left[\frac{\partial f^{(0)}(\mathcal{E})}{\partial \mathcal{E}}\right]\mathrm{d}\boldsymbol{k}^{㊀} \tag{7.61}$$

因此，电导率σ可以表示为：

$$\sigma = \frac{n_{\mathrm{e}}e^2\langle\tau(\mathcal{E})\rangle}{m_{\mathrm{e}}^*} \tag{7.62}$$

这里，$\langle\tau(\mathcal{E})\rangle$定义如下：

$$\langle\tau(\mathcal{E})\rangle = \int v_{\mathrm{g},x}^2\tau(\mathcal{E})\left[\frac{\partial f^{(0)}(\mathcal{E})}{\partial \mathcal{E}}\right]\mathrm{d}\boldsymbol{k}\Big/\int v_{\mathrm{g},x}^2\left[\frac{\partial f^{(0)}(\mathcal{E})}{\partial \mathcal{E}}\right]\mathrm{d}\boldsymbol{k} \tag{7.63}$$

这个式子可以改写为：

$$\langle\tau(\mathcal{E})\rangle = \int \mathcal{E}^{3/2}\tau(\mathcal{E})\left[\frac{\partial f^{(0)}(\mathcal{E})}{\partial \mathcal{E}}\right]\mathrm{d}\mathcal{E}\Big/\int \mathcal{E}^{3/2}\left[\frac{\partial f^{(0)}(\mathcal{E})}{\partial \mathcal{E}}\right]\mathrm{d}\mathcal{E} \tag{7.64}$$

假设弛豫时间取决于能量，并将其表示为$\tau(\mathcal{E})$，则需要对能量取平均。式(7.63)的分母是在计算电子总数n时出现的公式，分子除了$\tau(\mathcal{E})$外与分母相同。因此，式(7.63)表示了$\tau(\mathcal{E})$的平均值。

在金属中，$\partial f^{(0)}(\mathcal{E})/\partial\mathcal{E}$仅在费米能级处取大值，其他情况下为 0，因此可以写成$\langle\tau\rangle = \tau(\mathcal{E}_{\mathrm{F}})$。另一方面，在半导体中，根据玻尔兹曼分布$f^{(0)}(\mathcal{E}) = A\exp[-\mathcal{E}/(k_{\mathrm{B}}T)]$有：

$$\langle\tau(\mathcal{E})\rangle = \int \mathcal{E}^{3/2}\tau(\mathcal{E})\exp\left(-\frac{\mathcal{E}}{k_{\mathrm{B}}T}\right)\mathrm{d}\mathcal{E}\Big/\int \mathcal{E}^{3/2}\exp\left(-\frac{\mathcal{E}}{k_{\mathrm{B}}T}\right)\mathrm{d}\mathcal{E} \tag{7.65}$$

7-5 散射过程的计算㊁

7-5-1 纵声学波晶格振动引起的散射

声学声子在所有晶格中都存在，并且由于其角频率较低，因此在广泛的温度范围内存

㊀ 需要注意式(7.61)中最后一个式子中d$\boldsymbol{k}$的$\boldsymbol{k}$是矢量，而其他部分是dk。

㊁ 本节的内容在以下书籍中有更详细的记载：
- 御子柴宣夫，《半导体物理》修订版，培风馆出版社（1991）。
- 小林浩一，《化学家的电导入门》，裴华房出版社（1989）。

在。另一方面，光学模式由于具有较高的能量，因此只在高温下存在。在这里，我们考虑晶体中电子与声学声子之间的相互作用。正如在第 6 章中所述，横波不会引起晶格的疏密变化。而另一方面，纵波会导致晶格的疏密变化。换句话说，晶格间距会发生变化，从而导致能带结构的变化。这个现象在强关联近似下对于理解能带结构很有帮助。例如，当原子间距减小时，与相邻原子之间的跃迁变得更加活跃，能带宽度变大。

在晶格周期性排列的系统中，不考虑微扰的情况下，电子的哈密顿量$\mathcal{H}_{\mathrm{e}}$、晶格振动的哈密顿量$\mathcal{H}_{\mathrm{L}}$以及整个系统的哈密顿量$\mathcal{H}_0$之间的关系是$\mathcal{H}_0 = \mathcal{H}_{\mathrm{e}} + \mathcal{H}_{\mathrm{L}}$。将电子表示为$\phi_{n,\boldsymbol{k}}(\boldsymbol{r})$，并假设晶格振动的纵声学波模式$\boldsymbol{q}$状态存在$n_q$个声子，则下式成立：

$$\mathcal{H}_{\mathrm{e}}\phi_{n,\boldsymbol{k}}(\boldsymbol{r}) = \mathcal{E}_n(\boldsymbol{k})\phi_{n,\boldsymbol{k}}(\boldsymbol{r}) \tag{7.66}$$

$$\mathcal{H}_{\mathrm{L}}\phi_q(\boldsymbol{r}) = \hbar\omega_q\left(n_q + \frac{1}{2}\right)\phi_q(\boldsymbol{r}) \tag{7.67}$$

在具有晶格振动的系统中，我们应该如何考虑对电子态的微扰呢？

位于导带底部的电子态，由于纵声学波晶格振动的存在，根据前面章节所提到的机制，其能量会随时间发生微小变化。我们将这个能量的变化视为微扰。因此，如果将电子和晶格振动之间的相互作用表示为$\mathcal{H}'$，则整个哈密顿量$\mathcal{H}$可以写为$\mathcal{H} = \mathcal{H}_{\mathrm{e}} + \mathcal{H}_{\mathrm{L}} + \mathcal{H}'$。

接下来，让我们更深入地考虑这种相互作用。依然从一维情况开始考虑。晶格常数记为a，在位置x处的原子位移为$u(x)$，则位置$x + a$处的原子位移在连续体近似下可以表示为：

$$u(x + a) = u(x) + \left[\frac{\mathrm{d}u(x)}{\mathrm{d}x}\right]a \tag{7.68}$$

因此，晶格间距的变化量$\Delta a = u(x + a) - u(x) = [\mathrm{d}u(x)/\mathrm{d}x] \times a$。晶格间距越大，晶格间距的变化量越大，所以这不是一个有意义的物理量。相对的，考虑晶格间距变化的比例$\Delta a/a$，有$\Delta a/a = \mathrm{d}u(x)/\mathrm{d}x$。

将其扩展到三维，体积变化的比例$\Delta V/V$可表示为：

$$\frac{\Delta V}{V} = \left(\frac{\partial u(x)}{\partial x} + \frac{\partial u(y)}{\partial y} + \frac{\partial u(z)}{\partial z}\right) = \mathrm{div}\,\boldsymbol{u}(\boldsymbol{r}) \tag{7.69}$$

$\boldsymbol{u}(\boldsymbol{r})$是位置$\boldsymbol{r}$处的原子位移矢量。假设电子能量的变化与体积变化的比例成正比（在一维情况下是与晶格间距的变化成正比），并将比例常数记为形变势能Ξ。相关报道指出，形变势能在 Si 中为 6.5eV，在 Ge 中为 9eV，在 GaAs 中为 7.0eV。正如之前所述，对电子散射有影响的振动模式是纵波振动，因此div $\boldsymbol{u}(\boldsymbol{r})$会是一个标量㊀。此外，微扰哈密顿量算符是：

$$\begin{aligned}\mathcal{H}' &= \Xi \operatorname{div} \boldsymbol{u}(\boldsymbol{r}) \\ &= \mathrm{i}\Xi\sum_q \left(\frac{\hbar}{2MN\omega_q}\right)^{1/2} q\left[a_{\boldsymbol{q}}\exp\langle \mathrm{i}\boldsymbol{q}\cdot\boldsymbol{r}\rangle - a_{\boldsymbol{q}}^{+}\exp(-\mathrm{i}\boldsymbol{q}\cdot\boldsymbol{r})\right]\end{aligned} \tag{7.70}$$

这里令：

$$V_q = \mathrm{i}\Xi\left(\frac{\hbar}{2MN\omega_q}\right)^{1/2} q \tag{7.71}$$

在长波长极限下，声学晶格振动有$\omega_q = c_s q$。c_s表示纵波声速。使用这个表示，可以得到如下关系：

$$V_q = \mathrm{i}\Xi\left(\frac{\hbar}{2MNc_s}\right)^{1/2} q^{1/2} \tag{7.72}$$

于是$\mathcal{H}'$可以表示为：

$$\mathcal{H}' = \sum_q\left[V_q a_{\boldsymbol{q}}\exp(\mathrm{i}\boldsymbol{q}\cdot\boldsymbol{r}) + V_q^* a_{\boldsymbol{q}}^{+}\exp(-\mathrm{i}\boldsymbol{q}\cdot\boldsymbol{r})\right] \tag{7.73}$$

这里$V_q^* = -\mathrm{i}\Xi(\hbar/2MNc_s)^{1/2}q^{1/2}$。在具有周期性结构的物质中，电子的状态由布洛赫函数给出，但为了简化计算，本书假设电子状态由自由电子给出。电子状态由波矢$\boldsymbol{k}$描述，波函数表示为：

$$\phi(\boldsymbol{k}) = \frac{1}{\sqrt{V}}\exp(\mathrm{i}\boldsymbol{k}\cdot\boldsymbol{r}) \tag{7.74}$$

这里，V表示晶体的体积。

关于使用布洛赫电子假设的计算示例，请参照参考书。使用布洛赫函数时，除了被称为正常过程的散射机制之外，还存在着被称为反转过程（Umklapp process）㊁的另一种散射机制。

使用费米黄金法则，单位时间内从初始状态$\boldsymbol{k}$到最终状态$\boldsymbol{k}'$的跃迁概率可以写作：

$$W(\boldsymbol{k}',\boldsymbol{k}) = \frac{2\pi}{\hbar}|\langle\boldsymbol{k}'|\mathcal{H}'|\boldsymbol{k}\rangle|^2\delta(\mathcal{E}_{\boldsymbol{k}'} - \mathcal{E}_{\boldsymbol{k}}) \tag{7.75}$$

这里，$\mathcal{E}_{\boldsymbol{k}'}$表示最终状态$\boldsymbol{k}'$的能量，$\mathcal{E}_{\boldsymbol{k}}$表示初始状态$\boldsymbol{k}$的能量。值得注意的是，如果有多个可能的最终状态，那么需要对它们进行求和，因此跃迁概率表示为$W = \sum_{\boldsymbol{k}} W(\boldsymbol{k}',\boldsymbol{k})$。

接下来，我们将计算$|\langle\boldsymbol{k}'|\mathcal{H}'|\boldsymbol{k}\rangle|^2$。首先考虑$\langle\boldsymbol{k}'|\mathcal{H}'|\boldsymbol{k}\rangle$不为零的情况。在晶格振动导致的

㊀ 在这里，我们将位移方向的单位矢量表示为$\boldsymbol{e}_q$，由于是纵波，所以$\boldsymbol{e}_q\cdot\boldsymbol{q} = q$。

㊁ “Umklapp”一词源自德语“umklappen”，意思是“反转”。

散射中，需要注意初始状态和最终状态都涉及电子状态和晶格振动状态。使用声子的概念，晶格振动状态可以通过与能量$\hbar\omega_{\boldsymbol{q}}$有关的模式$q$存在多少声子来描述。对于非微扰状态，我们将电子状态和声子状态合并为$|\boldsymbol{k}, n_{\boldsymbol{q}}\rangle = |\boldsymbol{k}, n_1, n_2, \cdots n_{\boldsymbol{q}}, \cdots\rangle$。声子的产生和湮灭算符如第 6 章 6-5-2 小节所述满足下式：

$$a_{\boldsymbol{q}}|n_{\boldsymbol{q}}\rangle = (n_{\boldsymbol{q}})^{1/2}|n_{\boldsymbol{q}} - 1\rangle \tag{7.76}$$

$$a_{\boldsymbol{q}}^{+}|n_{\boldsymbol{q}}\rangle = (n_{\boldsymbol{q}} + 1)^{1/2}|n_{\boldsymbol{q}} + 1\rangle \tag{7.77}$$

矩阵元素$\langle \boldsymbol{k}', n_{\boldsymbol{q}}'|H'|\boldsymbol{k}, n_{\boldsymbol{q}}\rangle$是：

$$\langle \boldsymbol{k}', n_1', n_2', \cdots, n_{\boldsymbol{q}}', \cdots |\sum_{\boldsymbol{q}}[V_q a_{\boldsymbol{q}} \exp(\mathrm{i}\boldsymbol{q}\cdot\boldsymbol{r}) + V_q^{*} a_{\boldsymbol{q}}^{+} \exp(-\mathrm{i}\boldsymbol{q}\cdot\boldsymbol{r})]|\boldsymbol{k}, n_1, n_2, \cdots, n_{\boldsymbol{q}}, \cdots\rangle \tag{7.78}$$

具体来说，式(7.78)中的第一项可以描述为：

$$\sum_{\boldsymbol{q}} V_q \langle \boldsymbol{k}', n_1', n_2', \cdots, n_{\boldsymbol{q}}', \cdots |a_{\boldsymbol{q}} \exp(\mathrm{i}\boldsymbol{q}\cdot\boldsymbol{r})|\boldsymbol{k}, n_1, n_2, \cdots, n_{\boldsymbol{q}}, \cdots\rangle \tag{7.79}$$

首先考虑积分$\langle n_1', n_2', \cdots, n_{\boldsymbol{q}}', \cdots |a_{\boldsymbol{q}}|n_1, n_2, \cdots, n_{\boldsymbol{q}}, \cdots\rangle$。这个积分中保留下来的是最终状态的声子态为$|n_1, n_2, \cdots, n_{\boldsymbol{q}} - 1, \cdots\rangle$的情况。因此，最终可以得到：

$$\begin{aligned} &\langle \boldsymbol{k}', n_1', n_2', \cdots, n_{\boldsymbol{q}}', \cdots |a_{\boldsymbol{q}} \exp(\mathrm{i}\boldsymbol{q}\cdot\boldsymbol{r})|\boldsymbol{k}, n_1, n_2, \cdots, n_{\boldsymbol{q}}, \cdots\rangle \\ &= (n_{\boldsymbol{q}})^{1/2}\langle \boldsymbol{k}'|\exp(\mathrm{i}\boldsymbol{q}\cdot\boldsymbol{r})|\boldsymbol{k}\rangle \end{aligned} \tag{7.80}$$

在周期性边界条件下$\langle \boldsymbol{k}'|\exp(\mathrm{i}\boldsymbol{q}\cdot\boldsymbol{r})|\boldsymbol{k}\rangle = \delta_{\boldsymbol{k}'=\boldsymbol{k}+\boldsymbol{q}}$，因此得到：

$$\langle \boldsymbol{k}', n_1', n_2', \cdots, n_{\boldsymbol{q}}', \cdots |a_{\boldsymbol{q}} \exp(\mathrm{i}\boldsymbol{q}\cdot\boldsymbol{r})|\boldsymbol{k}, n_1, n_2, \cdots, n_{\boldsymbol{q}}, \cdots\rangle = (n_{\boldsymbol{q}})^{1/2}\delta_{\boldsymbol{k}'=\boldsymbol{k}+\boldsymbol{q}} \tag{7.81}$$

同样，式(7.78)的第二项是：[1]

$$\begin{aligned} &\langle \boldsymbol{k}', n_1', n_2', \cdots, n_{\boldsymbol{q}}', \cdots |a_{\boldsymbol{q}}^{+} \exp(-\mathrm{i}\boldsymbol{q}\cdot\boldsymbol{r})|\boldsymbol{k}, n_1, n_2, \cdots, n_{\boldsymbol{q}}, \cdots\rangle \\ &= (n_{\boldsymbol{q}} + 1)^{1/2}\delta_{\boldsymbol{k}'=\boldsymbol{k}-\boldsymbol{q}} \end{aligned} \tag{7.82}$$

因此，$|\langle \boldsymbol{k}'|\mathcal{H}'|\boldsymbol{k}\rangle|^2$是：

---

[1] 波数k、q和k'遵循周期性边界条件。

$$|\langle \boldsymbol{k}'|\mathcal{H}'|\boldsymbol{k}\rangle|^2 = \begin{cases} \Xi^2\left(\dfrac{\hbar}{2MNc_s}\right)qn_{\boldsymbol{q}}, \quad \boldsymbol{k}' = \boldsymbol{k}+\boldsymbol{q} & (7.83a) \\ \Xi^2\left(\dfrac{\hbar}{2MNc_s}\right)q(n_{\boldsymbol{q}}+1), \quad \boldsymbol{k}' = \boldsymbol{k}-\boldsymbol{q} & (7.83b) \end{cases}$$

式(7.83a)表示从波数$\boldsymbol{k}$的电子态吸收了声子$\boldsymbol{q}$，导致波数$\boldsymbol{k}'$变为$\boldsymbol{k}+\boldsymbol{q}$（吸收过程）。而式(7.83b)表示从波数$\boldsymbol{k}$的电子态放出了声子$\boldsymbol{q}$，导致波数$\boldsymbol{k}'$变为$\boldsymbol{k}-\boldsymbol{q}$（发射过程）。一般来说，这些过程可以用图 7.8 来表示。在吸收过程中，电子吸收了声子，因此终态电子能量为$\mathcal{E}_{\boldsymbol{k}+\boldsymbol{q}} = \mathcal{E}_{\boldsymbol{k}} + \hbar\omega_{\boldsymbol{q}}$。另一方面，在发射过程中，电子释放了声子，因此电子能量为$\mathcal{E}_{\boldsymbol{k}-\boldsymbol{q}} = \mathcal{E}_{\boldsymbol{k}} - \hbar\omega_{\boldsymbol{q}}$。

（a）　　　　　　（b）

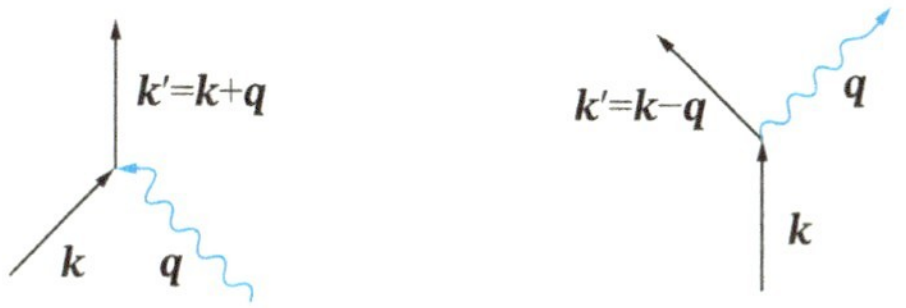

图 7.8　晶格振动（声子）导致的散射中波数与声子之间的关系

（a）吸收声子的散射，（b）发射声子的散射。

7-5-2　杂质散射

在这里，我们同样应用费米黄金法则。在杂质散射的情况下，由于杂质势是静态的，因此初态和末态的能量是守恒的。固体中的电子由布洛赫函数描述，但为了简化问题，我们将使用平面波（自由电子）。电子与杂质的库仑相互作用可以表示为：

$$\mathcal{H}' = -\frac{Ze^2}{4\pi\mathcal{E}_0\mathcal{E}_s r} \tag{7.84}$$

Ze（$e>0$）为施主的电荷。另外，电子的电荷为$-e$。半导体的介电常数为$\mathcal{E}=\mathcal{E}_0\mathcal{E}_s$，施主和电子之间的距离为$r$。半导体中还存在其他电子，这些电子会屏蔽库仑势能（Brooks-Herring 模型）。在这种情况下，会得到以下的屏蔽库仑势能：

$$\mathcal{H}' = -\frac{Ze^2}{4\pi\mathcal{E}_0\mathcal{E}_s r}\exp\left(-\frac{r}{\lambda}\right) \tag{7.85}$$

相互作用是由e^2描述的，因此斥力和引力作用具有相同形式。$\langle \boldsymbol{k}'|\mathcal{H}'|\boldsymbol{k}\rangle$是：

$$\langle \boldsymbol{k}'|\mathcal{H}'|\boldsymbol{k}\rangle = \frac{1}{V}\times\frac{Ze^2}{4\pi\mathcal{E}_0\mathcal{E}_s}\times\frac{4\pi}{(\boldsymbol{k}'-\boldsymbol{k})^2+(1/\lambda)^2} \tag{7.86}$$

7-6 弛豫时间的计算㊀

7-6-1 纵声学波晶格振动散射的弛豫时间计算

本节根据玻尔兹曼方程式(7.54)计算弛豫时间。首先从声子吸收过程开始计算，由于可以跃迁到满足$\mathcal{E}_{\boldsymbol{k}'=\boldsymbol{k}+\boldsymbol{q}} = \mathcal{E}_{\boldsymbol{k}} + \hbar\omega_{\boldsymbol{q}}$关系的所有$\boldsymbol{k}'$状态，因此需要对这些最终状态进行求和。这意味着如果有许多可跃迁的状态，弛豫时间会变短。这一点也符合时间和能量的不确定性原理。将$W(\boldsymbol{k}',\boldsymbol{k})$代入黄金法则后，得到以下的表达式：

$$\frac{1}{\tau_{\mathrm{ab}}(\boldsymbol{k})} = \sum_{\boldsymbol{k}'=\boldsymbol{k}+\boldsymbol{q}} \frac{2\pi}{\hbar}\Xi^2 \frac{\hbar}{2MNc_{\mathrm{s}}} q n_q \left(1-\frac{k_x'}{k_x}\right)\delta\left(\mathcal{E}_{\boldsymbol{k}'=\boldsymbol{k}+\boldsymbol{q}} - \mathcal{E}_{\boldsymbol{k}} - \hbar\omega_{\boldsymbol{q}}\right) \tag{7.87}$$

这里，$\tau_{\mathrm{ab}}(\boldsymbol{k})$是声子吸收过程的弛豫时间。然而，由于终态$\boldsymbol{k}'$是由$\boldsymbol{k}' = \boldsymbol{k}+\boldsymbol{q}$给出的，因此关于$\boldsymbol{k}'$的总和可以重新表述为关于$\boldsymbol{q}$的总和。

在周期性边界条件下，$\boldsymbol{q}$在每个$(2\pi/L)^3$都存在可能的状态，因此：

$$\frac{1}{\tau_{\mathrm{ab}}(\boldsymbol{k})} = \frac{\Xi^2 V}{2(2\pi)^2 MNc_s}\int q n_q \left(1-\frac{k_x'}{k_x}\right) q^2 \sin\theta \,\mathrm{d}q\,\mathrm{d}\theta\,\mathrm{d}\phi\,\delta\left(\mathcal{E}_{\boldsymbol{k}'=\boldsymbol{k}+\boldsymbol{q}} - \mathcal{E}_{\boldsymbol{k}} - \hbar\omega_{\boldsymbol{q}}\right) \tag{7.88}$$

在非常高的温度下，$k_{\mathrm{B}}T \gg \hbar\omega_{\boldsymbol{q}}$，因此$n_{\boldsymbol{q}}+1 \approx n_{\boldsymbol{q}} = k_{\mathrm{B}}T/(\hbar\omega_{\boldsymbol{q}})$。根据$\omega_{\boldsymbol{q}} = c_{\mathrm{a}}q$，可以得到$n_{\boldsymbol{q}}+1 \approx n_{\boldsymbol{q}} = k_B T(\hbar c_{\mathrm{s}} q)$，从而有：

$$\frac{1}{\tau_{\mathrm{ab}}(\boldsymbol{k})} = \frac{\Xi^2 V k_{\mathrm{B}} T}{2(2\pi)^2 \hbar MNc_{\mathrm{s}}^2}\int \left(1-\frac{k_x'}{k_x}\right) q^2 \sin\theta \,\mathrm{d}q\,\mathrm{d}\theta\,\mathrm{d}\phi\,\delta\left(\mathcal{E}_{\boldsymbol{k}'=\boldsymbol{k}+\boldsymbol{q}} - \mathcal{E}_{\boldsymbol{k}} - \hbar\omega_{\boldsymbol{q}}\right) \tag{7.89}$$

要求出这个积分，需要复杂的计算，超出了本书的范围，所以请参考相关书籍以获取详细信息。这里只给出结果：

$$\frac{1}{\tau_{\mathrm{ab}}(\boldsymbol{k})} = \frac{m_{\mathrm{e}}^*\Xi^2 V k_{\mathrm{B}} T}{2\pi\hbar^3 MNc_{\mathrm{s}}^2} k \tag{7.90}$$

$\tau(\boldsymbol{k})$表示到发生散射为止的时间，因此$1/\tau(\boldsymbol{k})$表示散射频率。在存在不同的散射机制且这些机制相互独立的情况下，总的散射频率是各个散射机制的频率之和。因此，对于晶格振动散射的总散射频率，将声子发射过程的弛豫时间记作$\tau_{\mathrm{em}}(\boldsymbol{k})$，则有$1/\tau(\boldsymbol{k}) =$

㊀ 本节的内容与 7.5 节相似，详细信息可以在以下参考书中找到：
•御子柴宣夫，《半导体物理》修订版，培风馆出版社（1991）。
•小林浩一，《化学家的电导入门》，裳华房出版社（1989）。

$1/\tau_{\mathrm{ab}}(\boldsymbol{k})+1/\tau_{\mathrm{em}}(\boldsymbol{k})$。这种关系称为马西森法则（Matthiessen's rule）。在这里，我们考虑了声子的吸收和发射过程，但如果还有完全不同的独立散射机制共存，如杂质散射，那么$1/\tau(\boldsymbol{k})=1/\tau_{\mathrm{ab}}(\boldsymbol{k})+1/\tau_{\mathrm{em}}(\boldsymbol{k})+1/\tau_{\mathrm{imp}}(\boldsymbol{k})$的关系也成立。

回到只考虑晶格振动散射的情况，当温度足够高，以至于$k_{\mathrm{B}}T\gg\hbar\omega_q$时，由于在式(7.83)中满足了$n_{\boldsymbol{q}}+1\approx n_{\boldsymbol{q}}=k_{\mathrm{B}}T/(\hbar\omega_{\boldsymbol{q}})$的关系，所以$1/\tau_{\mathrm{em}}(\boldsymbol{k})=1/\tau_{\mathrm{ab}}(\boldsymbol{k})$。于是，迁移率可以通过马西森法则，即$1/\tau(\boldsymbol{k})=1/\tau_{\mathrm{ab}}(\boldsymbol{k})+1/\tau_{\mathrm{em}}(\boldsymbol{k})$得到：

$$\mu=\frac{e\tau(\boldsymbol{k})}{m_{\mathrm{e}}^{*}} \tag{7.91}$$

这里，$1/\tau(\boldsymbol{k})$是：

$$\frac{1}{\tau(\boldsymbol{k})}=\frac{m_{\mathrm{e}}^{*}\Xi^{2}Vk_{\mathrm{B}}T}{\pi\hbar^{3}MNc_{\mathrm{s}}^{2}}k \tag{7.92}$$

因为目前采用了自由电子假设，所以$E(\boldsymbol{k})=\hbar^{2}\boldsymbol{k}^{2}/(2m_{e}^{*})$，从而得到：

$$\frac{1}{\tau(\boldsymbol{k})}=\frac{1}{\tau(\mathcal{E})}=\frac{m_{\mathrm{e}}^{*}(2m_{\mathrm{e}}^{*})^{1/2}\Xi^{2}Vk_{\mathrm{B}}T}{\pi\hbar^{4}MNc_{\mathrm{s}}^{2}}\mathcal{E}^{1/2} \tag{7.93}$$

式(7.93)的$\tau(\mathcal{E})$关于T和$\mathcal{E}$的关系可以表示为$\tau(\mathcal{E})=AT^{-1}\mathcal{E}^{-(1/2)}$，其中$A$是一个由常数组成的系数。基于式(7.65)，通过将$x=\mathcal{E}/(k_{\mathrm{B}}T)$作为积分变量，可以得到温度相关项为$\langle\tau_{\mathrm{phonon}}\rangle\propto T^{-3/2}$的表达式。此外，总迁移率$\mu$可以表示为：

$$\mu=\frac{(8\pi)^{1/2}}{3}\frac{e\hbar^{4}\rho c_{\mathrm{s}}^{2}}{(k_{\mathrm{B}}T)^{3/2}(m_{\mathrm{e}}^{*})^{5/2}\Xi^{2}} \tag{7.94}$$

这里，ρ代表密度，可以表示为$\rho=NM/V$。如果形变势能Ξ很小，由纵声学波模式引起的电子和晶格之间的相互作用应该很弱，因此迁移率会增大。式(7.94)的形式体现了这种关系。当然，有效质量越小，迁移率就越大。这与 7-1 节中关于迁移率的解释一致。

7-6-2 杂质散射的弛豫时间计算

让我们来计算杂质散射的弛豫时间。如果将$\boldsymbol{k}'$和$\boldsymbol{k}$之间的角度记为θ，对于杂质散射的情况，有$\mathcal{E}(\boldsymbol{k})=\hbar^{2}\boldsymbol{k}^{2}/(2m_{\mathrm{e}}^{*})=\mathcal{E}(\boldsymbol{k}')=\hbar^{2}\boldsymbol{k}'^{2}/(2m_{\mathrm{e}}^{*})$，所以$|\boldsymbol{k}|=|\boldsymbol{k}'|$，在式(7.54)中，$k_x'/k_x=\cos\theta$成立。利用周期性边界条件，将$\sum_{k'}$替换成积分，可以得到：

$$\frac{1}{\tau(\boldsymbol{k})} = \frac{V}{(2\pi)^3}\int W(\boldsymbol{k}',\boldsymbol{k})\,(1-\cos\theta)\,\mathrm{d}^3\boldsymbol{k}'\delta[\mathcal{E}(\boldsymbol{k}') - \mathcal{E}(\boldsymbol{k})]$$
$$= \frac{V}{(2\pi)^3}\int W(\boldsymbol{k}',\boldsymbol{k})(1-\cos\theta)\,k'^2\sin\theta\,\mathrm{d}k'\,\mathrm{d}\theta\,\mathrm{d}\phi\delta[\mathcal{E}(\boldsymbol{k}') - \mathcal{E}(\boldsymbol{k})] \tag{7.95}$$

对δ函数内的部分整理得到：

$$\mathcal{E}(\boldsymbol{k}') - \mathcal{E}(\boldsymbol{k}) = \frac{\hbar^2}{2m_\mathrm{e}^*}(|\boldsymbol{k}'| + |\boldsymbol{k}|)(|\boldsymbol{k}'| - |\boldsymbol{k}|) = \frac{\hbar^2|\boldsymbol{k}|}{m_\mathrm{e}^*}(|\boldsymbol{k}'| - |\boldsymbol{k}|) \tag{7.96}$$

然后利用$\delta(ax) = a^{-1}\delta(x)$的性质，得到：

$$\frac{1}{\tau(\boldsymbol{k})} = \frac{V}{(2\pi)^3}\times\frac{2\pi}{\hbar}\left(\frac{1}{V^2}\right)\left(\frac{Ze^2}{4\pi\mathcal{E}_0\mathcal{E}_\mathrm{s}}\right)^2(2\pi)\times$$
$$\int(4\pi)^2\left[|\boldsymbol{k}'-\boldsymbol{k}|^2 + (1/\lambda)^2\right]^{-2}(1-\cos\theta)\left(\frac{km_\mathrm{e}^*}{\hbar^2}\right)\sin\theta\,\mathrm{d}\theta\Big] \tag{7.97}$$

2π 是对ϕ积分得到的。利用$|\boldsymbol{k}'-\boldsymbol{k}| = 2k\sin(\theta/2)$，则有：

$$J = \int\left[4k^2\sin^2(\theta/2) + (1/\lambda)^2\right]^{-2}(1-\cos\theta)\sin\theta\,\mathrm{d}\theta$$
$$= \frac{1}{4k^4}\left\{\log\left[1+(2k\lambda)^2\right] - \frac{(2k\lambda)^2}{1+(2k\lambda)^2}\right\} \tag{7.98}$$

式(7.97)可以表示为：

$$\frac{1}{\tau(\boldsymbol{k})} = \frac{2\pi m_\mathrm{e}^*}{\hbar^3}\times\frac{1}{V}\times\left(\frac{Ze^2}{4\pi\mathcal{E}_0\mathcal{E}_\mathrm{s}}\right)^2\times k^{-3}\left\{\log\left[1+(2k\lambda)^2\right] - \frac{(2k\lambda)^2}{1+(2k\lambda)^2}\right\} \tag{7.99}$$

利用$\mathcal{E}(k) = \hbar^2k^2/(2m_\mathrm{e}^*)$可以得到：

$$\frac{1}{\tau(\mathcal{E})} = AV^{-1}\mathcal{E}^{-3/2}\left\{\log\left[1+(2k\lambda)^2\right] - \frac{(2k\lambda)^2}{1+(2k\lambda)^2}\right\} \tag{7.100}$$

上式中的A是一个比例常数，V表示体积。在体积V的物质中杂质总数为N个。根据马西森法则，总散射频率是各个杂质的散射频率之和，因此散射频率为$N/\tau(\mathcal{E})$。

$$\frac{1}{\tau_\mathrm{imp}(\mathcal{E})} = \frac{N}{\tau(\mathcal{E})} = NAV^{-1}\mathcal{E}^{-3/2}\left\{\log\left[1+(2k\lambda)^2\right] - \frac{(2k\lambda)^2}{1+(2k\lambda)^2}\right\} \tag{7.101}$$

如果忽略花括号中的能量相关性：

$$\tau_\mathrm{imp}(\mathcal{E}) \propto \frac{1}{n}\times A^{-1}\mathcal{E}^{3/2} \tag{7.102}$$

这个结果可以代入到式(7.65)中，将积分变量转换为$\mathcal{E}/(k_\mathrm{B}T) = x$，可以得到$\langle\tau_\mathrm{imp}(\mathcal{E})\rangle \propto (1/n)\times T^{3/2}$。

7-6-3 迁移率的温度和杂质浓度相关性

当存在多个不同的散射机制1,2,3,⋯，并且每个散射机制都独立作用时，根据马西森法则，关系$1/\tau(\boldsymbol{k}) = 1/\tau_1(\boldsymbol{k}) + 1/\tau_2(\boldsymbol{k}) + 1/\tau_3(\boldsymbol{k}) + \cdots$成立。要求解这个关系以获取$\langle\tau(\boldsymbol{k})\rangle$，需要进行非常复杂的计算。因此，通常采用近似方法进行计算：

$$\frac{1}{\langle\tau(\boldsymbol{k})\rangle} = \frac{1}{\langle\tau_1(\boldsymbol{k})\rangle} + \frac{1}{\langle\tau_2(\boldsymbol{k})\rangle} + \frac{1}{\langle\tau_3(\boldsymbol{k})\rangle} + \cdots \tag{7.103}$$

此外，如果弛豫时间仅依赖于能量，则可以写作：

$$\frac{1}{\langle\tau(\mathcal{E})\rangle} = \frac{1}{\langle\tau_1(\mathcal{E})\rangle} + \frac{1}{\langle\tau_2(\mathcal{E})\rangle} + \frac{1}{\langle\tau_3(\mathcal{E})\rangle} + \cdots \tag{7.104}$$

这里以一个简单的例子进行说明，假设散射机制仅包括纵声子波振动和杂质散射，迁移率将随温度和杂质浓度的变化而变化，如图 7.9 所示。在这里先考虑了不产生杂质导电的低杂质浓度范围。当杂质浓度很低时，由于不存在杂质散射，只有纵声学波晶格振动存在。在这种情况下，迁移率为$\mu \propto T^{-3/2}$。另外，当存在杂质时，在低温区域晶格振动散射被抑制，因此杂质散射变得明显。这种散射对应的迁移率如式(7.102)所示，为$\mu \propto n^{-1} \times T^{3/2}$。当然，当杂质浓度较高时，迁移率会较低。此外，即使存在杂质时，在高温下晶格振动仍然主导着整体的散射，因此迁移率会趋向于$\mu \propto T^{-3/2}$。图 7.10（a）和（b）显示了 Ge 和 Si 的迁移率与杂质浓度和温度的相关性。在高温区域，迁移率趋于晶格振动散射，而不依赖于杂质浓度。另外，在低温区域，迁移率依赖于杂质浓度，尤其是 Si，明显呈现出$\mu \propto T^{3/2}$的趋势。

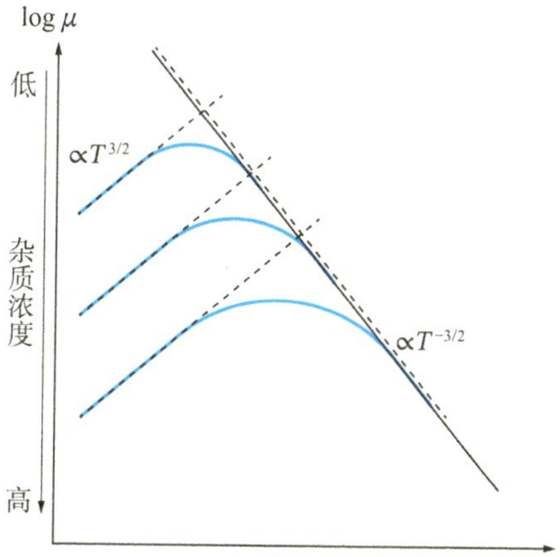

图 7.9　晶格振动散射和杂质散射共存时迁移率的温度相关性

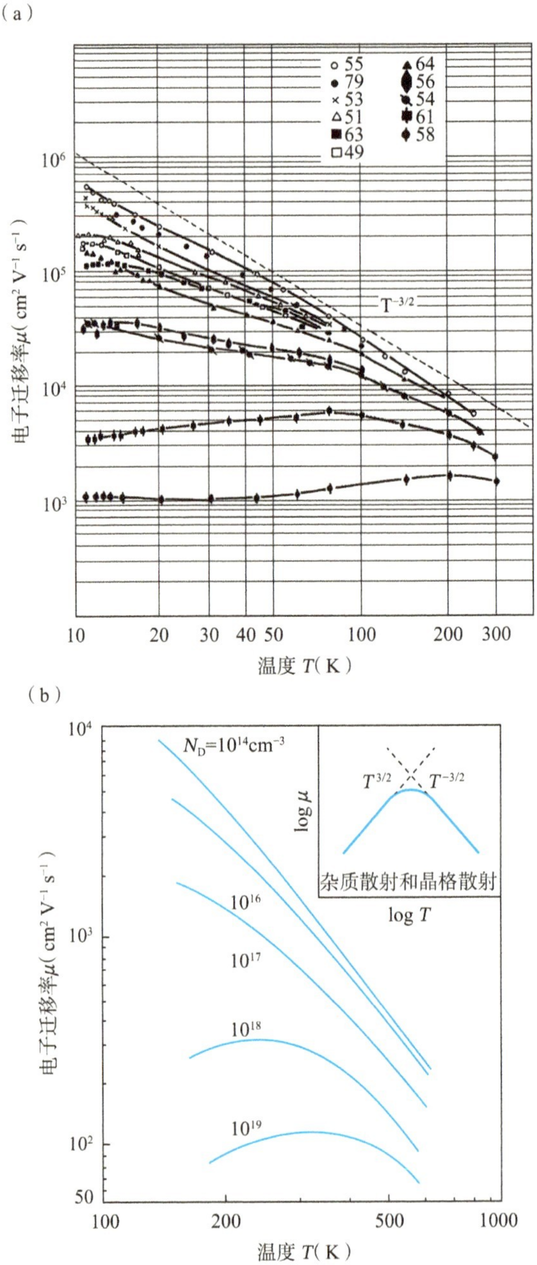

图 7.10　迁移率与杂质浓度和温度的相关性

（a）n 型 Ge 半导体的电子迁移率，（b）n 型 Si 半导体的电子迁移率。

引用自：（a）P. P. Debye，E. M. Conwell, Phys. Rev., 93, 693 (1954)；（b）S. M. Sze 著，南日康夫，川边光央，长谷川文夫译，《半导体器件》，产业图书出版社（1987 年），有改动。

章末问题

（1） 回旋共振是确定电子和空穴有效质量的方法之一。请对回旋共振进行调研。

（2） 回旋共振的观察需要在低温且缺陷/杂质较少的样本中进行。为什么这些条件是必要的？请考虑这个问题。

CHAPTER 8

第 8 章

半导体的光学性质

8-1 物质中的电磁波

麦克斯韦方程式描述了均匀介质中的电磁场，对于非磁性物质，它可以表示为㊀：

$$\operatorname{div}\boldsymbol{D}=\rho \tag{8.1}$$

$$\operatorname{div}\boldsymbol{B}=0 \tag{8.2}$$

$$\operatorname{rot}\boldsymbol{E}=-\frac{\partial \boldsymbol{B}}{\partial t} \tag{8.3}$$

$$\operatorname{rot}\boldsymbol{H}=\boldsymbol{j}+\frac{\partial \boldsymbol{D}}{\partial t} \tag{8.4}$$

在这里，$\boldsymbol{E}$代表电场强度，$\boldsymbol{H}$代表磁场强度，$\boldsymbol{j}$代表电流密度，$\boldsymbol{B}$代表磁感应强度。$\boldsymbol{J}=\sigma\boldsymbol{E},\boldsymbol{D}=\mathcal{E}_0\boldsymbol{E}+\boldsymbol{P}=\mathcal{E}\mathcal{E}_0\boldsymbol{E},\boldsymbol{P}=\chi\mathcal{E}_0\boldsymbol{E},\boldsymbol{B}=\mu\mu_0\boldsymbol{H}$成立。$\mathcal{E}_0$和$\mu_0$分别是真空介电常数和真空磁导率。现在，假设$\mu=1$，$\rho=0$。$\sigma$是电导率，$\boldsymbol{P}$是电极化强度，$\mathcal{E}=1+\chi$是相对介电常数。将上述公式整理成关于电场强度和磁场强度的形式，可以得到：

$$\Delta\boldsymbol{E}-\sigma\mu_0\frac{\partial \boldsymbol{E}}{\partial t}-\mathcal{E}\mathcal{E}_0\mu_0\frac{\partial^2 \boldsymbol{E}}{\partial t^2}=0 \tag{8.5}$$

$$\Delta\boldsymbol{H}-\sigma\mu_0\frac{\partial \boldsymbol{H}}{\partial t}-\mathcal{E}\mathcal{E}_0\mu_0\frac{\partial^2 \boldsymbol{H}}{\partial t^2}=0 \tag{8.6}$$

假设沿着z轴方向以角频率ω前进，并且电场强度在x轴方向：

$$E_x=E_0\exp[\mathrm{i}(kz-\omega t)] \tag{8.7}$$

代入式(8.5)，得到：

$$k^2=\left(\frac{\omega}{c}\right)^2\left(\mathcal{E}+\mathrm{i}\frac{\sigma}{\mathcal{E}_0\omega}\right) \tag{8.8}$$

在上述公式中使用了$c^2=1/(\mathcal{E}_0\mu_0)$。这里定义了复折射率。波的速度由式(8.7)中的$v=\omega/k$定义，该速度小于光速$c$，并且可以使用折射率$n$（$>1$）定义为$v=c/n$。因此下式成立：

$$n=\left(\mathcal{E}+\mathrm{i}\frac{\sigma}{\mathcal{E}_0\omega}\right)^{1/2}=n_1+\mathrm{i}n_2 \tag{8.9}$$

在这里，i代表虚数单位，折射率是包括复数的复折射率。利用$\omega/k=c/n$，可以得到：

$$\begin{aligned}E_x&=E_0\exp[\mathrm{i}(kz-\omega t)]\\&=E_0\exp\left(-\frac{\omega n_2}{c}z\right)\exp\left[\mathrm{i}\omega\left(\frac{n_1 z}{c}-t\right)\right]\end{aligned} \tag{8.10}$$

㊀ 各参数如下：$\boldsymbol{D}$：电位移，ρ：电荷密度，x：电极化率，μ：相对磁导率。

这个方程表示，当波在物质中传播时，同时会导致强度（振幅的平方）减小。强度的减小是因为物质吸收了光的能量，该能量通过电流的形式被消耗，产生焦耳热。强度遵循式(8.10)按照以下比例衰减：

$$\exp\left(-\frac{2\omega n_2}{c}z\right) \tag{8.11}$$

通常情况下，物质中的光吸收系数α根据光强I的衰减关系$I = I_0\exp(-\alpha z)$定义，因此：

$$\alpha = \frac{2\omega n_2}{c} \tag{8.12}$$

同时，式(8.9)中，括号内部是相对介电常数的维度，因此：

$$n = (\mathcal{E}_1 + \mathrm{i}\mathcal{E}_2)^{1/2} = \left(\mathcal{E} + \mathrm{i}\frac{\sigma}{\mathcal{E}_0\omega}\right)^{1/2} = n_1 + \mathrm{i}n_2 \tag{8.13}$$

如果我们假设：

$$\mathcal{E}_1 = n_1^2 - n_2^2 \tag{8.14}$$

$$\mathcal{E}_2 = 2n_1n_2 \tag{8.15}$$

$$\alpha = \frac{2\omega n_2}{c} = \frac{\omega\mathcal{E}_2}{n_1c} \tag{8.16}$$

光被吸收的能量与$\hbar\omega\times W$（其中W是跃迁概率）成正比，因此：

$$-\mathrm{d}I = \hbar\omega W\times\mathrm{d}z \tag{8.17}$$

另一方面，由$\mathrm{d}I/\mathrm{d}z = -\alpha I$得到$\alpha = \hbar\omega W/I$。此外，$I$可以由坡印廷矢量给出，$I\propto\varepsilon_0cn\omega^2|A_0|^2$。

8-2 带间跃迁

8-2-1 带间跃迁的量子理论[㊀]

当半导体受到光照射时，如果光的能量高于带隙，那么可以激发价带中的电子跃迁到导带。此外，如果选择波长小于带隙的光，也可能使得原本束缚在施主或受主中的电子跃迁到激发态，或者由导带、价带激发至杂质能级。本节将讨论其中的一种情况，即从价带向导带跃迁的过程（带间跃迁）。关于束缚在杂质中的电子跃迁到激发态的过程将在下一节进行研究。

㊀ 8-2-1 小节参考了御子柴宣夫，《半导体物理》修订版，培风馆出版（1991）。

在量子力学中，由于哈密顿量对应于能量，所以当存在光的电磁场时，其影响不是通过$\boldsymbol{E}$和$\boldsymbol{B}$，而是通过矢量势来描述的。在量子力学中，电磁场的矢量势用$\boldsymbol{A}$表示，动量$\boldsymbol{p}$则需要替换为$\boldsymbol{p}+e\boldsymbol{A}$（$e$是电子电荷的大小，$e>0$）。

晶体中电子的哈密顿量$\mathcal{H}$改写为：

$$\mathcal{H}=\frac{(\boldsymbol{p}+e\boldsymbol{A})^2}{2m_e}+V(\boldsymbol{r}) \tag{8.18}$$

这里$V(\boldsymbol{r})$是晶体的周期势能。需要注意的是m_e不是有效质量。电场和磁场与矢量势$\boldsymbol{A}$之间有以下关系：

$$\boldsymbol{E}=-\frac{\partial \boldsymbol{A}}{\partial t} \tag{8.19}$$

$$\boldsymbol{B}=\operatorname{rot}\boldsymbol{A} \tag{8.20}$$

现在，考虑由以下公式表示的平面波解：

$$\begin{aligned}\boldsymbol{A}&=\boldsymbol{A}\cdot\boldsymbol{e}\cdot\cos\left(\boldsymbol{k_p}\cdot\boldsymbol{r}-\omega t\right)\\&=(\boldsymbol{A}/2)\cdot\exp\cdot\left[\mathrm{i}\left(\boldsymbol{k_p}\cdot\boldsymbol{r}-\omega t\right)\right]+\exp\left[-\mathrm{i}\left(\boldsymbol{k_p}\cdot\boldsymbol{r}-\omega t\right)\right]\end{aligned} \tag{8.21}$$

这里$\boldsymbol{e}$是电场$\boldsymbol{E}$的偏振方向的单位矢量，$\boldsymbol{k_p}$是电磁场的波矢量。重写式(8.18)，可得：

$$\mathcal{H}=\frac{p^2}{2m_e}+\frac{e\boldsymbol{p}\cdot\boldsymbol{A}}{2m_e}+\frac{e\boldsymbol{A}\cdot\boldsymbol{p}}{2m_e}+\frac{(e\boldsymbol{A})^2}{2m_e}+V(\boldsymbol{r}) \tag{8.22}$$

取梯度$\mathrm{grad}\boldsymbol{A}=0$，那么：

$$\boldsymbol{p}\cdot\boldsymbol{A}=\boldsymbol{A}\cdot\boldsymbol{p} \tag{8.23}$$

因此：

$$\mathcal{H}=\mathcal{H}_0+\mathcal{H}' \tag{8.24}$$

$$\mathcal{H}_0=-\frac{\hbar^2}{2m_e}\nabla^2+V(\boldsymbol{r}) \tag{8.25}$$

$$\mathcal{H}'=\frac{e}{m_e}\boldsymbol{A}\cdot\boldsymbol{p} \tag{8.26}$$

$(e\boldsymbol{A})^2/(2m_e)$是微小量，可以忽略。式(8.23)的关系由$\boldsymbol{p}\cdot[\boldsymbol{A}\phi(\boldsymbol{r})]=-\mathrm{i}\hbar[\boldsymbol{A}\cdot\nabla\phi(\boldsymbol{r})+\phi(\boldsymbol{r})\cdot\nabla\boldsymbol{A}]=\boldsymbol{A}\cdot\boldsymbol{p}\phi(\boldsymbol{r})$得出。

从式(8.24)到(8.26)可以看出，$\mathcal{H}_0$是晶体中电子的哈密顿量，是非微扰项，$\mathcal{H}'$是随时间变化的量，可视为微扰项。导带和价带中电子的波函数可表示为：

$$\phi_{c,\boldsymbol{k}'}(\boldsymbol{r})=\left(\frac{1}{V}\right)^{1/2}\exp(\mathrm{i}\boldsymbol{k}'\cdot\boldsymbol{r})u_{c,\boldsymbol{k}'}(\boldsymbol{r}) \tag{8.27}$$

$$\phi_{\mathrm{v},\boldsymbol{k}}(\boldsymbol{r}) = \left(\frac{1}{V}\right)^{1/2} \exp(\mathrm{i}\boldsymbol{k}\cdot\boldsymbol{r})\, u_{\mathrm{v},\boldsymbol{k}}(\boldsymbol{r}) \tag{8.28}$$

这里Ω代表晶胞的体积，因此需要满足$\left(\frac{1}{\Omega}\right)\times\int_{晶胞}\left|u_{n,\boldsymbol{k}}(\boldsymbol{r})\right|^2\mathrm{d}\boldsymbol{r}=1$。下标c和v分别表示导带和价带，对应于布洛赫函数的带指标n。$\boldsymbol{k}$和$\boldsymbol{k}'$分别是各能带的波数。

由于时间相关的微扰H'是$(e/m_\mathrm{e})\boldsymbol{A}\cdot\boldsymbol{p}$，所以单位时间内从$\phi_{\mathrm{v},\boldsymbol{k}}(\boldsymbol{r})$跃迁到$\phi_{\mathrm{c},\boldsymbol{k}'}(\boldsymbol{r})$的概率遵循费米黄金法则：

$$W(\boldsymbol{k}',\boldsymbol{k}) = \frac{2\pi}{\hbar}\left|\left\langle \mathrm{c},\boldsymbol{k}'\left|\left(\frac{e}{m_\mathrm{e}}\right)\boldsymbol{A}\cdot\boldsymbol{p}\right|\mathrm{v},\boldsymbol{k}\right\rangle\right|^2 \delta[\mathcal{E}_\mathrm{c}(\boldsymbol{k}') - \mathcal{E}_\mathrm{v}(\boldsymbol{k})] \tag{8.29}$$

首先，计算$\langle \mathrm{c},\boldsymbol{k}'|\left(\frac{e}{m_\mathrm{e}}\right)\boldsymbol{A}\cdot\boldsymbol{p}|\mathrm{v},\boldsymbol{k}\rangle$，得到：

$$\begin{aligned}
&\left\langle \mathrm{c},\boldsymbol{k}'\left|\left(\frac{e}{m_\mathrm{e}}\right)\boldsymbol{A}\cdot\boldsymbol{p}\right|\mathrm{v},\boldsymbol{k}\right\rangle \\
&= \frac{e}{Vm_\mathrm{e}}\int_V \exp(-\mathrm{i}\boldsymbol{k}'\cdot\boldsymbol{r})u^*_{\mathrm{c},\boldsymbol{k}'}(\boldsymbol{r})\,\boldsymbol{A}\cdot\left\{\left[-\mathrm{i}\hbar\frac{\partial u_{\mathrm{v},\boldsymbol{k}}(\boldsymbol{r})}{\partial\boldsymbol{r}}\right]\exp(\mathrm{i}\boldsymbol{k}\cdot\boldsymbol{r}) + \right. \\
&\left.\hbar\boldsymbol{k}\exp(\mathrm{i}\boldsymbol{k}\cdot\boldsymbol{r})u_{\mathrm{v},\boldsymbol{k}}(\boldsymbol{r})\right\}\mathrm{d}\boldsymbol{r} \\
&= \frac{e}{Vm_\mathrm{e}}\int_V \exp[-\mathrm{i}(\boldsymbol{k}'-\boldsymbol{k})\cdot\boldsymbol{r}]u^*_{\mathrm{c},\boldsymbol{k}'}(\boldsymbol{r})\,\boldsymbol{A}\cdot(\boldsymbol{p}+\hbar\boldsymbol{k})\,u_{\mathrm{v},\boldsymbol{k}}(\boldsymbol{r})\mathrm{d}\boldsymbol{r}
\end{aligned} \tag{8.30}$$

$\boldsymbol{A}=(A/2)\cdot\boldsymbol{e}\cdot\{\exp[\mathrm{i}(\boldsymbol{k}_p\cdot\boldsymbol{r}-\omega t)]+\exp[-\mathrm{i}(\boldsymbol{k}_p\cdot\boldsymbol{r}-\omega t)]\}$，根据 1-11 节关于含时微扰的描述，对于吸收过程来说对应于：

$$\left(\frac{A}{2}\right)\cdot\boldsymbol{e}\cdot\exp[\mathrm{i}(\boldsymbol{k}_p\cdot\boldsymbol{r}-\omega t)] \tag{8.31}$$

对于空间积分项有：

$$\begin{aligned}
&\left\langle \mathrm{c},\boldsymbol{k}'\left|\left(\frac{e}{m_\mathrm{e}}\right)\boldsymbol{A}\cdot\boldsymbol{p}\right|\mathrm{v},\boldsymbol{k}\right\rangle \\
&= \frac{eA}{2Vm_\mathrm{e}}\int_V \exp[-\mathrm{i}(\boldsymbol{k}'-\boldsymbol{k}-\boldsymbol{k}_p)\cdot\boldsymbol{r}]u^*_{\mathrm{c},\boldsymbol{k}'}(\boldsymbol{r})\,\boldsymbol{e}\cdot(\boldsymbol{p}+\hbar\boldsymbol{k})u_{\mathrm{v},\boldsymbol{k}}(\boldsymbol{r})\mathrm{d}\boldsymbol{r}
\end{aligned} \tag{8.32}$$

式(8.29)中的δ函数项仅在$\mathcal{E}_\mathrm{c}(\boldsymbol{k}')=\mathcal{E}_\mathrm{v}(\boldsymbol{k})+\hbar\omega$的情况下不为零。

现在，式(8.32)的积分需要对整个晶体进行，但由于在晶胞中变化的函数$u_{\mathrm{v},\boldsymbol{k}}(\boldsymbol{r}), u_{\mathrm{c},\boldsymbol{k}}(\boldsymbol{r})$和在空间上缓慢变化的平面波性质，可以将整个晶体的积分按晶胞分割，替换为晶胞内部的积分结果按晶胞的总和相加。为此，我们将$\boldsymbol{r}$表示为$\boldsymbol{r}=\boldsymbol{R}_i+\boldsymbol{r}_u$，其中$\boldsymbol{R}_i$是第$i$个晶胞的位置矢量，$\boldsymbol{r}_u$是晶胞内的位置矢量。此外，利用布洛赫函数的性质$u_{n,\boldsymbol{k}}(\boldsymbol{r})=u_{n,\boldsymbol{k}}(\boldsymbol{r}+\boldsymbol{R}_i)$，式(8.32)的积分项可以写成：

$$
\begin{aligned}
&\frac{eA}{2Vm_{\mathrm{e}}}\sum_i\int_{\text{晶胞}}\exp[-\mathrm{i}(\boldsymbol{k}'-\boldsymbol{k}-\boldsymbol{k}_{\boldsymbol{p}})\cdot(\boldsymbol{R}_i+\boldsymbol{r}_u)]\times\\
&u^*_{\mathrm{c},\boldsymbol{k}'}(\boldsymbol{r}_u)\boldsymbol{e}\cdot(\boldsymbol{p}+\hbar\boldsymbol{k})u_{\mathrm{v},\boldsymbol{k}}(\boldsymbol{r}_u)\mathrm{d}\boldsymbol{r}_u\\
=&\frac{eA}{2Vm_{\mathrm{e}}}\sum_i\exp\left[-\mathrm{i}(\boldsymbol{k}'-\boldsymbol{k}-\boldsymbol{k}_{\boldsymbol{p}})\cdot\boldsymbol{R}_i\right]\int_{\text{晶胞}}\exp[-\mathrm{i}(\boldsymbol{k}'-\boldsymbol{k}-\boldsymbol{k}_{\boldsymbol{p}})\cdot\boldsymbol{r}_u]\times\\
&u^*_{\mathrm{c},\boldsymbol{k}'}(\boldsymbol{r}_u)\boldsymbol{e}\cdot(\boldsymbol{p}+\hbar\boldsymbol{k})u_{\mathrm{v},\boldsymbol{k}}(\boldsymbol{r}_u)\mathrm{d}\boldsymbol{r}_u
\end{aligned}
\tag{8.33}
$$

因此，$\sum\limits_i$表示对晶胞的求和，$\sum\limits_i\exp[-\mathrm{i}(\boldsymbol{k}'-\boldsymbol{k}-\boldsymbol{k}_{\boldsymbol{p}})\cdot\boldsymbol{R}_i]$需要满足$\boldsymbol{k}'-\boldsymbol{k}-\boldsymbol{k}_{\boldsymbol{p}}$是倒易晶格矢量$\boldsymbol{K}$的情况下才有结果。在这种情况下$\sum\limits_i\exp[-\mathrm{i}(\boldsymbol{k}'-\boldsymbol{k}-\boldsymbol{k}_{\boldsymbol{p}})\cdot\boldsymbol{R}_i]=N$（晶胞数）。考虑一维情况，倒易晶格矢量$\boldsymbol{K}$的大小为 0、$\pm2\pi/a$、$\pm4\pi/a$、$\cdots$。假设晶格常数为 0.5nm，那么$K=2\pi/a\sim1\times108\mathrm{cm}^{-1}$,。另一方面，对于约 1eV 的光，波长约为 1.24μm。将其转换成波数约为 $5\times104\mathrm{cm}^{-1}$，因此相对于$\boldsymbol{k}',\boldsymbol{k}$的区域，$\boldsymbol{k}_{\boldsymbol{p}}$非常小，可以认为$\boldsymbol{k}'-\boldsymbol{k}\approx\boldsymbol{K}$。如果将电子态限制在第一布里渊区，那么$\boldsymbol{k}'\approx\boldsymbol{k}$。因此，在能带结构中，当电子从价带吸收光子并跃迁到导带时，它们在$\boldsymbol{k}$空间中具有相同的波数位置，可以视为垂直跃迁。

最后，让我们仔细研究式(8.33)的积分项。由于$V=N\Omega$，所以式(8.33)可以表示为：

$$
\frac{eA}{2\Omega m_{\mathrm{e}}}\int_{\text{晶胞}}\exp[-\mathrm{i}(\boldsymbol{k}'-\boldsymbol{k}-\boldsymbol{k}_{\boldsymbol{p}})\cdot\boldsymbol{r}_u]u^*_{\mathrm{c},\boldsymbol{k}'}(\boldsymbol{r}_u)\boldsymbol{e}\cdot(\boldsymbol{p}+\hbar\boldsymbol{k})u_{\mathrm{v},\boldsymbol{k}}(\boldsymbol{r}_u)\,\mathrm{d}\boldsymbol{r}_u \tag{8.34}
$$

首先，对于第二项，需要注意$\boldsymbol{k}'\approx\boldsymbol{k}$和$\boldsymbol{k}_{\boldsymbol{p}}\approx0$，进行整理得到：

$$
\frac{eA}{2\Omega m_{\mathrm{e}}}\cdot\boldsymbol{e}\cdot\hbar\boldsymbol{k}\int_{\text{晶胞}}u^*_{\mathrm{c},\boldsymbol{k}}(\boldsymbol{r}_u)u_{\mathrm{v},\boldsymbol{k}}(\boldsymbol{r}_u)\,\mathrm{d}\boldsymbol{r}_u \tag{8.35}
$$

然而，由于这个积分涉及不同的能带，因此它为零。式(8.34)的第一项中考虑到$\boldsymbol{k}'\approx\boldsymbol{k}$，可以得到如下结果：

$$
\frac{eA}{2\Omega m_{\mathrm{e}}}\cdot\boldsymbol{e}\cdot\int_{\text{晶胞}}u^*_{\mathrm{c},\boldsymbol{k}}(\boldsymbol{r}_u)\boldsymbol{p}u_{\mathrm{v},\boldsymbol{k}}(\boldsymbol{r}_u)\,\mathrm{d}\boldsymbol{r}_u \tag{8.36}
$$

由于$u_{\mathrm{v},\boldsymbol{k}}(\boldsymbol{r}_u)$和$u^*_{\mathrm{c},\boldsymbol{k}}(\boldsymbol{r}_u)$是原子轨道的波函数，所以这个积分类似于关于原子轨道的s和p轨道之间的光学跃迁的讨论。因此，它提供了有关价带和导带对称性的光学选择规则。例如，考虑在$\boldsymbol{k}=0$处的光学跃迁，如果价带的顶部$u_{\mathrm{v},0}(\boldsymbol{r})$是$p$轨道性质的，而$u_{\mathrm{c},0}(r)$是$s$轨道性质的，那么式(8.36)中的项将不会因为奇偶性而消失。另一方面，s轨道之间和p轨道之间的积分将为零，光学跃迁将被禁止。

本来式(8.29)中对$\boldsymbol{k}'$需要取总和，而根据垂直跃迁的性质，如果$\boldsymbol{k}$确定了，则$\boldsymbol{k}'$也确定了。波数的性质决定了其等效性质。然而，应该存在许多满足$\delta(\mathcal{E}_{\mathrm{c},\boldsymbol{k}}-\mathcal{E}_{\mathrm{v},\boldsymbol{k}}-\hbar\omega)$的波数$\boldsymbol{k}$，它们对电子跃迁有贡献。电子跃迁导致入射光的能量被消耗，因此它们与光吸收有关。所以有：

$$
\text{光吸收系数} \propto \frac{2\pi}{\hbar}\sum_{k}\left|\frac{eA}{2\Omega m_{\mathrm{e}}}\int_{\text{晶胞}} u_{\mathrm{c},\boldsymbol{k}}^{*}(\boldsymbol{r}_u)\boldsymbol{e}\cdot\boldsymbol{p}u_{\mathrm{v},\boldsymbol{k}}(\boldsymbol{r}_u)\,\mathrm{d}\boldsymbol{r}_u\right|^{2}\times \delta(\mathcal{E}_{\mathrm{c}}(\boldsymbol{k})-\mathcal{E}_{\mathrm{v}}(\boldsymbol{k})-\hbar\omega) \tag{8.37}
$$

假设晶胞内波函数的$\boldsymbol{k}$相关性很小，那么式(8.37)可近似为：

$$
\text{光吸收系数} \propto \frac{2\pi}{\hbar}\left|\frac{eA}{2\Omega m_{\mathrm{e}}}\int_{\text{晶胞}} u_{\mathrm{c},\boldsymbol{k}}^{*}(\boldsymbol{r}_u)\boldsymbol{e}\cdot\boldsymbol{p}u_{\mathrm{v},\boldsymbol{k}}(\boldsymbol{r}_u)\,\mathrm{d}\boldsymbol{r}_u\right|^{2}\times \sum_{k}\delta(\mathcal{E}_{\mathrm{c}}(\boldsymbol{k})-\mathcal{E}_{\mathrm{v}}(\boldsymbol{k})-\hbar\omega) \tag{8.38}
$$

8-2-2 结合态密度

接下来关注式(8.38)中的δ函数部分。在单位体积内改写为：

$$
J_{\mathrm{cv}}(\hbar\omega)=\sum_{k}\delta[\mathcal{E}_{\mathrm{c}}(\boldsymbol{k})-\mathcal{E}_{\mathrm{v}}(\boldsymbol{k})-\hbar\omega]=\frac{2}{(2\pi)^{3}}\int\delta\,[\mathcal{E}_{\mathrm{cv}}(\boldsymbol{k})-\hbar\omega]\,\mathrm{d}^{3}\boldsymbol{k} \tag{8.39}
$$

式中$\mathcal{E}_{\mathrm{cv}}(\boldsymbol{k})=\mathcal{E}_{\mathrm{c}}(\boldsymbol{k})-\mathcal{E}_{\mathrm{v}}(\boldsymbol{k})$。这里也考虑了周期性边界条件，以及电子在每个$(2\pi/L)^{3}$的体积内可能存在的状态。现在我们考虑的是单位体积，因此$L^{3}=1$。2 是与自旋有关的因子。在这里，我们考虑的是直接带隙半导体的情况，其中导带底部和价带顶部都位于$\boldsymbol{k}=0$，如图 8.1（a）所示。假设导带和价带表示为：

$$
\mathcal{E}_{\mathrm{c}}(\boldsymbol{k})=\frac{\hbar^{2}k^{2}}{2m_{\mathrm{c}}^{*}}+\mathcal{E}_{\mathrm{g}} \tag{8.40}
$$

$$
\mathcal{E}_{\mathrm{v}}(\boldsymbol{k})=-\frac{\hbar^{2}k^{2}}{2m_{\mathrm{v}}^{*}} \tag{8.41}
$$

在式(8.39)中的δ函数内部是：

$$
\begin{aligned}
\mathcal{E}_{\mathrm{cv}}(\boldsymbol{k})-\hbar\omega &= \frac{\hbar^{2}k^{2}}{2m_{\mathrm{c}}^{*}}+\mathcal{E}_{\mathrm{g}}+\frac{\hbar^{2}k^{2}}{2m_{\mathrm{v}}^{*}}-\hbar\omega \\
&= \frac{\hbar^{2}k^{2}}{2}\left(\frac{1}{m_{\mathrm{c}}^{*}}+\frac{1}{m_{\mathrm{v}}^{*}}\right)+\mathcal{E}_{\mathrm{g}}-\hbar\omega
\end{aligned} \tag{8.42}
$$

这个值必须等于零。因此问题变为考虑满足这个关系的状态有多少个，如果取$1/\mu=1/m_{\mathrm{c}}^{*}+1/m_{\mathrm{v}}^{*}$和$\mathcal{E}=\hbar\omega-\mathcal{E}_{\mathrm{g}}$代入上式，则可以得到：

$$
\frac{\hbar^{2}k^{2}}{2\mu}=\mathcal{E} \tag{8.43}
$$

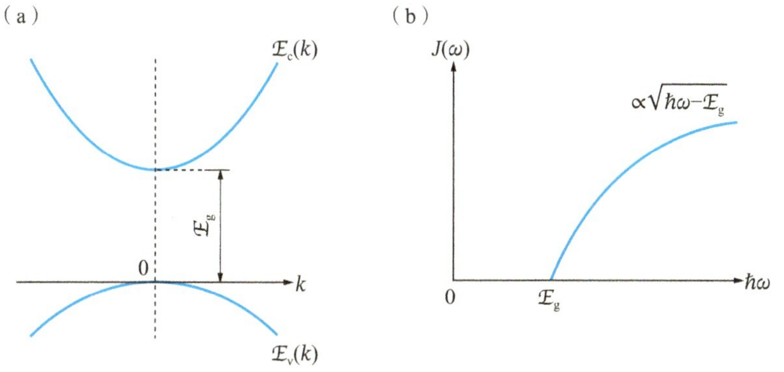

图 8.1　直接带隙半导体的(a)能带结构和(b)结合态密度

这里考虑的是特定的光子能量$\hbar\omega$，所以$\mathcal{E}=\hbar\omega-\mathcal{E}_g$是一个常数。式(8.43)与具有质量$\mu$的粒子在三维自由空间中运动时的波数和能量关系相同。因此，使用能量为某个特定值$\mathcal{E}$时的状态密度，可以得到：

$$J(\hbar\omega)=\frac{(2\mu)^{3/2}}{2\pi^2\hbar^3}\left(\hbar\omega-\mathcal{E}_g\right)^{1/2} \tag{8.44}$$

这将产生如图 8.1（b）所示的图形。阈值对应于带隙的能量。

在这里，让我们再次考虑式(8.39)中的如下关系：

$$\delta[\mathcal{E}_{cv}(\boldsymbol{k})-\hbar\omega]\mathrm{d}^3\boldsymbol{k} \tag{8.45}$$

我们将不再对体积元$\mathrm{d}^3\boldsymbol{k}$进行积分，而是考虑如图 8.2 所示的，由能量$\mathcal{E}$到$\mathcal{E}+\mathrm{d}\mathcal{E}$所包围的薄层区域的面积元$\mathrm{d}S$及其厚度$\mathrm{d}k_\perp$，并变更为对$\mathrm{d}S\mathrm{d}k_\perp$进行积分。为了实现这一点，我们需要稍微改变数学方程式：

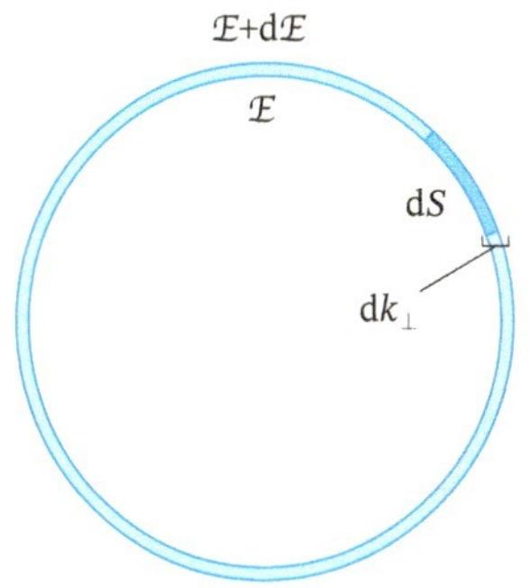

图 8.2　在计算状态密度的方法中考虑面积元

$$\mathrm{d}S\,\mathrm{d}k_\perp=\frac{\mathrm{d}S}{\mathrm{d}\mathcal{E}(\boldsymbol{k})/\mathrm{d}k_\perp}\times\mathrm{d}\mathcal{E}(\boldsymbol{k})=\left[\frac{\mathrm{d}S}{\mathrm{grad}_{\boldsymbol{k}}\,\mathcal{E}(\boldsymbol{k})}\right]\mathrm{d}\mathcal{E}(\boldsymbol{k}) \tag{8.46}$$

使用上式，可以得到以下结果：

$$J_{cv}(\hbar\omega)=\frac{2}{(2\pi)^3}\int_{\mathcal{E}_{cv}=\hbar\omega}\left[\frac{\mathrm{d}S}{\mathrm{grad}_{\boldsymbol{k}}\,\mathcal{E}_{cv}(\boldsymbol{k})}\right]\mathrm{d}\mathcal{E}_{cv}(\boldsymbol{k}) \tag{8.47}$$

这就是结合态密度。右侧的积分$\int_{\mathcal{E}_{cv}=\hbar\omega}$表示只有满足$\mathcal{E}_{cv}=\hbar\omega$的能量积分会有贡献。这个积分满足$\mathcal{E}_{cv}=\hbar\omega$的关系，并且在$|\mathrm{grad}_{\boldsymbol{k}}\,\mathcal{E}_{cv}(\boldsymbol{k})|=0$时取得极大值。这个条件可以写为：

$$|\mathrm{grad}_k[\mathcal{E}_c(\boldsymbol{k})-\mathcal{E}_v(\boldsymbol{k})]|_{\mathcal{E}_{cv}-\hbar\omega}=0 \tag{8.48}$$

上式对应于在k空间中，导带和价带的斜率平行，能量差为$\hbar\omega$的点，如图 8.3（a）所示。当然，也存在像图 8.3（b）中$\text{grad}_k[\mathcal{E}_c(\boldsymbol{k})] = \text{grad}_k[\mathcal{E}_v(\boldsymbol{k})] = 0$的情况㊀。

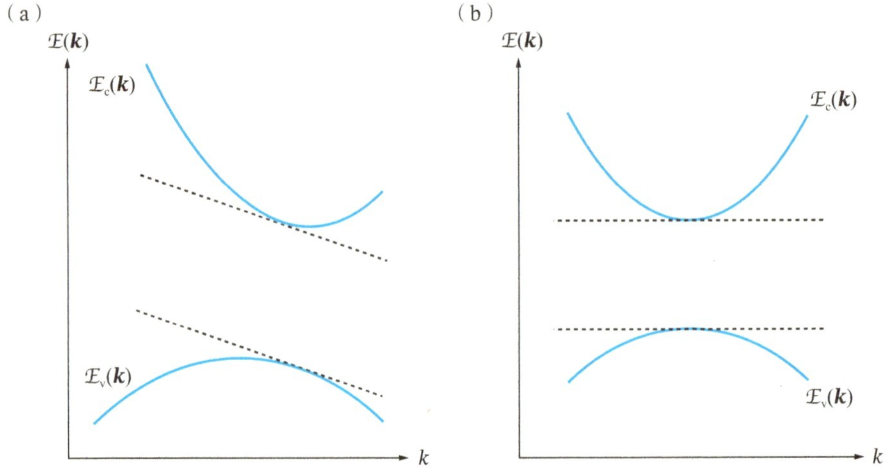

图 8.3　高结合态密度的示例点

（a）$\mathcal{E}(k)$曲线中具有相同斜率的点，（b）直接带隙半导体中带隙最小的点。

8-2-3　间接带隙半导体的带间跃迁

在间接带隙半导体中，由于价带顶部和导带底部的$\boldsymbol{k}$值不同，如图 8.4 所示，即使照射具有等于带隙能量$\mathcal{E}_g$的光，价带顶部电子的跃迁终点也仍然位于带隙内，如果仅考虑垂直跃迁，则不会发生光吸收。因此，为了激发价带顶部的电子跃迁到相同波数的导带，需要照射具有大于带隙的能量的光。另一方面，图 8.5 显示了间接带隙半导体的代表性示例 Ge 的光吸收实验结果，在带隙附近的光子能量范围内，仍然观察到较弱的光吸收。这种现象应如何解释呢？

如果存在某种机制，使得在带中波数的横向移动成为可能，那么结合这种机制和具有垂直跃迁特征的光吸收，就会使得从价带顶部到导带底部的电子跃迁成为可能。那么在波数空间中，可能使电子波数横向移动的机制是什么呢？

这里请回忆晶格振动。晶格振动的波数范围，以晶格间距为a的一维系统为例，从$q = 0$到$q = \pm\pi/a$都是可能的。这个范围与间距为a的一维电子系统的波数空间中的第一布里渊区相同。也就是说，通过将晶格振动散射与光激发相结合，可以实现价带顶部的电子到具有不

㊀ 式(8.48)的能量相关性取决于带结构的不同。有关这方面的详细信息，请参考关于光物性的相关书籍。例如可以参考：中山正昭，《半导体的光物性》，科罗纳出版社（2013）。

同波数的导带底部电子态的跃迁。

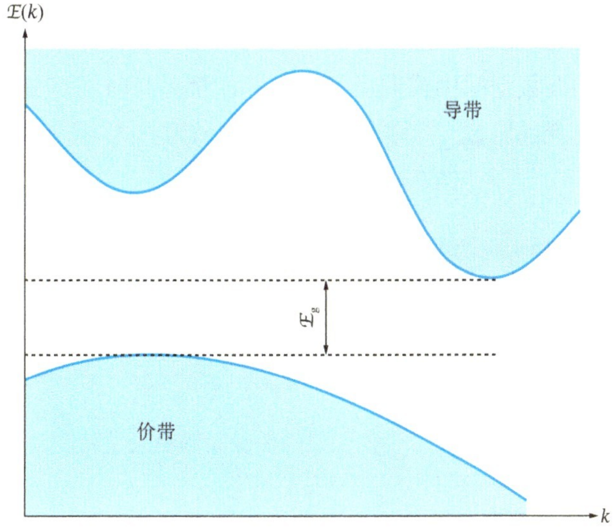

图 8.4　间接带隙半导体的能带结构

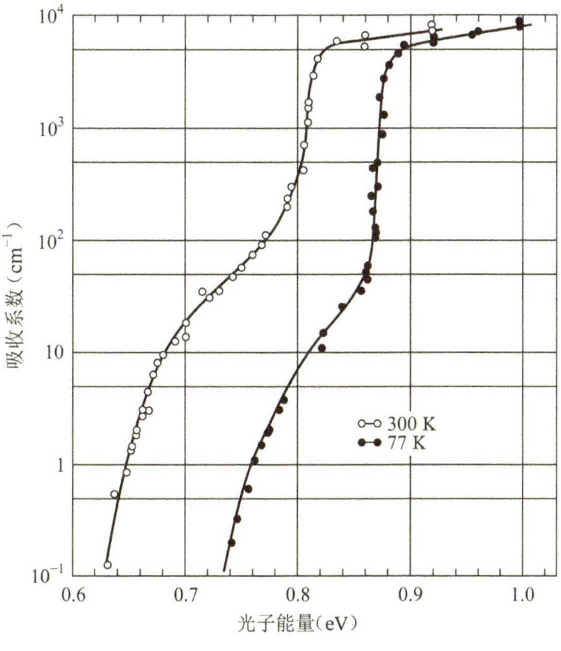

图 8.5　Ge 半导体带隙附近的光吸收谱

引用自：W. C. Dash and R. Newman, Phys, Rev., 99, 1151(1955)，有改动。

量子力学中这种现象的求解非常复杂，超出了本书的范围，这里只简要介绍一下思路。如图 8.6 中的箭头（a）、（b）所示，有两个途径可以实现从价带顶部到具有不同波数的导带底部电子状态的跃迁。光吸收的跃迁是在波数空间中垂直进行的，而由晶格振动引起的跃迁则是在一个能带内的波数空间中横向进行的。它们都是与时间有关的微扰，我们将这两个过程分别记为$\mathcal{H}_{\mathrm{photon}}$和$\mathcal{H}_{\mathrm{phonon}}$。整个微扰项可表示为：

$$\mathcal{H}' = \mathcal{H}_{\mathrm{photon}} + \mathcal{H}_{\mathrm{phonon}} \tag{8.49}$$

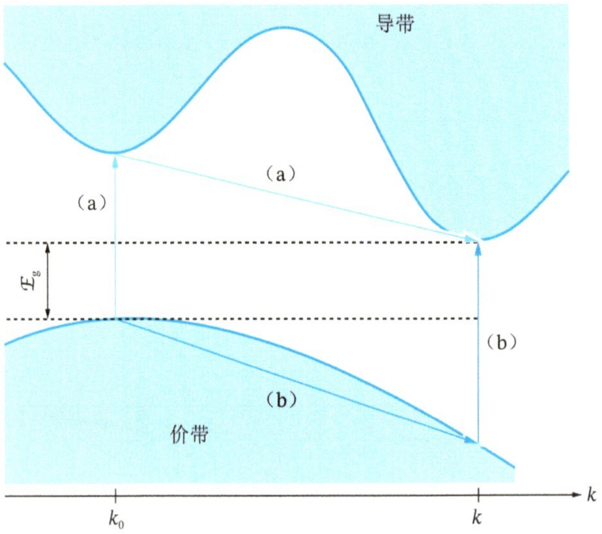

图 8.6　间接带隙半导体的带边吸收机制

考虑从价带中$\phi_{\mathrm{v},\boldsymbol{k}_0}(\boldsymbol{r})$状态到导带中$\phi_{\mathrm{c},\boldsymbol{k}}(\boldsymbol{r})$状态的跃迁，一阶微扰可以表示为：

$$\langle \mathrm{c}, \boldsymbol{k} | \mathcal{H}_{\mathrm{photon}} + \mathcal{H}_{\mathrm{phonon}} | \mathrm{v}, \boldsymbol{k}_0 \rangle \tag{8.50}$$

然而，由于$\boldsymbol{k}_0 \neq \boldsymbol{k}$并且能带不同，所以有：

$$\langle \mathrm{c}, \boldsymbol{h} | \mathcal{H}_{\mathrm{photon}} | \mathrm{v}, \boldsymbol{k}_0 \rangle = \langle \mathrm{c}, \boldsymbol{k} | \mathcal{H}_{\mathrm{phonon}} | \mathrm{v}, \boldsymbol{k}_0 \rangle = 0 \tag{8.51}$$

另一方面，在二阶微扰中，考虑了中间态m，则出现以下项：

$$\sum_m \frac{\langle \mathrm{c}, \boldsymbol{k} | \mathcal{H}_{\mathrm{photon}} + \mathcal{H}_{\mathrm{phonon}} | m \rangle \langle m | \mathcal{H}_{\mathrm{photon}} + \mathcal{H}_{\mathrm{phonon}} | \mathrm{v}, \boldsymbol{k}_0 \rangle}{\mathcal{E}_{\mathrm{v},\boldsymbol{k}_0} - \mathcal{E}_m} \tag{8.52}$$

其中，分子中的项可能不为 0 的是：

$$\langle \mathrm{c}, \boldsymbol{k} | \mathcal{H}_{\mathrm{phonon}} | \mathrm{c}, \boldsymbol{k}_0 \rangle \langle \mathrm{c}, \boldsymbol{k}_0 | \mathcal{H}_{\mathrm{photon}} | \mathrm{v}, \boldsymbol{k}_0 \rangle \tag{8.53}$$

和：

$$\langle \mathrm{c}, \boldsymbol{k} | \mathcal{H}_{\mathrm{photon}} | \mathrm{v}, \boldsymbol{k} \rangle \langle \mathrm{v}, \boldsymbol{k} | \mathcal{H}_{\mathrm{phonon}} | \mathrm{v}, \boldsymbol{k}_0 \rangle \tag{8.54}$$

式(8.53)表示了吸收光子的垂直跃迁$\langle \mathrm{c}, \boldsymbol{k}_0|\mathcal{H}_{\text{photon}}|\mathrm{v}, \boldsymbol{k}_0\rangle$后，由声子作用引起的跃迁过程$\langle \mathrm{c}, \boldsymbol{k}|\mathcal{H}_{\text{phonon}}|\mathrm{c}, \boldsymbol{k}_0\rangle$。方程(8.54)首先涉及光子吸收导致跃迁$\langle \mathrm{c}, \boldsymbol{k}|\mathcal{H}_{\text{photon}}|\mathrm{v}, \boldsymbol{k}\rangle$的发生，接着涉及在价带中通过声子的作用，由$\phi_{\mathrm{v},\boldsymbol{k}_0}(\boldsymbol{r})$到$\phi_{\mathrm{c},\boldsymbol{k}}(\boldsymbol{r})$的空位状态的跃迁过程$\langle \mathrm{v}, \boldsymbol{k}|\mathcal{H}_{\text{phonon}}|\mathrm{v}, \boldsymbol{k}_0\rangle$。这样考虑是为了满足泡利不相容原理。在这里，式(8.53)对应于图 8.6 中的（a）路径，而式(8.54)对应于图 8.6 中的（b）路径。

这种从价带顶部初态到波数不同的导带底部终态的跃迁过程经历了两个跃迁阶段。由于这两个过程是（微小量）×（微小量），因此非常小。所以，吸收系数也很小。

让我们进一步思考这个跃迁过程。晶格振动的能量通常只有几十 meV，非常小，因此与电子跃迁相关的能量大部分来自光子。仔细观察图 8.5，可以发现间接带隙半导体的带隙对应的能量虽然很小，但仍然发生了光吸收，这些能量下的跃迁$\langle \mathrm{c}, \boldsymbol{k}_0|\mathcal{H}_{\text{photon}}|\mathrm{v}, \boldsymbol{k}_0\rangle$和$\langle \mathrm{c}, \boldsymbol{k}|\mathcal{H}_{\text{photon}}|\mathrm{v}, \boldsymbol{k}\rangle$似乎不符合能量守恒定律，这一现象很难解释。理解这一现象的关键在于$\phi_{\mathrm{c},\boldsymbol{k}_0}(\boldsymbol{r})$和$\phi_{\mathrm{v},\boldsymbol{k}}(\boldsymbol{r})$处在中间态（假想态）的时间非常短暂，在时间和能量不确定性原理的影响下，中间态相关的跃迁不必严格满足能量守恒定律。然而，为了满足初态和终态的能量守恒定律，需要满足以下关系：

$$\mathcal{E}_{\mathrm{c}}(\boldsymbol{k}) - \mathcal{E}_{\mathrm{v}}(\boldsymbol{k}_0) - \hbar\omega_{\text{photon}} \mp \hbar\omega_{\text{phonon}} \approx \mathcal{E}_{\mathrm{c}}(\boldsymbol{k}) - \mathcal{E}_{\mathrm{v}}(\boldsymbol{k}_0) - \hbar\omega_{\text{photon}} = 0 \tag{8.55}$$

在最后一步变换中，由于声子的能量很小，因此我们忽略了它[㊀]。

当光子的能量增大时，光子能够垂直地从价带顶部跃迁到导带，这时会发生强烈的吸收。在图 8.5 中，能量较高的一侧急剧上升的肩峰区域对应于这个能量。

8-3 受施主束缚电子的光激发

在本节中，我们以施主为例，讨论束缚电子态内的能级跃迁。微扰如前章所述，表示为：

$$\mathcal{H}' = \frac{e}{m_{\mathrm{e}}}\boldsymbol{A} \cdot \boldsymbol{p} \tag{8.56}$$

这里的$-e$（$e > 0$）代表电子的电荷。首先，我们以导带底部在$k = 0$处的半导体施主电子作为一个简单的例子进行考察。施主电子满足以下的薛定谔方程：

$$\mathcal{H}\Psi(\boldsymbol{r}) = \left\{-\frac{\hbar^2}{2m_{\mathrm{e}}}\nabla^2 + V(\boldsymbol{r}) + U(\boldsymbol{r})\right\}\Psi(\boldsymbol{r}) = \mathcal{E}\Psi(\boldsymbol{r}) \tag{8.57}$$

这里$V(\boldsymbol{r})$是晶体的周期势能，$U(\boldsymbol{r})$是由施主引起的库仑势能。由于导带底部只在$\boldsymbol{k} = 0$

㊀ 这里添加了正负号，因为涉及声子的吸收和发射。

这一个位置，因此基于有效质量近似的电子波函数为：

$$\Psi_{\mathrm{g}}(\boldsymbol{r}) = F_{\mathrm{g}}(\boldsymbol{r})\phi_{\mathrm{c},\boldsymbol{k}=0}(\boldsymbol{r}) \tag{8.58}$$

$$\Psi_{\mathrm{e}}(\boldsymbol{r}) = F_{\mathrm{e}}(\boldsymbol{r})\phi_{\mathrm{c},\boldsymbol{k}=0}(\boldsymbol{r}) \tag{8.59}$$

下标g表示基态，e表示激发态。当在$\boldsymbol{k}=0$处存在导带底部时，布洛赫函数$\phi_{\mathrm{c},\boldsymbol{k}=0}(\boldsymbol{r}) = u_{\mathrm{c},\boldsymbol{k}=0}(\boldsymbol{r})$的关系成立。$u_{\mathrm{c},\boldsymbol{k}=0}(\boldsymbol{r})$是以晶胞为周期的布洛赫函数。$F_{\mathrm{g}}(\boldsymbol{r})$和$F_{\mathrm{e}}(\boldsymbol{r})$是包络函数的基态和激发态。因此，与式(8.56)相关的跃迁是：

$$\langle\Psi_{\mathrm{e}}(\boldsymbol{r})|\boldsymbol{p}|\Psi_{\mathrm{g}}(\boldsymbol{r})\rangle = \langle F_{\mathrm{e}}(\boldsymbol{r})u_{\mathrm{c},\boldsymbol{k}=0}(\boldsymbol{r})|\boldsymbol{p}|F_{\mathrm{g}}(\boldsymbol{r})u_{\mathrm{c},\boldsymbol{k}=0}(\boldsymbol{r})\rangle \tag{8.60}$$

使用以下公式：

$$[\boldsymbol{r},\mathcal{H}] = \frac{\mathrm{i}\hbar}{m_{\mathrm{e}}}\boldsymbol{p} \tag{8.61}$$

则式(8.60)变为：

$$\begin{aligned}&\frac{m_{\mathrm{e}}}{\mathrm{i}\hbar}\langle F_{\mathrm{e}}(\boldsymbol{r})u_{\mathrm{c},\boldsymbol{k}=0}(\boldsymbol{r})|\boldsymbol{r}\mathcal{H}-\mathcal{H}\boldsymbol{r}|F_{\mathrm{g}}(\boldsymbol{r})u_{\mathrm{c},\boldsymbol{k}=0}(\boldsymbol{r})\rangle\\&=\frac{m_{\mathrm{e}}}{\mathrm{i}\hbar}(\mathcal{E}_{\mathrm{g}}-\mathcal{E}_{\mathrm{e}})\langle F_{\mathrm{e}}(\boldsymbol{r})u_{\mathrm{c},\boldsymbol{k}=0}(\boldsymbol{r})|\boldsymbol{r}|F_{\mathrm{g}}(\boldsymbol{r})u_{\mathrm{c},\boldsymbol{k}=0}(\boldsymbol{r})\rangle\end{aligned} \tag{8.62}$$

积分$\langle F_{\mathrm{e}}(\boldsymbol{r})u_{\mathrm{c},\boldsymbol{k}=0}(\boldsymbol{r})|\boldsymbol{r}|F_{\mathrm{g}}(\boldsymbol{r})u_{\mathrm{c},\boldsymbol{k}=0}(\boldsymbol{r})\rangle$涉及整个晶体，但由于$u_{\mathrm{c},\boldsymbol{k}=0}(\boldsymbol{r})$在晶胞内变化，而$F(\boldsymbol{r})$在广阔空间中缓慢变化，因此，如前一章所述，将积分分解为对晶胞内的积分和对晶胞的求和。在这里，$\boldsymbol{r}_u \ll \boldsymbol{R}_l$，因此$\boldsymbol{r}_u+\boldsymbol{R}_l\approx\boldsymbol{R}_l$。

$$\begin{aligned}&\langle F_{\mathrm{e}}(\boldsymbol{r})u_{\mathrm{c},\boldsymbol{k}=0}(\boldsymbol{r})|\boldsymbol{r}|F_{\mathrm{g}}(\boldsymbol{r})u_{\mathrm{c},\boldsymbol{k}=0}(\boldsymbol{r})\rangle\\&=\sum_l F_{\mathrm{e}}^*(\boldsymbol{R}_l)\cdot F_{\mathrm{g}}(\boldsymbol{R}_l)\int_{\text{晶胞}}|u_{\mathrm{c},\boldsymbol{k}=0}(\boldsymbol{r}_u)|^2\boldsymbol{r}_u\,\mathrm{d}\boldsymbol{r}_u+\\&\sum_l\int_{\text{晶胞}}|u_{\mathrm{c},\boldsymbol{k}=0}(\boldsymbol{r}_u)|^2\,\mathrm{d}\boldsymbol{r}_u F_{\mathrm{e}}^*(\boldsymbol{R}_l)\cdot\boldsymbol{R}_l\cdot F_{\mathrm{g}}(\boldsymbol{R}_l)\end{aligned} \tag{8.63}$$

第一项在适当选择原点的情况下为0。另外，由于第二项中$\boldsymbol{r}_u$的积分是与晶胞相关的，如果归一化为晶胞的体积Ω，那么式(8.63)可以近似为：

$$\propto\sum_l F_{\mathrm{e}}^*(\boldsymbol{R}_l)\cdot\boldsymbol{R}_l\cdot F_{\mathrm{g}}(\boldsymbol{R}_l) \tag{8.64}$$

如果转变为积分的形式，则有：

$$\sum_j F_{\mathrm{e}}^*(\boldsymbol{R}_j)\cdot\boldsymbol{R}_j\cdot F_{\mathrm{g}}(\boldsymbol{R}_j)=\frac{1}{\Omega}\int_{\text{晶体整体}}F_{\mathrm{e}}^*(\boldsymbol{r})\cdot\boldsymbol{r}\cdot F_{\mathrm{g}}(\boldsymbol{r})\,\mathrm{d}\boldsymbol{r} \tag{8.65}$$

这个结果是从基态$F_{\mathrm{g}}(\boldsymbol{r})$跃迁到激发态$F_{\mathrm{e}}^*(\boldsymbol{r})$的选择定则。对于受到施主束缚的电子，它表明从基态的 1s轨道包络函数到激发态的包络函数的跃迁遵循选择定则，这对应于原子轨道中的$s \rightarrow p$跃迁（$\Delta l = \pm 1$）。

在多能谷半导体（有多个导带极小值）如 Si 中，施主电子的基态波函数可以写成：

$$\Psi_{\mathrm{g}}(\boldsymbol{r}) = \sum_{j} \alpha_{j,\mathrm{g}} F_{j,\mathrm{g}}(\boldsymbol{r}) \phi_{\boldsymbol{k}_{j0}}(\boldsymbol{r}) \tag{8.66}$$

$\phi_{\boldsymbol{k}_{j0}}(\boldsymbol{r})$是导带底部在$\boldsymbol{k}_{j0}$处的布洛赫函数，$F_{j,\mathrm{g}}(\boldsymbol{r})$是能带底部在$\boldsymbol{k}_{j0}$处的基态包络函数。同样，对于激发态，如果我们将包络函数记作$F_{j,\mathrm{e}}(\boldsymbol{r})$，那么可以写成：

$$\Psi_{\mathrm{e}}(\boldsymbol{r}) = \sum_{j} \alpha_{j,\mathrm{e}} F_{j,\mathrm{e}}(\boldsymbol{r}) \phi_{\boldsymbol{k}_{j0}}(\boldsymbol{r}) \tag{8.67}$$

波函数的跃迁概率与$\langle \Psi_{\mathrm{e}}(\boldsymbol{r}) | \boldsymbol{p} | \Psi_{\mathrm{g}}(\boldsymbol{r}) \rangle$相关，因此，通过与之前相同的讨论，我们有：

$$\begin{aligned}
&\frac{m_{\mathrm{e}}}{\mathrm{i}\hbar} \langle \Psi_{\mathrm{e}}(\boldsymbol{r}) | \boldsymbol{r}\mathcal{H} - \mathcal{H}\boldsymbol{r} | \Psi_{\mathrm{g}}(\boldsymbol{r}) \rangle \\
&= \frac{m_{\mathrm{e}}}{\mathrm{i}\hbar} (\mathcal{E}_{\mathrm{g}} - \mathcal{E}_{\mathrm{e}}) \langle \Psi_{\mathrm{e}}(\boldsymbol{r}) | \boldsymbol{r} | \Psi_{\mathrm{g}}(\boldsymbol{r}) \rangle \\
&= \frac{m_{\mathrm{e}}}{\mathrm{i}\hbar} (\mathcal{E}_{\mathrm{g}} - \mathcal{E}_{\mathrm{e}}) \sum_{j} \alpha_{j,\mathrm{e}}^{*} \alpha_{j,\mathrm{g}} \langle F_{j,\mathrm{e}}(\boldsymbol{r}) \phi_{\boldsymbol{k}_{j0}}(\boldsymbol{r}) | \boldsymbol{r} | F_{j,\mathrm{g}}(\boldsymbol{r}) \phi_{\boldsymbol{k}_{j0}}(\boldsymbol{r}) \rangle \\
&= \frac{m_{\mathrm{e}}}{\mathrm{i}\hbar} (\mathcal{E}_{\mathrm{g}} - \mathcal{E}_{\mathrm{e}}) \sum_{j} \alpha_{j,\mathrm{e}}^{*} \alpha_{j,\mathrm{s}} \langle F_{j,\mathrm{e}}(\boldsymbol{r}) \exp(\mathrm{i}\boldsymbol{k}_{j0} \cdot \boldsymbol{r}) u_{\boldsymbol{k}_{j0}}(\boldsymbol{r}) | \boldsymbol{r} | \times \\
&\quad F_{j,\mathrm{g}}(\boldsymbol{r}) \exp(\mathrm{i}\boldsymbol{k}_{j0} \cdot \boldsymbol{r}) u_{\boldsymbol{k}_{j0}}(\boldsymbol{r}) \rangle
\end{aligned} \tag{8.68}$$

积分是在整个晶体内进行的，但通常情况下，我们将其分解为对晶胞内的积分和对晶胞的求和，可得[㊀]：

$$\begin{aligned}
&\frac{m_{\mathrm{e}}}{\mathrm{i}\hbar} (\mathcal{E}_{\mathrm{g}} - \mathcal{E}_{\mathrm{e}}) \sum_{l} \sum_{j} \alpha_{j,\mathrm{e}}^{*} \alpha_{j,\mathrm{g}} F_{j,\mathrm{e}}^{*}(\boldsymbol{R}_l) \boldsymbol{R}_l F_{j,\mathrm{g}}(\boldsymbol{R}_l) \\
&\propto \frac{m_{\mathrm{e}}}{\mathrm{i}\hbar} (\mathcal{E}_{\mathrm{g}} - \mathcal{E}_{\mathrm{e}}) \sum_{j} \alpha_{j,\mathrm{e}}^{*} \alpha_{j,\mathrm{g}} \int_{\text{晶体整体}} F_{j,\mathrm{e}}^{*}(\boldsymbol{r}) \boldsymbol{r} F_{j,\mathrm{g}}(\boldsymbol{r}) \, \mathrm{d}\boldsymbol{r}
\end{aligned} \tag{8.69}$$

这个关系的基本性质与导带底部在$k = 0$处的施主的选择定则相同。

那么实验结果如何呢？图 8.7 展示了 Si 的施主电子（P）的光吸收谱。电子从 1s轨道向激发态的跃迁被观察到。因为与氢原子不同，用于求解包络函数的薛定谔方程不像式(5.18)那样是球对称的，所以导致了p态的能级分裂。由于p轨道中电子在施主原子位置的存在概率较低，因此不同主量子数的各p轨道不受杂质种类影响，具有相同的能级。图 8.8 是施主元素为 P 和 Li 的情况进行比较的结果。

㊀ 参考了川村肇,《半导体物理》第 2 版，书店出版社（1971）。

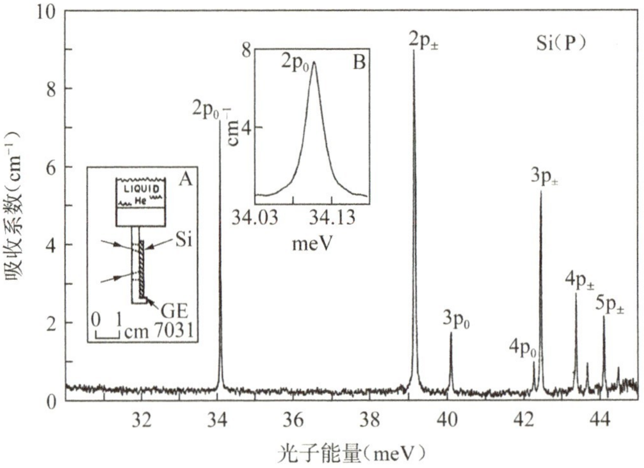

图 8.7 Si 半导体中磷（P）原子施主的光吸收谱

*n*和*p*与氢原子的符号相同。下标的 0 和±代表了磁量子数。

引用自：C. Jagannath, Z. W. Grabowski, and A. K. Ramdas, Phys. Rev.B, 23, 2082(1981)，有改动。

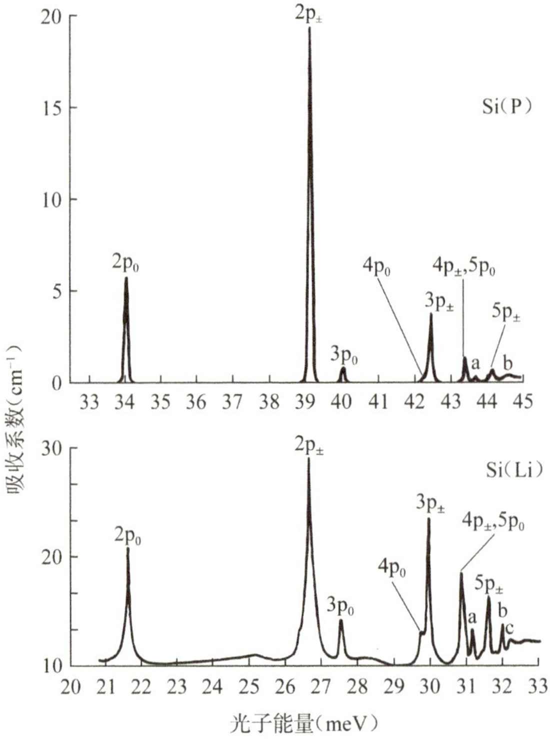

图 8.8 Si 半导体中磷（P）原子和锂（Li）原子施主的光吸收谱

引用自 R. A. Faulkner, Phys. Rev.,184, 713(1969)，有改动。

根据理论计算已知具有以下能级间隔：

$$
\begin{aligned}
&(2\mathrm{p}, m=\pm 1)-(2\mathrm{p}, m=0)=0.050\mathrm{eV} \\
&(3\mathrm{p}, m=\pm 1)-(2\mathrm{p}, m=\pm 1)=0.030\mathrm{eV}
\end{aligned} \tag{8.70}
$$

表 8.1 中显示了与实验结果的比较，理论计算结果与实验结果高度一致。

通过理论计算，已明确 Si 中施主的$2\mathrm{p}_{\pm}$轨道能级为$\mathcal{E}_{\mathrm{c}}-6.4$（meV）。根据这一事实以及从基态跃迁到$2\mathrm{p}_{\pm}$的能量得出了基态的能级，如图 8.9 所示。由于杂质的存在，基态的能级会有所不同，这被称为化学位移。此外，它比理论上得出的 1s态更深。这一结果表明，不同种类的杂质在电子靠近原子核的区域施加了大小有差异的引力作用，并且比库仑相互作用更强。

表 8.1　Si 半导体中由施主原子引起的光吸收谱的能级间隔差异（单位为 meV）

	P	As	Sb	Bi	理论值
$(2\mathrm{p}, m=\pm 1)-(2\mathrm{p}, m=0)$	5.0	5.2	4.7	5.07	5.0
$(3\mathrm{p}, m=\pm 1)-(2\mathrm{p}, m=\pm 1)$	3.1	3.25	3.4	3.44	3.0

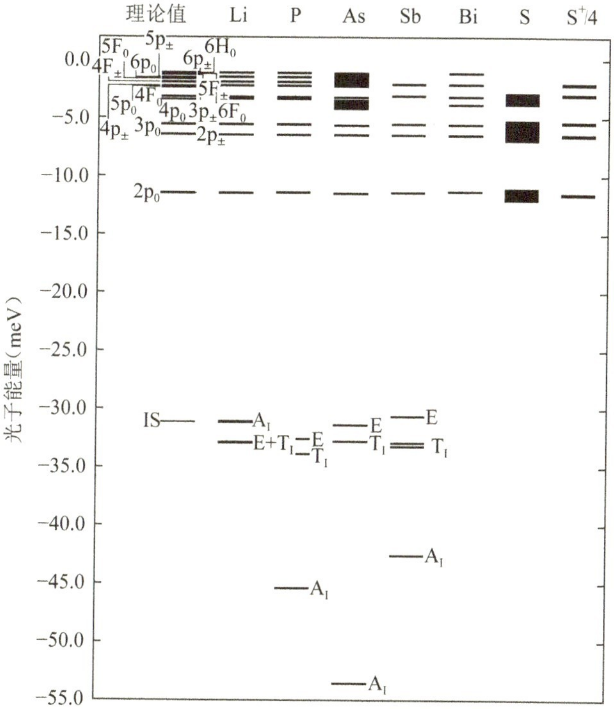

图 8.9　Si 中的施主能级

引用自 R. A. Faulkner, Phys. Rev.,184, 713(1969)。

此外，图 8.9 显示了 1*s*态的分裂，这种状态的存在是在提高测量温度后，通过热激发使电子占据到分裂的 1*s*高能态，然后使激发态的电子产生光跃迁，从而得到确认的。图 8.10 显示了其中一个示例。

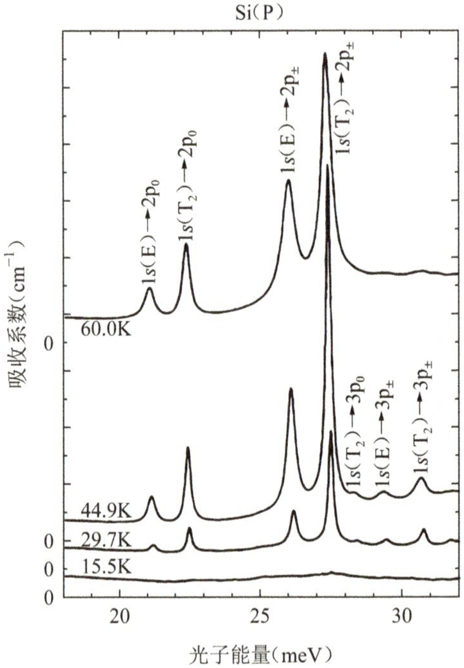

图 8.10　Si 半导体中 P 原子施主的光吸收谱的温度相关性

引用自 A. J. Mayur, M. D. Sciacca, A. K. Ramdas, and S. Rodriguez, Phys. Rev. B, 48, 10893(1993)，有改动。

需要注意的是，与图 8.7 中相比处于更低的能量区域。1*s*（T_2）→ $3p_{\pm}$等表示被占据的能级和跃迁终态。

CHAPTER 9

第 9 章

pn 结

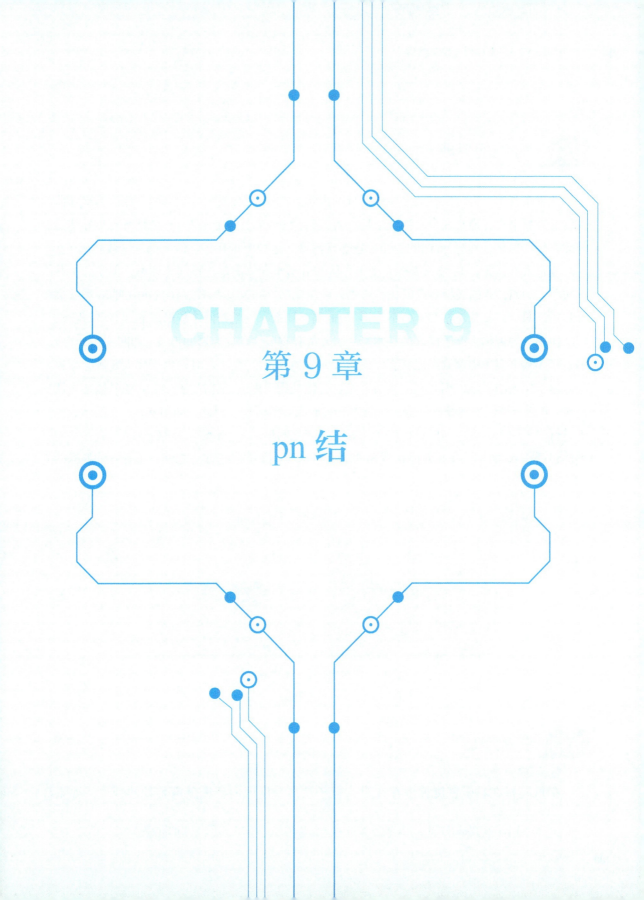

9-1 pn 结的形成方法

从本章开始，将讨论有关半导体器件的内容。首先，我们将介绍 pn 结。在许多半导体工程的教科书中，通常在介绍物性之后，首先讨论 pn 结。这是因为 pn 结是所有半导体器件的基础。但是，理解 pn 结的工作原理非常困难。这种困难在于它涉及处理少数载流子。

通常人们认为，pn 结只需将 p 型半导体和 n 型半导体简单连接起来即可，但实际上并不简单。例如，Si 的表面容易氧化，形成自然氧化层（SiO_2）。因此，仅仅将 p 型 Si 和 n 型 Si 接触，只会使氧化层接触，而不能形成 pn 结。那么，究竟如何才能形成 pn 结呢？现在，广泛使用一种被称为离子注入的技术。使用装备有质谱仪和加速器的设备，如图 9.1（a）所示，将 V族 P 离子加速到高能状态，然后注入 p 型 Si 中。在注入时，由于注入区域会导致晶体原子排列的混乱，因此在注入后需要进行热处理以恢复晶体结构。当 Si 的晶体结构恢复时，P 原子被嵌入到晶格位置，在晶体表层形成 n 型区域。因此，如图 9.1（b）所示，在未进行离子注入的区域与已进行离子注入的区域之间形成了 pn 结。其他 pn 结形成方法的示例包括在 p 型 Si 衬底上进行 n 型 Si 的外延生长㊀。除了这些方法之外，还有各种各样的方法来形成 pn结。

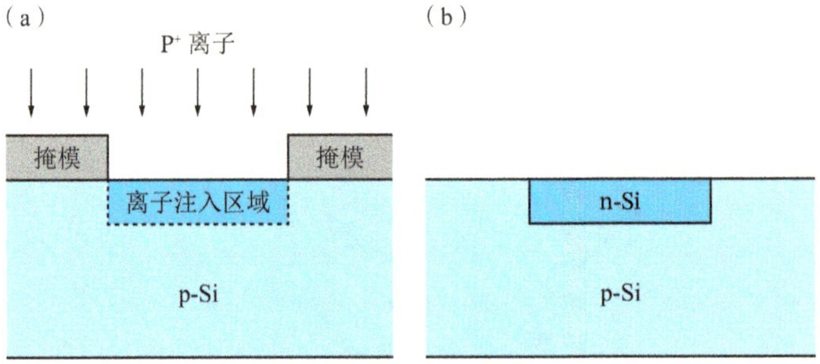

图 9.1 通过离子注入形成 pn 结

（a）离子注入过程，（b）激活热处理后形成的 pn 结。

9-2 扩散电流

扩散是指在粒子密度梯度存在时，粒子从高密度区向低密度区移动的现象。如果

㊀ 外延生长：通过在晶体衬底上生长单晶，使其与衬底的晶面对齐，可以生长出不同或相同种类的单晶。

粒子带有电荷，电荷会被搬运，从而产生电流。这就是扩散电流。在如图 9.2 所示的一维系统中，在$t = 0$时，假设粒子以类似于δ函数的密度分布存在。随着时间的推移，粒子会朝着图中箭头的方向移动，试图使密度分布均匀化。粒子的移动程度与密度梯度成比例，如果将位置x处的粒子密度表示为$n(x)$，那么粒子的移动程度与$-\partial n(x)/\partial x$成比例。负号表示粒子沿着密度梯度的反方向移动。可以用扩散系数D来表示粒子的流动$\boldsymbol{D}\{-\partial n(x)/\partial x\}$。

当粒子带有电荷时，电流就会流动。如果一个粒子携带电荷q，那么电流密度$J(x)$为：

$$\boldsymbol{J}(x) = -q\boldsymbol{D}\frac{\partial n(x)}{\partial x} \tag{9.1}$$

在三维空间中，可以很容易地想象出上式将形变为（设$\boldsymbol{D}$是与方向无关的常数）：

$$\boldsymbol{J}(\boldsymbol{r}) = -q\boldsymbol{D}\frac{\partial n(\boldsymbol{r})}{\partial \boldsymbol{r}} \tag{9.2}$$

如果存在电场，并且带电粒子具有密度梯度，那么电流将由两种效应共同引发。再次考虑一维系统，假设电场大小为$\boldsymbol{E}(x)$（>0），方向为$+x$。对于电子（$-e$：$e>0$），令$n_{\mathrm{e}}(x)$表示电子在位置x的密度，μ_{e}表示电子的迁移率，$\boldsymbol{D}_{\mathrm{e}}$表示电子的扩散系数，则有：

$$\boldsymbol{J}_{\mathrm{e}}(x) = (-e)n_{\mathrm{e}}(x)\{-\mu_{\mathrm{e}}\boldsymbol{E}(x)\} - (-e)\boldsymbol{D}_{\mathrm{e}}\frac{\partial n_{\mathrm{e}}(x)}{\partial x} \tag{9.3}$$

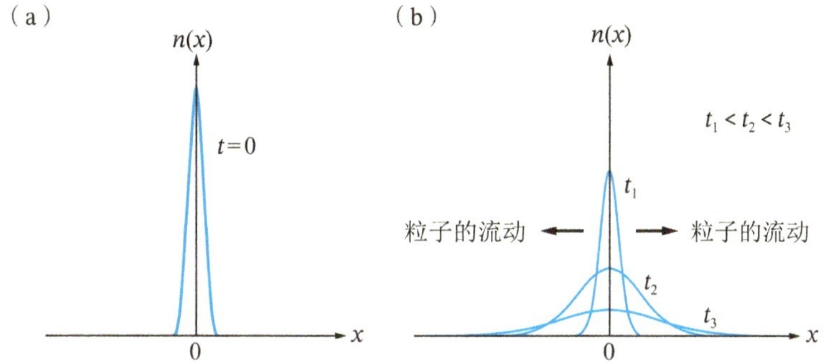

图 9.2　扩散现象

（a）扩散前的粒子分布状态，（b）由扩散引起的粒子分布变化。

对于空穴引起的电流，令$n_{\mathrm{h}}(x)$表示位置x的空穴密度，μ_{h}表示空穴迁移率，以及$\boldsymbol{D}_{\mathrm{h}}$表示空穴扩散系数，则有：

$$\boldsymbol{J}_{\mathrm{h}}(x) = (+e)n_{\mathrm{h}}(x)\{\mu_{\mathrm{h}}\boldsymbol{E}(x)\} - (+e)\boldsymbol{D}_{\mathrm{h}}\frac{\partial n_{\mathrm{h}}(x)}{\partial x} \tag{9.4}$$

如果，电子和空穴的分布均匀，并且电场保持不变，那么总电流值$\boldsymbol{J}=\boldsymbol{J}_{\mathrm{e}}+\boldsymbol{J}_{\mathrm{h}}$将为：㊀

$$\boldsymbol{J}=\boldsymbol{J}_{\mathrm{e}}+\boldsymbol{J}_{\mathrm{h}}-e(n_{\mathrm{e}}\mu_{\mathrm{e}}+n_{\mathrm{h}}\mu_{\mathrm{h}})\boldsymbol{E} \tag{9.5}$$

现在，假设我们在 n 型半导体中按照图 9.3 的方式调整了施主浓度。在这种情况下，假设没有外加电场，电子将从高密度区域向低密度区域扩散，以使得密度分布趋向均匀。因此，图中左侧带正电荷，右侧带负电荷。这导致了如图所示的电场产生，该电场抑制了电子的扩散。在热平衡状态下，样品内部没有电荷流动（电流），因此可以在式(9.3)中令$\boldsymbol{J}_{\mathrm{e}}(x)=0$，于是（假设$\partial n_{\mathrm{e}}(x)/\partial x<0$）：

$$n_{\mathrm{e}}(x)\mu_{\mathrm{e}}\boldsymbol{E}(x)=-\boldsymbol{D}_{\mathrm{e}}\frac{\partial n_{\mathrm{e}}(x)}{\partial x} \tag{9.6}$$

假设电子的密度分布遵循玻尔兹曼分布，那么可以表示为：

$$n_{\mathrm{e}}(x)=\boldsymbol{A}\exp\left[-\frac{(-e)\phi(x)}{k_{\mathrm{B}}T}\right] \tag{9.7}$$

这里，$\phi(x)$代表电位㊁，由$\boldsymbol{E}(x)=-\partial\phi(x)/\partial x$得到：

$$\mu_{\mathrm{e}}=\frac{e\boldsymbol{D}_{\mathrm{e}}}{k_{\mathrm{B}}T} \tag{9.8}$$

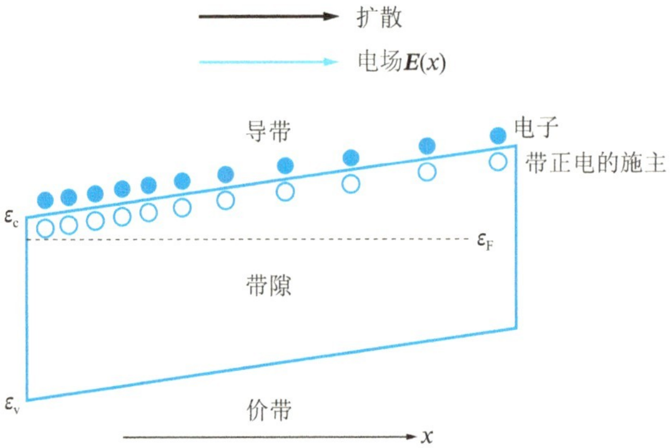

图 9.3　当半导体中存在着施主浓度分布时的能带结构
电子通过扩散沿着+x方向移动

这称为爱因斯坦关系。另外，在图中有一条标明费米能级保持不变的虚线，稍后会对此进行解释。

㊀ 注意与式(7.8)的电场方向不同。
㊁ 虽然在满足布洛赫定理的波函数中使用了相同的符号，但这里$\phi(x)$表示电位。

电场引起的漂移与迁移率有关，而与扩散（布朗运动）有关的扩散系数$\boldsymbol{D}$之间存在着奇妙的关联。如果存在与弛豫时间具有共同机制的情况，比如由晶格振动引起的散射导致了扩散（布朗运动），那么式(9.8)将成立。这种关系也适用于空穴，但需要注意的是，只有当载流子的分布遵循玻尔兹曼统计，如式(9.7)所示，这种关系才成立。

9-3 pn 结附近发生的现象

首先考虑未接合的 n 型 Si 和 p 型 Si。将电子从导带激发到真空能级所需的能量称为电子亲和能（见图 9.4 中的$e\chi$）。根据定义，它对于 n 型和 p 型材料来说是相同的能量。另一方面，将电子从费米能级迁移到真空能级所需的能量称为功函数（见图 9.4 中的$e\phi$）。在室温附近，n 型 Si 的费米能级位于导带附近，而 p 型 Si 的费米能级位于价带附近。因此，如图 9.4 所示，n 型（$e\phi_{\mathrm{n}}$）和 p 型（$e\phi_{\mathrm{p}}$）的功函数是不同的。

现在，假设通过某种方法形成了 pn 结。n 型 Si 中存在大量电子（电子密度$n_{\mathrm{e,n0}}$），而空穴非常稀少（空穴密度$n_{\mathrm{h,n0}} = n_{\mathrm{e,i}}{}^2/n_{\mathrm{e,n0}} = n_{\mathrm{h,i}}{}^2/n_{\mathrm{e,n0}}$）。另外，p 型 Si 中存在大量空穴（空穴密度$n_{\mathrm{h,p0}}$），但电子非常稀少（电子密度$n_{\mathrm{e,p0}} = n_{\mathrm{e,i}}{}^2/n_{\mathrm{h,p0}} = n_{\mathrm{h,i}}{}^2/n_{\mathrm{h,p0}}$）。例如，在室温下，本征半导体 Si 的载流子浓度约为$n_{\mathrm{e,i}} = n_{\mathrm{h,i}} \approx 10^{10}\mathrm{cm}^{-3}$，因此，如果考虑$n_{\mathrm{e,n0}} = 10^{16}\mathrm{cm}^{-3}$的 n 型半导体，那么$n_{\mathrm{h,n0}} \approx 10^4\mathrm{cm}^{-3}$。

作为多数载流子的 n 型 Si 中的电子和 p 型 Si 中的空穴将通过扩散向密度较低的方向移动至 pn 结界面。进入 p 型区域的电子将与多数载流子的空穴发生复合，从而达到了低能量状态。

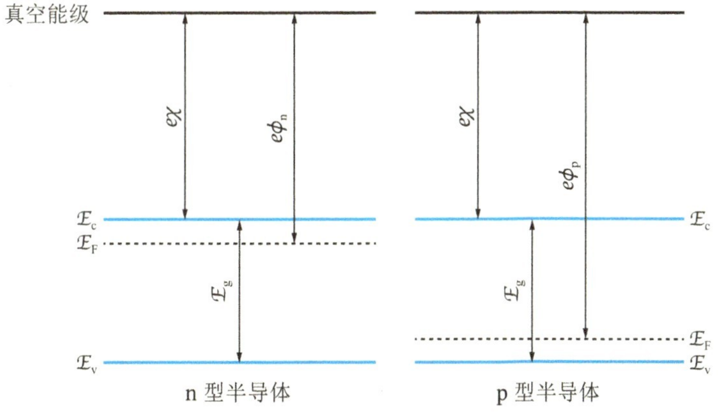

图 9.4　n 型半导体和 p 型半导体的电子亲和能$e\chi$和功函数($e\phi_{\mathrm{n}}, e\phi_{\mathrm{p}}$)的定义

其中，$\mathcal{E}_{\mathrm{g}}$是带隙。

同样，进入 n 型区域的空穴可以通过与多数载流子电子复合来使电子跃迁到低能量状态。如果只考虑电子和空穴做的扩散和复合，那么在经过长时间后，电子和空穴似乎会均匀分布在构成 pn 结的整个硅晶体中，并通过复合过程减少数量以实现稳定状态。然而，这种考虑方式是错误的。问题出在哪里呢？

上述错误的原因在于未考虑到 n 型区域的带正电施主和 p 型区域的带负电受主。这些是嵌入晶格中的不可移动的固定电荷。现在，当 n 型区域的电子靠近 p 型区域的界面时，n型区域会出现带正电的施主。同样，当 p 型区域的空穴移动到 n 型区域时，p 型区域会出现带负电的受主。像这样低载流子浓度的区域，其中出现了带正电的施主和带负电的受主，称为耗尽层（depletion layer）。由于载流子数量少，耗尽层是绝缘的。

对于从 n 型区域流向 p 型区域的带有负电荷的电子而言，p 型区域中带有负电荷的受主区域是一个高能量的区域。这是因为带有电荷的施主和受主导致了如图 9.5（a）所示的电场的产生，因此将电子移动到带有受主的区域需要做功。从另一个角度来看，将 n 型区域的电子移动到带有负电荷的受主区域可能会受到库仑斥力的作用，从而使电子进入高能量状态。类似的情况也适用于空穴。在热平衡状态下，扩散引起的载流子流动和电场引起的载流子流动（漂移）达到平衡状态并稳定下来，如图 9.5（b）所示。

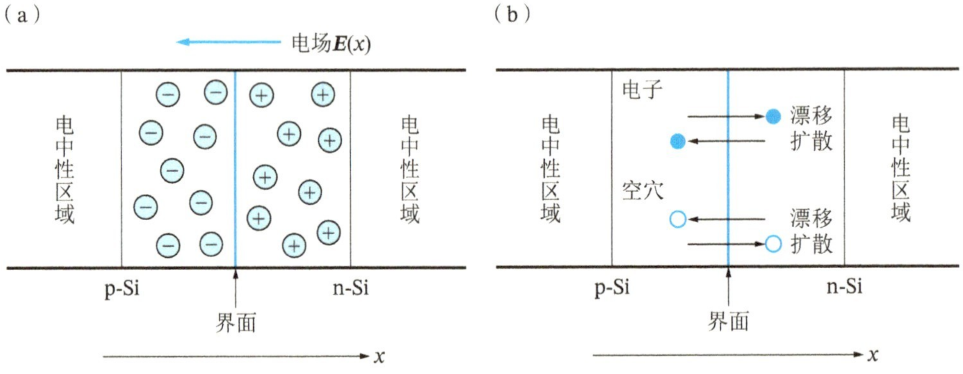

图 9.5　pn 结附近的（a）电荷分布和（b）漂移、扩散

远离界面的 p 型区域，由于同时存在空穴和带负电的受主，因此是电中性的。

同样，远离界面的 n 型区域是电中性的。在这种电中性的区域中，不存在电场，因此有一个固定的能量（固定的电位）。pn 结形成了如图 9.6 所示的能带结构。图 9.6 是一个能带图，纵轴表示电子的能量。在热平衡状态下，势垒的大小用从扩散电位或内建电位ϕ_b得到的$e\phi_b$表示，势垒的大小会是多少呢？

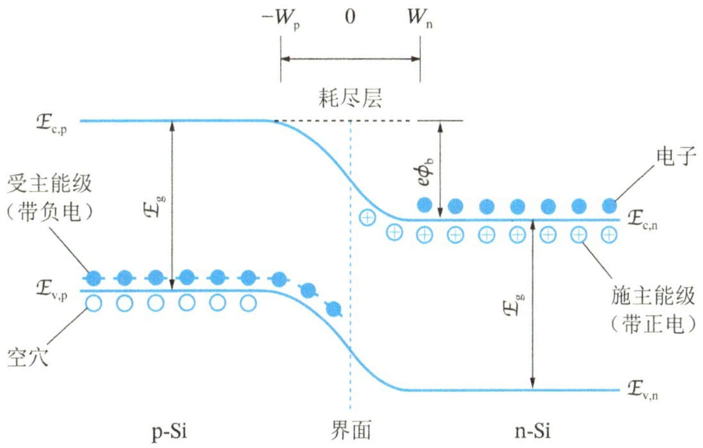

图 9.6　由 pn 结形成的能带结构

很容易想象，热平衡状态下物质内部没有电流流动。如果有电流流动，那么在物质内部流动的电流会导致电荷平衡，最终形成没有电流流动的状态。首先，让我们考虑空穴。在热平衡状态下的耗尽层内，扩散和漂移平衡，导致净电流不流动，因此式(9.4)如下所示：

$$J_h(x) = en_h(x)\{-\mu_h E(x)\} - eD_h \frac{\partial n_h(x)}{\partial x} = 0 \tag{9.9}$$

这个表达式可以通过使用爱因斯坦关系$\mu_h/D_h = e/(k_B T)$和$-E(x) = -\partial\phi(x)/\partial x$转化为：

$$\frac{k_B T}{e}\int_{n_h(-W_p)}^{n_h(W_n)} \frac{1}{n_h(x)} dn_h = -\int_{-W_p}^{W_n} \frac{\partial\phi(x)}{\partial x} dx \tag{9.10}$$

上式中，n 型区域的耗尽层宽度被表示为W_n，p 型区域的耗尽层宽度被表示为W_p。求解在位置$x = W_n$和$x = -W_p$处的电位差得到：

$$\phi(W_n) - \phi(-W_p) = \phi_b = \frac{k_B T}{e} \ln\left[\frac{n_h(-W_p)}{n_h(W_n)}\right] \tag{9.11}$$

这个关系表明，在耗尽层的边界，空穴的密度遵循玻尔兹曼分布。考虑到爱因斯坦关系是基于玻尔兹曼分布得出的，这是一个合理的结论。

pn 结的费米能级在热平衡状态下是恒定的，不依赖于位置。这可以通过将其类比为湖泊来理解。现在，如果存在两个独立的湖，它们的水面高度可以不同。

然而，当两个湖连接在一起时，水流会产生，两个湖的水面高度将相等。与这个水面相对应的就是费米能级。这种想法对于金属来说直观易懂。但是，半导体的费米能级位于带隙中，所以需要略微不同的视角。当形成 pn 结并成为一个整体物质时，在热平衡状态下，无论是在 n 型区域还是 p 型区域，如果具有相同的能量，则电子数或空穴数必须相同。否则，将产生载流子的流动。因此，需要一个同时适用于 n 型和 p 型区域的能量基准。这就是费米能级，在热平衡状态下如图 9.7 所示，它被定义为在 n 型和 p 型区域中共有的$\mathcal{E}_F$。因此，势垒的大小为$e\phi_b = \mathcal{E}_{c,p} - \mathcal{E}_{c,n} = \mathcal{E}_{F,n} - \mathcal{E}_{F,p} > 0$。其中，$\mathcal{E}_{F,n}$和$\mathcal{E}_{F,p}$是 n 型和 p 型半导体在各自独立存在时的热平衡状态费米能级。另外，$\mathcal{E}_{c,n}$，$\mathcal{E}_{c,p}$是 n 型区域和 p 型区域导带的能量。

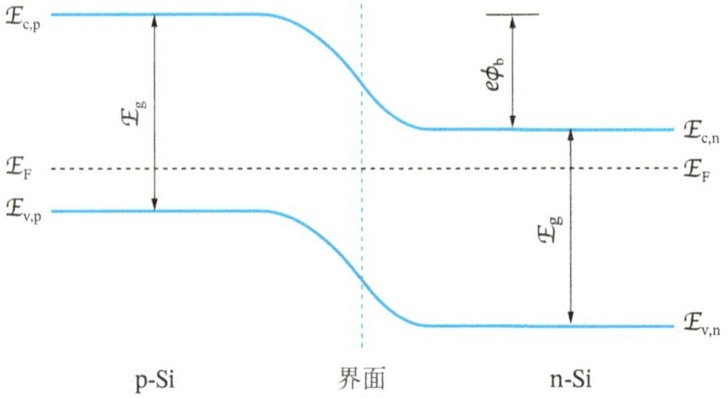

图 9.7　热平衡状态下的 pn 结费米能级

在热平衡状态下，pn 结 n 型区域导带的电子密度为：

$$n_{e,b0} = N_c \exp\left(-\frac{\mathcal{E}_{c,n} - \mathcal{E}_F}{k_B T}\right) \tag{9.12}$$

另一方面，p 型区域导带中的电子密度是：

$$n_{e,p0} = N_c \exp\left(-\frac{\mathcal{E}_{e,p} - \mathcal{E}_F}{k_B T}\right) \tag{9.13}$$

这个式子可以转化成如下形式：

$$n_{e,p0} = N_c \exp\left(-\frac{\mathcal{E}_{c,n} - \mathcal{E}_F}{k_B T}\right) \exp\left(-\frac{\mathcal{E}_{c,p} - \mathcal{E}_{c,n}}{k_B T}\right) = n_{e,n0} \exp\left(-\frac{e\phi_b}{k_B T}\right) \tag{9.14}$$

与在 n 型区域中位于能量$\mathcal{E}_{c,p}$的位置上的电子密度相等。同样，p 型区域和 n 型区域的空穴密度是：

$$n_{h,p0} = N_v \exp\left(-\frac{\mathcal{E}_F - \mathcal{E}_{v,p}}{k_B T}\right) \tag{9.15}$$

$$n_{h,n0} = n_{h,p0} \exp\left(-\frac{e\phi_b}{k_B T}\right) \tag{9.16}$$

其中，$\mathcal{E}_{v,p}$是 p 型区域价带的能量。

9-4 热平衡状态下的 pn 结能带图

n 型区域的施主密度为N_D，p 型区域的受主密度为N_A，n 型区域侧的耗尽层宽度为W_n，p 型区域侧的耗尽层宽度为W_p。如图 9.8（a）所示，电场线从施主出发并终止于受主，因此电场呈现出图 9.8（b）所示的强度分布。由于电场线的起点和终点数量相等，应该满足$N_D W_n = N_A W_p$（这一点将在后文证明）。电场产生的势能形状可以通过泊松方程和高斯定理来求解，在这里我们将使用高斯定理。关于如何使用泊松方程来求解势能形状的方法将在后文介绍，但泊松方程和高斯定理之间存在以下关系。高斯定理一般写作如下形式：

$$\int_S \boldsymbol{D}\,\mathrm{d}\boldsymbol{s} = \int_V q(\boldsymbol{r})\,\mathrm{d}\boldsymbol{r} \tag{9.17}$$

左边是闭合曲面的面积积分，右边是在闭合曲面内的体积积分。根据矢量分析的公式，左边可以表示为：

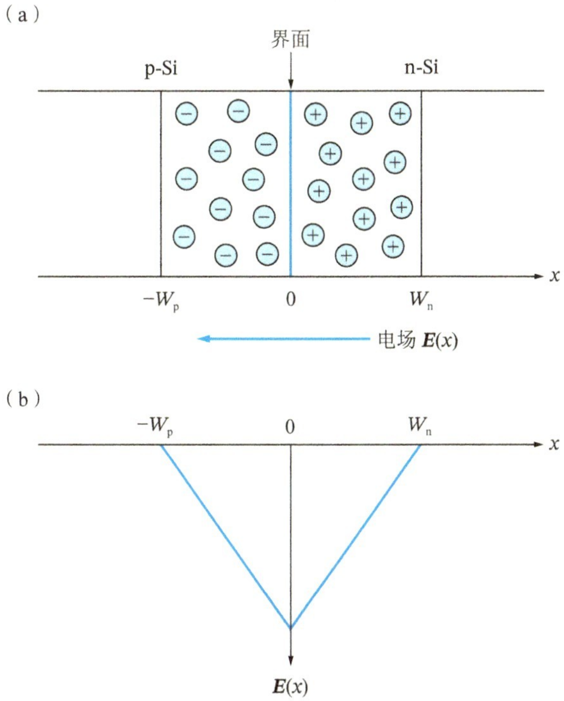

图 9.8　pn 结中的（a）空间电荷分布和（b）电场分布

$$\int_S \boldsymbol{D}\mathrm{d}\boldsymbol{s} = \int_V \mathrm{div}\,\boldsymbol{D}\mathrm{d}\boldsymbol{r} = \int_V \mathrm{div}(\mathcal{E}\boldsymbol{E})\,\mathrm{d}\boldsymbol{r} = \mathcal{E}\int_V \mathrm{div}[-\mathrm{grad}\,\phi(\boldsymbol{r})]\,\mathrm{d}\boldsymbol{r} \tag{9.18}$$

根据这个关系，可以得出泊松方程：

$$\mathrm{div}\,\mathrm{grad}\,\phi(\boldsymbol{r}) = \nabla^2\phi(\boldsymbol{r}) = -\frac{q(\boldsymbol{r})}{\varepsilon} \tag{9.19}$$

这里，$\mathcal{E}$（$=\mathcal{E}_0\mathcal{E}_s$）代表硅的介电常数。

现在，考虑一个具有单位面积的长方体 pn 结。将样品的长度方向设为x轴，界面的x坐标设为$x=0$，电场方向与x轴平行，位置x处的电场为$\boldsymbol{E}(x)$（矢量）。根据图 9.9 中虚线所示的封闭曲面（想象为比样品的截面稍微大一点的长方体），应用高斯定理：

$$-\boldsymbol{i}\cdot\varepsilon\boldsymbol{E}_\mathrm{n}(x) = e(W_\mathrm{n}-x)N_\mathrm{D} \tag{9.20}$$

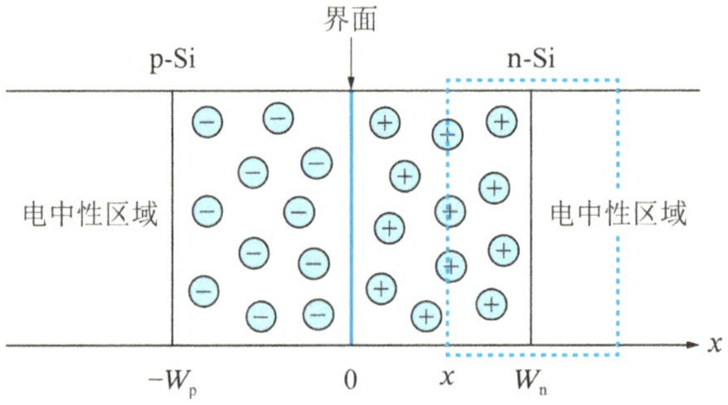

图 9.9　在 n 型区域应用高斯定理

这里，$\boldsymbol{i}$是x轴方向的单位矢量，左边的减号表示面积积分的面积元朝着$-x$方向。下标 n 表示 n 型区域。另外，没有电场矢量存在的表面的面积积分等于零，因此已经从式(9.20)中移除了这些面的面积积分。由此得到电场为$\boldsymbol{E}_\mathrm{n}(x) = -\boldsymbol{i}[e(W_\mathrm{n}-x)N_\mathrm{D}]/\varepsilon$，并且朝着$-x$方向。

接下来，电场和电位之间的关系为：

$$\boldsymbol{E}(\boldsymbol{r}) = -\mathrm{grad}\,\phi(\boldsymbol{r}) \tag{9.21}$$

通过这个方程可以求解$\phi(\boldsymbol{r})$。由于电场仅存在于x轴方向，因此式(9.21)只需要考虑x。假设在$x=0$处$\phi_\mathrm{n}(0)=0$，那么有：

$$\phi_\mathrm{n}(x) = \frac{e}{\varepsilon}N_\mathrm{D}\left(W_\mathrm{n}x - \frac{x^2}{2}\right) \tag{9.22}$$

同样，对于 p 型区域，（如图 9.10 所示）使用高斯定理时，得到如下表达式：

$$+\boldsymbol{i}\cdot\varepsilon\boldsymbol{E}_\mathrm{p}(x) = -e\{x-(-W_\mathrm{p})\}N_\mathrm{A} \tag{9.23}$$

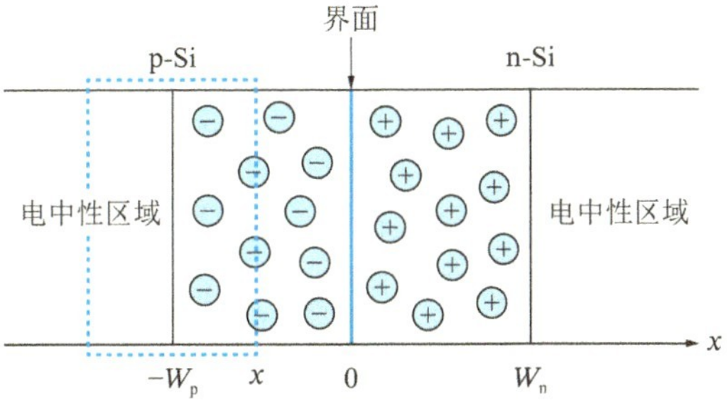

图 9.10　在 p 型区域应用高斯定理

左边的$+\boldsymbol{i}$表示面积积分的面积元矢量朝向$+x$方向。另一方面，右边是闭合曲面内的电荷量。根据电场和电位的关系得到：

$$\phi_p(x) = \frac{e}{\varepsilon} N_A \left(W_p x + \frac{x^2}{2} \right) \tag{9.24}$$

由于在界面$x = 0$ 处电场线的数量是相等的，因此在这个位置的电场应该是相同大小的。根据式(9.20)和式(9.23)，下式成立：

$$W_n N_D = W_p N_A \tag{9.25}$$

而且，在$x = W_n$处的$\phi_n(W_n)$和在$x = -W_p$处的$\phi_p(-W_p)$之间的差是电位差ϕ_b：

$$\phi_b = \frac{e}{2\varepsilon}\left(N_D W_n^2 + N_A W_p^2\right) \tag{9.26}$$

用能量表示的话，就是：

$$(-e)\phi_b = \mathcal{E}_{c,n} - \mathcal{E}_{c,p} = \mathcal{E}_{v,n} - \mathcal{E}_{v,p} = \mathcal{E}_{F,p} - \mathcal{E}_{F,n} \tag{9.27}$$

需要注意扩散电位ϕ_b正如其名称所示，是电位而不是能量。根据式(9.25)和式(9.26)，可以分别求得W_n和W_p是：

$$W_n = \left\{ \frac{2\mathcal{E}}{e} \frac{N_A \phi_b}{(N_D + N_A) N_D} \right\}^{1/2} \tag{9.28}$$

$$W_p = \left\{ \frac{2\mathcal{E}}{e} \frac{N_D \phi_b}{(N_D + N_A) N_A} \right\}^{1/2} \tag{9.29}$$

扩散电位$\phi_b = \left(\mathcal{E}_{F,n} - \mathcal{E}_{F,p}\right)/e$是多大呢？如果将本征半导体的费米能量记为$\mathcal{E}_{F,i}$，则根据玻尔兹曼统计得到：

$$\frac{n_{e,n0}}{n_{e,i0}} = \frac{N_D}{n_{e,i0}} = \exp\left(\frac{\mathcal{E}_{F,n} - \mathcal{E}_{F,i}}{k_B T}\right) \tag{9.30}$$

$$\frac{n_{h,p0}}{n_{h,i0}} = \frac{N_A}{n_{e,i0}} = \frac{N_A}{n_{h,i0}} = \exp\left(\frac{\mathcal{E}_{F,i} - \mathcal{E}_{F,p}}{k_B T}\right) \tag{9.31}$$

从而有：

$$-e\phi_b = \mathcal{E}_{F,n} - \mathcal{E}_{F,p} = k_B T \ln\left(\frac{N_A N_D}{n_{e,i0}{}^2}\right) \tag{9.32}$$

关于具体的示例，假设$N_D = N_A = 10^{17}\text{cm}^{-3}$，那么$e\phi_b \approx 0.83\text{eV}$，$W_n = W_p \approx 70\text{nm}$。

9-5 连续性方程

在这里我们考虑由光和热引起的少数载流子的生成、移动以及消失过程。因为各种现象都包含在一个方程中，所以变得很复杂。这个方程被称为连续性方程。在涉及 pn 结和双极型器件（本书不讨论）等少数载流子影响器件特性的情况下，连续性方程非常重要。不关注多数载流子的原因是，尽管存在载流子的生成、消失和移动，但多数载流子的数量本来就很多，变化量可以认为是微小的。

为了简化问题，考虑一个具有单位截面积的 n 型硅，如图 9.11 所示。少数载流子是空穴。考虑被夹在x和$x + \Delta x$之间的微小区域。这个微小区域内的少数载流子，也就是空穴的密度随时间的变化可以分为两个部分。第一个部分是由于光和热引起的空穴生成和复合导致的空穴消失，第二个部分是由于流动导致的空穴密度变化。

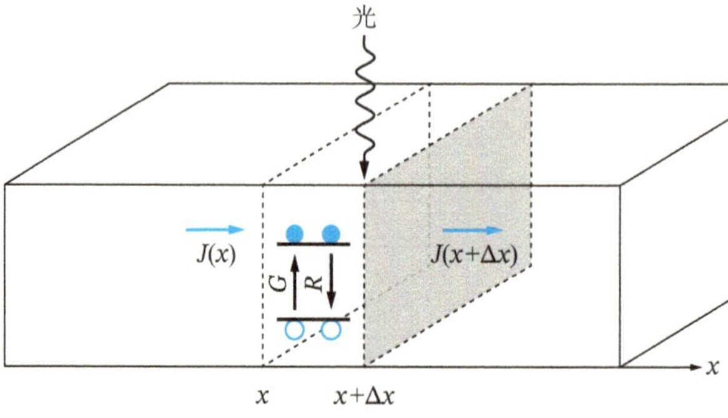

图 9.11　关于连续性方程的模型

首先，考虑生成和消失引起的变化。如果生成多于消失，那么这个微小区域内的空穴数量将增加。这个数量随时间的变化可以写成如下形式[㊀]：

$$\frac{\mathrm{d}n_{h,n}(x)}{\mathrm{d}t} \times \Delta x = (G - R) \times \Delta x \tag{9.33}$$

㊀ $n_{h,n}(x)$表示 n 型区域位置x处的空穴密度。

其中，G表示空穴的生成率，R表示由于复合导致的消失率。在热平衡状态下，通过热激发形成电子-空穴对和电子-空穴对由于复合而消失的过程同时发生，这两个过程达到平衡，空穴密度在时间上不会变化。因此，在热平衡状态下，通过热激发引起的生成率记为$G_{\mathrm{thermal},0}$，消失比例记为$R_{\mathrm{thermal},0}$，$G_{\mathrm{thermal},0} = R_{\mathrm{thermal},0}$成立。对于$R_{\mathrm{thermal},0}$，存在关系$R_{\mathrm{thermal},0} = \gamma n_{\mathrm{e,n0}} n_{\mathrm{h,n0}}$。其中，$\gamma$是一个比例常数。

现在，考虑由光激发引起的生成率，记为G^*_{photo}。此外，定义光激发导致从价带跃迁到导带的偏离热平衡状态的载流子数量为$\Delta n_{\mathrm{e,n}} = \Delta n_{\mathrm{h,n}}$。$n_{\mathrm{h,n}}(x) = n_{\mathrm{h,n0}} + \Delta n_{\mathrm{h,n}}(x)$，因此有：

$$\frac{\mathrm{d}n_{\mathrm{h,n}}(x)}{\mathrm{d}t} \times \Delta x = (G^*_{\mathrm{photo}} + G_{\mathrm{thermal},0} - R) \times \Delta x \tag{9.34}$$

复合率R，在满足$n_{\mathrm{e,n0}} \gg \Delta n_{\mathrm{e,n}} = \Delta n_{\mathrm{h,n}} > n_{\mathrm{h,n0}}$的小注入光激发条件下：

$$\begin{aligned} R &= \gamma(n_{\mathrm{e,n0}} + \Delta n_{\mathrm{e,n}})(n_{\mathrm{h,n0}} + \Delta n_{\mathrm{h,n}}) \\ &\approx G_{\mathrm{thermal},0} + \gamma n_{\mathrm{h,n0}} \Delta n_{\mathrm{e,n}} + \gamma n_{\mathrm{e,n0}} \Delta n_{\mathrm{h,n}} \\ &\approx G_{\mathrm{thermal},0} + \gamma n_{\mathrm{e,n0}} \Delta n_{\mathrm{h,n}} \end{aligned} \tag{9.35}$$

因此：

$$\begin{aligned} \frac{\mathrm{d}n_{\mathrm{h,n}}(x)}{\mathrm{d}t} \times \Delta x &= \{G^*_{\mathrm{photo}} + G_{\mathrm{thermal},0} - (G_{\mathrm{thermal},0} + \gamma n_{\mathrm{e,n0}} \Delta n_{\mathrm{h,n}})\} \times \Delta x \\ &= (G^*_{\mathrm{photo}} - \gamma n_{\mathrm{e,n0}} \Delta n_{\mathrm{h,n}}) \times \Delta x \end{aligned} \tag{9.36}$$

接下来考虑由少数载流子流动引起的空穴密度变化。设在位置x处的空穴电流为$J_{\mathrm{h}(x)}$，而在$x + \Delta x$处的空穴电流为$J_{\mathrm{h}}(x + \Delta x)$。如果$J_{\mathrm{h}}(x) > J_{\mathrm{h}}(x + \Delta x)$，那么在微小区域内会积累空穴，少数载流子的密度会增加。这种关系可以用以下方程表示：

$$\frac{\mathrm{d}n_{\mathrm{h,n}}(x)}{\mathrm{d}t} \times \Delta x = \frac{1}{e}\{J_{\mathrm{h}}(x) - J_{\mathrm{h}}(x + \Delta x)\} = -\frac{1}{e}\left\{\frac{\partial J_{\mathrm{h}}(x)}{\partial x}\right\}\Delta x \tag{9.37}$$

如果假设两个现象独立发生，那么净变化量将是这两个现象的总和：

$$\frac{\mathrm{d}n_{\mathrm{h,n}}(x)}{\mathrm{d}t} \times \Delta x = (G^*_{\mathrm{photo}} - \gamma n_{\mathrm{e,n0}} \Delta n_{\mathrm{h,n}}) \times \Delta x - \frac{1}{e}\left\{\frac{\partial J_{\mathrm{h}}(x)}{\partial x}\right\}\Delta x \tag{9.38}$$

令$\gamma n_{\mathrm{e,n0}} = 1/\tau_{\mathrm{h}}$，则可以写成：

$$\frac{\mathrm{d}n_{\mathrm{h,n}}(x)}{\mathrm{d}t} = \left\{G^*_{\mathrm{photo}} - \frac{n_{\mathrm{h,n}}(x) - n_{\mathrm{h,n0}}}{\tau_{\mathrm{h}}}\right\} - \frac{1}{e}\left\{\frac{\partial J_{\mathrm{h}}(x)}{\partial x}\right\} \tag{9.39}$$

将电场$E(x) = E$（E为固定值）代入方程(9.4)后，得到：

$$\frac{\mathrm{d}n_{\mathrm{h,n}}(x)}{\mathrm{d}t} = G^*_{\mathrm{photo}} - \frac{n_{\mathrm{h,n}}(x) - n_{\mathrm{h,n0}}}{\tau_{\mathrm{h}}} - \frac{\partial\{n_{\mathrm{h,n}}(x)\mu_{\mathrm{h}}(x)E\}}{\partial x} + D_{\mathrm{h}}\frac{\partial^2 n_{\mathrm{h,n}}(x)}{\partial x^2} \tag{9.40}$$

现在，假设$E = 0$，也就是扩散主导了载流子的流动，则下式成立：

$$\frac{dn_{h,n}(x)}{dt}=G^*_{photo}-\frac{n_{h,n}(x)-n_{h,n0}}{\tau_h}+D_h\frac{\partial^2 n_{h,n}(x)}{\partial x^2} \tag{9.41}$$

同样，对于 p 型硅中的电子，连续性方程是：

$$\frac{dn_{e,p}(x)}{dt}=G^*_{photo}-\frac{n_{e,p}(x)-n_{e,p0}}{\tau_e}+\frac{\partial\{n_{e,p}(x)\mu_e(x)E\}}{\partial x}+D_e\frac{\partial^2 n_{e,p}(x)}{\partial x^2} \tag{9.42}$$

在$E=0$的情况下：

$$\frac{dn_{e,p}(x)}{dt}=G^*_{photo}-\frac{n_{e,p}(x)-n_{e,p0}}{\tau_e}+D_e\frac{\partial^2 n_{e,p}(x)}{\partial x^2} \tag{9.43}$$

如果光激发在$t=0$时消失，那么之后随时间变化中$G^*_{photo}=0$，得到：

$$\frac{dn_{h,n}(x)}{dt}=-\frac{n_{h,n}(x)-n_{h,n0}}{\tau_h}+D_h\frac{\partial^2 n_{h,n}(x)}{\partial x^2} \tag{9.44}$$

$$\frac{dn_{e,p}(x)}{dt}=-\frac{n_{e,p}(x)-n_{e,p0}}{\tau_e}+D_e\frac{\partial^2 n_{e,p}(x)}{\partial x^2} \tag{9.45}$$

方程(9.44)和(9.45)的含义是，如果在没有电场的情况下，在位置x处存在非平衡少数载流子，它们将通过复合和扩散来减少数量。即使在没有电场的特定区域中由于某种原因而注入了非平衡少数载流子，只要在所考虑的区域内没有非平衡少数载流子的生成，少数载流子的数量也会因复合和扩散而减少。

9-6 正向电流

考虑 pn 结的正向电流。将能带平坦的区域称为电中性区域。电压被施加在样品的两端，但这个电压应该也会分布到电中性区域。p 型电中性区域和 n 型电中性区域具有电阻，电流通过时会产生电压降。然而，在这里我们考虑理想条件，即在电中性区域内电场$E=0$。这样考虑的原因是，结区的耗尽层因为没有载流子存在，所以电阻很高。因此，电流在 pn 结中流动时，电压几乎全部施加在耗尽层上。

在 pn 结中，从 n 型区域进入 p 型电中性区域的电子，由于假设该区域的电场为 0，不能通过漂移来移动，只能通过扩散移动。在没有少数载流子生成且没有电场的条件下，连续性方程（扩散方程）是：

$$\frac{dn_{e,p}(x)}{dt}=-\frac{n_{e,p}(x)-n_{e,p0}}{\tau_e}+D_e\frac{\partial^2 n_{e,p}(x)}{\partial x^2} \tag{9.46}$$

在始终存在着一定载流子注入的恒定状态下，$dn_{e,p}(x)/dt=0$，因此有：

$$0=-\frac{n_{\mathrm{e,p}}(x)-n_{\mathrm{e,p0}}}{\tau_{\mathrm{e}}}+D_{\mathrm{e}}\frac{\partial^2 n_{\mathrm{e,p}}(x)}{\partial x^2} \tag{9.47}$$

将 p 型区域侧的耗尽层边界位置设为$x=-W_{\mathrm{p}}'$。为了解方程(9.47)，需要定义$x=-W_{\mathrm{p}}'$处的电子密度。考虑玻尔兹曼分布，从 n 型区域进入 p 型区域导带能量位置的电子数量会是$n_{\mathrm{e,n0}}\exp[-e(\phi_{\mathrm{b}}-V)/(k_{\mathrm{B}}T)]$（其中$V>0$）。这个值等于$n_{\mathrm{e,p0}}\exp[eV/(k_{\mathrm{B}}T)]$，比在热平衡状态下的 p 型区域电子密度$n_{\mathrm{e,p0}}$大$\exp[eV/(k_{\mathrm{B}}T)]$倍。如果我们假定$V=1.0\mathrm{V}$，那么在室温下约为$10^{17}$倍，这表示有大量的电子被注入。这个关系在施加恒定外部电压的情况下始终成立。然而，在$x\leqslant-W_{\mathrm{p}}'$的区域，存在大量的空穴，电子会与它们复合，因此随着x的减小（朝负方向增大，远离 pn 结界面），电子数量会减少，当$x=-\infty$时，电子密度趋向于电中性状态的密度，因此$n_{\mathrm{e,p}}(-\infty)=n_{\mathrm{e,p0}}$成立。由此，在与耗尽层相邻的 p 型电中性区域中，形成了如图 9.12 所示的电子密度分布，这一区域被称为扩散层。在这些条件下，求解方程(9.47)的微分方程得到：

$$n_{\mathrm{e,p}}(x)=n_{\mathrm{e,p0}}+n_{\mathrm{e,p0}}\left[\exp\left(\frac{eV}{k_{\mathrm{B}}T}\right)-1\right]\exp\left(\frac{x+W_{\mathrm{p}}'}{L_{\mathrm{n}}}\right) \tag{9.48}$$

由这一分布产生的位置x处的扩散电流为：

$$\begin{aligned}J_{\mathrm{e}}(x)&=-(-e)D_{\mathrm{e}}\frac{\partial n_{\mathrm{e,p}}(x)}{\partial x}\\&=-(-e)\frac{D_{\mathrm{e}}n_{\mathrm{e,p0}}}{L_{\mathrm{n}}}\left[\exp\left(\frac{eV}{k_{\mathrm{B}}T}\right)-1\right]\exp\left(\frac{x+W_{\mathrm{p}}'}{L_{\mathrm{n}}}\right)\end{aligned} \tag{9.49}$$

在这里，我们设$L_{\mathrm{n}}=(D_{\mathrm{e}}\tau_{\mathrm{e}})^{1/2}$。假设电子在耗尽层内不会消失，则穿越耗尽层的电子电流值应该与$x=-W_{\mathrm{p}}'$处流动的扩散电流相等。利用这一关系，穿越耗尽层的电子电流可以从方程(9.49)中得出：

$$J_{\mathrm{e}}(-W_{\mathrm{p}}')=(+e)\frac{D_{\mathrm{e}}n_{\mathrm{e,p0}}}{L_{\mathrm{n}}}\left[\exp\left(\frac{eV}{k_{\mathrm{B}}T}\right)-1\right] \tag{9.50}$$

同样，对于注入 n 型区域的空穴，下式成立：

$$n_{\mathrm{h,n}}(W_{\mathrm{n}}')=n_{\mathrm{h,n0}}\exp\left(\frac{eV}{k_{\mathrm{B}}T}\right) \tag{9.51}$$

$$n_{\mathrm{h,n}}(\infty)=n_{\mathrm{h,n0}} \tag{9.52}$$

遵循连续性方程的解为：

$$n_{\mathrm{h,n}}(x)=n_{\mathrm{h,n0}}+n_{\mathrm{h,n0}}\left[\exp\left(\frac{eV}{k_{\mathrm{B}}T}\right)-1\right]\exp\left[\frac{-(x-W_{\mathrm{n}}')}{L_{\mathrm{p}}}\right] \tag{9.53}$$

在图 9.12 中显示了这个分布。在这里，我们设$L_{\mathrm{p}}=(D_{\mathrm{h}}\tau_{\mathrm{h}})^{1/2}$。假设空穴在耗尽层内不会消失，则对于注入 n 型区域的空穴，穿越耗尽层的空穴电流与$x=W_{\mathrm{n}}'$处的扩散电流相等。

因此，穿越耗尽层的空穴电流是：

$$J_h(W_n')=-eD_h\frac{dn_{e,p}(x)}{dx}\bigg|_{x=W_n'}=\frac{eD_h n_{h,n0}}{L_p}\left[\exp\left(\frac{eV}{k_BT}\right)-1\right] \tag{9.54}$$

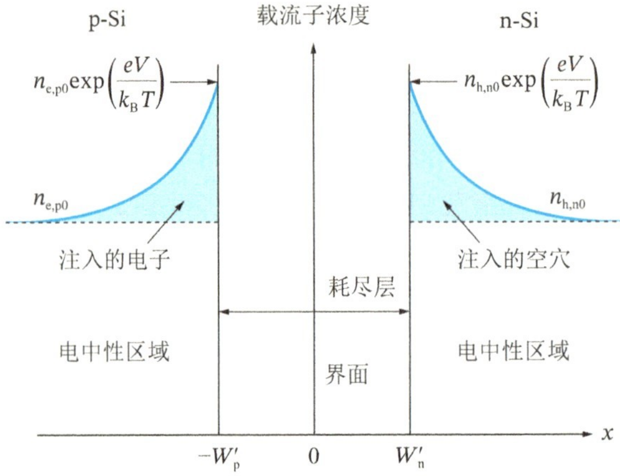

图 9.12 在恒定电流下，注入电中性区域的少数载流子分布

流过 pn 结的总电流与穿越耗尽层的总电流相同，因此：

$$\begin{aligned}J&=J_h(W_n')+J_e(-W_p')\\&=\left(\frac{eD_h n_{h,n0}}{L_p}+\frac{eD_e n_{e,p0}}{L_n}\right)\left[\exp\left(\frac{eV}{k_BT}\right)-1\right]\\&=J_0\left[\exp\left(\frac{eV}{k_BT}\right)-1\right]\end{aligned} \tag{9.55}$$

在这里，定义：

$$J_0=\frac{eD_h n_{h,n0}}{L_p}+\frac{eD_e n_{e,p0}}{L_n} \tag{9.56}$$

$\exp[qV/(k_B)]$随着电压的增加会取非常大的值。因此，正向电流会随着施加电压的增大急剧增大。如果在室温下少数载流子的弛豫时间为约 10^{-4}s，那么扩散长度约为数百微米㊀。

接下来考虑 p 型区域中的电子和空穴分布。由于电子从 n 型区域注入，很明显，扩散区域的电子密度要比热平衡状态下的密度高。那么空穴数量会如何变化？空穴会因为与注入的电子复合而随时间减少么？如果发生这种情况，扩散区域将带有负电荷。为了避免这种情况发生，空穴应该具有如图 9.13 所示的密度分布，从而在注入电子的情况下仍保持电中性。这对于 n 型区域的电子同样适用。

㊀ 在 Si 中，由于电子的迁移率大于空穴的迁移率，电子的扩散长度大于空穴。

那么，通过整个 pn 结的电流分布将如何？由于在电中性区域中有多数载流子流动，载流子复合消失的影响可以忽略不计，包括耗尽层在内的所有区域的电流值应该是恒定的。在恒定状态下，流经 p 型电中性区域的空穴电流包括两部分，一部分用于补充与注入的电子复合消失的空穴，另一部分则穿过耗尽层注入 n 型区域。流经 n 型电中性区域的电流也包括两部分，一部分用于补充与注入 n 型区域的空穴复合消失的电子，另一部分则穿过耗尽层注入 p 型电中性区域。因此，穿过整个 pn 结的电流分布如图 9.14 所示。

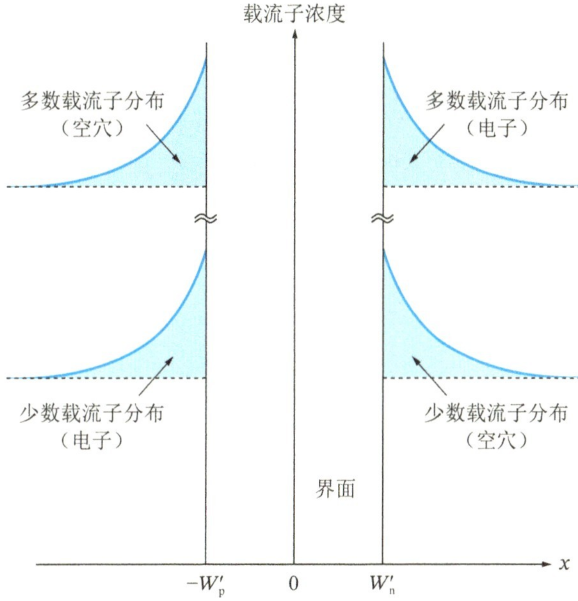

图 9.13　在恒定电流下，电中性区域中注入的少数载流子分布以及维持电中性条件的多数载流子分布

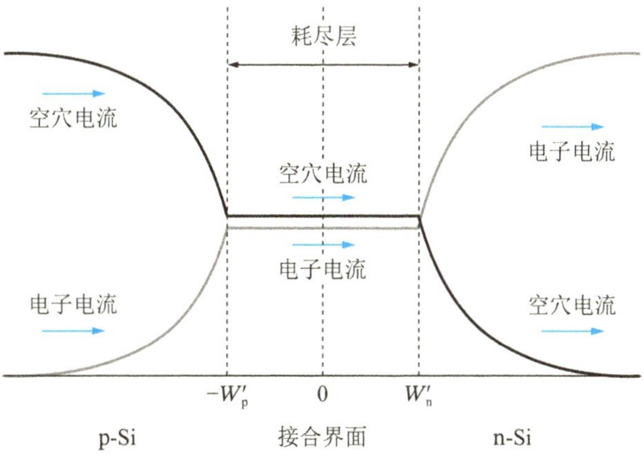

图 9.14　在恒定电流下的 pn 结电流的分布

9-7 反向电流

现在，让我们考虑 pn 结的反向电流。电压被施加在样品的两端，这里同样假设电中性区域中的电场为 0，反向电压V_R全部施加在耗尽层上。但是，我们假设$V_R > 0$。由于V_R是反向的，电势垒如图 9.15 所示会变得更大。在这种情况下，位于 p 型区域耗尽层边界$x = -W_p''$处的导带电子数量非常少。根据玻尔兹曼统计可以写成：

$$n_{e,n0} \exp\left[-\frac{e(\phi_b + V_R)}{k_B T}\right] = n_{e,p0} \exp\left(-\frac{eV_R}{k_B T}\right) \tag{9.57}$$

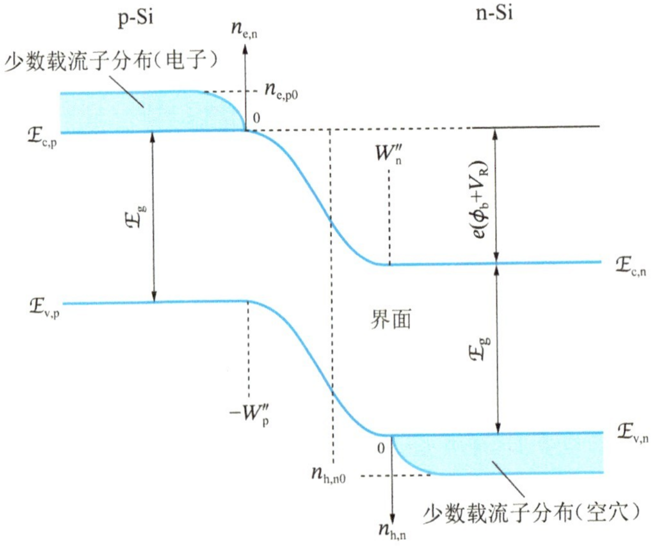

图 9.15　施加反向电压时 pn 结附近的少数载流子分布

这个电子密度比热平衡状态下 p 型区域的电子密度$n_{e,p0}$小$\exp[-eV_R/k_B T]$倍，假设施加了 1.0V 的电压，那么在室温下这将是约 10^{-17} 这样一个很小的值。因此，p 型区域的电子密度比电中性区域高，电子将从 p 型电中性区域向耗尽层扩散。解扩散方程时，以此作为边界条件，在$x < -W_p''$的区域中有：

$$n_{e,p}(x) = n_{e,p0} + n_{e,p0}\left[\exp\left(-\frac{eV_R}{k_B T}\right) - 1\right]\exp\left(\frac{x + W_p''}{L_n}\right) \tag{9.58}$$

如果假设$\exp[-(eV_R)/(k_B T)] \approx 10^{-17} \approx 0$，那么这个方程可以写成：

$$n_{e,p}(x) = n_{e,p0}\left\{1 - \exp\left(\frac{x + W_p''}{L_n}\right)\right\} \tag{9.59}$$

假设在耗尽层中没有载流子消失，那么流经耗尽层的电流应该与$x = -W_p''$处的扩散电流相同，即：

$$J_e(-W_p'') = -(-e)D_e \left.\frac{dn_{e,p}(x)}{dx}\right|_{x=-W_p''} = -\frac{eD_e n_{e,p0}}{L_n} \tag{9.60}$$

电流取决于少数载流子的浓度。因此，电流值非常小，并且不依赖于V_R。此外，电流在与正向电流相反的方向上流动。

这对 n 型区域的空穴同样适用。考虑耗尽层的边界位置$x = W_n''$，对于$x > W_n''$的区域有：

$$\begin{aligned} n_{h,n}(x) &= n_{h,n0} + n_{h,n0}\left[\exp\left(-\frac{eV_R}{k_B T}\right) - 1\right]\exp\left(-\frac{x - W_n''}{L_p}\right) \\ &\approx n_{h,n0}\left\{1 - \exp\left(-\frac{x - W_n''}{L_p}\right)\right\} \end{aligned} \tag{9.61}$$

$$J_h(W_n'') = -eD_h \left.\frac{dn_{h,p}(x)}{dx}\right|_{x=W_n''} = -\frac{eD_h n_{h,n0}}{L_p} \tag{9.62}$$

总电流是两者相加：

$$\begin{aligned} J &= J_e(-W_p'') + J_h(W_n'') \\ &= -\frac{eD_e n_{e,p0}}{L_n} - \frac{eD_h n_{h,n0}}{L_p} \end{aligned} \tag{9.63}$$

电流不依赖于外加电压。此外，正如前面所述，由于与少数载流子浓度成比例，电流值非常小，并且在与正向电流相反的方向上流动。综上所述，正向和反向的电流-电压特性如图 9.16 所示。

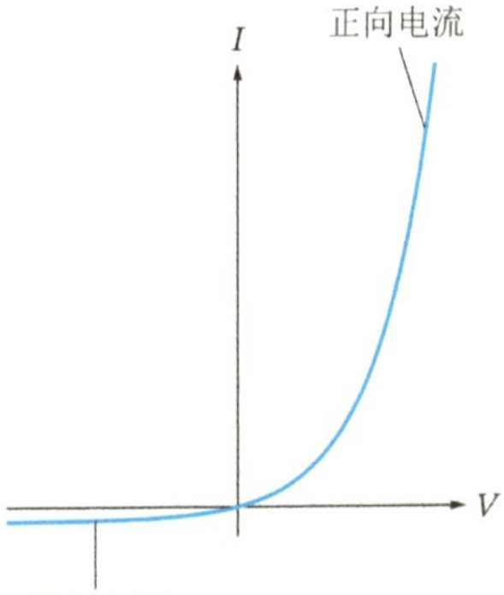

图 9.16 pn 结的电流-电压特性

9-8 结电容

由于 pn 结将可视作绝缘体的耗尽层部分夹在电中性的导体部分中间，因此可以将其视为平板电容器。当然，在正向电流流动时，它不具备电容器的功能。仅在施加反向电压时才具有电容器的功能。当施加反向电压时，势垒增大，但是 pn 结耗尽层的电场线从施主开始，终止于受主，因此要增大势垒，就必须扩大耗尽层的宽度，增加通过结面的电场线数量。因此，当施加反向电压时，平板的距离增大，电容减小。本节的目的是讨论这种现象。为了做到这一点，我们需要了解随着反向电压的变化，耗尽层宽度会如何变化。

这里从泊松方程开始讨论。将 pn 结 n 型区域的施主浓度记为N_D，p 型区域的受主浓度记为N_A。对于各区域，泊松方程式分别为：

$$\frac{d^2\phi_n(x)}{dx^2} = -\frac{eN_D}{\mathcal{E}} \tag{9.64}$$

$$\frac{d^2\phi_p(x)}{dx^2} = \frac{eN_A}{\mathcal{E}} \tag{9.65}$$

式中，$\mathcal{E}$表示半导体的介电常数（$\mathcal{E} = \mathcal{E}_0\mathcal{E}_s$）。必须根据边界条件来求解方程。对方程(9.64)和(9.65)进行积分可以得到有关电场的信息。

$$\frac{d\phi_n(x)}{dx} = -\frac{eN_D}{\mathcal{E}}(x - W_n'') \tag{9.66}$$

$$\frac{d\phi_p(x)}{dx} = \frac{eN_A}{\mathcal{E}}(x + W_p'') \tag{9.67}$$

在这里，结面是$x = 0$，n 型区域的耗尽层边界位于$x = W_n''$（$W_n'' > 0$），p 型区域的耗尽层边界位于$x = -W_p''$（$W_p'' > 0$）。正如前面所述，电场线在$x = 0$ 处是连续的，所以下式成立：

$$N_D W_n'' = N_{\lambda} W_p'' \tag{9.68}$$

这也符合电中性条件。对式(9.66)和(9.67)再次进行积分可以得到电位分布：

$$\phi_n(x) = -\frac{eN_D}{\mathcal{E}}(x^2/2 - W_n''x) \tag{9.69}$$

$$\phi_p(x) = \frac{eN_A}{\mathcal{E}}(x^2/2 + W_p''x) \tag{9.70}$$

这里的边界条件是在结面$x = 0$ 处有$\phi_n(x) = \phi_p(x) = 0$。n 型区域耗尽层边界$x = W_n''$和 p 型区域耗尽层边界$x = -W_p''$的电位差应为$\phi_B + V_R$。其中$\phi_B$是热平衡状态下的扩散势垒

（电位势垒），V_R是外加的反向电压大小。因此得到：

$$\phi_n(W_n'') - \phi_p(-W_p'') = \frac{e}{2\mathcal{E}}\left\{N_D(W_n'')^2 + N_A(W_p'')^2\right\} = \phi_B + V_R \tag{9.71}$$

从式(9.68)和式(9.71)可以求得W_n''和W_p''。此外，耗尽层宽度W是$W = W_n'' + W_p''$，该值取决于反向电压。整理这些信息可得到：

$$W = \left\{\frac{2\mathcal{E}(N_D + N_A)}{eN_D N_A} \times (\phi_B + V_R)\right\}^{1/2} \tag{9.72}$$

每单位面积的电容C是：

$$C = \frac{\mathcal{E}}{W} = \mathcal{E}\left\{\frac{2\mathcal{E}(N_D + N_A)}{eN_D N_A} \times (\phi_B + V_R)\right\}^{-1/2} \tag{9.73}$$

这个式子可以改写为：

$$\frac{1}{C^2} = \frac{2(N_D + N_A)}{e\mathcal{E}N_D N_A} \times (\phi_B + V_R) \tag{9.74}$$

通过求解$1/C^2 = 0$的点，可以得到ϕ_B。此外，如果其中一边的掺杂浓度较高，例如$N_A \gg N_D$时，耗尽层主要扩展到 n 型区域，上式可以简化为：

$$\frac{1}{C^2} = \frac{2}{e\mathcal{E}N_D} \times (\phi_B + V_R) \tag{9.75}$$

不仅可以从中求得电位势垒ϕ_B，还可以从斜率中求出施主掺杂浓度N_D（图 9.17）。

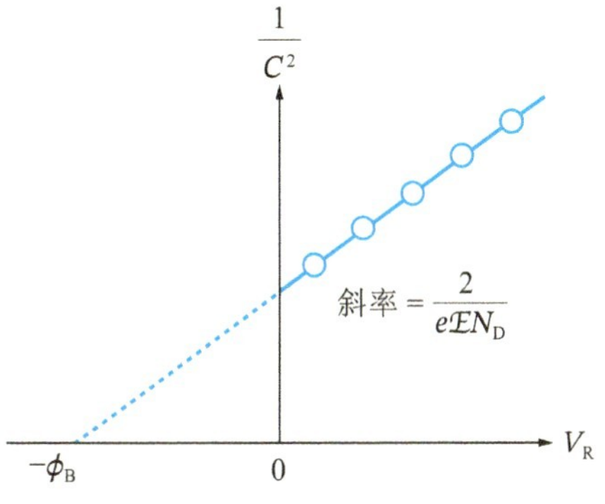

图 9.17　反向电压V_R和电容C之间的关系

9-9 pn 结中的隧穿效应

让我们考虑施主或受主被高浓度掺杂（称为重掺杂）的半导体。施主或受主形成带隙中特定能级的原因是，在低温下施主或受主的基态非常稳定且寿命很长。因此，根据时间和能量的不确定性原理，其能量状态是确定的。另一方面，随着掺杂浓度的增高，杂质之间的距离缩小，相邻杂质的电子轨道重叠，能级展宽为能带。这种状态被称为杂质能带。随着杂质浓度的进一步增高，杂质能带的能量宽度进一步扩展，并与导带底部连接，费米能级进入导带中。例如在 Si 中，当N_D超过 $10^{19}cm^{-3}$时，施主之间的距离变为几个纳米，此时相邻施主的电子轨道重叠（简并）产生。因此，能带结构发生如图 9.18（a）到（b）所示的变化[㊀]。接下来考虑由这种高浓度掺杂的 n 型半导体和 p 型半导体形成 pn 结时会发生什么。

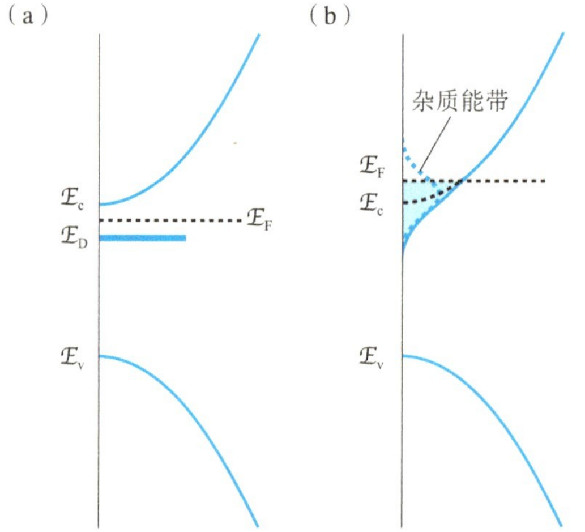

图 9.18　杂质能带

通过进一步增高杂质浓度，杂质能带的能量宽度扩展，与导带底部连接，费米能级进入导带内，能带结构从（a）变化为（b）。

在热平衡状态下，费米能级稳定在一致的状态，因此，将出现如图 9.19（a）所示的能带图。对于大约 $3\times10^{19}cm^{-3}$ 的杂质浓度，根据式(9.72)可以得到结厚度约为 5nm，非常薄。考虑在施加正向电压的情况下，带结构的变化以及此时的电流。在外部电压为 0V 时，能带如图 9.19（a）所示，此时电流不会流动。另一方面，在施加很小的正向电压时，能带如图 9.19（b）所示，电子可以由导带的简并态向价带空穴简并态跃迁。在这种情况下，由于耗尽区非常薄，因此基于隧穿效应发生的跃迁是被允许的。

㊀ 这个问题涉及了非均匀系统中的导电现象，是一个复杂的问题。

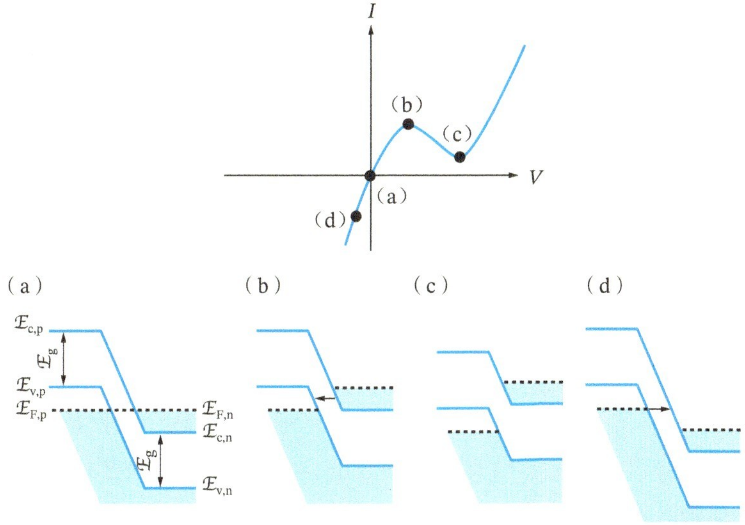

图 9.19　发生隧穿效应的 pn 结的电流-电压特性及能带图

在隧穿效应下，跃迁需要克服的势垒如图 9.20 中的虚线三角形形状所示。如果考虑克服势垒的路径，这将更加清晰。首先，电子越过势垒进入 p 型区域（路径①），然后由导带转移到价带的空位中（路径②）。因此，形成了三角形的势垒。进一步增加正向电压会使导带中电子的跃迁终态进入带隙中，因此跃迁概率为零。此时的电流值如图 9.19（c）所示。进一步增加电压会导致通常的正向电流开始流动。另一方面，在反向电压下，p 型区域价带中的电子可以通过隧穿跃迁到 n 型区域的导带，从而产生电流。此时，电流对应于图 9.19（d）。

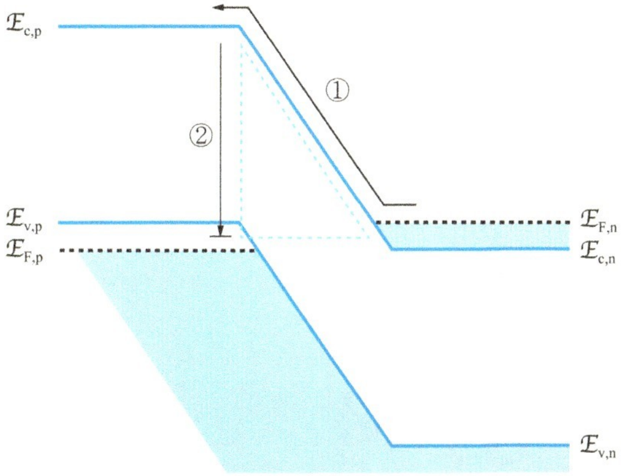

图 9.20　隧穿效应中的势垒形状

在像 Si 这样的间接带隙半导体中，由于导带底部和价带顶部具有不同的波数，电子的隧穿跃迁需要借助晶格振动。隧穿区域的电流-电压特性显示出存在微观结构。这些微观结构对应的能量与声学模式和光学模式晶格振动具有相同的能量。像这样观测隧穿效应中涉及的物理现象的方法称为隧穿谱学。

章末问题

（1）当对 pn 结施加非常大的反向电压时，pn 结会在某一电压下突然出现反向电流。请基于隧穿效应解释这种现象。隧穿效应引起的这种现象称为齐纳（Zener）效应。

（2）双极型晶体管具有 pnp 或 npn 结构。符号中间的字母称为基极，它用于控制电流的端子。请使用简单的能带图解释双极型晶体管的工作原理。

CHAPTER 10

第 10 章

MOS 结构

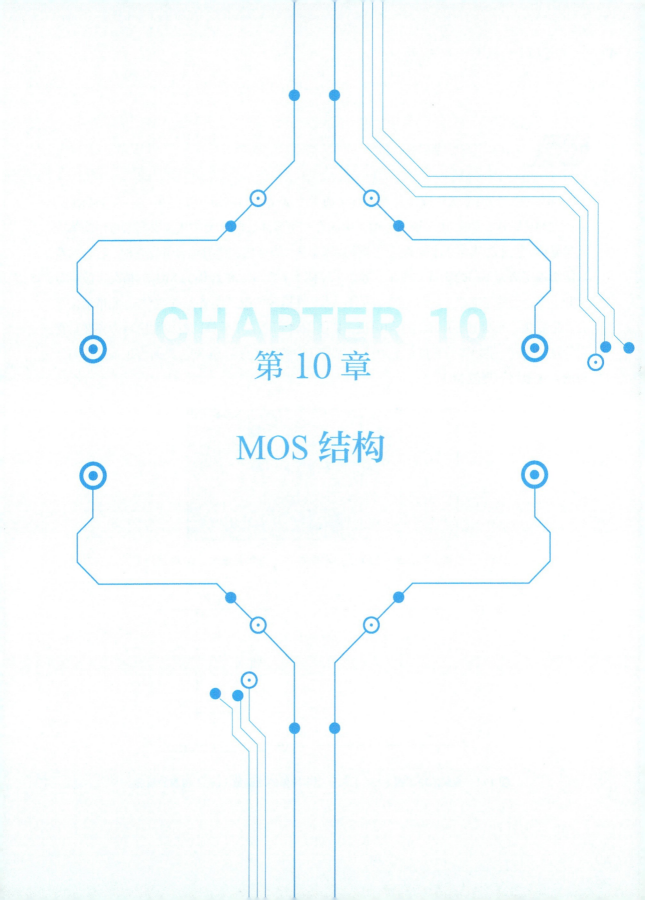

10-1 MOS 结构概述

MOS 是一种由金属（metal）-绝缘体（通常为氧化物：oxide）-半导体（semiconductor）组成的堆叠结构，如图 10.1 所示。由于中间存在绝缘体，电流无法从金属侧通过绝缘体进入半导体，也无法从半导体侧通过绝缘体进入金属。当金属和半导体分开存在时，各自的费米能级被定义为不同的能量。现在，考虑半导体为 p 型 Si，绝缘体为 SiO_2 的情况，假设金属和 p 型硅的费米能级（如图 10.2 所示）一致。在这种情况下制备 MOS 结构，能带结构不会发生变化，如图 10.3 所示。换句话说，如图 10.4 所示，半导体的电中性区域中存在与受主等量的空穴，半导体的能带是平坦的，因此 Si 中的空穴直到 Si/SiO_2 界面为止都是均匀分布的。这被称为理想 MOS。

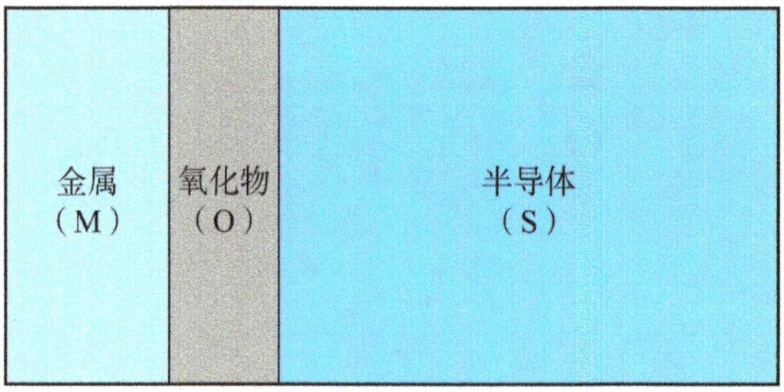

图 10.1　金属（M）-氧化物（O）-半导体（S）的堆叠结构（MOS 结构）

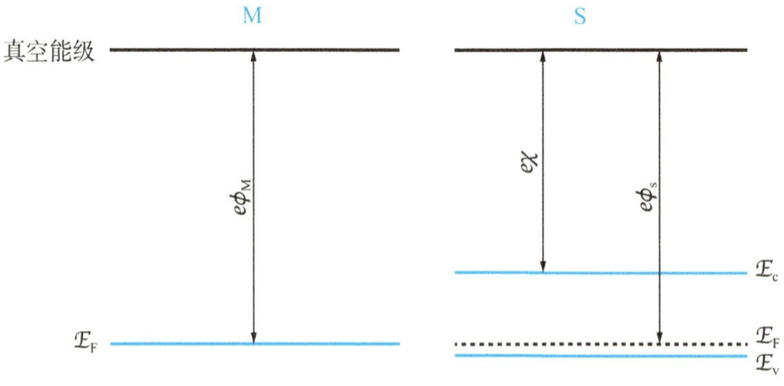

图 10.2　金属的功函数（$e\phi_M$）和 p 型半导体的功函数（$e\phi_S$）相等的情况

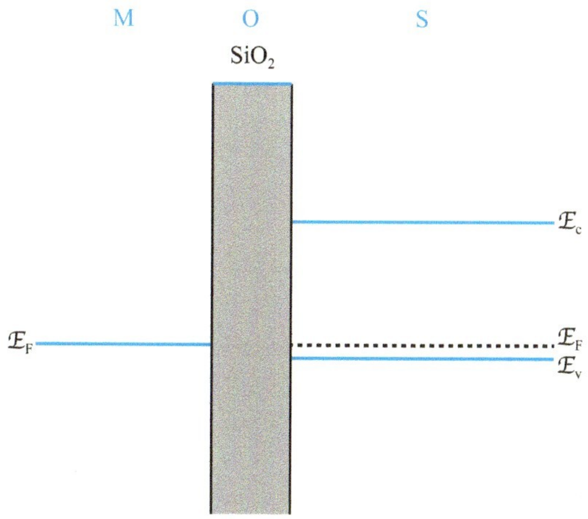

图 10.3 理想 MOS 的能带结构

这里省略了受主能级。

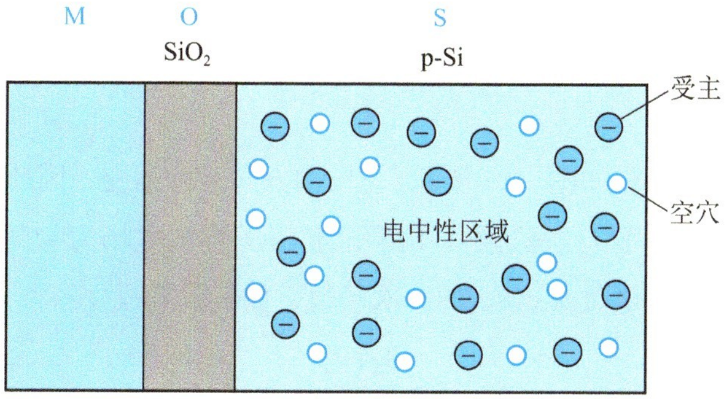

图 10.4 热平衡状态下理想 MOS 中 p 型区域的电荷分布

10-2 积累层、耗尽层和反型层中的电场分布及势能分布

在这里，我们将解释当在理想 MOS 上施加偏置电压时，积累层、耗尽层和反型层中的电场分布和势能分布。与前一节一样，我们以 p 型硅和 SiO_2 分别作为半导体和绝缘体来进行解释。假设硅衬底的背面是接地的，金属端施加偏压。这个金属被称为栅电极。

当栅电极施加负偏压时，由于 p 型硅中的空穴具有正电荷，施加负偏压的栅电极附近能量较低。然而，由于 SiO_2 是绝缘体，空穴无法穿过 SiO_2。因此，空穴将聚集在 Si/SiO_2 界面。这种状态被称为积累状态，空穴聚集的区域被称为积累层（accumulation layer）。

另一方面，金属/SiO_2 界面的金属一侧产生负电荷，从而与 Si/SiO_2 界面上积累的空穴带有的正电荷保持电中性条件。图 10.5 中的电中性区域是指受主和空穴共存，从而表现为电中性的区域。因此，电场线分布如图 10.5 所示。在金属/SiO_2 界面生成的电子数量相对于金属内庞大的电子数量来说微不足道，不会对金属内的费米能级和电子分布产生影响。

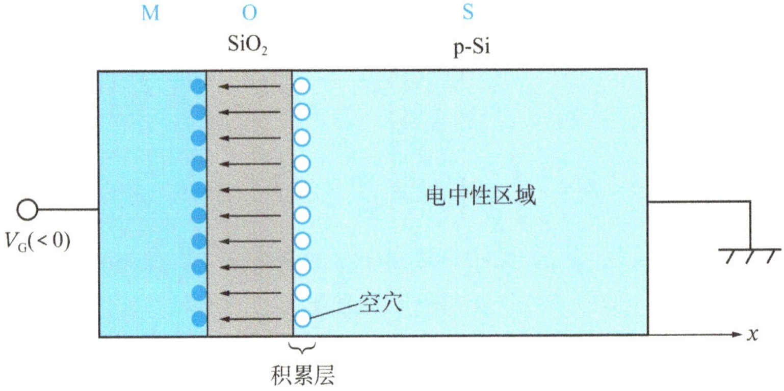

图 10.5　对栅电极施加负电压时的电场分布

SiO_2 内部的电场线数量如图 10.5 所示，沿x轴方向保持不变，因此 SiO_2 内的能量呈现为具有固定斜率的直线。可以这样理解：如果设定 SiO_2 内的电场为$-E$（$E>0$，电场方向朝$-x$方向），那么 SiO_2 内的电位$\phi(x)$是x的一次函数，如下关系成立：

$$-E=-\frac{\mathrm{d}\phi(x)}{\mathrm{d}x}=\text{定值} \tag{10.1}$$

因此，电子的能量为$-eEx$，SiO_2 中电子能量的图形为下降的直线。此外，由于空穴在 Si/SiO_2 界面的积累，Si 的能带结构应该会发生变化，在 Si 侧会像图 10.6 那样在 Si/SiO_2 界面上弯曲。

另一方面，如果在栅电极上加正电压，那么 Si/SiO_2 界面附近的空穴能量会升高。原本在热平衡状态下均匀分布在 Si/SiO_2 界面附近的空穴会远离界面，形成类似图 10.7 的分布。由于空穴远离界面，负的固定电荷即受主会显现出来。这个区域就像前一章讨论的 pn 结一样，成为没有可动载流子（空穴或电子）的耗尽区，在电学上表现为绝缘体。电中性区域中受主和空穴共存，电学上是中性的。电场线如图 10.7 所示，在 SiO_2 中电场线的数量不依赖于位置而保持恒定，电场强度是均匀的，但在耗尽区内，电场线的数量与x相关，电场强度随x变化。

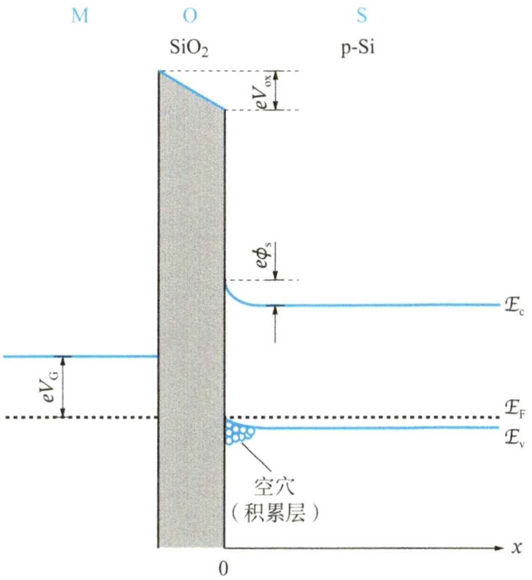

图 10.6　对栅极施加负电压时的能带结构

注：省略了受主能级。Si/SiO_2 界面聚集了大量空穴。

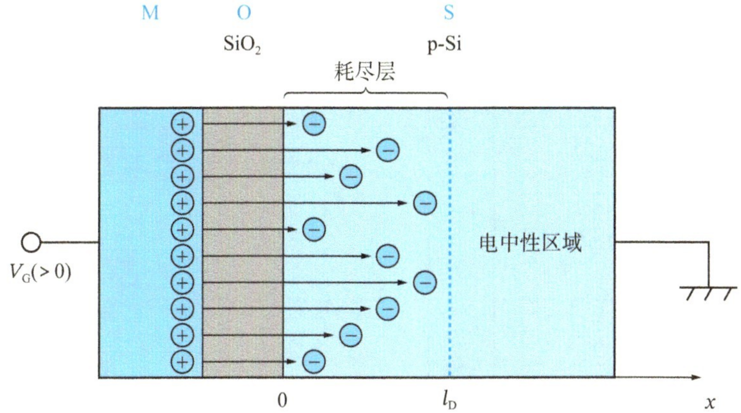

图 10.7　对栅极施加正电压时的电场分布

SiO_2 和耗尽层内的电位是如何表示的呢？为了求解耗尽层内的电位分布，我们使用泊松方程。正如前一章所述，利用高斯定律也可以得出相同的答案。假设电位为$\phi(x)$，耗尽层内的泊松方程为：㊀

㊀ 这里，电子的电荷为$-e$（$e>0$）。

$$\frac{d^2\phi(x)}{dx^2} = -\frac{\rho(x)}{\mathcal{E}} = \frac{eN_A}{\mathcal{E}} \tag{10.2}$$

其中N_A是施主的浓度，$\mathcal{E}$（$\mathcal{E} = \mathcal{E}_0\mathcal{E}_s$）是 Si 的介电常数。设 Si/$SiO_2$界面为$x = 0$（原点），耗尽层的边界位于$x = l_D$，则在$x = l_D$处电场强度为零。也就是说，$E(l_D) = 0$，因此：

$$E(x) = -\frac{d\phi(x)}{dx} = \frac{eN_A(l_D - x)}{\mathcal{E}} \tag{10.3}$$

然后，令$\phi(l_D) = 0$，则电位$\phi(x)$为：

$$\phi(x) = \frac{eN_A}{\mathcal{E}}\left(\frac{x^2}{2} - l_D x + \frac{l_D^2}{2}\right) \tag{10.4}$$

上式是电位的表达式，在考虑电子能量时需要乘以$-e$。因此，半导体的电子能量（能带弯曲）如图 10.8 所示，成为在$x = l_D$处具有峰值的凸二次函数㊀。在 Si/SiO_2界面（$x = 0$）上，能量下降了：

$$(-e)\phi_s = -\frac{e^2 N_A l_D^2}{2\mathcal{E}} \tag{10.5}$$

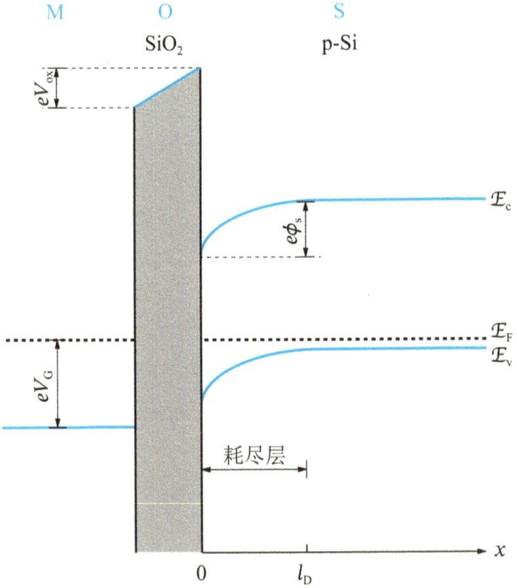

图 10.8　对栅极施加正电压时的能带结构

省略了受主能级。

㊀ 这是从$x = 0$到$x = l_D$之间的形状。

如果受主掺杂浓度N_A保持不变，耗尽区宽度较窄时，电场线的数量较少，电场强度较小，因此能带弯曲较小。此外，如果耗尽区宽度保持不变，当受主掺杂浓度较高时，耗尽区内的电场线数量较多，因此能带弯曲较大。式(10.5)表示了这种关系。

耗尽区的总电荷量为$-eN_A l_D$。因此，利用高斯定律可以得到 SiO_2 内的电场：

$$\int \boldsymbol{D}\,\mathrm{d}s=-\mathcal{E}_{ox}E_{ox}=-eN_A l_D \tag{10.6}$$

从而有：

$$E_{ox}=\frac{eN_A l_D}{\mathcal{E}_{ox}} \tag{10.7}$$

这里，$\mathcal{E}_{ox}=\mathcal{E}_0\mathcal{E}_{ox}^*$（$\mathcal{E}_{ox}^*$是 SiO_2 层的相对介电常数）。另外，式(10.6)的第二项为负的原因是，SiO_2中闭合曲面的法线单位矢量朝向$-x$方向。由于电场沿着从金属到半导体的方向，是遵循式(10.7)的恒定值，所以 SiO_2 内的能量是一条斜率恒定的直线，就像图 10.8 中氧化膜中的能量一样。

如果继续增大正电压会发生什么？由于能带大幅弯曲导致 Si/SiO_2 界面附近的 Si 导带能量下降，p 型 Si 的费米能级将会高于本征费米能级。简单地说，这种状态对应于 p 型区域变成 n 型区域。因此，如图 10.9 所示，Si/SiO_2 界面的导带开始积累电子。像这样积累电子的区域被称为反型层。电场线将如图 10.10 所示以反型层的电子和耗尽层的受主为端点。

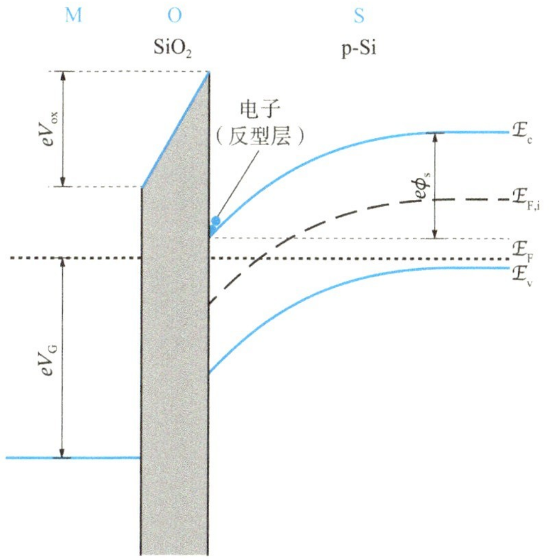

图 10.9　对栅极施加了较大正电压时的能带结构

省略了受主能级。

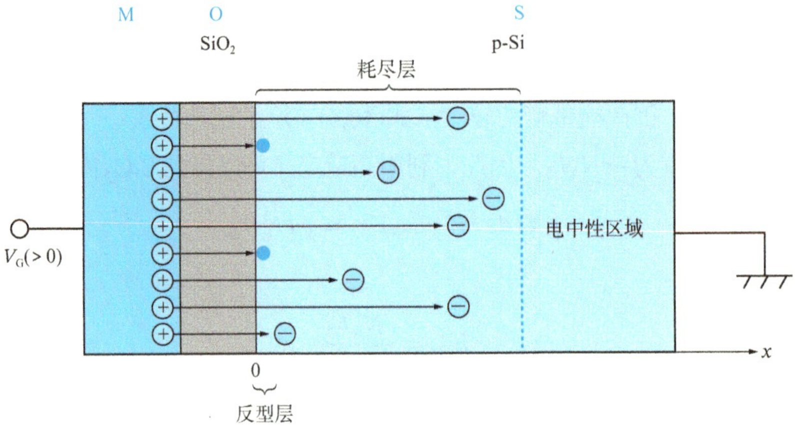

图 10.10 对栅极施加了较大正电压时的电场分布

现在，如果进一步增大施加的正偏压，能带会弯曲得更厉害吗？如果能带弯曲得更厉害，反型层中的电子会更多，一部分电场线将终止于反型层电子。换句话说，即使增大栅压，终止于受主的电场线数量也不会增加。这意味着能带结构的弯曲形状不会改变。如果反型层形成，显然通过 SiO_2 的电场线的数量会增加，这表明 SiO_2 内的电场变得更强。换句话说，SiO_2 能带结构的能量斜率增大了。这种现象在能带图中的表示如图 10.11 所示。$l_{D,max}$ 是耗尽层扩展到最大时的耗尽层长度。

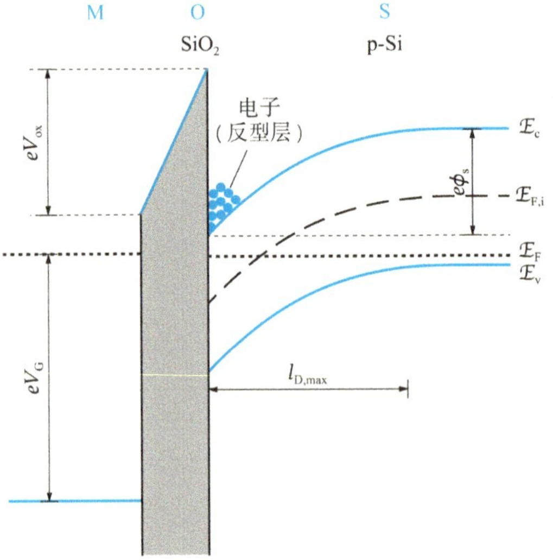

图 10.11 对栅极施加了比图 10.10 更大的正电压时的能带结构

省略了受主能级。SiO_2 膜中的斜率比图 10.9 更大。

当反型层开始形成时，栅极电压增大伴随着电子数量连续增加，因此我们需要知道在哪个电压下开始形成反型层，其后电子数量是如何变化的。反型层的形成是按照以下方式定义的。当反型层内的电子密度达到 p 型半导体电中性区域内的空穴密度时，就认为形成了反型层。为实现这个条件所需的栅极电压称为阈值电压V_{th}。可以使用玻尔兹曼统计来求解这个条件。

将 Si/SiO_2 界面上的能带结构弯曲程度定义为$e\phi_s$（$e>0$）。此时的能带结构如图 10.12 所示。本征半导体费米能级$\mathcal{E}_{F,i}$和 p 型硅费米能级$\mathcal{E}_{F,p}$之间的差为$\mathcal{E}_{F,i}-\mathcal{E}_{F,p}=e\phi_F$。根据上述定义，反型层形成时的电子密度$n_{e,s0}$满足以下关系：

$$n_{e,s0}=n_{e,p0}\exp\left(\frac{e\phi_s}{k_BT}\right)=n_{h,p0} \tag{10.8}$$

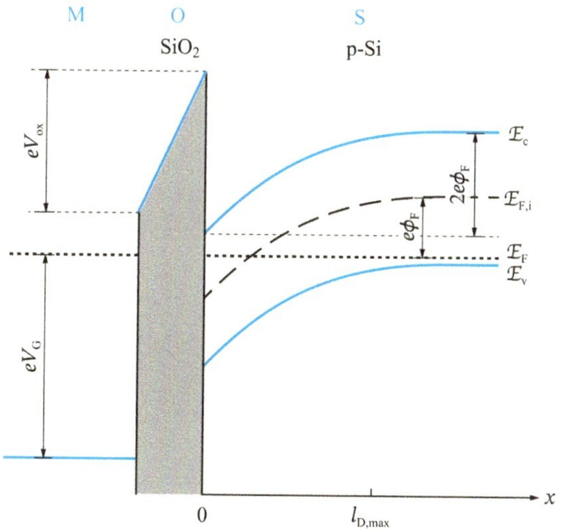

图 10.12 当反型层形成（$V_G>V_{th}$）时的能带结构

受主能级被省略。

在此情况下，要求解出ϕ_s，考虑到$n_{h,p0}=n_{e,i}\exp[e\phi_F/(k_BT)]$，$n_{e,p0}=n_{e,i}\exp[-e\phi_F/(k_BT)]$，则有：

$$\phi_s=2\phi_F=\frac{2k_BT}{e}\ln\left(\frac{N_A}{n_{h,i}}\right) \tag{10.9}$$

这里利用了$n_{h,p0}=N_A$，$n_{e,i}=n_{h,i}$。从式(10.9)可以看出，衬底中的受主浓度包含在对数项中，即使在$N_A=10^{16}\sim10^{18}cm^{-3}$的范围内变化，$2\phi_F$也只在 0.72～0.94eV 的范围内略微变化。正如后面章节将会解释的那样，反型层非常薄，以至于电子状态量子化，需要注意在阈值电压下反型层中电子的绝对数量非常少。

由此可见，在 Si/SiO_2 界面上，最大能带弯曲程度以电位表示为$\phi_s = 2\phi_F$（以能量表示为 $2e\phi_F$）。即使比阈值电压V_{th}更大，反型层中的电子数量增加，但 Si 能带的弯曲程度不会超过 $2\phi_F$。当 Si 带的弯曲程度为$\phi_s = 2\phi_F$时，耗尽层的宽度根据式(10.5)为：

$$l_{D,max} = \left(\frac{4\phi_F \mathcal{E}}{eN_A}\right)^{1/2} \tag{10.10}$$

耗尽层内的总电荷量是$Q = Q_e + Q_D$。这里，Q_e是反型层的电子总电荷量，Q_D是耗尽层的施主引起的电荷量，正如前面所述，反型层中电子的绝对数量非常小，因此耗尽层内的总电荷量可以写作：

$$Q \approx Q_D = -eN_A\left(\frac{4\phi_F \mathcal{E}}{eN_A}\right)^{1/2} = -(4\phi_F \mathcal{E} eN_A)^{1/2} \tag{10.11}$$

SiO_2 的电场强度可以从高斯定理中获得：

$$\mathcal{E}_{ox} = \left|\frac{Q_D}{\mathcal{E}_{ox}}\right| = \frac{(4\phi_F \mathcal{E} eN_A)^{1/2}}{\mathcal{E}_{ox}} \tag{10.12}$$

SiO_2 两端的电位差是：

$$V_{ox} = \mathcal{E}_{ox} \times d = +\frac{(4\phi_F \mathcal{E} eN_A)^{1/2}}{\mathcal{E}_{ox}} \times d = \frac{Q_D}{C_{ox}} \tag{10.13}$$

此外，上述公式中使用了平行板电容的公式$C_{ox} = \mathcal{E}_{ox}/d_{ox}$。阈值电压定义为$V_G = V_{th} = V_{ox} + \phi_s = V_{ox} + 2\phi_F$，其中：

$$V_{th} = +\frac{(4\phi_F \mathcal{E} eN_A)^{1/2}}{C_{ox}} + 2\phi_F \tag{10.14}$$

重要的是，当栅极电容和受主浓度确定时，阈值电压可以被定义。在$V_G > V_{th}$时，反型层中的电子数量应如何表示呢？

反型层中的电子数量可以简化为以下形式。反型状态下耗尽层的总电荷量为$Q = Q_e + Q_D$，SiO_2 两端的电压为$V_{ox} = V_G - 2\phi_s$。这个电压是 SiO_2 两端的总电荷量除以电容的值，因此以下关系成立：

$$V_{ox} = V_G - 2\phi_s = \frac{Q_e + Q_D}{C_{ox}} \tag{10.15}$$

在阈值电压$V_G = V_{th}$时，$Q_e \approx 0$，因此：

$$V_{th} - 2\phi_s = \frac{Q_D}{C_{ox}} \tag{10.16}$$

根据式(10.15)和式(10.16)，可以得到：

$$Q_o = C_{ox}(V_G - V_{th})(V_G \geqslant V_{th}) \tag{10.17}$$

考虑到在达到V_{th}之前，栅极电压的作用在于使得 SiO_2 和半导体的能带弯曲，因此上述公式中仅使用超过阈值电压V_{th}的部分来表示反型层形成后的电子数量。

10-3 Si 表面的电子

10-3-1 Si 表面的电子密度表达式

根据将电子视为经典粒子的玻尔兹曼分布，电子或空穴的数量应该随着能带弯曲的大小，即与 Si/SiO_2 界面的距离而连续变化。在前面的讨论中，并未考虑这一点。本节将对这一点进行考虑。

如图 10.13 所示，将位于 Si/SiO_2 界面位置x处的能带弯曲大小表示为$e\phi(x)$（$\phi(x)$表示电位）。位置x处的正电荷量$\rho(x)$是：

$$\rho(x) = e\{n_{\mathrm{h}}(x) - n_{\mathrm{e}}(x) - N_{\mathrm{A}}^{-} + N_{\mathrm{D}}^{+}\} \tag{10.18}$$

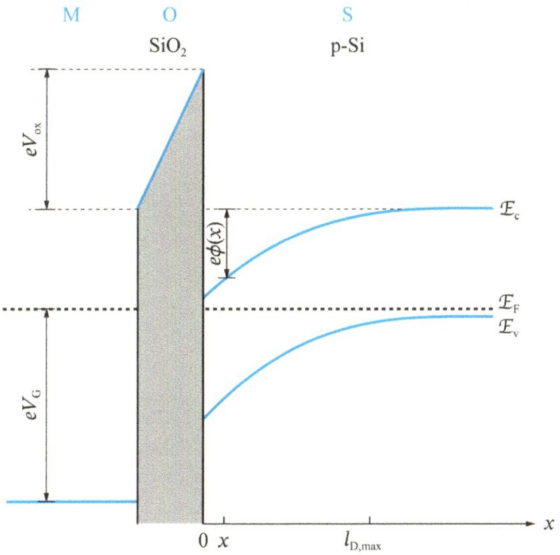

图 10.13 与 Si/SiO_2 界面距离相关的反型层电子密度的考虑方式

省略了施主能级。

这里$e > 0$。在电中性区域有$-N_{\mathrm{A}}^{-} + N_{\mathrm{D}}^{+} - n_{\mathrm{e,p0}} + n_{\mathrm{h,p0}} = 0$，因此可以写成：

$$\rho(x) = e\{n_{\mathrm{h}}(x) - n_{\mathrm{e}}(x) + n_{\mathrm{e,p0}} - n_{\mathrm{h,p0}}\} \tag{10.19}$$

使用玻尔兹曼统计来描述$n_{\mathrm{h}}(x)$和$n_{\mathrm{e}}(x)$，则有：

$$\rho(x) = e\left\{n_{\mathrm{h,p0}}\exp\left(-\frac{e\phi(x)}{k_{\mathrm{B}}T}\right) - n_{\mathrm{e,p0}}\exp\left(\frac{e\phi(x)}{k_{\mathrm{B}}T}\right) + n_{\mathrm{e,p0}} - n_{\mathrm{h,p0}}\right\}$$
$$= e\left[n_{\mathrm{h,p0}}\left\{\exp\left(-\frac{e\phi(x)}{k_{\mathrm{B}}T}\right) - 1\right\} - n_{\mathrm{e,p0}}\left\{\exp\left(\frac{e\phi(x)}{k_{\mathrm{B}}T}\right) - 1\right\}\right] \tag{10.20}$$

位置x处的泊松方程可以写成：

$$\frac{\mathrm{d}^2\phi(x)}{\mathrm{d}x^2} = -\frac{\rho(x)}{\varepsilon}$$
$$= -\frac{e}{\varepsilon}\left[n_{\mathrm{h,p0}}\left\{\exp\left(-\frac{e\phi(x)}{k_{\mathrm{B}}T}\right) - 1\right\} - n_{\mathrm{e,p0}}\left\{\exp\left(\frac{e\phi(x)}{k_{\mathrm{B}}T}\right) - 1\right\}\right] \tag{10.21}$$

ε是硅的介电常数（$\mathcal{E} = \mathcal{E}_0\mathcal{E}_{\mathrm{s}}$）。这个方程可以通过以下方法求解。在等式的两边乘以$[\mathrm{d}\phi(x)/\,\mathrm{d}x]\,\mathrm{d}x$，得到$[\mathrm{d}\phi(x)/\,\mathrm{d}x]\,\mathrm{d}x \times \mathrm{d}^2\phi(x)/\,\mathrm{d}^2x$。这可以写成：

$$\frac{\mathrm{d}\phi(x)}{\mathrm{d}x} \times \frac{\mathrm{d}}{\mathrm{d}x}\left[\frac{\mathrm{d}\phi(x)}{\mathrm{d}x}\right]\mathrm{d}x = \frac{\mathrm{d}\phi(x)}{\mathrm{d}x} \times \mathrm{d}\left[\frac{\mathrm{d}\phi(x)}{\mathrm{d}x}\right] \tag{10.22}$$

考虑到$E(x) = -\mathrm{d}\phi(x)/\mathrm{d}x$，进行积分得到：

$$\int \frac{\mathrm{d}\phi(x)}{\mathrm{d}x} \times \mathrm{d}\left[\frac{\mathrm{d}\phi(x)}{\mathrm{d}x}\right] = \int [-E(x)]\,\mathrm{d}[-E(x)] \tag{10.23}$$

将式(10.21)的右侧乘以$[\mathrm{d}\phi(x)/\,\mathrm{d}x]\,\mathrm{d}x$并进行积分，得到：

$$\int [-E(x)]\mathrm{d}[-E(x)]$$
$$= -\frac{e}{\mathcal{E}}\int \left[\frac{\mathrm{d}\phi(x)}{\mathrm{d}x}\right]\mathrm{d}x\left[n_{\mathrm{h,p0}}\left\{\exp\left(-\frac{e\phi(x)}{k_{\mathrm{B}}T}\right) - 1\right\} - n_{\mathrm{e,p0}}\left\{\exp\left(\frac{e\phi(x)}{k_{\mathrm{B}}T}\right) - 1\right\}\right]$$
$$= -\frac{e}{\mathcal{E}}\int \left[n_{\mathrm{h,p0}}\left\{\exp\left(-\frac{e\phi(x)}{k_{\mathrm{B}}T}\right) - 1\right\} - n_{\mathrm{e,p0}}\left\{\exp\left(\frac{e\phi(x)}{k_{\mathrm{B}}T}\right) - 1\right\}\right]\mathrm{d}\phi(x) \tag{10.24}$$

在耗尽层和电中性区域的边界处，$\phi(x) = 0$，并且考虑到$E(x) = -\,\mathrm{d}\phi(x)/\,\mathrm{d}x = 0$，那么：

$$E(x) = -\frac{\mathrm{d}\phi(x)}{\mathrm{d}x}$$
$$= \pm\left(\frac{2k_{\mathrm{B}}Tn_{\mathrm{h,p0}}}{\varepsilon}\right)^{1/2} \times \left[\left\{\exp\left(-\frac{e\phi(x)}{k_{\mathrm{B}}T}\right) + \frac{e\phi(x)}{k_{\mathrm{B}}T} - 1\right\} + \right.$$
$$\left.\left(\frac{n_{\mathrm{e,p0}}}{n_{\mathrm{h,p0}}}\right)\left\{\exp\left(\frac{e\phi(x)}{k_{\mathrm{B}}T}\right) - \frac{e\phi(x)}{k_{\mathrm{B}}T} - 1\right\}\right]^{1/2} \tag{10.25}$$

在 Si/SiO_2 界面$x = 0$ 处，取$\phi(0) = \phi_{\mathrm{s}}$，则有：

$$E_{\mathrm{s}} = \pm\left(\frac{2k_{\mathrm{B}}Tn_{\mathrm{h,p0}}}{\varepsilon}\right)^{1/2}\left[\left\{\exp\left(-\frac{e\phi_{\mathrm{s}}}{k_{\mathrm{B}}T}\right) + \frac{e\phi_{\mathrm{s}}}{k_{\mathrm{B}}T} - 1\right\} + \right.$$
$$\left.\left(\frac{n_{\mathrm{e,p0}}}{n_{\mathrm{h,p0}}}\right)\left\{\exp\left(\frac{e\phi_{\mathrm{s}}}{k_{\mathrm{B}}T}\right) - \frac{e\phi_{\mathrm{s}}}{k_{\mathrm{B}}T} - 1\right\}\right]^{1/2} \tag{10.26}$$

符号 ± 中的+表示$\phi_{\mathrm{s}} > 0$，−表示$\phi_{\mathrm{s}} < 0$ 的情况。

耗尽层内的总电荷量可以从高斯定理中得到。如图 10.14 所示，闭合曲面围住了从半导体的电中性区域到 Si/SiO_2 界面的硅区域，闭合曲面内的总电荷量Q_s是耗尽层电荷和反型层电荷的总和。在 Si/SiO_2 界面处 Si 侧的电场记为E_s，根据高斯定理有$Q_s = -\mathcal{E}E_s$。负号是由于在使用高斯定理时，闭合曲面的法线方向朝向$-x$轴方向。因此，根据式(10.26)，可以得到：

$$Q_s = \pm(2\mathcal{E}k_BTn_{h,p0})^{1/2}\left[\left\{\exp\left(-\frac{e\phi_s}{k_BT}\right)+\frac{e\phi_s}{k_BT}-1\right\}+\left(\frac{n_{e,p0}}{n_{h,p0}}\right)\left\{\exp\left(\frac{e\phi_s}{k_BT}\right)-\frac{e\phi_s}{k_BT}-1\right\}\right]^{1/2} \tag{10.27}$$

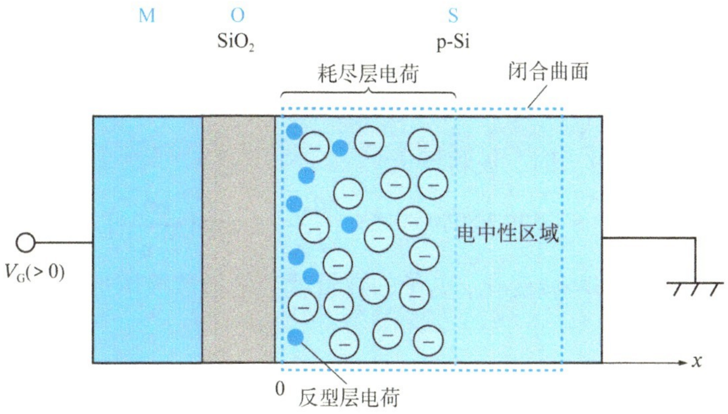

图 10.14 反型层电子分布与 Si/SiO_2 界面距离的关系

Q_s的负号表示$E_s > 0$，$\phi_s > 0$（能带向下弯曲），对应于耗尽层和反型层，Q_s的正号表示$E_s < 0$，$\phi_s < 0$（能带向上弯曲），对应于积累层。式(10.27)也可以写成：

$$Q_s = \pm(2\mathcal{E}k_BTN_A)^{1/2}\left[\left\{\exp\left(-\frac{e\phi_s}{k_BT}\right)+\frac{e\phi_s}{k_BT}-1\right\}+\left(\frac{n_{e,i}}{N_A}\right)^2\left\{\exp\left(\frac{e\phi_s}{k_BT}\right)-\frac{e\phi_s}{k_BT}-1\right\}\right]^{1/2} \tag{10.28}$$

这里使用了$N_A = n_{h,p0}$，$n_{h,p0} \times n_{e,p0} = n_{e,i}{}^2$的关系。

10-3-2 积累层的电荷

当积累层形成时，由于$\phi_s < 0$，因此$\exp[-e\phi_s/k_BT] \gg |e\phi_s/k_BT - 1|$，$\exp[-e\phi_g/k_BT] \gg 1$。此时，起主要作用的项为$\exp(-e\phi_s/k_BT)$，以下关系成立：

$$Q_s \approx (2\mathcal{E}k_BTN_A)^{1/2}\exp\left(-\frac{e\phi_s}{2k_BT}\right) \tag{10.29}$$

因此，当施加负电压到栅极使得$\phi_s<0$时，空穴的数量会呈指数级增加。

10-3-3 耗尽层的电荷

当能带开始向下弯曲（$\phi_s>0$），将要形成耗尽层时，会显现出带有负电荷的受主。由于耗尽层随着能带的弯曲而扩展，因此由受主引起的电荷量将会增加。假定ϕ_s较小，通常$n_{e,p0}/n_{h,p0}=(n_{e,i}/N_A)^2$是一个较小的值，因此可以忽略，则式(10.28)右边仅剩下$e\phi_s/(k_BT)$，可以写成：

$$Q_s \approx -(2e\mathcal{E}N_A\phi_s)^{1/2} \tag{10.30}$$

10-3-4 反型层的电荷

当栅极电压取正值足够大时，ϕ_s将增大：

$$Q_s \approx -(2\mathcal{E}k_BTN_A)^{1/2}\times\left(\frac{n_{e,i}}{N_A}\right)\times\exp\left(\frac{e\phi_s}{2k_BT}\right) \tag{10.31}$$

需要注意的是，ϕ_s只需略微变化，电子的数量就会呈指数级增加。这些关系见图 10.15。

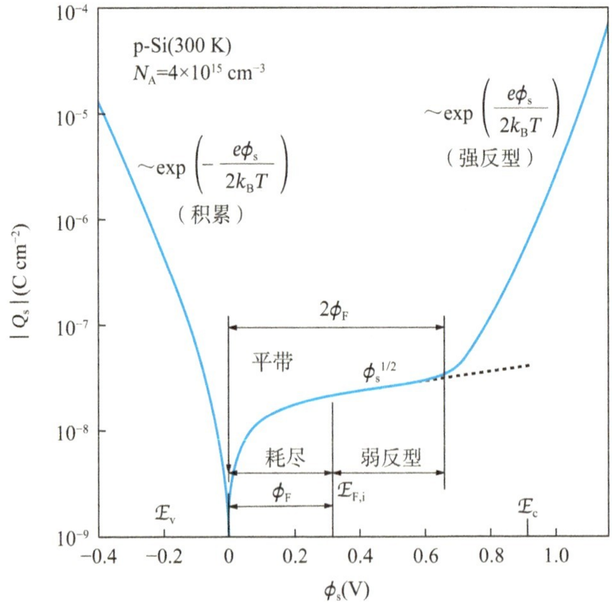

图 10.15 ϕ_s与空间电荷层电荷（固定电荷＋运动电荷）之间的关系

注：引用自 S. M. Sze 著，南日康夫，川边光央，长谷川文夫译，《半导体器件》，产业图书出版社（1987 年），有改动。

10-4 理想 MOS 的电容

10-4-1 MOS 电容的一般理论

在 MOS 结构中，绝缘体 SiO_2 被夹在金属和半导体之间，因此一定会有电容存在。电压施加在栅电极上，电容的变化取决于 SiO_2/Si 界面上 Si 层的状态。在本节中，我们将考虑这一点。

将施加在栅电极上的电压（栅极电压）表示为V_G。栅极电压在串联连接的氧化膜和 Si 上产生分压。在这种情况下，SiO_2 的电容C_{ox}和 Si 的电容C_s（如图 10.16 所示）串联连接，与 MOS 结构的电容C之间存在关系：

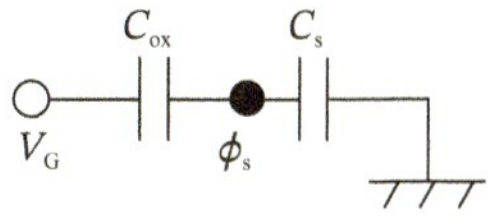

图 10.16　MOS 电容的等效电路

$$\frac{1}{C} = \frac{1}{C_{ox}} + \frac{1}{C_s} \tag{10.32}$$

将 SiO_2 膜（栅极绝缘膜）两端的电位差记为V_{ox}，并将半导体上的电位记为ϕ_s，则有$V_G = V_{ox} + \phi_s = Q_s/C_{ox} + \phi_s$。$Q_s$是半导体侧的总电荷量。MOS 容量$C$是：

$$C = \frac{dQ_s}{dV_G} \tag{10.33}$$

使用关系$V_G = V_{ox} + \phi_s = Q_s/C_{ox} + \phi_s$，则上式变为：

$$\frac{dV_G}{dQ_s} = \frac{1}{C_{ox}} + \frac{d\phi_s}{dQ_s} = \frac{1}{C_{ox}} + \frac{1}{dQ_s/d\phi_s} = \frac{1}{C_{ox}} + \frac{1}{C_s} \tag{10.34}$$

导出的公式与式(10.32)相同。在这里，C_s被定义为$(dQ_s)/(d\phi_s)$。C_{ox}代表 SiO_2 的电容，因此单位面积的$C_{ox} = \varepsilon_{ox}/d_{ox}$。其中，$\varepsilon_{ox} = \varepsilon_0\varepsilon_{ox}^*$表示氧化膜的介电常数，$d_{ox}$表示氧化膜的厚度。

10-4-2 积累层形成时的电容

当形成积累层时，因为 Si 和栅极之间只存在栅极绝缘膜，所以单位面积的电容遵循平板电容的公式：

$$C_{ox} = \frac{\varepsilon_{ox}}{d_{ox}} \tag{10.35}$$

10-4-3 耗尽层形成时的电容

由于耗尽层是绝缘体，所以绝缘层是由栅极绝缘膜和耗尽层构成的双层结构。因此，绝缘层厚度增大，电容会减小。表示耗尽层电容的公式为：

$$C_s = \frac{dQ_s}{d\phi_s} \tag{10.36}$$

其中$\phi_s = eN_A l_D^2/(2\mathcal{E})$，$Q_s = (2\phi_s \mathcal{E} eN_A)^{1/2}$，因此有：

$$C_s = \left(\frac{\mathcal{E} eN_A}{2\phi_s}\right)^{1/2} = \frac{\varepsilon}{l_D} \tag{10.37}$$

正如这个公式所显示的，电容是关于ϕ_s的函数。在 MOS 结构中，起控制作用的是栅极电压V_G，因此需要用V_G而不是ϕ_s来表示电容。在ϕ_s和V_G之间存在关系：

$$V_G = \frac{(2\phi_s \mathcal{E} eN_A)^{1/2}}{C_{ox}} + \phi_s \tag{10.38}$$

因此可以改写成用V_G来表示的形式：

$$C = C_{ox}\left(1 + \frac{2C_{ox}{}^2 V_G}{\mathcal{E} eN_A}\right)^{-1/2} \tag{10.39}$$

上式直到反型层形成为止都成立，是在 $0< V_G < V_{th}$范围内的电容。在反型层形成之前，耗尽层会扩展到最大，因此耗尽层容量将变为最小值，$C_{s,min} = \mathcal{E}/l_{D,max}$，整体电容将最小化，为：

$$\frac{1}{C_{min}} = \frac{1}{C_{ox}} + \frac{1}{C_{s,min}} \tag{10.40}$$

10-4-4 反型层形成时的电容

当反型层形成时，由于在 Si/SiO_2 界面的 Si 导带中形成了导电层，因此再次形成了仅有SiO_2膜作为介质的平板电容器。此时，单位面积上的 SiO_2 膜电容为$C_{ox} = \mathcal{E}_{ox}/ d_{ox}$。

以上变化的示意图如图 10.17 所示。实际上，并不会呈现出像图 10.17 中那样陡峭的变化，而是会变得更加平缓。为了获得真实的形状，需要利用前面章节得到的Q_s，通过$C_s = dQ_s/ d\phi_s$来计算半导体的电容，并计算它与 SiO_2 的串联电容。这个计算过程非常复杂。建议查阅更专业的参考书。

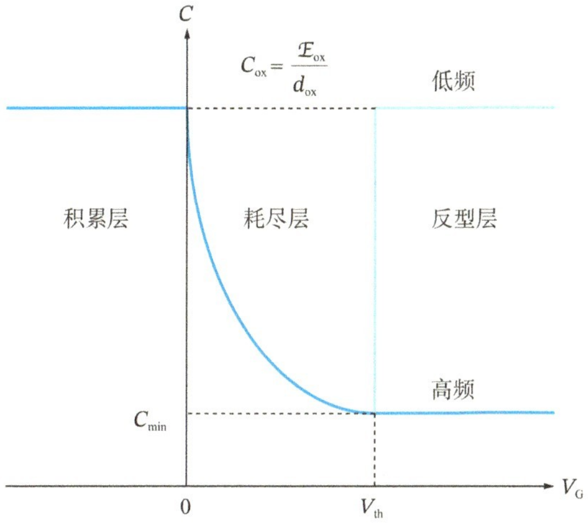

图 10.17 理想 MOS 中电容C和栅极电压V_G的关系

10-4-5 频率相关性

上述讨论涉及了理想 MOS 的低频电容。为了形成反型层的电子，需要在 Si/SiO_2 界面的导带中积累电子。这需要通过热激发使电子从价带跃迁到导带，或者通过晶格缺陷使电子激发到导带。

在室温下，Si 中由价带到导带的电子热激发现象并不容易发生，同时，像 Si 这样的材料由于其完整性很高，因此晶体材料缺陷也很少。所以，反型层中电子积累的过程会需要一定的时间。

另一方面，高频测量中在栅极电压上施加微小电压，由于该电压在高频率下振荡，因此即使形成反型层电子，也会在形成后立即被排出。由此，在低频和高频测量中会出现类似于图 10.17 所示的差异。

10-5 非理想 MOS 的情况

到目前为止的讨论都是针对理想 MOS 的情况。如果金属和半导体的功函数不同，则会发生电荷移动。这种电荷移动不是通过氧化膜进行的移动，而是通过导线进行的电荷移动。当金属的功函数较小，也就是金属的费米能级高于半导体时，电子将从金属移动到半导体。因此，金属侧出现正电荷，半导体侧出现负电荷。移动到半导体侧的电子会聚集在 Si/SiO_2 界面，但这些电子会与空穴发生复合作用，因此会产生类似图 10.18 中所示的带负电荷的受主，从而改变了包含耗尽层在内的能带结构。此时，能带的形状会产生如图 10.19 所示的变化。

为了使弯曲的能带变平，需要在栅极上施加负电压，从而提高金属的费米能级。由于功函数是能量，因此换算成电位后，需要对金属侧施加与$V_{fb} = \phi_M - \phi_s$对应的负电压。这里，V_{fb}被称为平带电压。通过施加平带电压使能带变平，前述章节的讨论才成立，因此V_{th}可以表示为：

$$V_{th} = V_{fb} + \frac{(4\phi_F \mathcal{E} e N_A)^{1/2}}{C_{ox}} + 2\phi_F \tag{10.41}$$

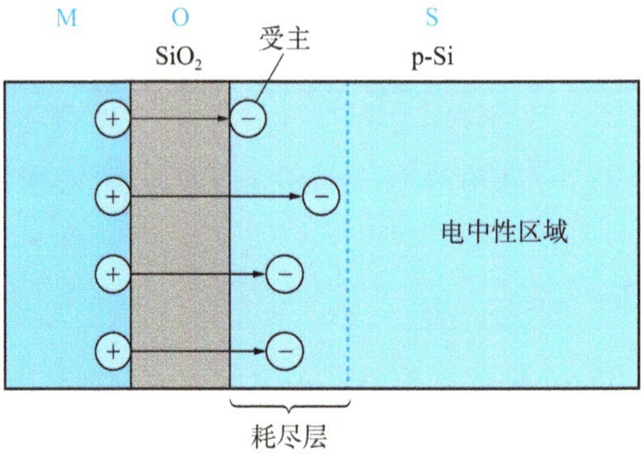

图 10.18　非理想 MOS 情况下的热平衡状态下的电场分布（$\phi_M < \phi_s$）

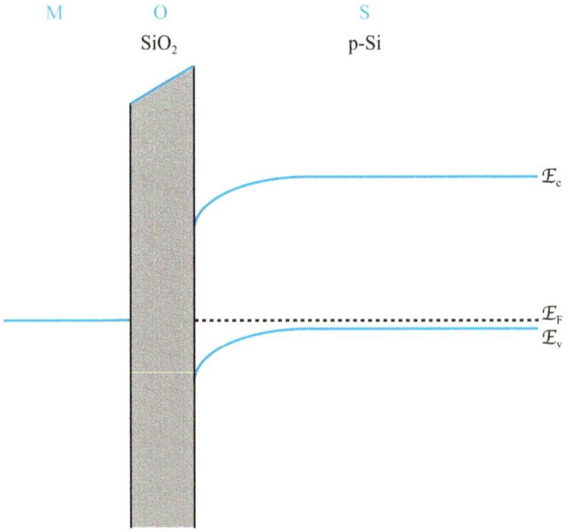

图 10.19　非理想 MOS 情况下的热平衡状态下的能带结构（$\phi_M < \phi_s$）

已省略了受主能级。

章末问题

（1） 为了在 MOS 界面的反型层中产生更多电子，采用更薄的绝缘膜是一种方法。请考虑其他方法。

（2） 请对通过低栅极电压形成反型层所需的栅电极功函数特征进行讨论。

CHAPTER 11

第 11 章

MOS 场效应晶体管

11-1 MOS 场效应晶体管的结构

MOS 场效应晶体管利用了前一章中介绍的 MOS 结构。场效应晶体管（Field-Effect Transistor）简称 FET，因此 MOS 场效应晶体管被表示为 MOSFET。图 11.1（a）（b）展示了 MOSFET 的结构。MOSFET 有三个电极，分别称为源极（Source，S）、栅极（Gate，G）和漏极（Drain，D）。

n 沟道型 MOSFET 和 p 沟道型 MOSFET 具有对称的结构。n 沟道型 MOSFET 的衬底为 p 型，源极和漏极是重掺杂的 n 型区域（记作 n^+）。通常，源极和衬底接地，栅极和漏极间施加正偏压。而 p 沟道型 MOSFET 的衬底是 n 型，源极和漏极是重掺杂的 p 型区域（记作 p^+）。源极和衬底接地，栅极和漏极间施加负偏压。

以上是考虑晶体管工作时的基本结构，但电路并不是以这些电压工作的。在图 11.1（a）和（b）的条件下，载流子均从源区穿过 Si/SiO_2 界面的反型层移动到漏区。这个区域被称为沟道。

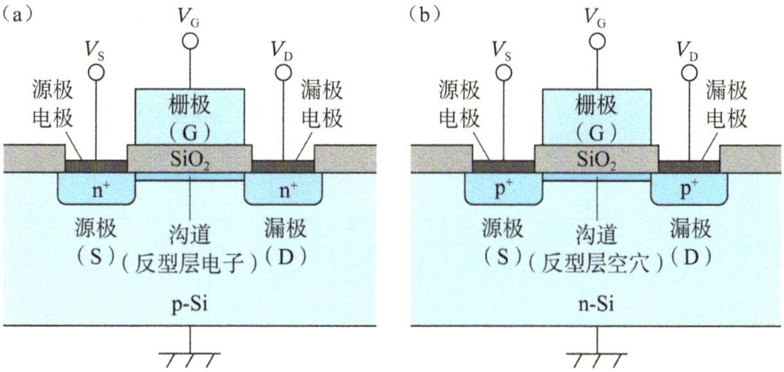

图 11.1　MOSFET 的结构

（a）n 沟道型 MOSFET，（b）p 沟道型 MOSFET。

11-2 MOS 场效应晶体管的工作原理（1）：线性区

下面我们以 n 沟道型 MOSFET 为例，解释 MOSFET 的工作原理。图 11.2 是从上方观察图 11.1 中的 MOSFET 结构的示意图。栅极的长度为L，宽度为W。在栅极下方有栅极绝缘膜。由于在 MOSFET 中，漏极和栅极独立连接到电源，因此每个电极的偏置条件会影响其工作状态。此外，有时也会对衬底施加偏置电压，这称为衬底偏压。重要的一点是，源极是参考点。这是因为考虑到电子从源极注入通道。

在这里，我们考虑衬底和源极都接地的情况。将栅极和源极之间的偏置电压定义为V_{SG}，将漏极和源极之间的偏置电压定义为V_{SD}，将衬底和源极之间的偏置电压定义为$V_{S,sub}$，再将栅极和衬底之间的偏置电压定义为$V_{sub,G}$。则$V_{SG} = V_{S,sub} + V_{sub,G}$。首先考虑漏极电压（$V_D = V_{SD}$）远小于栅极电压（$V_G = V_{SG}$）的情况（$V_D \ll V_G$）。当然，如果$V_G$小于上一章中讨论的阈值电压$V_{th}$，反型层就不会形成，也不会形成电流流动㊀。另一方面，如果栅极电压大于V_{th}，则会形成反型层，从源极到漏极间会形成载流子的流动通道（沟道），从而形成电流流动。在$V_D \ll V_G$的条件下，可以认为无论在沟道的哪个位置，栅极电压都以相同方式作用。

我们再深入考虑一下。在满足形成沟道的条件$V_G > V_{th}$的情况下，源极端$x = 0$处的能带弯曲量可以用电位表示为$2\phi_F$，这种情况与 MOS 结构中$V_G > V_{th}$的条件相同㊁。

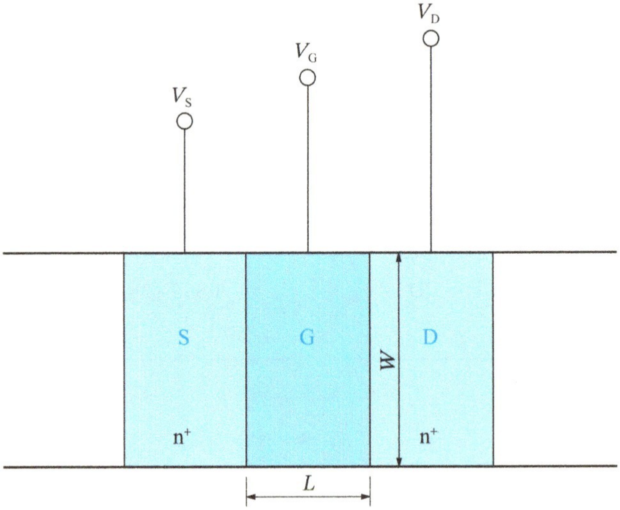

图 11.2 n 沟道型 MOSFET 中的栅极长度L和栅极宽度W的定义

另外，如果假定V_D非常小，则在漏极端和源极端具有同样的能带结构，并且能带的弯

㊀ 漂移电流非常小。

㊁ 正如第 10 章所述，值得注意的是，当反型层形成后，能带已经不会再进一步弯曲了。

曲量同样可以用电位表示为$2\phi_F$。这里，当V_G（$V_G > V_{th}$）增大时，反型层中的电子增多，因此流过通道的电子也增多。换句话说，会有更大的电流流过。

那么，电流可以用怎样的公式表示呢？从漏极到源极的电场可以用漏极电压V_D（$V_D \ll V_G$）表示为$E = V_D/L$。这个电场会使沟道反型层中的电子向漏极方向漂移，漂移速度是：

$$v_d = \mu_e \times \frac{V_D}{L} \tag{11.1}$$

这里μ_e是电子的迁移率。电流的大小（忽略方向）可用漂移速度表示为：

$$I_D = e n_e v_d W \tag{11.2}$$

这里，n_e是单位面积反型层中存在的电子数，W是栅极的宽度。n_e可以写作：

$$n = \frac{Q_e}{e} = \frac{C_{ox}(V_G - V_{th})}{e} \tag{11.3}$$

Q_e是单位面积反型层中的总电荷量，C_{ox}是单位面积栅极的电容。将式(11.3)代入式(11.2)，对于W的电流大小（忽略方向）是：

$$I_D = e n_e v_d W = \mu_e C_{ox} \frac{W}{L}(V_G - V_{th})V_D \tag{11.4}$$

图 11.3 将这种关系进行了图形化。漂移速度与源极→漏极方向的电场大小成正比，因此电流值与V_D成正比。这样的特性区域称为线性区。此外，电流值是V_G的函数，当V_G增大时电流值增大。这是因为在$V_G > V_{th}$的条件下，V_G的增大导致反型层中的电子数量增加。

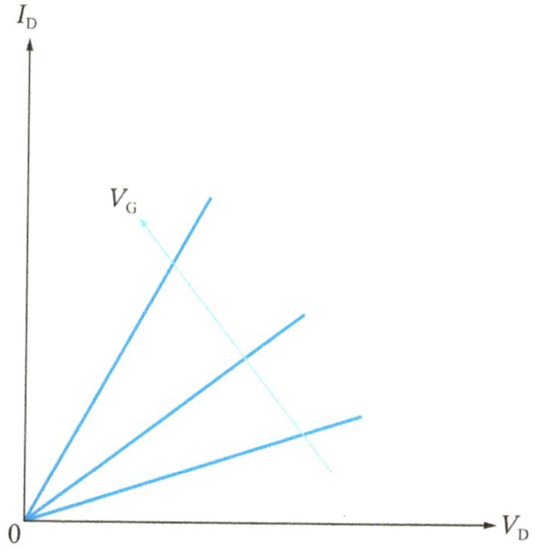

图 11.3　在线性区内漏极电流与漏极电压的关系（I_D-V_D特性）

11-3 MOS 场效应晶体管的工作原理（2）：一般情况下的电流-电压特性

以 n 沟道型 MOSFET 为例，让我们考虑一般情况下的电流-电压特性。这里假设源极和衬底接地。考虑到漏极电压的一般大小，反型层的情况取决于通道的位置。下面举一个例子，简明地说明反型层的情况如何取决于通道位置的不同。

如图 11.4 所示，当漏极电压大于栅极电压（$V_D > V_G$）时，产生了从漏极向栅极的电场。另一方面，在源极端，从栅极向衬底产生电场，电场的方向在源极端和漏极端之间相反。如图 11.5 所示，设x轴在 Si/SiO_2 界面上，以源极端为$x = 0$，漏极端为$x = L$。设$V(x)$代表位置x处漏极电压的影响。在源极端，$x = 0$，$V(0) = 0$，在漏极端，$x = L$（L是栅极长度），$V(L) = V_D$。

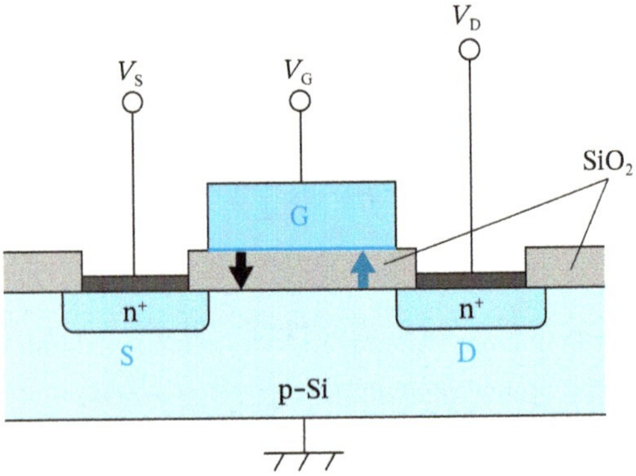

图 11.4　在漏极电压大于栅极电压（$V_D > V_G$）情况下产生的电场

源极和漏极产生的电场方向相反。

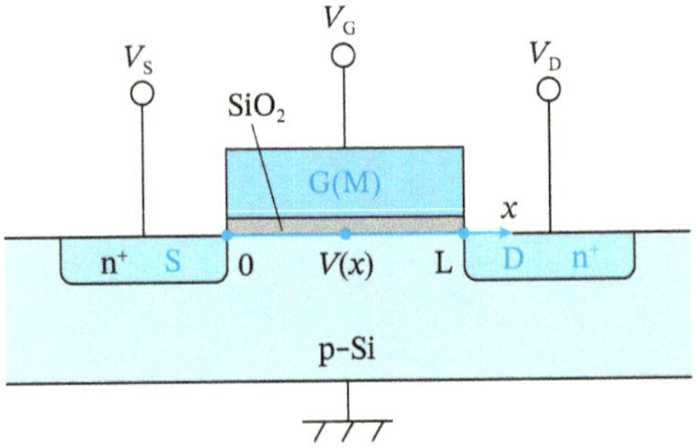

图 11.5　n 沟道型 MOSFET 中沟道位置x的设定

将漏极电压对 Si/SiO_2 界面硅侧的影响表示为$V(x)$。

对于$V_G > V_{th}$，$x=0$ 处的能带弯曲量为$2\phi_F$（以电位来表示），这种情况类似于 MOS 结构中的$V_G > V_{th}$。如果V_G（$V_G > V_{th}$）增大，反型层的电子会增加，因此会有更多电子注入沟道。另一方面，在位置x需要考虑漏极电压的影响，用电位来表示能带弯曲量将变为$2\phi_F + V(x)$。因此，单位面积上包夹着 SiO_2 膜的总电荷量是位置x的函数，位置x处单位面积上的总电荷量为：

$$Q(x) = C_{ox}[V_G - \{2\phi_F + V(x)\}] \tag{11.5}$$

反型层中电子的电荷量$Q_e(x)$是（参见 10-2 节）：

$$Q_e(x) = Q(x) - Q_D(x) \tag{11.6}$$

这里，$Q_D(x)$是由位置x处的耗尽层受主引起的电荷量。当界面的能带弯曲量为$2\phi_F + V(x)$时，耗尽层的电荷量为$Q_D(x) = \{2[2\phi_F + V(x)]\mathcal{E}eN_A\}^{1/2}$，因此有：

$$Q_e(x) = C_{ox}[V_G - \{2\phi_F + V(x)\}] - [2\{2\phi_F + V(x)\}\mathcal{E}eN_A]^{1/2} \tag{11.7}$$

这个公式可以用来计算电流，但形式较为复杂。对于这一点的处理，请参考相关参考书。在本书中，我们进行以下简化处理。即尽管耗尽层宽度本来应该取决于x，但我们假设耗尽层的宽度与源端相同。在这种近似下，公式(11.7)可以写成：

$$Q_e(x) = C_{ox}[V_G - \{2\phi_F + V(x)\}] - Q_D(x=0) \tag{11.8}$$

这里$Q_D(x=0) = (4\phi_F\mathcal{E}eN_A)^{1/2}$。在源极端形成反型层的条件下，即$V_G = V_{th}$时，可以近似地认为在源极端处$Q_e(0) \approx 0$，$V(0) = 0$，因此：

$$0 = C_{ox}(V_{th} - 2\phi_F) - Q_D(x=0) \tag{11.9}$$

根据式(11.9)，式(11.8)可以简化为：

$$Q_e(x) = C_{ox}\{V_G - V_{th} - V(x)\} \tag{11.10}$$

假设反型层中在位置x处的电子数量和漂移速度分别为$n_e(x)$和$v_d(x)$，那么在位置x处电流的大小（方向忽略）为：

$$\begin{aligned} I(x) &= en_e(x)v_d(x)W \\ &= ev_d(x)\frac{C_{ox}\{V_G - V_{th} - V(x)\}}{e}W \end{aligned} \tag{11.11}$$

漂移电场的大小取决于位置x。此外，迁移率取决于垂直于 Si/SiO_2 界面的电场强度（纵向电场），可以写成$v_d(x) = \mu_e(x)E(x)$。但为了简化起见，假设迁移率为一个常数μ_e，同时引入$E(x) = -\mathrm{d}V(x)/\mathrm{d}x$，那么上述式子可以简化为：

$$I(x) = \mu_e\frac{\mathrm{d}V(x)}{\mathrm{d}x}C_{ox}\{V_G - V_{th} - V(x)\}W \tag{11.12}$$

假设电流的流动是连续的，不存在消失或生成，此时$I(x) = I =$ 常数。

考虑对式(11.12)两边乘以dx并进行积分：

$$\int I\mathrm{d}x = \int \mu_e C_{ox}\{V_G - V_{th} - V(x)\}W\,\mathrm{d}V(x) \tag{11.13}$$

左侧是关于x的积分，积分范围从 0 到L。右侧是关于$V(x)$的积分，积分范围从 0 到V_D。因此，上述方程变为：

$$IL = \mu_e C_{ox} W[(V_G - V_{th})V_D - V_D^2/2] \tag{11.14}$$

将其转换一下可以得到：

$$I = \mu_e C_{ox} \frac{W}{L}[(V_G - V_{th})V_D - V_D^2/2] \tag{11.15}$$

当$V_D \ll V_G$时，如果将V_D视为微小量，可以忽略V_D^2，则有：

$$I = \mu_e C_{ox} \frac{W}{L}(V_G - V_{th})V_D \tag{11.16}$$

这个式子与式(11.4)相同。另一方面，由于式(11.15)是一个凸函数，因此在$V_D = V_G - V_{th}$时达到最大值，此时有：

$$I = \mu_e C_{ox} \frac{W}{2L}(V_G - V_{th})^2 \tag{11.17}$$

根据式(11.10)，在比$V(x) = V_G - V_{th}$更接近漏极的区域，反型层中的电子已经消失，因此不能应用式(11.11)。反型层中电子开始消失的点称为夹断点（pinch-off point）。

11-4 MOS 场效应晶体管的工作原理（3）：饱和区

从夹断点到漏极的电流-电压特性会如何变化呢？图 11.6 以 n 沟道型 MOSFET 为例，在固定的栅极电压条件下，展示了在改变漏极电压时沟道状态的变化模式。此时源极和衬底也都接地。在固定的栅极电压V_G下，漏极电压从最小值 0 变化到最大值V_D。这里我们讨论当漏极电压较大且沟道内存在夹断点时，也就是图 11.6（c）的电流-电压特性。

在进入主题之前，需要解释一下图 11.6 中描绘的耗尽层宽度随着V_D的增大而增大的原因。这是因为V_D增大时漏极处的 pn 结反向电压增大。此外，根据前一章所述，沟道区域的能带弯曲量为$2\phi_F + V(x)$，因而耗尽区宽度变宽。

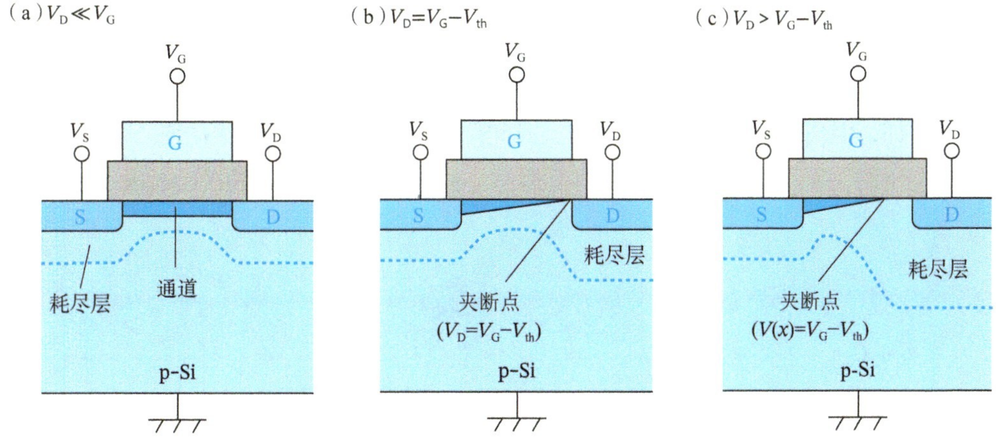

图 11.6　漏极电压 VD 的变化对反型层形成的影响（V_G = 常数）

夹断点是$V(x)=V_G-V_{th}$的点，将这个电压记作$V_{D,sat}$。根据前文的讨论，漏极电流在$V_{D,sat}$时取最大值$I_{max}=\mu_e C_{ox}(W/2L)(V_G-V_{th})^2=\mu_e C_{ox}(W/2L)V_{D,sat}^2$近夹断点的漏极端区域，如图 11.6（c）和图 11.7 所示，存在着不形成反型层电子的耗尽区。因此，夹断点之后的 Si/SiO_2 界面附近是高电阻（绝缘体）区域。由于V_D-$V_{D,sat}$的电压作用在靠近漏极端的这个窄绝缘体区域上，因此产生了非常强的电场。

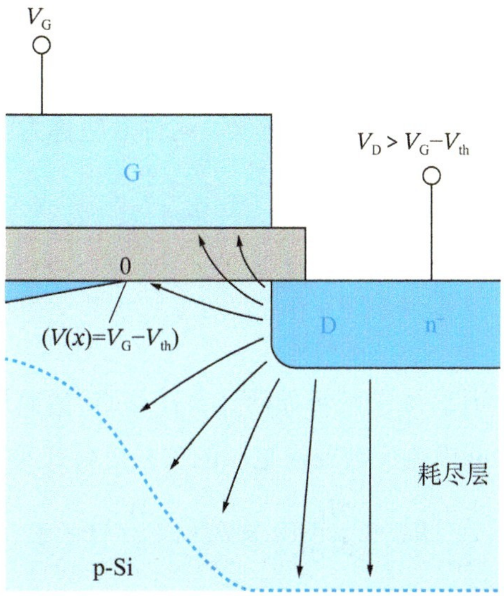

图 11.7　在$V_D > V_G-V_{th}$的情况下漏极端的电场分布

此外，如图 11.7 所示，这个电场在 Si/SiO_2 界面附近是相对于界面几乎平行的，没有控制电流的机制。因此，在这个区域中，电子会被强烈地吸引到漏极。由于夹断点由$V(x) = V_G - V_{th}$的关系确定，增加V_D会使其移向源极一侧。这样一来，从夹断点到漏极端的高阻抗区距离会增加，但由于V_D-$V_{D,sat}$也会增加，因此产生高电场的情况仍然存在。结果，漏极电流和漏极电压的关系（输出特性）如图 11.8 所示。这个区域被称为饱和区（saturation region）。

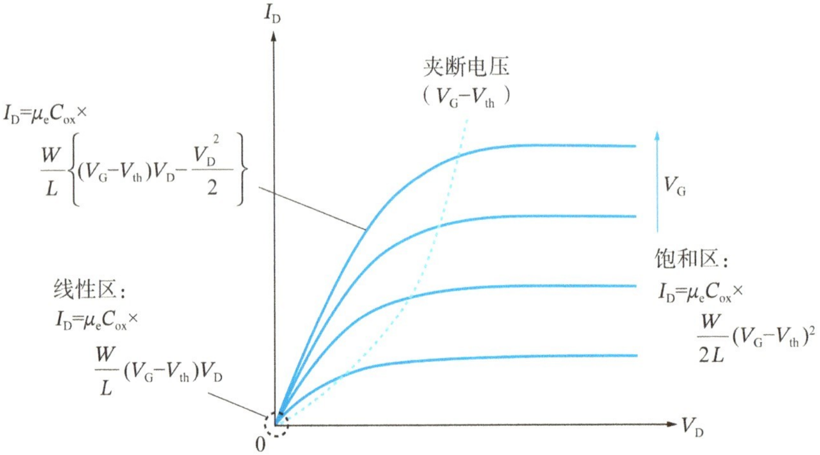

图 11.8　n 沟道型 MOSFET 的漏极电流和漏极电压关系（输出特性）

这种讨论适用于沟道长度较长、V_D-$V_{D,sat}$对应的距离与沟道长度相比较小的情况。实际上，当漏极电压增大使得截止点向源极一侧移动时，有效沟道长度会变短。因此，电流值不会完全保持恒定，而是会显示出略微增大的趋势。这种效应称为沟道长度调制效应，在沟道长度较短的情况下尤为显著。

11-5 迁移率

以 n 沟道型 MOSFET 为例，本节解释如何计算迁移率。最简单的方法是根据线性区（V_D较小，例如$V_D = 0.05$V）中漏极电流与栅极电压的关系进行计算：

$$g_m = \left.\frac{\partial I_D}{\partial V_G}\right|_{V_D} = \mu_e C_{ox} \frac{W}{L} V_D \tag{11.18}$$

漏极电流和栅极电压的关系（I_D-V_G特性）被称为转移特性。式中的g_m称为转移电导，可以直接通过I_D-V_G特性的数值数据得到。另一方面，右边的方程中除了迁移率μ_e之外的值都是已知的，因此可以求出迁移率。

另一方面，也可以通过输出特性来计算迁移率。在这种情况下，线性区域的沟道电导率 $g_d = \partial I_D/\partial V_D|_{V_G}$ 可以通过下式计算：

$$g_d = \frac{\partial I_D}{\partial V_D}\bigg|_{V_G} = \mu C_{ox}\frac{W}{L}(V_G - V_{th}) \tag{11.19}$$

$C_{ox}(V_G - V_{th})$是反型层电子的电荷量，在给定V_{th}的情况下可以计算得出。然而，确定V_{th}有多种方法，每种方法都可能存在一定的差异，为了消除这些影响，也会使用直接测量反型层电子电荷量$C_{ox}(V_G - V_{th})$的电容测量方法（Split CV 法）。

在线性区（V_D较小）I_D-V_G特性如图 11.9 所示，当栅极电压增大时，会偏离直线。这是因为反型层的纵向电场变强。下面我们将讨论在 Si/SiO_2 界面上纵向电场的强度。首先，为了求解纵向电场，我们对耗尽层的电荷量和反型层电荷的一半应用高斯定律，将其定义为界面上的有效纵向电场强度E_{eff}。在这个定义下，E_{eff}可以表示为：

$$E_{eff} = \frac{Q_D + Q_e/2}{\mathcal{E}} \tag{11.20}$$

反型层中电子的电荷量为$Q_e = C_{ox}(V_G - V_{th})$，而耗尽层中的电荷量在理想的 MOS 结构中为$Q_D = C_{ox}(V_{th} - 2\phi_F)$。另外，$C_{ox} = \mathcal{E}_{ox}/d_{ox}$，考虑到硅的介电常数$\mathcal{E} = 3\mathcal{E}_{ox}$㊀，可以获得：

$$E_{eff} = \frac{V_G - V_{th}}{6d_{ox}} + \frac{V_{th} - 2\phi_F}{3d_{ox}} \tag{11.21}$$

纵向电场的强度约为 10^5～10^6V/cm㊁。栅极电压增加时，纵向电场也会增强，这可以通过考虑式(11.20)中的纵向电场定义来理解。纵向电场增强会增大将电子推向 Si/SiO_2 界面的效应。迁移率和纵向电场之间的关系如图 11.10 所示。这被称为迁移率的纵向电场特性，并可以用以下公式表示：

$$\mu_{eff} = 32500 \times E_{eff}^{-1/3}[\mathrm{cm^2/(Vs)}](\text{在室温下}) \tag{11.22}$$

进一步增强纵向电场会加剧声子散射和杂质散射，同时还会受到界面粗糙度带来的散射和界面电荷的影响，在纵向高电场区域会观察到迁移率急剧下降。因此，MOSFET 的迁移率与体材料中的迁移率存在明显差异。

同样，对于空穴来说纵向电场的强度定义为：

㊀ 硅的相对介电常数（12）是 SiO2 介电常数（4）的 3 倍。

㊁ 参考 Y. Taur, T. Ning 著，芝原健太郎，宫本恭幸，内田建监译，《最新 VLSI 的基础》第 2 版，丸善出版社（2013）。

$$E_{\text{eff}} = \frac{Q_D + Q_h/3}{\mathcal{E}} \tag{11.23}$$

上述定义很好地表明了迁移率的纵向电场特性。

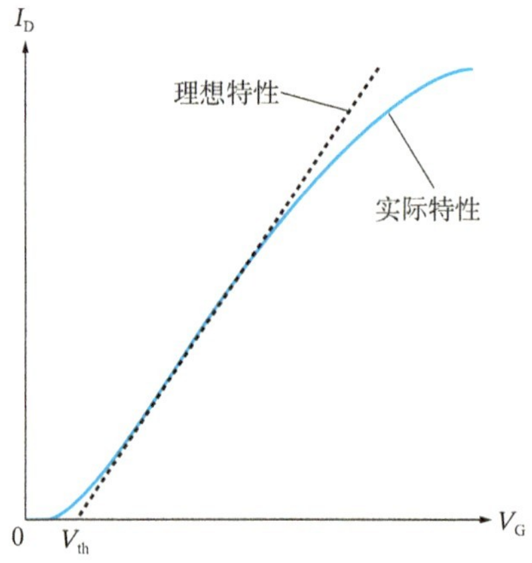

图 11.9 漏极电压较小时的转移特性（I_D-V_G特性）

在栅极电压较高的区域，会偏离理论特性。

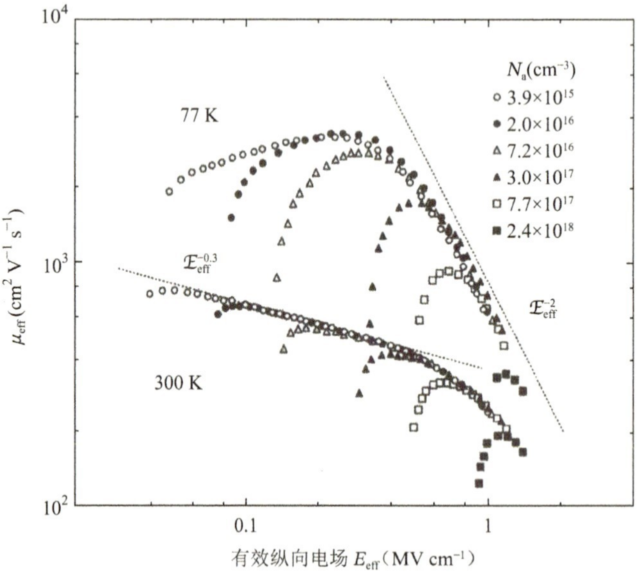

图 11.10 迁移率的有效纵向电场特性

引用自 S. Takagi et al., IEEE Trans. On Electron Devices, 41, 2357(1994)，有改动。

11-6 阈值电压

根据定义，阈值电压V_{th}是反型层的电子密度等于体材料的空穴密度时的栅极电压。但是，即使小于V_{th}的栅极电压，反型层中仍然存在电子，因此仍然有微弱的电流流动。在实验中确定V_{th}时仍然存在一些模糊性。在这里，我们将介绍图 11.11 中所示的三种阈值电压定义方法。

在图 11.11（a）中，使用线性区（$V_D \ll V_G$）的阈值电压定义方法，通过式(11.16)中$I_D = 0$的点来定义V_{th}。这种方法称为线性外推法。

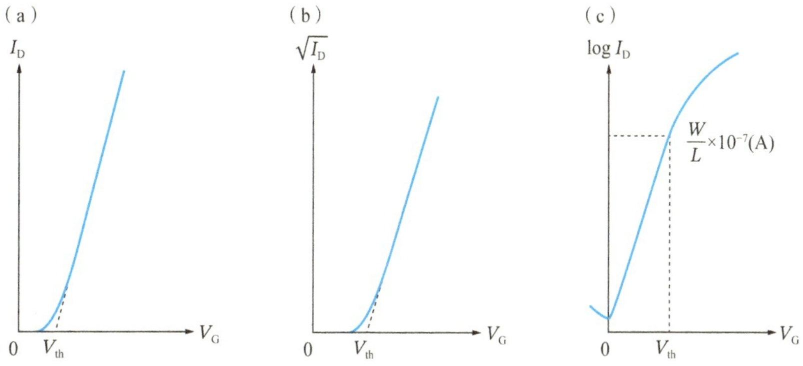

图 11.11　阈值电压V_{th}的定义方法

（a）从线性区求解的方法（线性外推法），（b）从饱和区求解的方法，
（c）在漏极电流值保持不变的情况下定义栅极电压的方法。

另一种方法是，基于图 11.11（b）的饱和区（$V_D \gg V_G - V_{th}$），根据式(11.17)中的$I_D^{1/2}$和V_G的关系，将$I_D = 0$的横轴截距定义为V_{th}。另外，还有一种方法是根据图 11.11（c）中显示的特定漏极电流值来定义栅极电压V_{th}。当$W/L = 1$时，常常使用$I_D = 10^{-7}$A 的值。当W/L不等于 1 时，可以根据$I_D = (W/L) \times 10^{-7}$A 时的$V_G$的值来定义$V_{th}$。

11-7 亚阈值斜率

如图 11.12 所示，纵轴采用对数坐标绘制 n 沟道型 MOSFET 的转移特性（I_D-V_G特性）时，存在一个电流迅速上升的区域。在较小的V_G值下，可以获得较高的开启电流，并且在

$V_G = 0V$ 时电流值接近于零，这是理想的晶体管特性。为了满足这一要求，需要存在一个当栅极电压由 0V 开始增加时电流迅速上升的区域。这个区域称为弱反型区或亚阈值区（subthreshold region）。

用来表示上升特性的参数是亚阈值斜率（subthreshold slope，简记为 s.s.）。这一值被定义为使得漏极电流变化一个数量级所需的栅极电压。因此，s.s.的单位是 V/dec，数值越小表示电流上升越陡。s.s.值可以表示为：

$$\text{s. s.} = \frac{\partial V_G}{\partial \log I_D} \tag{11.24}$$

对这个公式进行变换，可以得到：

$$\text{s. s.} = \frac{\partial V_G}{\partial \phi_s} \times \frac{\partial \phi_s}{\partial \log I_D} = \left(1 + \frac{C_s}{C_{ox}}\right) \times \frac{\partial \phi_s}{\partial \log I_D} \tag{11.25}$$

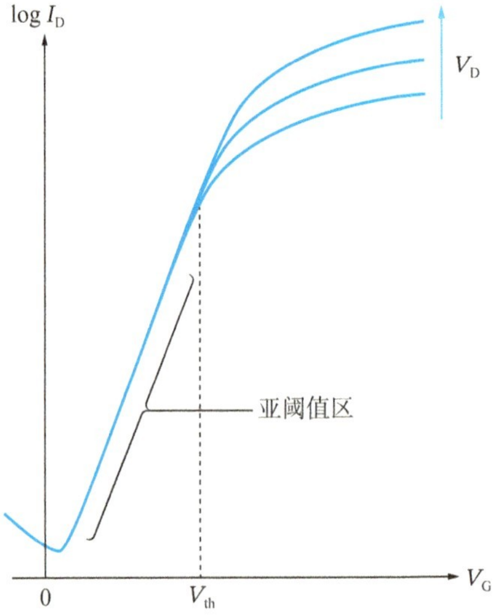

图 11.12　亚阈值区的特性

C_s为耗尽区的电容，从C_{ox}和C_s的串联电容中得出$V_{ox} + \phi_s = V_G$，$C_{ox}V_{ox} = C_s\phi_s$的关系，从而得到$\partial V_G/\partial \phi_s = (1 + C_s/C_{ox})$。

仔细观察图 11.12，可以看出在V_G较大的区域，电流值取决于漏极电压。这种性质是由反型层中电子数量受栅极电压影响，并通过漂移运动所导致的。另一方面，在电流陡峭上升区域，漏极电流不依赖于漏极电压，而是描绘出相同的轨迹。由于图 11.12 的纵轴是用对数表示的，所以陡峭上升区域的电流值非常小，此时栅极电压也小于阈值电压。那么，这个电流的起源是什么呢？

请记住电流包括漂移电流和扩散电流。当$V_G > V_{th}$时，反型层形成，因此漂移引起的电流远远大于扩散引起的电流成分，即使扩散电流存在，也很难观测到。然而，当$V_G < V_{th}$时，漂移电流非常小，但是如果源极端和漏极端的电子密度不同，就会出现扩散电流。沟道中源极端的电子密度可以用玻尔兹曼分布表示为$n_{e,p0}\exp[e\phi_s/(k_BT)]$。这里，$\phi_s < 2\phi_F$。另一方面，为了简化问题，可以认为漏极端的电子都进入了漏极，电子密度近似为 0。也就是说，从源极到漏极存在密度梯度。将沟道长度记为L，则这个密度梯度的大小可以近似为：

$$\left|\frac{\Delta n}{\Delta x}\right| \approx \frac{1}{L}\left\{n_{e,p0}\exp\left(\frac{e\phi_s}{k_BT}\right) - 0\right\} \tag{11.26}$$

电子的扩散系数为D_e，如果将其他比例常数表示为A，则扩散电流的大小取决于密度梯度：

$$I_D \approx \frac{AeD_e n_{e,p0}}{L}\exp\left(\frac{e\phi_s}{k_BT}\right) \tag{11.27}$$

因此，$\partial \log I_D / \partial\phi_s = (\ln 10)^{-1}e/(k_BT)$。结果得到：

$$\mathrm{s.s.} = \left(1 + \frac{C_s}{C_{ox}}\right) \times (\ln 10) \times \frac{k_BT}{e} \tag{11.28}$$

$(\ln 10) \times k_BT/e$在室温下取值大约为 60mV/dec，s.s.值为$(1 + C_s/C_{ox}) \times$ 60mV/dec，因此一定大于 60mV/dec。所以，器件在室温下工作时存在 60mV/dec 的限制。

近年来，提出了突破这一限制的各种想法。隧道场效应晶体管和负电容场效应晶体管是其典型例子。前者关注从源极到沟道的电子注入过程，利用隧穿效应取代从源极注入电子到沟道的热激活过程。后者则是通过利用铁电体将栅极电容C_{ox}变为负值来实现$(1 + C_s/C_{ox}) \leqslant 1$ 的技术。

另外，还有一种技术可以减小C_s，即完全耗尽型 SOI（fully depleted silicon on insulator, FD-SOI）[㊀]。FD-SOI 具有图 11.13（a）所示的结构。器件的有源层比耗尽层薄，并完全耗尽，且在有源层下面存在嵌入氧化膜（buried oxide，BOX）。根据图 11.13（b）的等效电路，$V_{ox} + \phi_s = V_G$，$C_{ox}V_{ox} = [1/(1/C_{SOI} + 1/C_{BOX})]\phi_s$成立（为了简化，忽略了半导体衬底的耗尽），因此有：

㊀ SOI 虽然翻译成中文是指绝缘体上的硅，但通常并不用相应的中文名称，而是简称为 SOI。——译者注

$$\text{s. s.} = \left[1 + \frac{C_{\text{SOI}}C_{\text{BOX}}}{(C_{\text{SOI}} + C_{\text{BOX}})C_{\text{ox}}}\right] \times (\ln 10) \times \frac{k_B T}{e} \tag{11.29}$$

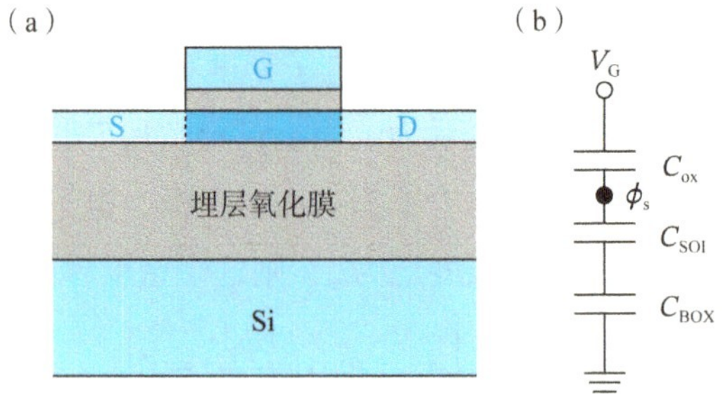

图 11.13　FD-SOI 的（a）器件结构和（b）等效电路

如果方括号内的第 2 项值比 MOSFET 的C_s/C_{ox}小，那么 s.s.值将比 MOSFET 的值小。在 FD-SOI 中，可以实现这种关系，从而获得比 MOSFET 更小的 s.s.值。

11-8 衬底偏压效应

迄今为止，我们考虑的是将衬底和源极接地的情况，但本节我们将以 n 沟道型 MOSFET 为例，讨论在衬底不接地的情况下施加偏置电压的效应。我们将在衬底上加上$V_{\text{sub}}(V_{\text{sub}} < 0)$，而源极仍接地。在衬底接地的情况下，当 Si/SiO_2 界面的能带弯曲量为$2\phi_F$时，反型层会形成，并与源极连接。但是当衬底施加$V_{\text{sub}}(V_{\text{sub}} < 0)$时，p 型硅的能量会上升$(-e)V_{\text{sub}}(= e|V_{\text{sub}}|)$，因此，$Si/SiO_2$ 界面的能带弯曲量需要变为$2\phi_F + |V_{\text{sub}}|$（从电位角度考虑）。此时施加的栅极电压是：

$$V'_{\text{th}} = \frac{1}{C_{\text{ox}}}\{2\mathcal{E}eN_A(2\phi_F + |V_{\text{sub}}|)\}^{1/2} + (2\phi_F + |V_{\text{sub}}|) \tag{11.30}$$

右边的第一项是指当能带弯曲量为$2\phi_F + |V_{\text{sub}}|$时，$SiO_2$ 膜两端的电位差。式(11.30)是以衬底为参考考虑的栅极电压。$V_{\text{S,sub}}$（衬底和源极的电位差）为$-|V_{\text{sub}}|$，所以V_{SG}（栅极和源极的电位差）为：

$$\begin{aligned} V^*_{\text{th}} &= V_{SG} = V_{\text{S,sub}} - V_{\text{sub,G}} = (-|V_{\text{sub}}|) + V'_{\text{th}} \\ &= \frac{1}{C_{\text{ox}}}\{2\mathcal{E}eN_A(2\phi_F + |V_{\text{sub}}|)\}^{1/2} + 2\phi_F \end{aligned} \tag{11.31}$$

这个值比衬底和源极都接地时的值要大。加上衬底偏压$V_{\text{sub}}(V_{\text{sub}} < 0)$会导致耗尽层扩

展，使耗尽层的电荷增加。这种影响导致反型层的电子减少。为了补偿这一影响，需要额外增加栅极电压，使得V_{th}向图 11.14 中所示的方向偏移。

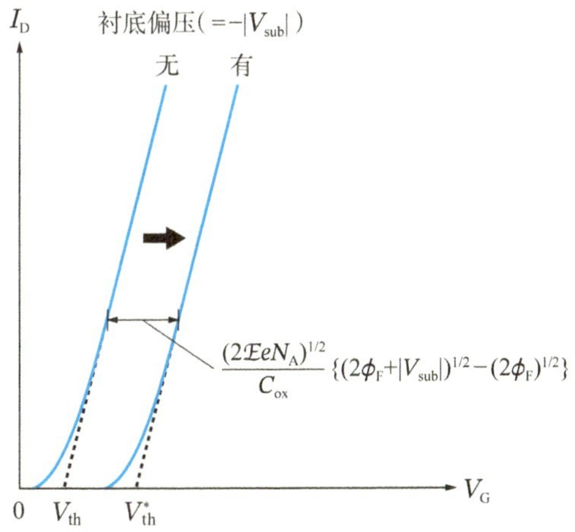

图 11.14　当施加负衬底偏压时V_{th}的变化

章末问题

（1）本书所介绍的平面型 MOSFET 结构已经不再用于近年的小尺寸 MOSFET，取而代之的是被称为 FIN 的结构。请调研 FIN-MOSFET 的结构和其特点。

（2）为了实现高度集成化，需要减小 MOSFET 的面积。因此，纵向 FET 的开发迫在眉睫。请调查纵向 FET 的结构。另外，请调研下一代 FIN-MOSFET 的晶体管技术。

CHAPTER 12

第 12 章

集成电路

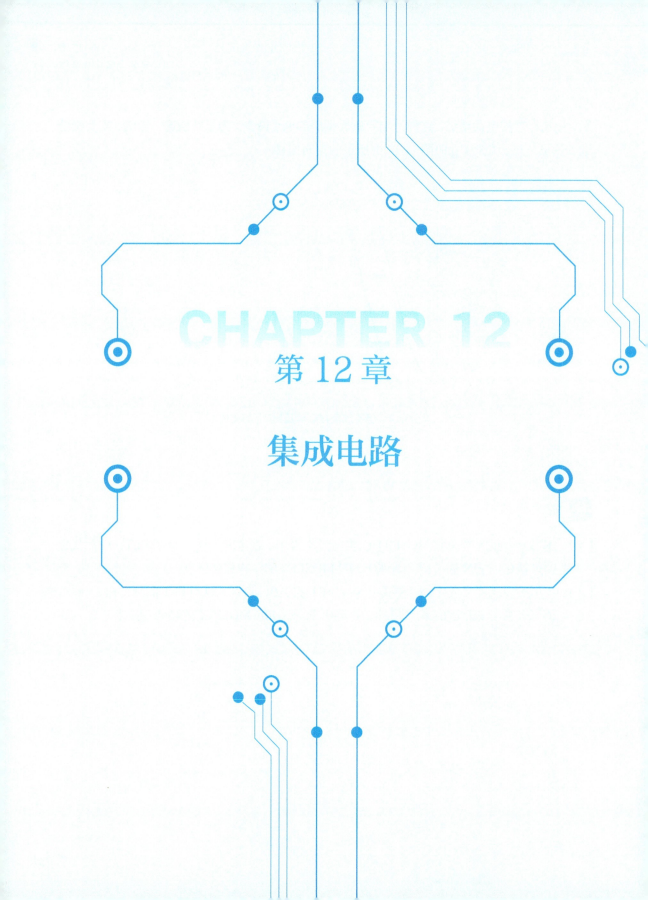

12-1 CMOS 反相器的结构

CMOS 反相器是由 MOSFET 制成的基本电路之一。MOSFET 有增强型（E）和耗尽型（D）两种类型。D 型在$V_G = 0V$ 时有电流流过。因此，n 沟道型的V_{th}为负值，p 沟道型的V_{th}为正值。另一方面，E 型则是 n 沟道型的V_{th}为正值，p 沟道型的V_{th}为负值。关于 n 沟道型 MOSFET 的这种差异如图 12.1 所示，图 12.1（a）是 E 型，（b）是 D 型。在数字电子电路中，如果在$V_G = 0V$ 时电流会流过，将会导致集成电路（LSI）的功耗增加，因此通常使用 E 型 MOSFET。

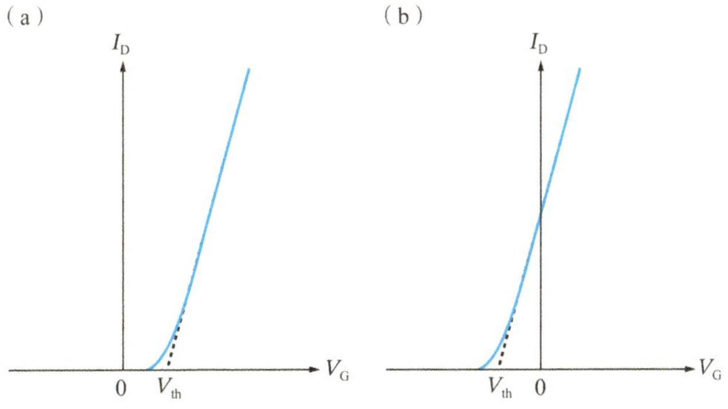

图 12.1　两种不同类型的 n 沟道型 MOSFET 中漏极电流I_D和栅极电压V_G之间的关系

只表示了线性区。（a）增强型（E 型），（b）耗尽型（D 型）。

严格来说，E 型和 D 型的 MOSFET 符号不同，但如果忽略这一点，CMOS 反相器的电路如图 12.2 所示，需要在同一衬底上邻近制备 n 沟道型 MOSFET 和 p 沟道型 MOSFET。为了实现这种设计，需要形成被称为“阱”（well）的结构。图 12.3 是在 p 型硅衬底上形成 n 型阱区的示例。n 沟道型 MOSFET 直接在 p 型硅衬底上形成，而 p 沟道型 MOSFET 则在 n 阱中形成。n 沟道型 MOSFET 和 p 沟道型 MOSFET 的漏极均连接到输出端子，输入信号则连接到其栅极。

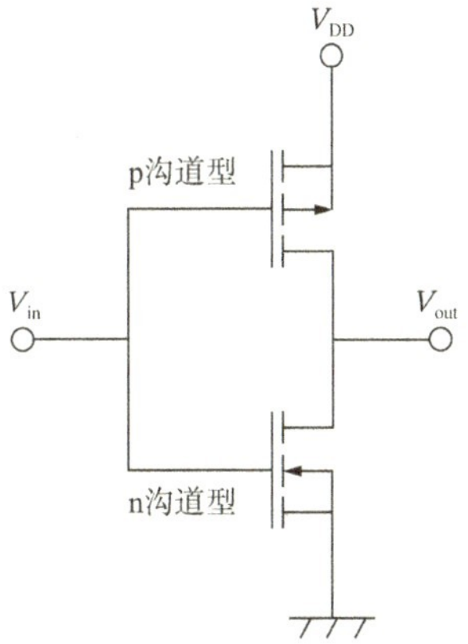

图 12.2　CMOS 反相器的电路构成

此外，p 型衬底接地，n 阱连接到电源（V_{DD}）。值得注意的是，图中用小长方形表示的 p^+区域或阱区中的 n^+区域是用于与衬底和阱形成良好欧姆接触的部分。在下一节中读者将看到 CMOS 反相器的连接原理和工作原理。

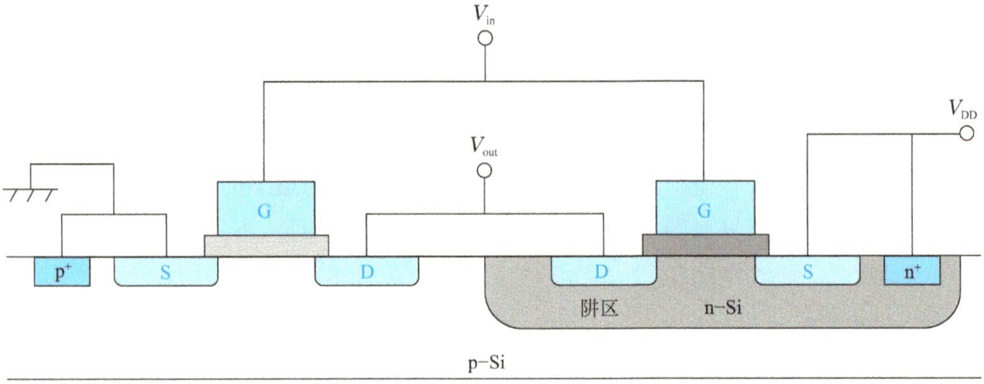

图 12.3　CMOS 反相器的结构

12-2 CMOS 反相器中 p 沟道型 MOSFET 的工作原理

需要注意 CMOS 反相器中构成的 p 沟道型 MOSFET 的工作原理。一般来说，数字电子电路中的输入 1（高电平）是在栅极上施加电源电压V_{DD}（> 0）的状态，而输入 0（低电平）是 0V 的状态，CMOS 工作过程中不需要负电源电压。因此，需要用正电压驱动 p 沟道型 MOSFET。图 12.3 的结构包含了这一设计。

在前一章中我们以 n 沟道型 MOSFET 为例进行了解释，这里将考虑 p 沟道型 MOSFET 的工作原理。衬底是 n 型硅，源极和衬底都接地，栅极和漏极间施加负电压。如图 12.4 所示，形成了反型层，其中的空穴从源极流向漏极。为了形成由空穴组成的反型层，需要形成如图 12.5 所示的能带结构。此时 MOS 界面的电场分布如图 12.6 所示。

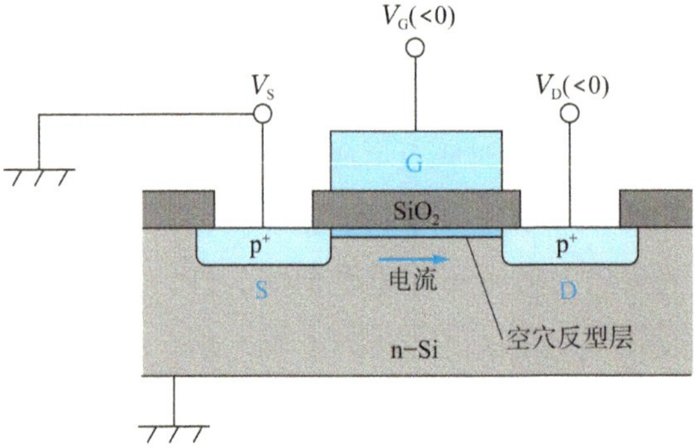

图 12.4　p 沟道型 MOSFET 的结构

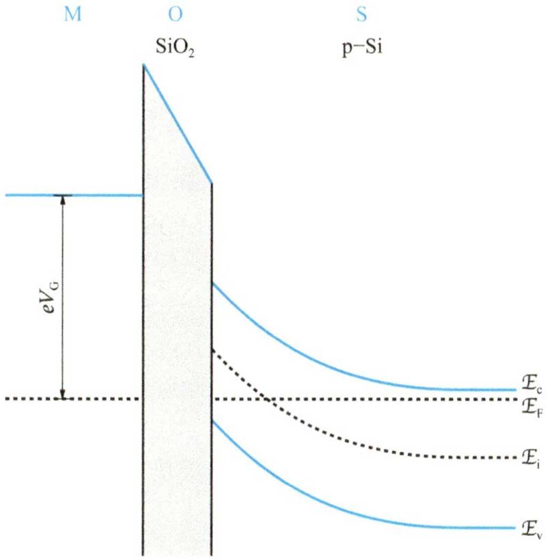

图 12.5　p 沟道型 MOSFET 的能带结构

省略了施主能级。

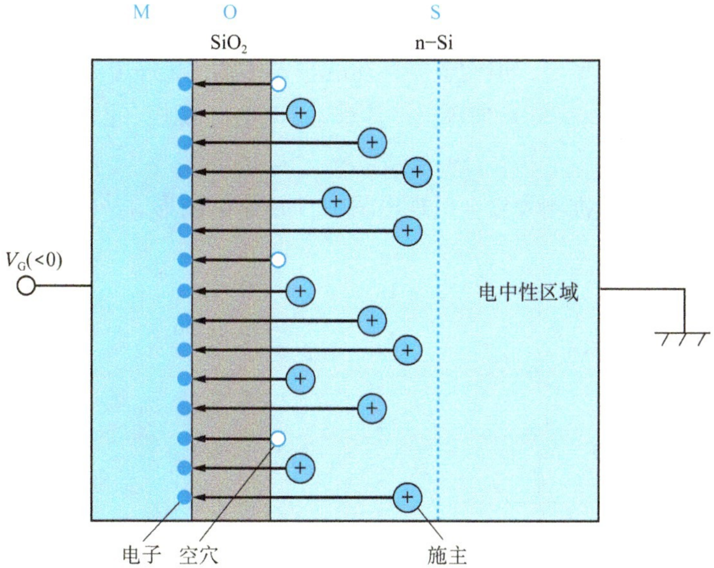

图 12.6　p 沟道型 MOSFET 的电场分布

接下来考虑 CMOS 中的 p 沟道型 MOSFET。阱区和 p 沟道型 MOSFET 的源极都连接到电源（V_{DD}）。特别要注意的是阱区与电源相连接是很重要的。输入的栅极电压从 0 变化到V_{DD}，相对于阱区是负的。从 MOS 截面结构来看沟道区域，产生从阱区到栅极的电场，与图 12.6 相同。因此，能带结构如图 12.5 所示，可以形成由空穴组成的反型层。另外，漏极电压在 0 到V_{DD}之间变化，源极相对于阱区是负电压，存在着从源极到漏极的电场。因此，在 Si/SiO_2 界面形成的反型层中的空穴可以（如图 12.4 所示）从源极运动到漏极。

图 12.7 显示了 CMOS 中 p 沟道型 MOSFET 的输出特性，我们来仔细考虑每个电压条件下为什么会得到这样的图形。在此，将 n 沟道型 MOSFET 的电流方向定义为正。为简化起见，假设 p 沟道型 MOSFET 的阈值电压$V_{th,p}=0$。

①当$V_D(=V_{out})=V_{DD}$时：

漏极与源极等电位，因此无论栅极电压如何变化，电流都不会流动，I_D的值为 0。

②当$V_G=V_{DD}$时：

源极和栅极等电位（$V_{SG,p}=0$），因此无法形成反型层。此时，与$V_D(=V_{out})$无关，I_D的值为 0。

③当$V_D(=V_{out})=0$，$V_G=0$ 时：

源极端具有最大的源极和栅极电位差，形成反型层向沟道中注入载流子（空穴），电流达到最大值。从漏极端来看，栅极与漏极等电位，漏极处于夹断点。

④当$V_D(=V_{out})=0$，$V_G\approx V_{DD}/2$时：

虽然源极端形成了反型层，但沟道中存在的空穴密度比$V_G=0$ 时小。此外，在漏极端已经处于夹断状态。结果，夹断点向源极一侧移动，存在于源极和漏极之间，因此观察到了饱和区的特性。

根据以上分析，可以推测大致会呈现出图 12.7 所示的图形。

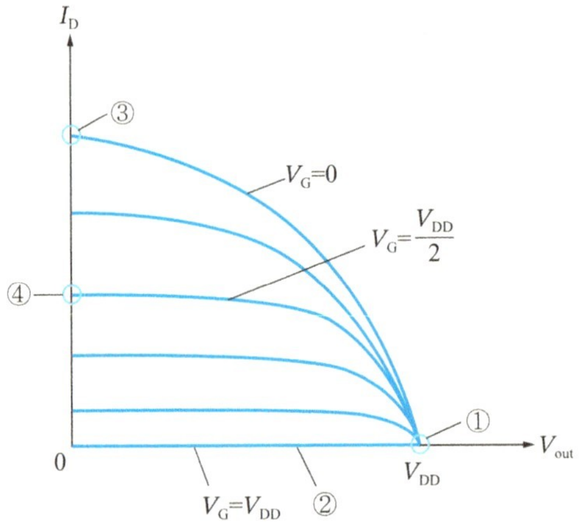

图 12.7　CMOS 反相器中 p 沟道型 MOSFET 的输出特性

关于状态①至④的详细信息请参阅正文。

12-3 CMOS 反相器中 p 沟道型 MOSFET 工作原理的公式推导

首先考虑 n 沟道型 MOSFET，为了与下文中 p 沟道型 MOSFET 的符号统一，用$V_{SD,n}$和$V_{SG,n}$来明确表示电位差。在 MOSFET 中，源极是电位的基准。$V_{SD,n}$定义为 n 沟道型 MOSFET 漏极和源极之间的电位差，$V_{SG,n}$定义为栅极和源极之间的电位差。考虑到 n 沟道型 MOSFET 的源极和衬底都接地，因此$V_{SD,n}=V_{out}(>0)$，$V_{SG,n}=V_{in}(>0)$。正如前面提到的，在数字电子电路中使用的 MOSFET 通常采用 E 型。

n 沟道型 MOSFET 在非饱和区的电流特性是：

$$\begin{aligned} I_D &= \mu_e C_{ox}(W_n/L)\left[(V_{SG,n}-V_{th,n})V_{SD,n}-V_{SD,n}^2/2\right] \\ &= \mu_e C_{ox}(W_n/L)\left[(V_{in}-V_{th,n})V_{out}-\left(V_{out}^2\right)/2\right] \end{aligned} \tag{12.1}$$

饱和区($V_{SD,n}>V_{SG,n}-V_{th,n}$)中有：

$$\begin{aligned} I_D &= \mu_n C_{ox}(W_n/2L)(V_{SG,n}-V_{th,n})^2 \\ &= \mu_n C_{ox}[W_n/(2L)](V_{in}-V_{th,n})^2 \end{aligned} \tag{12.2}$$

电子从源极流向漏极，因此电流从漏极流向源极。这在图 12.8 中表示为实线。

另一方面，在 CMOS 反相器中的 p 沟道型 MOSFET 中：

$$\begin{aligned} V_{SG,p} &= V_{S,sub,p}+V_{sub,G,p}=0+(V_{in}-V_{DD}) \\ &= V_{in}-V_{DD}<0 \end{aligned} \tag{12.3}$$

$$\begin{aligned} V_{SD,p} &= V_{S,sub,p}+V_{sub,D,p}=0+(V_{out}-V_{DD}) \\ &= V_{out}-V_{DD}<0 \end{aligned} \tag{12.4}$$

这里$V_{S,sub,p}$，$V_{sub,D,p}$，$V_{sub,G,p}$分别被定义为 p 沟道型 MOSFET 中衬底与源极、漏极与衬底、栅极与衬底之间的电位差。注意电流方向，CMOS 反相器中的 p 沟道型 MOSFET 电流从源极流向漏极，因此与 CMOS 反相器中 n 沟道型 MOSFET 电流方向相同。如果将 n 沟道型 MOSFET 的电流方向定义为正，那么在非饱和区域有：

$$I_D=\mu_h C_{ox}\left(W_p/L\right)\left[\left(V_{in}-V_{DD}-V_{th,p}\right)\left(V_{out}-V_{DD}\right)-\left(V_{out}-V_{DD}\right)^2/2\right] \tag{12.5}$$

在饱和区中有：

$$I_D=\mu_h C_{ox}\left[W_p/(2L)\right]\left(V_{in}-V_{DD}-V_{th,p}\right)^2 \tag{12.6}$$

这在图 12.8 中表示为虚线。

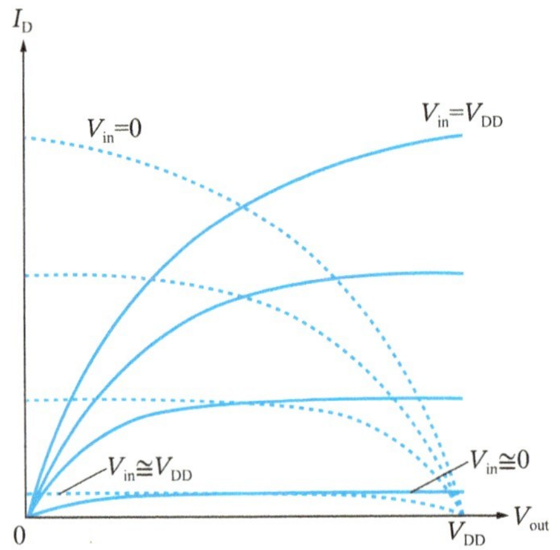

图 12.8　CMOS 反相器中 n 沟道型和 p 沟道型 MOSFET 的工作原理

该图满足 12-4 节中的$\beta_n=\beta_p$的条件。实线表示 n 沟道型，虚线表示 p 沟道型。

12-4 CMOS 反相器工作原理的公式推导

式(12.1)，(12.2)，(12.5)，(12.6)中出现的$\mu_e C_{ox}(W_n/L)$和$\mu_h C_{ox}(W_p/L)$称为增益系数，用β_n和β_p表示。在这里，我们考虑$\beta_n=\beta_p$的情况。通常，n 沟道型 MOSFET 和 p 沟道型 MOSFET 的栅极长度和栅极氧化膜的值相同，因此在$\beta_n=\beta_p$的条件下，$\mu_e W_n=\mu_h W_p$，以硅为例，由于迁移率关系$\mu_e\approx 3\mu_h$，因此按照$3W_n\approx W_p$进行设计。

电流通过 p 沟道型 MOSFET 流入 n 沟道型 MOSFET，因此基于输入电压V_{in}产生不同的输出电压V_{out}时，两个 MOSFET 具有相同的电流值。以下分三种情况考虑 CMOS 反相器的工作状态。

①当 n 沟道型 MOSFET 和 p 沟道型 MOSFET 都处于饱和区时：

当它们都处于饱和区时，$V_{out}\geqslant V_{in}-V_{th,n}$，$V_{out}-V_{DD}\leqslant V_{in}-V_{DD}-V_{th,p}$。也就是说，$V_{in}-V_{th,n}\leqslant V_{out}\leqslant V_{in}-V_{th,p}$。n 沟道型 MOSFET 和 p 沟道型 MOSFET 电流一致的点满足以下关系：

$$(V_{in}-V_{th,n})^2=(V_{in}-V_{DD}-V_{th,p})^2 \tag{12.7}$$

由此可得：

$$V_{in}=\frac{1}{2}(V_{DD}+V_{th,p}+V_{th,n}) \tag{12.8}$$

如前所述，构成 CMOS 的 MOSFET 是 E 型的，所以$V_{th,p}+V_{th,n}\approx 0$，因此$V_{in}\approx V_{DD}/2$。因此：

$$\frac{V_{DD}}{2}-V_{th,n}\leqslant V_{out}\leqslant\frac{V_{DD}}{2}-V_{th,p} \tag{12.9}$$

无法将V_{out}确定在一点。

②当 n 沟道型 MOSFET 处于饱和区，p 沟道型 MOSFET 处于非饱和区时：

为了使 n 沟道型 MOSFET 处于饱和区，其漏极端必须处于夹断状态。因此取$V_{in}\approx 0$。此时，考虑 p 沟道型 MOSFET 的源极与栅极之间，以及漏极与栅极之间的电压使得器件处于非饱和区。因此下式成立：

$$\frac{(V_{in}-V_{th,n})^2}{2}=(V_{in}-V_{DD}-V_{th,p})(V_{out}-V_{DD})-\frac{(V_{out}-V_{DD})^2}{2} \tag{12.10}$$

因为$V_{in}\approx 0$，所以有：

$$\frac{V_{th,n}^2}{2}=(-V_{DD}-V_{th,p})(V_{out}-V_{DD})-\frac{(V_{out}-V_{DD})^2}{2} \tag{12.11}$$

由于$V_{th,n}\approx 0$，因此$V_{out}\approx V_{DD}$，电流值为$I_D\approx 0$。

③当 n 沟道型 MOSFET 处于非饱和区，p 沟道型 MOSFET 处于饱和区时：

p 沟道型 MOSFET 处于饱和区时，其漏端必须处于夹断状态。因此取$V_{in}\approx V_{DD}$。此时，考虑 n 沟道型 MOSFET 的源极和栅极之间，以及漏极和栅极之间的电压，使得器件处于非饱和区，因此有：

$$(V_{in}-V_{th,n})^2V_{out}-\frac{V_{out}^2}{2}=\frac{(V_{in}-V_{DD}-V_{th,p})^2}{2} \tag{12.12}$$

右边≈ 0，所以$V_{out}\approx 0$。由于$V_{in}\approx V_{DD}$和$V_{out}\approx 0$，因此$I_D\approx 0$。

总结以上内容，V_{in}和V_{out}的关系如图 12.9 所示。

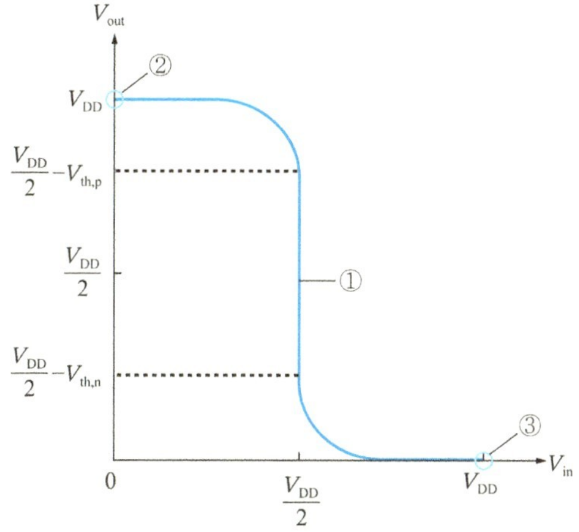

图 12.9　CMOS 反相器的输入电压V_{in}与输出电压V_{out}的关系

注：关于①～③各个状态的具体内容，请参考正文。

12-5 CMOS 反相器的开关特性

输出从高电平V_{DD}变为低电平 0，或者从 0 变为 1 所需的时间，即开关时间，是衡量 CMOS 反相器开关性能的一个指标。通过对这段时间进行简单的分析估算，我们可以思考用于实现高速操作的晶体管结构。

为了计算开关时间，考虑输出端连接到负载电容C_L的电路，如图 12.10 所示。假设电容器目前是未充电状态。如果电容器开始积累电荷，输出电压V_{out}将逐渐增大。另一方面，如果电容器的电荷开始逐渐释放，V_{out}将减小。电荷积累和释放所需的时间是衡量开关性能的指标。

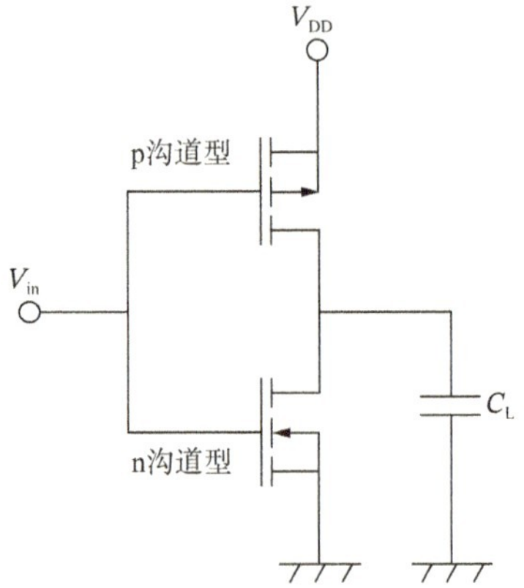

图 12.10　用于计算开关时间的电路

假设初始状态下电容器是未充电的。当输入为 0 时，n 沟道型 MOSFET 的栅极与源极间电压$V_{SG,n}$为 0，因此 n 沟道型 MOSFET 中没有电流流过。对于 p 沟道型 MOSFET，$V_{SG,p}$存在电位差，反型层形成。最初，V_{out}为 0V，因此漏极端处于夹断状态，晶体管工作在饱和区。电容器中的电荷随着时间积累，V_{out}逐渐增大，器件工作状态进入线性区。

因此，随着时间的推移，p 沟道型 MOSFET 从饱和特性转变为线性特性，但是为了简化讨论，这里假设 p 沟道型 MOSFET 始终工作在线性区，即在式(12.5)中令$V_{in}=0$，则有：㊀

$$I_D = \mu_h C_{ox}(W_p/L)(V_{DD}+V_{th,p})(V_{DD}-V_{out}) \tag{12.13}$$

经由 p 沟道型 MOSFET 存储电荷到电容器的过程可以等效为图 12.11 中的电路，用公式描述为：

$$V_{DD} = R_{p,MOS} \times I(t) + \frac{Q(t)}{C_L} \tag{12.14}$$

$I(t)$是时刻t时通过 p 沟道型 MOSFET 的电流。$R_{p,MOS}$是晶体管的通态电阻，存在以下关系：

㊀ 二次项部分因为很小，所以被忽略了。

$$R_{p,MOS} = \left|\frac{d(V_{DD} - V_{out})}{dI_D}\right| = \left[\mu_h C_{ox}(W_p/L)(V_{DD} + V_{th,p})\right]^{-1}$$
$$= \left[\beta_p(V_{DD} + V_{th,p})\right]^{-1} \tag{12.15}$$

$Q(t)$表示电容器的电荷，而$I(t) = dQ(t)/dt$，因此，公式(12.14)变为：

$$V_{DD} = R_{p,MOS} \times \frac{dQ(t)}{dt} + \frac{Q(t)}{C_L} \tag{12.16}$$

由$Q(t) = C_L V(t)$的关系，可以将上式改写为：

$$V_{DD} = R_{p,MOS} C_L \times \frac{dV(t)}{dt} + V(t) \tag{12.17}$$

利用$V(0) = 0$，$V(\infty) = V_{DD}$的条件求解上式，得到：

$$V(t) = V_{DD}\left[1 - \exp\left(-\frac{t}{R_{p,MOS} C_L}\right)\right] \tag{12.18}$$

接下来，假设输入从 0 切换到 1。这时，由于 p 沟道型 MOSFET 中$V_{SG,p} = 0$，没有电流流动。另一方面，n 沟道型 MOSFET 中$V_{SG,n} = V_{DD}$，形成反向层，n 沟道型 MOSFET 中有电流流过。

所以，储存在电容器中的电荷会（如图 12.12 所示）通过 n 沟道型 MOSFET 流向源极（接地）。初始时，$V_{out} = V_{DD}$，因此漏极端处于夹断状态，晶体管在饱和区工作。随着时间的推移，V_{out}降低，晶体管会转变为在线性区工作。因此，随着时间的推移，晶体管的工作状态会发生变化，但为了简化讨论，在这里假设 n 沟道型 MOSFET 始终工作在线性区，如下式所示：

$$I_D = \mu_e C_{ox}(W_n/L)(V_{DD} - V_{th,n})V_{out} \tag{12.19}$$

描述放电过程的电路方程式为：

$$C_L \frac{dV(t)}{dt} + \frac{V(t)}{R_{n,MOS}} = 0 \tag{12.20}$$

如果设$V(0) = V_{DD}$，则有：

$$V(t) = V_{DD} \exp\left(-\frac{t}{R_{n,MOS} C_L}\right) \tag{12.21}$$

这里：

$$R_{n,MOS} = \left[\mu_e C_{ox}(W_n/L)(V_{DD} - V_{th,n})\right]^{-1}$$
$$= \left[\beta_n(V_{DD} - V_{th,n})\right]^{-1} \tag{12.22}$$

根据式(12.18)和式(12.21)，可以得出要实现高速开关，需要$C_L R$值较小。

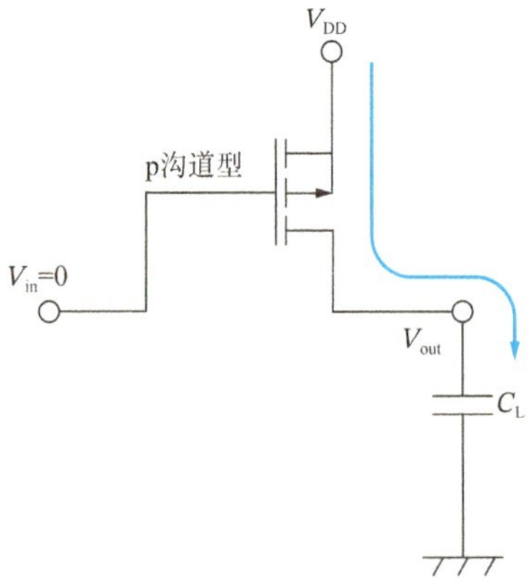

图 12.11　用于在电容器C_L中积累电荷的电路

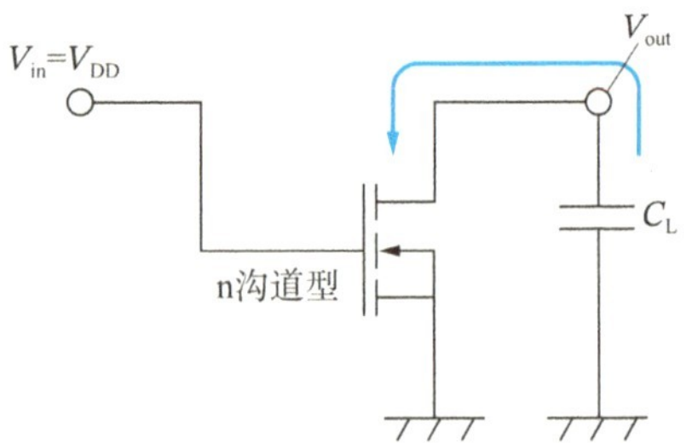

图 12.12　电容器C_L中积累的电荷被放电的电路

为了减小晶体管电阻R，根据公式(12.15)和公式(12.22)所示，需要具有较大的β值。因此，减小栅极长度L，增加氧化膜电容（减小栅极绝缘层厚度），以及提高迁移率是重要的。然而，为了增大β值，增加栅极宽度W会导致栅极和漏极之间的电容增大问题，而迁移率取决于材料本身。例如采用硅材料进行高性能化，则需要考虑缩小L和减小氧化膜厚度。当然，仅仅进行这些改进还不能实现高性能化。为了使器件正常运行并进一步提高性能，下一节将介绍的缩放思想是至关重要的。

12-6 等比例缩小

如果只缩小晶体管的栅极长度和栅极氧化层厚度，晶体管将无法正常工作。这是因为栅极长度变小后，如图 12.13（a）所示，漏极的影响将波及源极，如图 12.13（b）所示导致截止特性变差。因此，当缩小栅极长度时，还必须同时减小漏区和源区的深度，从而减小漏极端 pn 结耗尽区域的扩展。换句话说，需要从图 12.14（a）的结构变为图 12.14（b）的结构，以使器件正常工作。让我们了解一下通过恒定电场下的等比例缩小（scaling）规则来缩小器件结构，以实现器件的正常工作。

恒定电场下的等比例缩小规则是一种在保持纵向和横向电场强度恒定的情况下缩小器件尺寸的方法，具体如下：

（1）将所有晶体管尺寸缩小到 $1/k$（$k>1$），包括栅极长度L，栅极宽度W，SiO_2 层厚度和结深度。

（2）将所有电压（包括V_{th}和衬底偏压）缩小到 $1/k$。

（3）将衬底的受主浓度N_A增加到k倍。

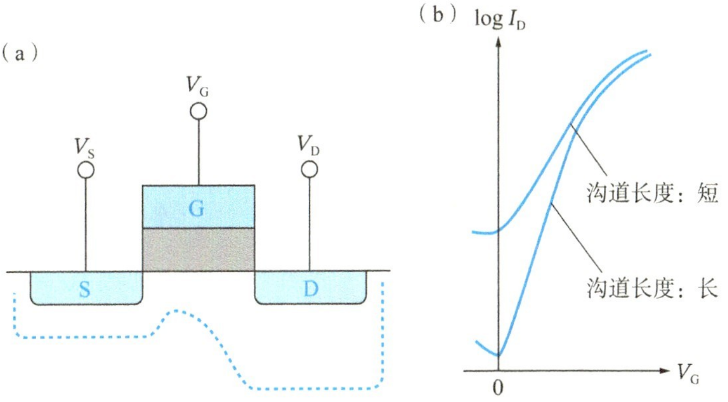

图 12.13　（a）缩小栅极长度时耗尽层的分布，（b）沟道长度较长和较短时的转移特性

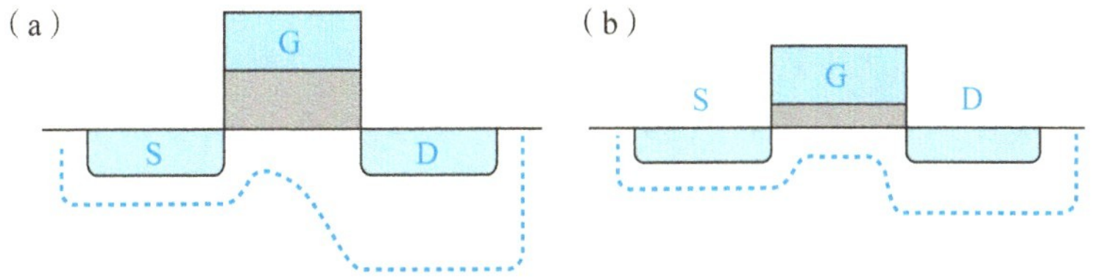

图 12.14　（a）仅仅缩短栅极长度的情况，（b）基于等比例缩小规则缩小器件时的耗尽层分布

图 12.14（a）与图 12.13（a）相同。

让我们来考虑以上变化的效果。将栅极长度缩小到 $1/k$后，将V_D缩小到 $1/k$，则源极和漏极之间的电场将保持不变。因此，漂移速度与缩小前相同。栅极绝缘层的厚度减小到 $1/k$，因此栅极电容变为kC_{ox}。在理想 MOS 中，当施加衬底偏压V_{sub}（<0）时，V_{th}为：

$$V_{th}^{*} = \frac{[2\mathcal{E}eN_A(2\phi_F + |V_{sub}|)]^{1/2}}{C_{ox}} + 2\phi_F \tag{12.23}$$

然而，在非理想 MOS 情况下，考虑与费米能级差Φ_{MS}（$=\phi_M - \phi_s$：ϕ_M为金属的功函数，ϕ_s为半导体的功函数）相对应的电位V_{fb}，可以表示为（参见第 10 章 10-5 节）：

$$V_{th}^{**} = V_{fb} + 2\phi_F + \frac{[2\mathcal{E}eN_A(2\phi_F + |V_{sub}|)]^{1/2}}{C_{ox}} \tag{12.24}$$

在这里，考虑将 SiO_2 层的厚度减少到 $1/k$，受主浓度N_A增加到k倍。由于V_{fb}和ϕ_F是由

材料决定的，因此它们是无法通过缩放来调整的物理量。然而，将 n^+多晶硅用作 n 沟道型 MOSFET 的栅极时，$\Phi_{MS} \approx -\mathcal{E}_g$。另一方面，$2e\phi_F$的大小接近$\mathcal{E}_g$的值。因此，$\Phi_{MS} + 2e\phi_F \approx 0$㊀。进一步地，使用满足$2\phi_F + |V_{sub}|/k' = 2\phi_F + |V_{sub}|$的衬底偏压缩放系数$k'$，方程式(12.24)可以近似为㊁：

$$V_{th}^{**} = \frac{[2\mathcal{E}ekN_A(2\phi_F + |V_{sub}|)/k]^{1/2}}{kC_{ox}} \approx \frac{V_{th}}{k} \tag{12.25}$$

接下来，考虑结深度。当受主浓度为N_A，施加衬底偏压V_{sub}和漏极电压V_D时，漏极处的 pn 结耗尽区宽度l_D为：

$$l_D = \left[\left(\frac{2\mathcal{E}}{eN_A}\right)(V_b + |V_{sub}| + V_D)\right]^{1/2} \tag{12.26}$$

这里的V_b是在热平衡状态下 pn 结形成的势垒。在缩小之后，假设施加衬底偏压V_{sub}/k，且衬底浓度变为kN_A，那么有：

$$l_D^* = \left[\left(\frac{2\mathcal{E}}{ekN_A}\right)(V_b + |V_{sub}|/k + V_D/k)\right]^{1/2} \approx \frac{l_D}{k} \tag{12.27}$$

这里假定$V_b < |V_{sub}|/k + V_D/k$㊂。

如果栅极电压减小为 $1/k$，V_{th}减小为 $1/k$，反型层电子的总数为$Q_e = kC_{ox}(V_G/k - V_{th}/k)$，所以单位面积反型层的载流子数量保持不变。此外，漂移速度也不变。因此，单位W长度的电流不会改变，但由于W缩小为 $1/k$，所以I_D会减小为 $1/k$。

在电场恒定的等比例缩小情况下计算延迟时间。这里将充电延迟时间τ定义为下一段栅极电容的充电时间，栅极面积缩小为 $1/k^2$，单位面积的栅极电容增加为k倍，漏极电流值减少为 $1/k$，因此等比例缩小后的延迟时间τ'为：

$$\begin{aligned}\tau' &= \frac{C'_{ox}V'_{DD}}{I'_D} = \left(\frac{kC_{ox}}{k^2} \times \frac{V_{DD}}{k}\right) / \frac{I_D}{k} = \left(\frac{C_{ox}V_{DD}}{I_D}\right)/k \\ &\approx \frac{\tau}{k}\end{aligned} \tag{12.28}$$

因此，根据恒定电场下的等比例缩小规则，可以看出微型化使得设备能够高速运转。

综上所述，通过如（1）～（3）所示缩小器件尺寸，功耗$I_D \times V_D$减少为 $1/k^2$，单位面积上的器件数（集成度）增加为k^2倍，功耗密度（单位面积上的功耗）保持不变，延迟时间减少为 $1/k$。

㊀ n+多晶硅的费米能级$\mathcal{E}_F$位于$\mathcal{E}_c$附近。另一方面，p 型硅的$\mathcal{E}_F$位于$\mathcal{E}_v$附近。

㊁㊂ 参考了柴田直，《半导体器件入门》，数理工学出版社（2014）。

章末问题

（1）请思考当沟道长度短于载流子的平均自由程时，载流子将如何移动?

（2）MOSFET 的微型化是 CMOS 数字电路实现高速化、高集成化、低功耗化的关键。近年来，浸没式曝光、极紫外（extreme ultraviolet，EUV）曝光已经实现商业化。请调研浸没式曝光、EUV 曝光的原理。

CHAPTER 13

第 13 章

界面的量子化

13-1 Si-MOS 反型层电子的量子化

以 MOS 界面为例，考虑反型层电子的量子化。如第 11 章所述，反型层中的电子是通过在 p 型半导体栅极上施加较大正电压，使半导体能带弯曲而形成的。在垂直于界面的方向（z轴方向）上观察，可以看到界面处的能谷狭窄且陡峭，当这一间隔（宽度）小于电子的平均自由程时，沿z轴方向形成了电子的驻波。因此，沿z轴方向，电子态被量子化。另一方面，由于反型层中的电子沿着界面方向（xy平面）自由运动，因此xy平面内的电子运动和沿z轴方向的电子运动具有不同的特性。由于电子可以在xy平面内自由运动，其波函数可用平面波表示。

首先，根据不确定性原理考虑z轴方向的运动。正如第 11 章所解释的，根据经典理论，能带的弯曲量是与界面间距离的二次函数，但为简化讨论，在界面附近狭窄陡峭的区域进行直线近似，假设势垒是如图 13.1 所示的三角形。

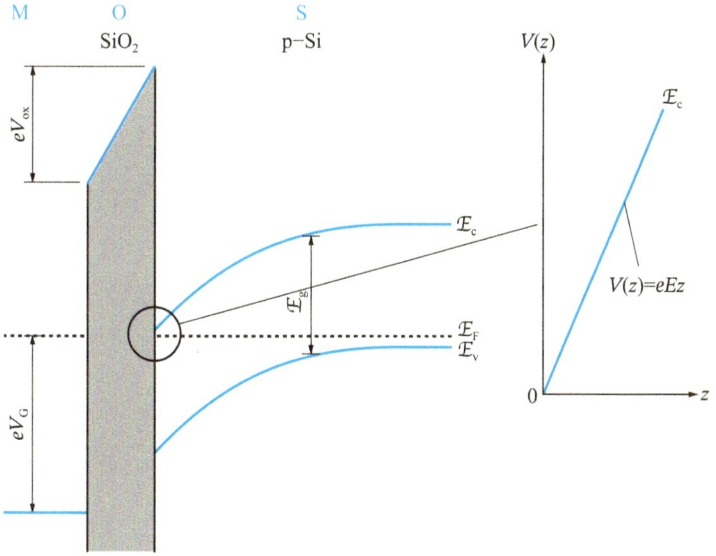

图 13.1　n 沟道型 MOSFET 反型层的能带结构以及放大了界面附近的能带图（对界面附近进行了直线近似）

Si/SiO_2 界面 Si 侧的电场记为E，电位可以表示为$-Ez$。由于电场朝向z轴方向，因此$E > 0$。势能为$V(z) = eEz$。这里将$z = 0$处的势能设为 0。

现在让我们来求解基态电子的能量。假设基于电子分布的位置不确定性为a。根据不确定性原理，动量约为$\Delta p \approx \hbar/a$。此时的动能$\mathcal{E}$由$\mathcal{E}=(\Delta p)^2/(2m_e^*)=\hbar^2/(2m_e^*a^2)$给出。这里，$m_e^*$是电子的有效质量。令总能量$\mathcal{E}=\hbar^2/(2m_e^*a^2)+eEa$取最小值的$a$是：

$$a=\left(\frac{\hbar^2}{m_e^*eE}\right)^{1/3} \tag{13.1}$$

此时：

$$\mathcal{E}=\frac{3}{2}\left\{\frac{(eE\hbar)^2}{m_e^*}\right\}^{1/3} \tag{13.2}$$

电子的有效质量$m_e^*=0.2m_e$（m_e是自由电子的质量），假设$E=10^5\text{V/cm}$，那么$\mathcal{E}\approx 50\text{meV}$。将其换算成温度约为600K。这意味着即使在室温下，反型层的电子也会受到量子化的影响。根据式(13.1)，a约为3.5nm，与硅的原子间距相比，这是一个较大的值。因此，让我们在假设有效质量近似对于MOS界面的三角形势能成立，在这一前提下，继续进行讨论。

13-2 准二维电子系统的电子状态[㊀]

13-2-1 电子状态

在考虑Si-MOS界面的电子状态之前，让我们考虑一下图13.2所示的简单系统，即准二维电子系统（也被称为准二维电子气）。在准二维电子系统中，电子可以在xy平面内自由运动，而在z轴方向上，除了宽度a之外的区域假定存在无限高的势垒。也就是说，在z轴方向上，我们认为电子存在于无限深方势阱中，其中$V(z)=0$。如果有效质量m_e^*是各向同性的，且导带底位于$\boldsymbol{k}=0$，那么包络函数$F(\boldsymbol{r})$的薛定谔方程为：

$$\left\{-\frac{\hbar^2}{2m_e^*}\left(\frac{\partial}{\partial x^2}+\frac{\partial}{\partial y^2}+\frac{\partial}{\partial z^2}\right)+V(z)\right\}F(\boldsymbol{r})=\mathcal{E}F(\boldsymbol{r}) \tag{13.3}$$

这个方程式可以被分解为xy平面内的运动和沿着z轴方向的运动。xy平面的运动方程是：

$$\left\{-\frac{\hbar^2}{2m_e^*}\left(\frac{\partial}{\partial x^2}+\frac{\partial}{\partial y^2}\right)\right\}\psi_{2D}(x,y)=\mathcal{E}_{2D}\psi_{2D}(x,y) \tag{13.4}$$

这是一个边长为L的二维平面，应用周期性边界条件可得：

㊀ 参考了J.H. Davies著，桦泽宇纪译，《低维半导体物理》，施普林格出版社东京分社（2004）。

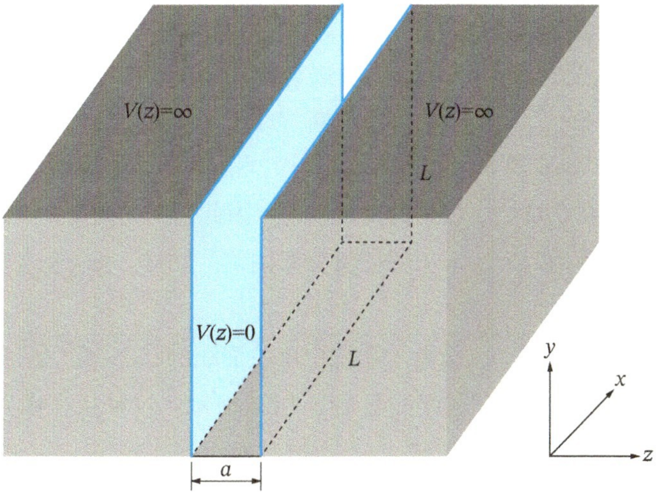

图 13.2　准二维电子系统的势能分布

$$\psi_{2D}(x,y)=\left(\frac{1}{L^2}\right)^{1/2}\exp\left[\mathrm{i}(k_{x,/\!/}x+k_{y,/\!/}y)\right] \tag{13.5}$$

$$\mathcal{E}_{2D}=\frac{\hbar^2(k_{x,/\!/}^2+k_{y,/\!/}^2)}{2m_e^*} \tag{13.6}$$

这里我们对于平行于平面的运动使用了下标//。在周期性边界条件下$k_{x,/\!/}=(2\pi/L)n_{x,/\!/}$（$n_{x,/\!/}=0,\pm1,\pm2,\cdots$），$k_{y,/\!/}=(2\pi/L)n_{y,/\!/}$（$n_{y,/\!/}=0,\pm1,\pm2,\cdots$）。另一方面，与$xy$平面垂直的$z$轴方向的薛定谔方程是：

$$\left[-\frac{\hbar^2}{2m_e^*}\frac{\partial^2}{\partial z^2}+V(z)\right]\psi_{nz,\perp}(z)=\mathcal{E}_{nz,\perp}\psi_{nz,\perp}(z) \tag{13.7}$$

考虑到z轴方向是宽度为a的无限深方势阱，因此z轴方向的波函数和能量由下式给出：

$$\psi_{nz,\perp}(z)=\left(\frac{2}{a}\right)^{\frac{1}{2}}\sin\left(\frac{\pi n_{z,\perp}z}{a}\right)\quad(n_{z,\perp}=1,2,3,\cdots) \tag{13.8}$$

$$\mathcal{E}_{nz,\perp}=\frac{\hbar^2}{2m_e^*}\left(\frac{\pi n_{z,\perp}}{a}\right)^2 \tag{13.9}$$

最终，包络函数$F(\boldsymbol{r})=\psi_{2D}(x,y)\psi_{nz,\perp}(z)$，总能量$\mathcal{E}=\mathcal{E}_{2D}+\mathcal{E}_{nz,\perp}$，可以得到：

$$F(\boldsymbol{r})=\left(\frac{1}{L^2}\right)^{1/2}\left(\frac{2}{a}\right)^{1/2}\exp\left[\mathrm{i}(k_{x,/\!/}x+k_{y,/\!/}y)\right]\sin\left(\frac{\pi n_{z,\perp}z}{a}\right) \tag{13.10}$$

$$\mathcal{E}=\frac{\hbar^2(k_{x,/\!/}^2+k_{y,/\!/}^2)}{2m_e^*}+\frac{\hbar^2}{2m_e^*}\left(\frac{\pi n_{z,\perp}}{a}\right)^2 \tag{13.11}$$

令$k_{x,/\!/}^2 + k_{y,/\!/}^2 = \boldsymbol{k}_{/\!/}^2$，上式可以写成：

$$\mathcal{E}(\boldsymbol{k}_{/\!/}, n_z) = \frac{\hbar^2}{2m_e^*}\left[\boldsymbol{k}_{/\!/}^2 + \left(\frac{\pi n_{z,\perp}}{a}\right)^2\right] \quad (n_{z,\perp} = 1,2,3,\cdots) \tag{13.12}$$

这个关系如图 13.3（a）所示。当比较$n_{z,\perp} = 1$ 和$n_{z,\perp} = 2$ 的能量分布中相同的能量值时，由于$n_{z,\perp} = 2$ 在$\boldsymbol{k}_{/\!/} = 0$ 时处于较高的能量状态，因此它的动能$\hbar^2\boldsymbol{k}_{/\!/}^2/(2m_e^*)$较小。换句话说，$n_z = 2$ 的能量分布存在于$n_{z,\perp} = 1$ 的能量分布内侧。同样，$n_{z,\perp} = 3$ 的能量分布存在于$n_{z,\perp} = 2$ 的能量分布内侧。

接下来我们关注状态密度。二维电子系统中单位面积的状态密度是定值$m_e^*/(\pi\hbar^2)$（考虑自旋的简并）。因此，整体的状态密度如图 13.3（b）所示。这种状态称为子带。

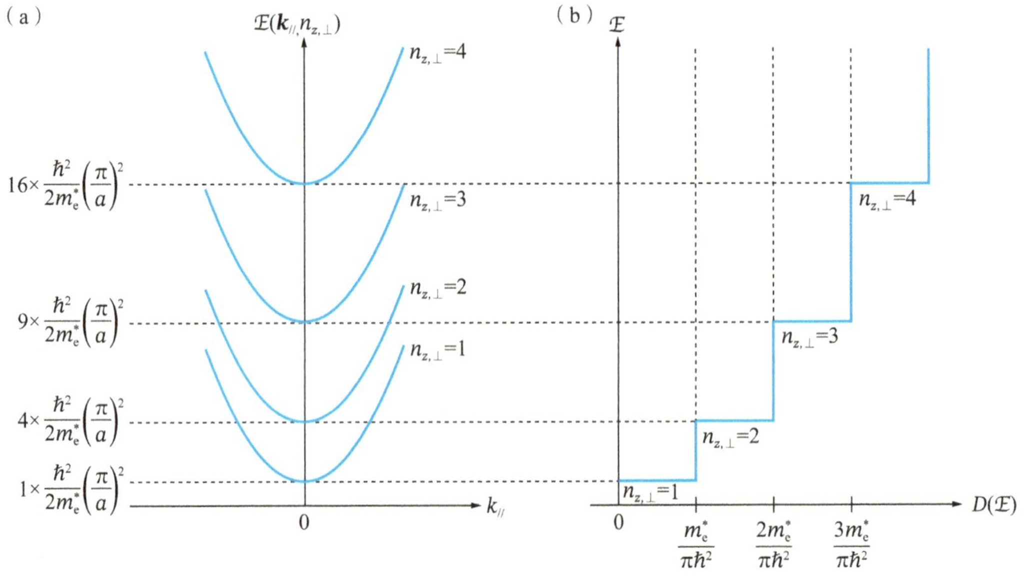

图 13.3 （a）准二维电子系统的能带结构，（b）准二维电子系统的状态密度

13-2-2 准二维电子系统中的带间跃迁

假设半导体的导带和价带都具有准二维结构，考虑光吸收引起的带间跃迁。为简化起见，假设每个带的底部或顶部均位于$\boldsymbol{k} = 0$。导带的包络函数$F_c(\boldsymbol{r})$由下式给出：

$$F_c(\boldsymbol{r}) \propto \exp[\mathrm{i}(k_{cx,/\!/}x + k_{cy,/\!/}y)]\sin\left(\frac{\pi n_{z,\perp}^c z}{a}\right) \tag{13.13}$$

因此，波函数是：

$$\Psi_e(\boldsymbol{r}) = F_c(\boldsymbol{r})\phi_c(\boldsymbol{r}) \propto \exp[\mathrm{i}(k_{cx,/\!/}x + k_{cy,/\!/}y)] \sin\left(\frac{\pi n_{z,\perp}^{c} z}{a}\right) u_c(\boldsymbol{r}) \tag{13.14}$$

$\phi_c(\boldsymbol{r})$是布洛赫函数，导带底部位于$\boldsymbol{k}=0$，因此$\phi_c(\boldsymbol{r}) = u_c(\boldsymbol{r})$。在这里，$u_c(\boldsymbol{r})$是构成布洛赫函数的晶胞周期函数的一部分。同样，价带的波函数是：

$$\Psi_v(\boldsymbol{r}) = F_v(\boldsymbol{r})\phi_v(\boldsymbol{r}) \propto \exp[\mathrm{i}(k_{vx,/\!/}x + k_{vy,/\!/}y)] \sin\left(\frac{\pi n_{z,\perp}^{v} z}{a}\right) u_v(\boldsymbol{r}) \tag{13.15}$$

根据黄金法则，光学跃迁概率W存在如下关系：

$$W \propto \frac{2\pi}{\hbar} |\langle \Psi_c(\boldsymbol{r})|\boldsymbol{A}\cdot\boldsymbol{p}|\Psi_v(\boldsymbol{r})\rangle|^2 \delta[\mathcal{E}_c(\boldsymbol{k}_{c,/\!/}, n_{z,\perp}^{c}) - \mathcal{E}_v(\boldsymbol{k}_{v,/\!/}, n_{z,\perp}^{v}) - \hbar\omega] \tag{13.16}$$

因此有：

$$W \propto \left|\int_V \Psi_c(\boldsymbol{r})\boldsymbol{e}\cdot\boldsymbol{p}\Psi_v(\boldsymbol{r})\,\mathrm{d}\boldsymbol{r}\right|^2 = \left|\int_V F_c^*(\boldsymbol{r})\phi_c^*(\boldsymbol{r})\boldsymbol{e}\cdot\boldsymbol{p}[F_v(\boldsymbol{r})\phi_v(\boldsymbol{r})]\,\mathrm{d}\boldsymbol{r}\right|^2 \tag{13.17}$$

这里，$\boldsymbol{e}$表示偏振方向。式(13.16)中的δ函数部分是能量守恒定律，表明终态和初态的能量差等于光的能量。式(13.17)中的积分是在整个晶体中进行的。式(13.17)可以写成：

$$W \propto \left|\int_V F_c^*(\boldsymbol{r})u_c^*(\boldsymbol{r})\,[u_v(\boldsymbol{r})\boldsymbol{e}\cdot\boldsymbol{p}F_v(\boldsymbol{r}) + F_v(\boldsymbol{r})\boldsymbol{e}\cdot\boldsymbol{p}u_v(\boldsymbol{r})]\,\mathrm{d}\boldsymbol{r}\right|^2 \tag{13.18}$$

将位置矢量$\boldsymbol{r}$分解为晶胞内的位置矢量$\boldsymbol{r}_u$和各个晶胞的原点位置矢量$\boldsymbol{R}_j$，用$\boldsymbol{r} = \boldsymbol{R}_j + \boldsymbol{r}_u$表示，那么式(13.18)的第一项有：

$$\begin{aligned}&\int_V F_c^*(\boldsymbol{r})u_c^*(\boldsymbol{r})u_v(\boldsymbol{r})\boldsymbol{e}\cdot\boldsymbol{p}F_v(\boldsymbol{r})\,\mathrm{d}\boldsymbol{r}\\ &\propto \sum_j F_c^*(\boldsymbol{R}_j)\boldsymbol{e}\cdot\boldsymbol{p}F_v(\boldsymbol{R}_j)\int_{\text{单位胞}} u_c^*(\boldsymbol{r}_u)u_v(\boldsymbol{r}_u)\,\mathrm{d}\boldsymbol{r}_u = 0\end{aligned} \tag{13.19}$$

这里利用了包络函数的性质$F_c(\boldsymbol{R}_j + \boldsymbol{r}_u) \approx F_c(\boldsymbol{R}_j)$，$F_v(\boldsymbol{R}_j + \boldsymbol{r}_u) \approx F_v(\boldsymbol{R}_j)$和布洛赫函数的性质$u_c(\boldsymbol{R}_j + \boldsymbol{r}_u) = u_c(\boldsymbol{r}_u)$，$u_v(\boldsymbol{R}_j + \boldsymbol{r}_u) = u_v(\boldsymbol{r}_u)$，以及不同能带的电子态是正交的。此外，$\int_{\text{单位胞}}$是晶胞内的积分。式(13.18)中第二项是：

$$\left|\int_V F_c^*(\boldsymbol{r})u_c^*(\boldsymbol{r})F_v(\boldsymbol{r})\boldsymbol{e}\cdot\boldsymbol{p}u_v(\boldsymbol{r})\,\mathrm{d}\boldsymbol{r}\right|^2 \propto \left|\sum_j F_c^*(\boldsymbol{R}_j)F_v(\boldsymbol{R}_j)\int_{\text{单位胞}} u_c^*(\boldsymbol{r}_u)\boldsymbol{e}\cdot\boldsymbol{p}u_v(\boldsymbol{r}_u)\,\mathrm{d}\boldsymbol{r}_u\right|^2 \tag{13.20}$$

将$\sum_j$改写为积分，那么式(13.20)改写为：

$$\left|\int_V F_c^*(\boldsymbol{r})u_c^*(\boldsymbol{r})F_v(\boldsymbol{r})\boldsymbol{e}\cdot\boldsymbol{p}u_v(\boldsymbol{r})\,d\boldsymbol{r}\right|^2$$

$$=\left|\frac{1}{\Omega}\int_V F_c^*(\boldsymbol{r})F_v(\boldsymbol{r})\,d\boldsymbol{r}\times\int_{\text{单位胞}} u_c^*(\boldsymbol{r}_u)\boldsymbol{e}\cdot\boldsymbol{p}u_v(\boldsymbol{r}_u)\,d\boldsymbol{r}_u\right|^2 \tag{13.21}$$

Ω是晶胞的体积。第一个积分是在整个晶体中进行的，第二个积分是针对晶胞进行的。第一个积分有：

$$\int_V F_c^*(\boldsymbol{r})F_v(\boldsymbol{r})\,d\boldsymbol{r}$$

$$=\int_V \exp[i(-k_{cx,/\!/}x-k_{cy,/\!/}y)]\sin\left(\frac{\pi n_{z,\perp}^c z}{a}\right)$$

$$\exp[i(k_{vx,/\!/}x+k_{vy,/\!/}y)]\sin\left(\frac{\pi n_{z,\perp}^v z}{a}\right)d\boldsymbol{r} \tag{13.22}$$

上式的积分当$\boldsymbol{k}_{c,/\!/}=\boldsymbol{k}_{v,/\!/}$，$n_{z,\perp}^c=n_{z,\perp}^v$时不为 0。$\boldsymbol{k}_{c,/\!/}=\boldsymbol{h}_{v,/\!/}$表示在波数空间中因光吸收而发生的垂直跃迁，而$n_{z,\perp}^c=n_{z,\perp}^v$表明方势阱内$z$轴方向上相对称的波函数。关于式(13.21)右边的第二个积分，如果假设价带由p轨道组成，导带由s轨道组成，则会有非零值。因此，光吸收会（如图 13.4 所示）发生在价带向导带的跃迁侧。实际上，价带的电子结构非常复杂，关于式(13.21)右边的第二个积分需要进行更详细的讨论。感兴趣的读者可以参考相关参考书进行学习。

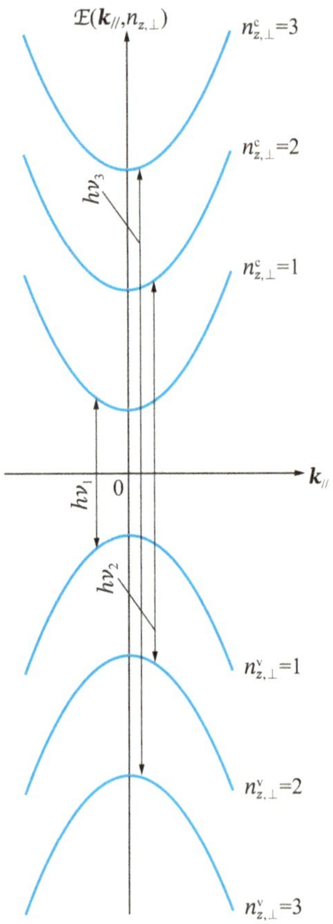

图 13.4　准二维电子系统的带间跃迁

13-2-3　准二维电子系统中的子带间跃迁

假设波数$\boldsymbol{k}=0$的导带底部电子形成了准二维电子系统，并考虑由光吸收引起的子带间跃迁。波函数是：

$$\Psi_c(\boldsymbol{r})=F_c(\boldsymbol{r})\phi_c(\boldsymbol{r})$$

$$\propto\exp[i(k_{cx,/\!/}x+k_{cy,/\!/}y)]\sin\left(\frac{\pi n_{z,\perp}^c z}{a}\right)u_c(\boldsymbol{r}) \tag{13.23}$$

这里$u_c(\boldsymbol{r})$是导带底部波数$\boldsymbol{k}=0$处的布洛赫函数的周期函数部分。光吸收导致的跃迁概率W与下式成比例：

$$W \propto \left| \int_V F_c'^*(\boldsymbol{r})\phi_c^*(\boldsymbol{r})\boldsymbol{e}\cdot\boldsymbol{p}[F_c(\boldsymbol{r})\phi_c(\boldsymbol{r})]\,\mathrm{d}\boldsymbol{r} \right|^2 \tag{13.24}$$

其中，$F_c'^*(\boldsymbol{r})$是和$F_c(\boldsymbol{r})$不同的另一个子带。当然，根据能量守恒定律，终态和初态的能量差必须等于光能。式(13.24)的积分是在整个晶体中进行的。使用与前面相同的方法，式(13.24)变为：

$$\int_V F_c'^*(\boldsymbol{r})\phi_c^*(\boldsymbol{r})\boldsymbol{e}\cdot\boldsymbol{p}[F_c(\boldsymbol{r})\phi_c(\boldsymbol{r})]\,\mathrm{d}\boldsymbol{r} \propto \int_V F_c'^*(\boldsymbol{r})\boldsymbol{e}\cdot\boldsymbol{p}F_c(\boldsymbol{r})\,\mathrm{d}\boldsymbol{r} \tag{13.25}$$

因此，得出了只有包络函数与光学跃迁相关的结论。

这种关系类似于浅杂质能级内的电子跃迁的结果。假设z轴方向为电场矢量传播方向，x轴方向为极化方向，那么式(13.25)是：

$$\int_V F_c'^*(\boldsymbol{r})\boldsymbol{e}\cdot\boldsymbol{p}F_c(\boldsymbol{r})\,\mathrm{d}\boldsymbol{r}$$
$$\propto (hk_{cx,/\!/})\delta_{c\boldsymbol{k}',/\!/,c\boldsymbol{k},/\!/}\int_z \sin\left(\frac{\pi n_{z,\perp}'^{c} z}{a}\right)\sin\left(\frac{\pi n_{z,\perp}^{c} z}{a}\right)\mathrm{d}z = 0 \tag{13.26}$$

因为是子带间跃迁，所以$n_{z,\perp}'^{c} \neq n_{z,\perp}^{c}$。即使沿$y$轴方向极化也是一样的。因此，当光垂直入射到面上时，不会发生光吸收。另一方面，如果利用沿z轴方向极化的光，即沿平行于表面方向入射的光，那么式(13.25)是：

$$\int_V F_c'^*(\boldsymbol{r})\boldsymbol{e}\cdot\boldsymbol{p}F_c(\boldsymbol{r})\,\mathrm{d}\boldsymbol{r}$$
$$\propto \delta_{c\boldsymbol{k}',/\!/,c\boldsymbol{k},/\!/}\int_z \sin\left(\frac{\pi n_{\perp z}'^{c} z}{a}\right)\cos\left(\frac{\pi n_{\perp z}^{c} z}{a}\right)\mathrm{d}z \tag{13.27}$$

当$n_{z,\perp}'^{c} - n_{z,\perp}^{c}$为奇数时不为 0，允许跃迁发生。另一方面，当$n_{z,\perp}'^{c} - n_{z,\perp}^{c}$为偶数时为 0，禁止跃迁发生。因此，满足$n_{z,\perp}'^{c} - n_{z,\perp}^{c}$为奇数的关系时产生的光吸收如图 13.5 所示。

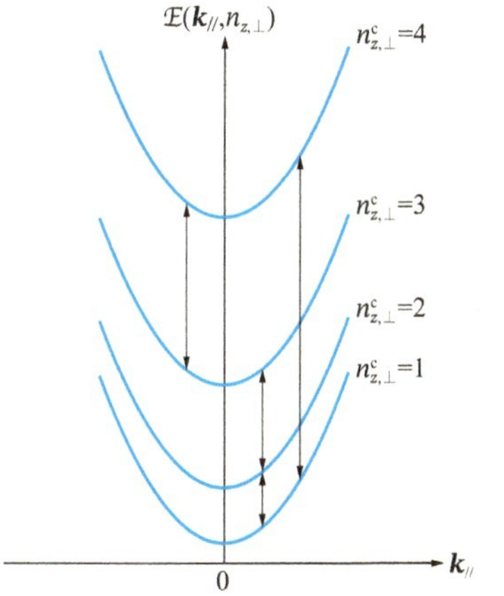

图 13.5　准二维电子系统的带内跃迁

在进行实验时，光垂直于样品表面入射是容易实现的，但由于在这种设置中不会发生光吸收，因此需要使得光平行于样品表面入射。此外，由于单层的准二维结构吸收强度较弱，因此为了测量子带间跃迁，需要制作称为超晶格的多层堆叠结构。

13-2-4　与磁场中三维材料光吸收的关系

前文中所述现象类似于磁场中体材料半导体的光吸收。当在体材料半导体中施加沿z轴方向的磁场时，电子的轨道运动分离为沿z轴方向的自由电子运动和垂直于磁场的面内环形运动（回旋运动）。沿z轴方向的自由电子运动的波函数与exp ($ik_z z$)成正比，而面内的环形运动的波函数与$\phi_n(x)$exp ($ik_y y$)成正比。因此，总波函数与$\phi_n(x)\exp[i(k_y y+k_z z)]$成正比。这里，$\phi_n(x)$是谐振子的波函数。总波函数类似于式(13.10)。

此外，能量可以写成$\mathcal{E}_n(k_z)=\hbar^2k_z^2/(2m_e^*)+(n+1/2)\hbar\omega_c$（$n=0,1,2\cdots$）的形式，这个关系也与式(13.11)非常相似。$\omega_c$是第 7 章 7-2 节中解释的回旋频率。因此，跃迁规则可以分为图 13.4 中显示的带间跃迁和图 13.5 中显示的带内跃迁。需要注意的是，关于电子在磁场下的运动将在 13-4 节中再次讨论。

13-3 Si-MOS 反型层的电子状态

在前面所述的三角形势垒和简单能带结构的假设下，我们考虑 Si-MOS 界面上反型层的电子状态。导带底部位于$\boldsymbol{k}=0$，具有有效质量m_e^*。

在有效质量近似下，薛定谔方程是：

$$\left\{-\frac{\hbar^2}{2m_e^*}\left(\frac{\partial}{\partial x^2}+\frac{\partial}{\partial y^2}+\frac{\partial}{\partial z^2}\right)+eEz\right\}F(\boldsymbol{r})=\mathcal{E}F(\boldsymbol{r}) \tag{13.28}$$

Si-MOS 界面的三角形势垒类似于准二维电子系统，可以将电子运动分解为xy平面内的运动和沿z轴方向的运动。xy平面的波函数和能量可以表示为以下形式：

$$\psi_{2D}(x,y)=\frac{1}{L}\exp[i(k_{cx,/\!/}x+k_{cy,/\!/}y)] \tag{13.29}$$

$$\mathcal{E}_{2D}=\frac{\hbar^2(k_{cx,/\!/}^2+k_{cy,/\!/}^2)}{2m_e^*} \tag{13.30}$$

这里$k_{cx,/\!/}=(2\pi/L)n_x, k_{cy,/\!/}=(2\pi/L)n_y$（$n_x=0,\pm1,\pm2,\cdots$；$n_y=0,\pm1,\pm2,\cdots$）

另一方面，沿z轴方向的薛定谔方程式是：

$$\left(-\frac{\hbar^2}{2m_e^*}\frac{\partial^2}{\partial z^2}+eEz\right)\psi_{nz,\perp}(z)=\mathcal{E}_{nz,\perp}\psi_{nz,\perp}(z) \tag{13.31}$$

为了简化起见，假设在Si/SiO_2界面$z=0$处存在无限高势垒，则边界条件为$\psi_{nz,\perp}(0)=0$。已知式(13.31)的解可以用艾里函数（Airy function）表示，能量本征值可以近似表示为：

$$\mathcal{E}_{nz}=\left[\frac{3\pi(n+3/4)}{2}\right]^{2/3}\left[\frac{(eE\hbar)^2}{2m_e^*}\right]^{1/3}\quad(n=0,1,2,\cdots) \tag{13.32}$$

沿z轴方向的波函数形状应该参考方势阱，在基态中应为半波长，在第一激发态中应为一个波长。另一方面，由于硅的能带弯曲是有限的，电子分布到三角形势垒之外，其波函数不会像无限深方势阱的波函数一样对称。考虑到这些因素，波函数应该类似于图 13.6（a）所示的形式。

现在，我们尝试使用具体数值来计算基态和第一激发态的能量。假设电子的有效质量为$m_e^* = 0.2m_0$，$E = 10^5$V/cm，那么$\mathcal{E}_{0z} \approx 62$meV，$\mathcal{E}_{1z} \approx 110$meV，它们的差大约是 48meV。其对应的温度大约为 600K。考虑到二维系统单位面积的态密度$m_e^*/(\pi\hbar^2)$（考虑自旋简并）为 8.3×10^{13}cm^{-2}/eV，假设反型层的电子密度为 1×10^{12}cm^{-2}，能量宽度约为 12meV，比$\mathcal{E}_{1z} - \mathcal{E}_{0z}$要小。因此，在低温下，反型层中的电子应该存在于图 13.6（b）所示的最低子带$n = 0$中。

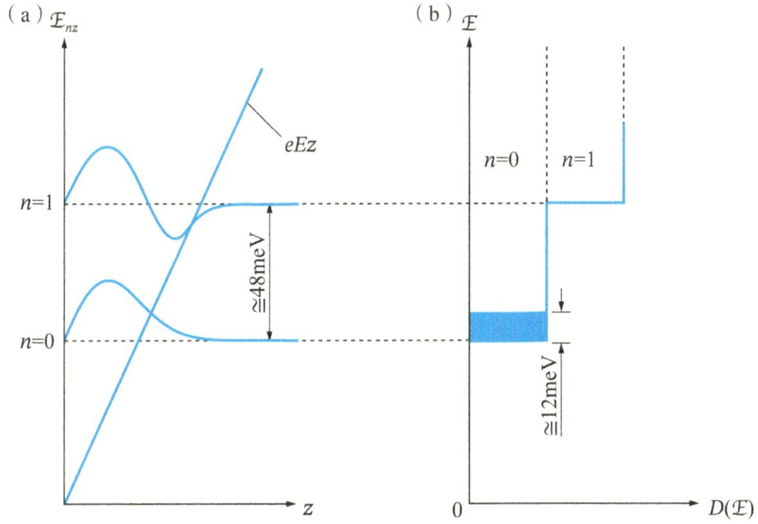

图 13.6 （a）Si-MOS 界面上形成的二维电子系统能级，（b）状态密度和电子分布

（b）中假设反型层的电子密度为 1×10^{12}cm^{-2}。

另外，上述计算过于简化，实际上硅有六个导带能谷，它们的等能面是旋转椭球体。由于有效质量与运动方向有关，因此实际计算需要考虑这些因素。更详细的内容请参考相关书籍。

那么，类似前一节所讨论的子带间跃迁的现象，在具有非对称势垒的 Si-MOS 界面中是否存在呢？由于前一节的结论是关于对称矩形势垒的，因此选择规则变得严格。在三角形势垒中，相较于对称矩形势垒，推测选择规则是不严格的。在低温下观察到的最强信号来自沿z轴方向的波函数从 s 型基态到 p 型第一激发态的跃迁，即从$n = 0$到$n = 1$的跃迁。

Si-MOS 中的界面电场（即三角形势垒的形状）如公式(11.21)中所示取决于栅极电压。为了观察子带之间的跃迁，需要照射偏振方向垂直于界面方向（即z轴方向）的光（即沿界面方向传播的光），通过固定光源波长（能量），并改变栅极电压以改变三角形势垒的子带间隔，从而满足子带间能量差与光能量相匹配的条件。已有报道使用这种方法观察到了子带间跃迁。

13-4 磁场下的二维电子系统和边缘态

13-4-1 磁场下的二维电子系统

让我们考虑垂直于 Si-MOS 反型层界面的方向（即z轴方向）施加磁场的情况。反型层中的电子在z轴方向（与磁场方向平行）被三角形势垒量子化，假设只存在于最低子带（$n = 0$）。在二维平面内运动的电子在洛伦兹力的作用下，处于惯性力mv^2/r和洛伦兹力evB平衡，以角频率$\omega_c = eB/m_e^*$回旋运动。从与界面平行的方向观察这种运动时，是类似谐振子的往返运动，因此运动能量按照$\hbar\omega_c$的间隔量子化。这种运动能级被称为朗道能级。需要注意的是，这里假设没有发生散射，但即使存在散射，如果载流子的散射弛豫时间τ相比于回旋周期T足够长（$\tau \gg T$），根据能量和时间的不确定性原理$(\Delta\mathcal{E}) \times \tau \approx \hbar$，能量的不确定度范围$\Delta\mathcal{E} = \hbar/\tau$与回旋能量$\omega_c$之间满足$\hbar\omega_c \gg \Delta\mathcal{E}$的关系，不会影响朗道能级的分离。散射效应主要影响朗道能级的宽度（不确定度宽度）。

洛伦兹力垂直于电子的运动方向，因此不做功。如果磁场增强，洛伦兹力会增强，因此在一定运动能量下，回旋运动的半径将变小，从而导致从界面平行方向观察时的往返运动更加剧烈（角频率增大）。因此，当磁场增强时，量子化能级间距$\hbar\omega_c$会增大。

通过$mv^2/2 = (p + 1/2)\hbar\omega_c$（$p = 0,1,2,\cdots$）求得的轨道半径为$l_p = \{(\hbar/eB) \times (2p + 1)\}^{1/2} = l_0(2p + 1)^{1/2}$。在这里，$l_0 = (\hbar/eB)^{1/2}$是$p = 0$时的轨道半径。当磁场变强，回旋运动的半径变小时，大量电子可以进行类似的回旋运动。因此，朗道能级的被占据数会增加。如果自旋简并解除，二维电子系统的状态密度为$L^2 m_e^*/(2\pi\hbar^2)$（其中L^2为样品面积），但当形成朗道能级时，$\hbar\omega_c \times L^2 m_e^*/(2\pi\hbar^2)$的电子将被集中到一个朗道能级中，因此一个朗道能级具有状态数$\hbar\omega_c \times L^2 m_e^*/(2\pi\hbar^2) = \omega_c L^2 m_e^*/(2\pi\hbar) = \Phi/\Phi_0$。这里$\Phi$是穿越二维平面的磁通量$\Phi = BL^2$，$\Phi_0$是磁通量子$h/e$，每单位面积的状态数是$eB/h$。

让我们通过数学公式进一步分析上述现象。在这里，考虑在朗道规范下的磁场矢量势

$\boldsymbol{A}=(0,Bx,0)$。根据电磁学知识，计算旋度$\boldsymbol{B}=\mathrm{rot}\ \boldsymbol{A}$，得到$\boldsymbol{B}=(0,0,B)$，这表示磁场$B$是沿着$z$轴方向（垂直于界面）施加的。

根据量子力学，在磁场下的薛定谔方程可以使用矢量势$\boldsymbol{A}$来表示为：

$$\left\{\frac{(\boldsymbol{p}+e\boldsymbol{A})^2}{2m_{\mathrm{e}}^*}+V(z)\right\}F(\boldsymbol{r})=\mathcal{E}F(\boldsymbol{r}) \tag{13.33}$$

这里$\boldsymbol{p}=-\mathrm{i}\hbar\nabla$，$-e$（$e>0$）是电子的电荷。对这个方程进行变形后得到：

$$\left\{-\frac{\hbar^2}{2m_{\mathrm{e}}^*}\left(\frac{\partial^2}{\partial x^2}+\frac{\partial^2}{\partial y^2}+\frac{\partial^2}{\partial z^2}\right)-\left(\frac{\mathrm{i}\hbar eBx}{m_{\mathrm{e}}^*}\right)\frac{\partial}{\partial y}+\frac{(eBx)^2}{2m_{\mathrm{e}}^*}+V(z)\right\}F(\boldsymbol{r}) \\ =\mathcal{E}F(\boldsymbol{r}) \tag{13.34}$$

假设电子在z轴方向上仅占据量子化的最低子带，那么只有xy平面的方程式才是重要的：

$$\left\{-\frac{\hbar^2}{2m_{\mathrm{e}}^*}\left(\frac{\partial^2}{\partial x^2}+\frac{\partial^2}{\partial y^2}\right)-\left(\frac{\mathrm{i}\hbar eBx}{m_{\mathrm{e}}^*}\right)\frac{\partial}{\partial y}+\frac{(eBx)^2}{2m_{\mathrm{e}}^*}\right\}F(x,y)=\mathcal{E}F(x,y) \tag{13.35}$$

假定这个方程的解为：

$$F(x,y)=\psi_x(x)\exp(\mathrm{i}k_y y) \tag{13.36}$$

则式(13.35)为：

$$\left\{-\frac{\hbar^2}{2m_{\mathrm{e}}^*}\frac{\partial^2}{\partial x^2}+\frac{1}{2}m_{\mathrm{e}}^*\omega_{\mathrm{c}}^2(x-x_0)^2\right\}\psi_x(x)=\mathcal{E}\psi_x(x) \tag{13.37}$$

这里，取$x_0=-\hbar k_y/eB$，$\omega_{\mathrm{c}}=eB/m_{\mathrm{e}}^*$。式(13.37)与谐振子的运动方程相同，振子的中心x_0是y轴方向波数k_y的函数。由于它是一个谐振子，能量应该是量子化的，且不依赖于k_y（也就是不依赖于x_0）：

$$\mathcal{E}=\mathcal{E}_p=\left(p+\frac{1}{2}\right)\hbar\omega_{\mathrm{c}}\quad(p=0,1,2,\cdots) \tag{13.38}$$

这意味着对于相同的量子数p，k_y（即x_0）是简并的。

现在，假设二维平面的面积为L_xL_y，并在y轴方向上应用周期性边界条件，则$\Delta k_y=2\pi/L_y$，因此$\Delta x_0=-\{\hbar/(eB)\}\Delta k_y=-\{\hbar/(eB)\}\times(2\pi/L_y)$。轨道的简并度为$L_x/\Delta x_0=BL_xL_y/(h/e)=\Phi/\Phi_0$。考虑单位面积，一个朗道能级的简并度为$eB/h$，单位面积可容纳$eB/h$个电子。以上讨论仅考虑了轨道的简并度，若计及自旋简并度则应该为$2eB/h$。当$B=10\mathrm{T}$ 时，这个值为$2eB/h=4.8\times10^{11}\mathrm{cm}^{-2}$。当$m_{\mathrm{e}}^*=0.2m_0$，$B=10\mathrm{T}$ 时，朗道能级间距$\hbar\omega_{\mathrm{c}}\approx5.8\mathrm{meV}$，因此电子密度为 $1\times10^{12}\mathrm{cm}^{-2}$ 时，如图 13.7 所示，直到朗道能级$p=2$ 的一部分为止都有电子占

据。图中省略了每个朗道能级在散射下具有宽度$\Delta\mathcal{E} = \hbar/\tau$。需要注意的是在实际情况下，受到存在 6 个导带能谷、有效质量各向异性、自旋效应和朗道能级展宽等因素的影响，磁场下的 Si-MOS 界面二维电子系统变得非常复杂。

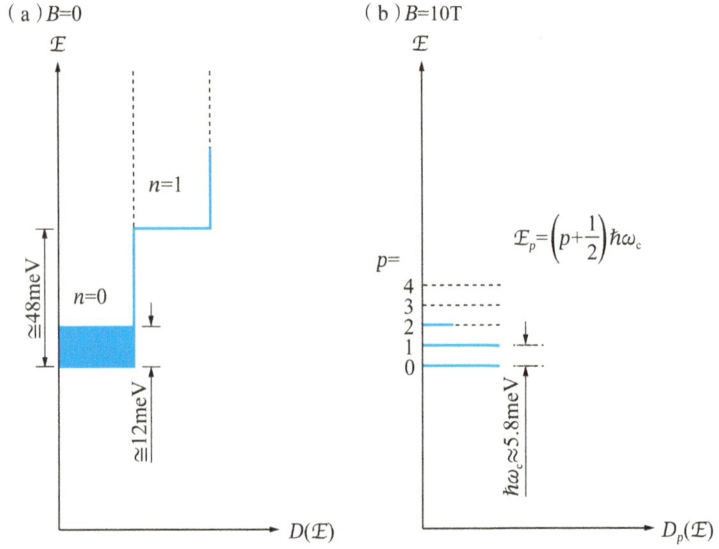

图 13.7 （a）在$B = 0$时的电子分布，（b）在$B = 10$T 时的能级状态和电子分布

13-4-2 边缘通道

考虑样品在x轴方向存在边缘的情况。由于普通样品的尺寸有限，必然存在边缘。此外，假设在样品的x轴方向两侧边缘存在类似于方势阱的无限高势垒。

式(13.37)左侧的第二项称为磁性势能。它具有类似于谐振子势能的形式，其起源是磁场。在$k_y = 0$时，磁性势能在$x_0 = 0$处最小。增强磁场会使得式(13.38)中的磁性势能变得更窄更陡峭（类似于增大谐振子中的弹性系数），与谐振子类比可知会导致能量间隔$\hbar\omega_c$增大。此外，根据谐振子类比，波函数被认为局限在磁性势能内部。

另一方面，在样品边缘，即使磁场保持不变，由于存在无限大的势垒，当x趋向边缘时会形成如图 13.8 所示的窄势能。因此，能量间隔$\hbar\omega_c$会增大。在不受边缘影响的样品中心区域，量子化的能量被标记为$p = 0,1,2,3,\cdots$，而在边缘处也被标记为$p = 0,1,2,3,\cdots$。由于各能级都随着x_0位置的变化而连续变化，因此从样品中心到边缘会形成如图 13.9 所示的能带结构。

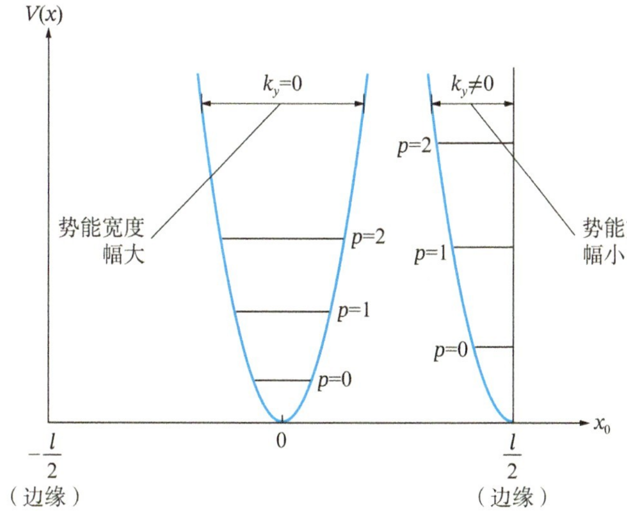

图 13.8 $B \neq 0$ 的二维电子系统朗道能级的位置相关性

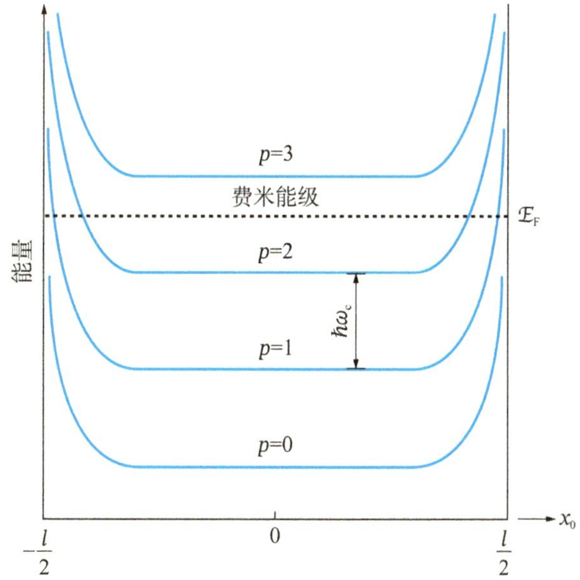

图 13.9 在$B \neq 0$ 时样品中心和边缘的磁性势能

二维电子系统的回旋运动中的旋转运动部分，与式(13.36)所示的具有波数k_y的行波状态之间看起来是矛盾的。电子是否在y轴方向移动？为了搞清楚这一点，可以计算群速度。在样品中心的能量平坦区域，根据式(13.38)，能量不依赖于k_y，因此在y轴方向没有群速度。

另一方面，在边缘状态下，能量依赖于x_0，记为$\mathcal{E} = \mathcal{E}_p(x_0)$，那么对于关注的朗道能级$p$，其$y$轴方向的群速度是：

$$
\begin{aligned}
v_{\mathrm{g},y}(x_0) &= \frac{1}{\hbar}\frac{\mathrm{d}\mathcal{E}_p(x_0)}{\mathrm{d}k_y} = \frac{1}{\hbar}\frac{\mathrm{d}x_0}{\mathrm{d}k_y}\frac{\mathrm{d}\mathcal{E}_p(x_0)}{\mathrm{d}x_0} \\
&= -\frac{1}{eB}\frac{\mathrm{d}\mathcal{E}_p(x_0)}{\mathrm{d}x_0}
\end{aligned}
\tag{13.39}
$$

可见群速度并不为 0。这个方程中的微分项$\mathrm{d}\mathcal{E}_p(x_0)/\mathrm{d}x_0$在左右边缘处符号是相反的，即群速度是方向相反的。

右侧边缘的形状不是磁性势能，而是进行了简化处理。

如果关注一个朗道能级，总电流是：

$$
\begin{aligned}
I_y &= \sum_{x_0}(-e)v_{\mathrm{g},y}(x_0)/L_y = \sum_{x_0}\left(\frac{1}{BL_y}\right)\times\frac{\mathrm{d}\mathcal{E}_p(x_0)}{\mathrm{d}x_0} \\
&= \left(\frac{1}{\Delta x_0}\right)\int\left(\frac{1}{BL_y}\right)\times\frac{\mathrm{d}\mathcal{E}_p(x_0)}{\mathrm{d}x_0}\mathrm{d}x_0 \\
&= \frac{e}{h}\int \mathrm{d}\mathcal{E}_p(x_0) = \frac{e(\mu_\mathrm{A}-\mu_\mathrm{B})}{h}
\end{aligned}
\tag{13.40}
$$

下标A和B表示边缘两端的电子占据的状态。由于在左右边缘流动的电流方向是相反的，因此当左右边缘的电子占据状态具有相同能量时（$\mu_\mathrm{A} = \mu_\mathrm{B}$的情况下），净电流为 0。但是，需要注意边缘电流是沿相反方向流动的。当$\mu_\mathrm{A} \neq \mu_\mathrm{B}$时，净电流为$I_y = e(\mu_\mathrm{A} - \mu_\mathrm{B})/h$。

现在，假设在样品中心附近有N个朗道能级低于费米能级，那么在边缘处费米能级和N个朗道能级必定交叉，因此总电流是：

$$
I_y = \frac{Ne(\mu_\mathrm{A}-\mu_\mathrm{B})}{h} \tag{13.41}
$$

如果$\mu_\mathrm{A} - \mu_\mathrm{B} = eV_x$，那么：

$$
I_y = \frac{Ne^2}{h}V_x \tag{13.42}
$$

V_x对应于霍尔效应中的霍尔电压。

各个边缘通道的电子具有一维特性，从散射的视角来看，电子可能会散射到位于同侧边缘的其他通道，也可能散射到位于对侧边缘的通道。但是，即使在同侧边缘散射到其他通道，电流仍然是在沿同一方向流动的，因此电流值不会改变。另一方面，由于位于对侧边缘的区域在空间上相隔很远，散射概率非常小，因此，边缘通道在整体上可以看作是不受散射的导电通道。边缘通道在解释量子霍尔效应方面发挥了非常重要的作用。

13-5 异质结

当具有不同带隙的两种半导体接触时，界面附近会形成各种不同的能带结构。考虑一下 GaAs 和比它带隙更大的$Al_{1-x}Ga_xAs$。GaAs 和$Al_{1-x}Ga_xAs$的晶格常数非常接近，可以实现无晶格缺陷的半导体界面。例如，如图 13.10 所示的 p 型轻掺杂 GaAs 和 n 型掺杂$Al_{1-x}Ga_xAs$。从$Al_{1-x}Ga_xAs$的施主激发到导带的电子由于处于较高能量状态，会移动到能量较低的 GaAs 导带中。另一方面，移动到 GaAs 的电子来源于$Al_{1-x}Ga_xAs$中的施主，这些施主会正离子化，因此移动到 GaAs 的电子会受到$Al_{1-x}Ga_xAs$中正离子化施主的吸引。然而，由于势垒的存在，它们不能进入$Al_{1-x}Ga_xAs$区域，因此会在异质界面处积累。最终，由$Al_{1-x}Ga_xAs$中的施主朝向 GaAs 中的电场产生，因此能带结构会（如图 13.11 所示）发生变化。

在这样的异质界面中束缚的电子形成了二维电子系统。通常情况下，其厚度约为 10nm，沿垂直于界面的z轴方向上具有像 MOS 界面或量子阱一样的量子化离散能级。另一方面，在与界面平行的xy平面内可以自由运动。

但是，沿z轴方向量子化的电子会由于势垒$\Delta\mathcal{E}_c$较小而进入$Al_{1-x}Ga_xAs$中。当电子在xy平面运动时，它也会有存在于$Al_{1-x}Ga_xAs$中的概率，从而受到$Al_{1-x}Ga_xAs$中的离化施主杂质散射的影响。

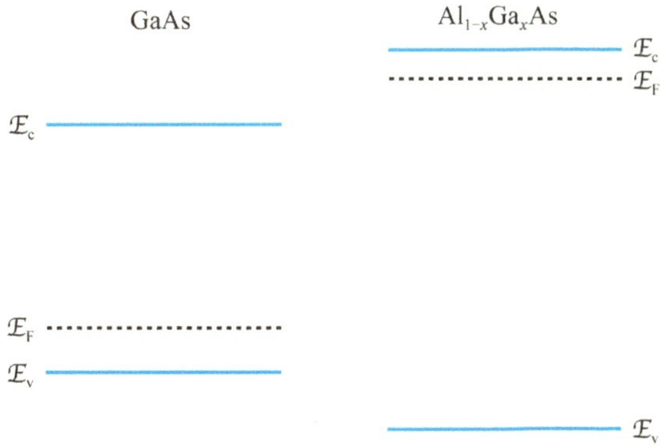

图 13.10 p 型 GaAs 和 n 型 $Al_{1-x}Ga_xAs$ 之间的能带关系

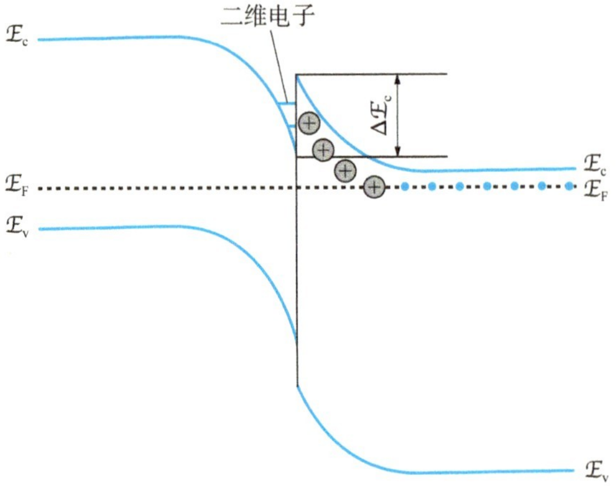

图 13.11　基于 p 型 GaAs 异质界面的能带结构

为了抑制这种影响，在界面上插入了不存在施主的区域（称为隔离层），以实现高迁移率。在这种情况下，能带结构如图 13.12 所示。研究表明，增大隔离层厚度会增大迁移率，并且增加x（增加x会增大势垒$\Delta\mathcal{E}_c$）也会增加迁移率。相比于 Si 和 Ge，GaAs 的体材料电子迁移率要大得多。而且，GaAs 一侧的杂质很少。此外，界面附近的$Al_{1-x}Ga_xAs$也没有施主杂质。而且，界面由无缺陷的晶格构成，非常整齐。因此，这个系统在低温下可以实现非常高的迁移率，例如 1000m²/(Vs)。具有这种高迁移率结构的晶体管（HEMT：高电子迁移率晶体管）已经得到了实用化。

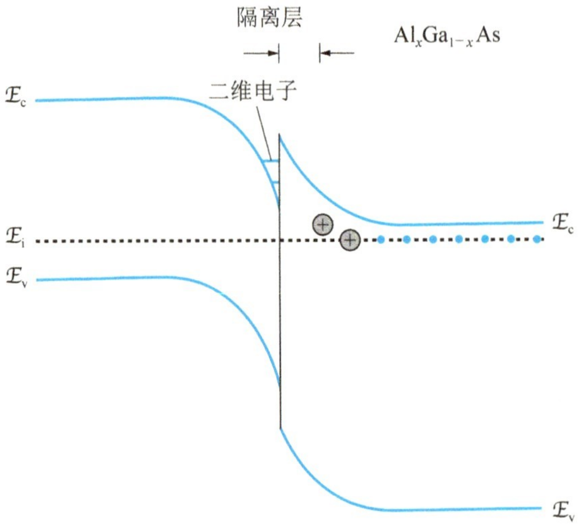

图 13.12　带隔离层的异质界面

另一方面，通过在这种二维电子系统中添加栅极，可以尝试将电子零维地限制在人工原子（量子点）内。为了制造量子点，具有较大轨道半径，即较小有效质量的半导体（例如 GaAs）更为有利。另一方面，近年来通过控制量子点内部的电子自旋，也正在进行实现量子比特的尝试。被限制在量子点内的电子自旋对各种噪声非常敏感。原子核自身的核自旋也是一个噪声源。因此，与具有核自旋的 GaAs 系统不同，人们正在关注排除了 ^{29}Si（核自旋 = 1/2，天然丰度为 4.9%）的 ^{28}Si（核自旋 = 0）系统的量子点。

章末问题

（1） Si 的导带由六个主轴在[100]方向上的旋转椭球面形状的等能面构成，基于这一点，思考 Si/SiO_2 界面上的二维电子系统的能量分离。有效质量分别为$m_t = 0.19m_0$和$m_1 = 0.98m_0$。另外，Si/SiO_2 界面是通过 Si 的[100]面形成的。

（2） MOSFET 的高性能技术之一是在通道中施加应力。为什么施加应力会提高 MOSFET 的性能？从与能带结构的调制的关系出发，思考其机制。

章末问题的答案

第 1 章　量子力学基础

1-1 节：由于电子波从区域I向左传播，因此能量$\mathcal{E} > 0$。区域I的薛定谔方程式是：

$$\left(-\frac{\hbar^2}{2m}\frac{\partial^2}{\partial x^2}\right)\varphi_{\mathrm{I}}(x) = \mathcal{E}\varphi_{\mathrm{I}}(x)$$

并且，波函数满足$k^2 = 2m\mathcal{E}/\hbar^2$。于是有：

$$\varphi_{\mathrm{I}}(x) = A\exp(\mathrm{i}kx) + B\exp(-\mathrm{i}kx)$$

当k为正值时，第一项表示入射波，第二项表示反射波。区域II的薛定谔方程式是：

$$\left(-\frac{\hbar^2}{2m}\frac{\partial^2}{\partial x^2} - V_0\right)\varphi_{\mathrm{II}}(x) = \mathcal{E}\varphi_{\mathrm{II}}(x)$$

令$k'^2 = 2m(\mathcal{E} + V)/\hbar^2$，则波函数可写作：

$$\varphi_{\mathrm{II}}(x) = C\exp(\mathrm{i}k'x)$$

这里，k'是正值。在区域II中，由于不存在反射电子波的因素，因此只存在沿着x增加方向传播的波作为电子波。根据$x = 0$ 处的连续性条件，有：

$$A + B = C$$
$$k(A - B) = k'C$$

下面计算概率密度流。假设区域I和II中的电子具有相同的质量m，则对于入射波、反射波和透射波，分别有：

$$\left(\frac{\hbar k}{m}\right)\times|A|^2,\ \left(\frac{\hbar k}{m}\right)\times|B|^2,\ \left(\frac{\hbar k'}{m}\right)\times|C|^2$$

反射率R为$R = |B|^2/|A|^2$，透射率T为$T = k'|C|^2/(k|A|^2)$。分别计算出：

$$R = \frac{(k'-k)^2}{(k'+k)^2},\ T = \frac{4kk'}{(k'+k)^2}$$

在这种情况下，满足$R + T = 1$。假设不存在势垒，则$k = k'$，$R = 0$，$T = 1$。另一方面，如果势垒无限深，则$R = 1$，$T = 0$。

1-2 节：假设电子受束缚在类似图 1 所示的势阱中，限制在ξ范围内。在一维情况下，电子受到的势能影响约为$-V_0\times(a/\xi)$。另一方面，由于不确定性原理，动量的不确定度大约为$\hbar/\xi$，因此动能为$(\hbar/\xi)^2/(2m)$，总能量则为：

$$\mathcal{E} \approx \frac{(\hbar/\xi)^2}{2m} - V_0 \times \frac{a}{\xi}$$

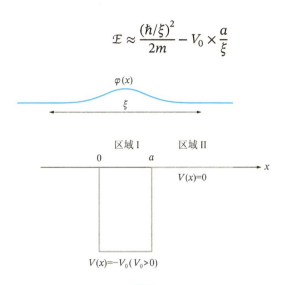

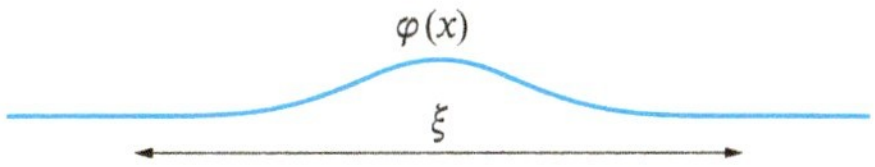

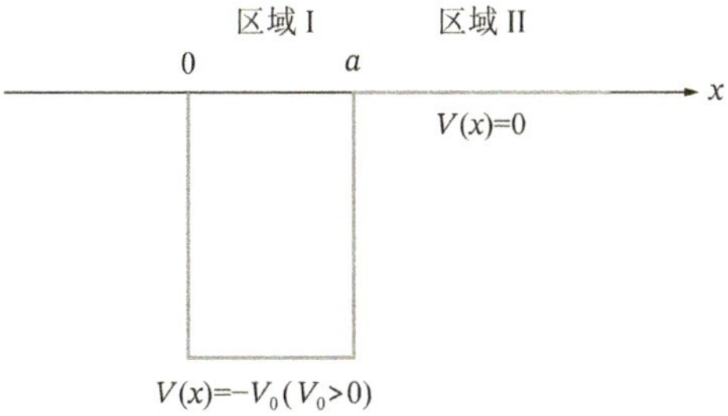

图 1

如果，E的最小值变成负值，就会形成束缚态，当$\xi = \hbar^2/(mV_0 a)$时，最小值$\varepsilon_{\min} = -mV_0^2 a^2/(2\hbar^2)$。因此，即使在一维空间中引力非常微弱，也会形成束缚态（参考文献：长冈洋介，《低温、超导、高温超导》，丸善出版社（1995））。

然而，这种简化处理仅在电子存在概率最高的区域在势阱中时才被允许。在本问题的势场中，由于电子在左侧壁的存在概率为 0，因此电子所受的引力减弱。让我们尝试从薛定谔方程中求解。

区域I的薛定谔方程为：

$$\left(-\frac{\hbar^2}{2m}\frac{\partial^2}{\partial x^2} - V_0\right)\varphi_{\mathrm{I}}(x) = \mathcal{E}\varphi_{\mathrm{I}}(x)$$

然而，这里$V_0 > 0$。区域II的薛定谔方程是：

$$\left(-\frac{\hbar^2}{2m}\frac{\partial^2}{\partial x^2}\right)\varphi_{\mathrm{II}}(x) = \mathcal{E}\varphi_{\mathrm{II}}(x)$$

形成束缚状态意味着$\mathcal{E} < 0$。若取$\mathcal{E} = -|\mathcal{E}|$，则有：

$$\left(-\frac{\hbar^2}{2m}\frac{\partial^2}{\partial x^2}\right)\varphi_{\mathrm{I}}(x) = (V_0 - |\mathcal{E}|)\varphi_{\mathrm{I}}(x)$$

然而，电子的能量不会小于$-V_0$，因此$V_0 - |\mathcal{E}| > 0$：

$$\frac{\partial^2 \varphi_{\mathrm{I}}(x)}{\partial x^2} = -\frac{2m(V_0 - |\mathcal{E}|)}{\hbar^2}\varphi_{\mathrm{I}}(x) = -k_1^2\varphi_{\mathrm{I}}(x)$$

这里$k_1 > 0$。在区域II中则是：

$$\frac{\partial^2 \varphi_{\mathrm{II}}(x)}{\partial x^2} = \frac{2m|\mathcal{E}|}{\hbar^2}\varphi_{\mathrm{II}}(x) = k_2^2\varphi_{\mathrm{II}}(x)$$

这里k_2为正值。作为边界条件，需要满足$\varphi_{\mathrm{I}}(0)=0$和$\varphi_{\mathrm{II}}(\infty)=0$。满足$\varphi_{\mathrm{I}}(0)=0$的解是：

$$A\sin(k_1 x)$$

此外，满足$\varphi_{\mathrm{II}}(\infty)=0$的解是：

$$B\exp(-k_2 x)$$

考虑到在$x=a$处的波函数连续性，下式成立：

$$A\sin(k_1 a)=B\exp(-k_2 a)$$

$$Ak_1\cos(k_1 a)=-Bk_2\exp(-k_2 a)$$

消去上式中的A、B后得到：

$$\frac{\tan(k_1 a)}{k_1}=-\frac{1}{k_2}$$

这里需要稍作调整。由于tan函数中的值为$k_1 a$，因此可以把上式改写为：

$$k_1 a\cot(k_1 a)=-k_2 a$$

另外：

$$(k_1 a)^2+(k_2 a)^2=\frac{2mV_0 a^2}{\hbar^2}\quad(*)$$

这里的求解过程略为复杂，我们可以通过作图来考虑。如果将$k_1 a$设为x轴，$k_2 a$设为y轴，那么上述式(*)代表一个半径为$(2mV_0a^2/\hbar^2)^{1/2}$的圆。这个关系如图 2 所示。另一方面，$k_1 a\times\cot(k_1 a)=-k_2 a$的方程代表一条曲线。解就是这两个图形的交点，但当$(2mV_0a^2/\hbar^2)^{1/2}<\pi/2$时，交点不存在。因此，这意味着$V_0$需要具有相当大的数值。

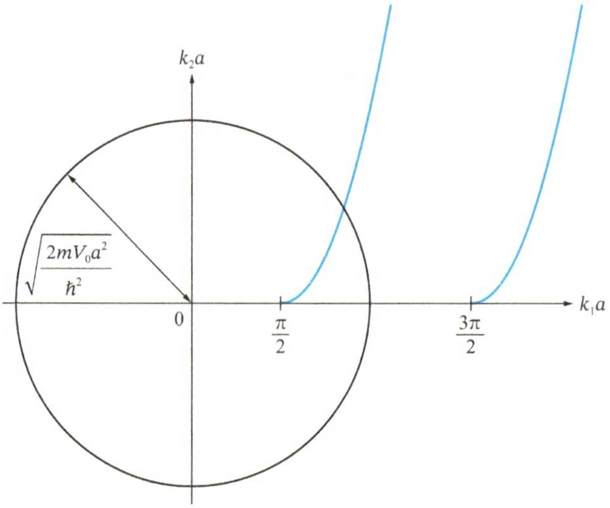

图 2

第 2 章　从氢原子到物质

2-1 节：从波长较短的状态（高能量状态）开始绘图。然而，考虑到左右电子分布（波函数的二次幂）关于重心对称，因此如图 3 所示。

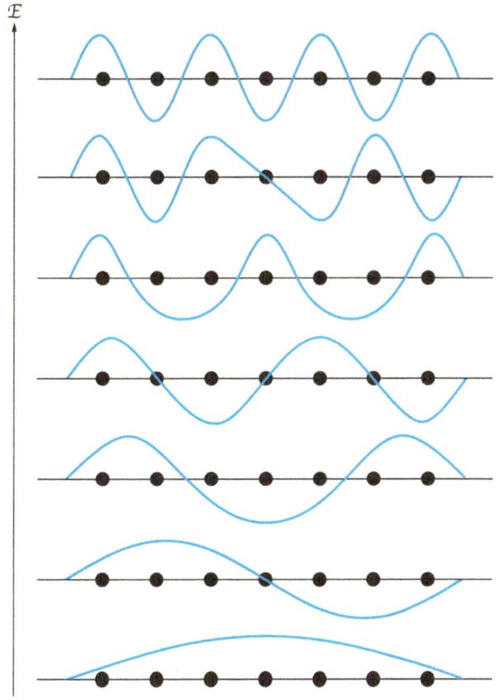

图 3

2-2 节：当原子间距a较大时，s轨道和p轨道随k的变化如图 4（a）所示。这里，虚线表示了在假设s轨道和p轨道之间没有相互作用时的k相关性。当s轨道和p轨道发生相互作用时，会发生调制变为实线所示，形成图中蓝色的能带。另一方面，当原子间距a减小时，s轨道和p轨道的k相关性变得更强。这是因为当原子间距减小时，与相邻原子的轨道重叠变得更强。在这种情况下，假设s轨道和p轨道之间没有相互作用时，如虚线所示，s轨道和p轨道在 $0 < k < \pi/a$的某处相交。另一方面，当s轨道和p轨道之间发生相互作用时，如图 4（b）的实线所示，在k空间中以交叉点为中心，由s轨道和p轨道组成了具有较低能量状态的新轨道。与此同时，也形成了新的具有较高能量的反键轨道。这两个新轨道随k的变化如图 4（b）的实线所示，相应能带为

图中的蓝色能带。这符合简并微扰论的想法，其中s轨道和p轨道的能量相当分散(例如，$k=0$ 或$k=\pi/a$）时，原始波函数的特性会明显地表现出来。

*参考文献：N.F. Mott and H. Jones，*The Theory of the Properties of Metals and Alloys*，多佛出版社（1936 年）。

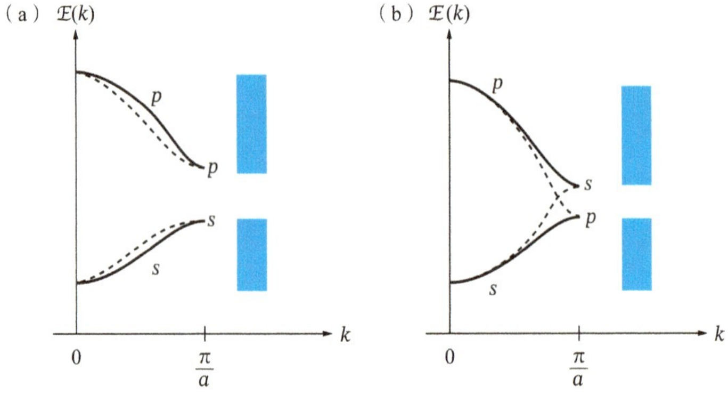

图 4

第 3 章 能带理论

3-1 节： 构成石墨烯的π轨道（p_z轨道）与s轨道相同，因此在图中用○表示。关于图 5（a）中的Γ点，左图的晶胞内的两个原子组成了成键轨道。在这种情况下，每个原子与相邻 3 个原子之间均形成成键轨道，因此能量最低。另一方面，图 5（a）右图中的晶胞内的两个原子构成了反键轨道。每个原子由于相邻三个原子之间均形成反键轨道，能量最高。关于图 5（b）中的 M 点，左图从成键轨道开始考虑，一个原子与相邻原子形成了两个成键轨道和一个反键轨道。另外，右图从反键轨道开始考虑，一个原子与相邻原子形成了两个反键轨道和一个成键轨道。因此能量由低到高顺序为图 5（a）左图＜（b）左图＜（b）右图＜（a）右图。

*参考文献：P.A. Cox 著，鱼崎浩平，高桥诚，米田龙，金子普译，《固体的电子结构和化学》，技报堂出版社（1989 年）。

3-2 节： 在强关联近似下的波函数是：

$$\Psi_{\boldsymbol{k}}(\boldsymbol{r})=\sum_{ml}C_{ml}\phi_{\boldsymbol{k},ml}(\boldsymbol{r})$$

上式中有：

$$\phi_{\boldsymbol{k},ml}(\boldsymbol{r})=\frac{1}{\sqrt{N}}\sum_{i}\exp[\mathrm{i}\boldsymbol{k}\cdot(\boldsymbol{R}_i+\boldsymbol{r}_l)]\,\varphi_{ml}[\boldsymbol{r}-(\boldsymbol{R}_i+\boldsymbol{r}_l)]$$

这里，$\boldsymbol{R}_i$表示第i个晶胞的位置，$\boldsymbol{r}_l$表示晶胞内第l个原子的位置。$\varphi_{ml}(\boldsymbol{r})$表示第$l$个原子的第$m$个轨道。同时$N$表示晶胞的数量。这里我们考虑的是面心立方格子的$p$轨道。面心立方格子晶胞中包含一个原子，因此原子位置用$\boldsymbol{R}_i$来表示就足够了。另外，p轨道是三重简并的，所以可以表示为$p_x, p_y, p_z(\varphi_x, \varphi_y, \varphi_z)$。对于每一个轨道，强关联近似下的波函数为：

$$\phi_{\boldsymbol{k},x}(\boldsymbol{r}) = \frac{1}{\sqrt{N}}\sum_i \exp(\mathrm{i}\boldsymbol{k}\cdot\boldsymbol{R}_i)\,\varphi_x(\boldsymbol{r}-\boldsymbol{R}_i)$$
$$\phi_{\boldsymbol{k},y}(\boldsymbol{r}) = \frac{1}{\sqrt{N}}\sum_i \exp(\mathrm{i}\boldsymbol{k}\cdot\boldsymbol{R}_i)\,\varphi_y(\boldsymbol{r}-\boldsymbol{R}_i)$$
$$\phi_{\boldsymbol{k},z}(\boldsymbol{r}) = \frac{1}{\sqrt{N}}\sum_i \exp(\mathrm{i}\boldsymbol{k}\cdot\boldsymbol{R}_i)\,\varphi_z(\boldsymbol{r}-\boldsymbol{R}_i)$$

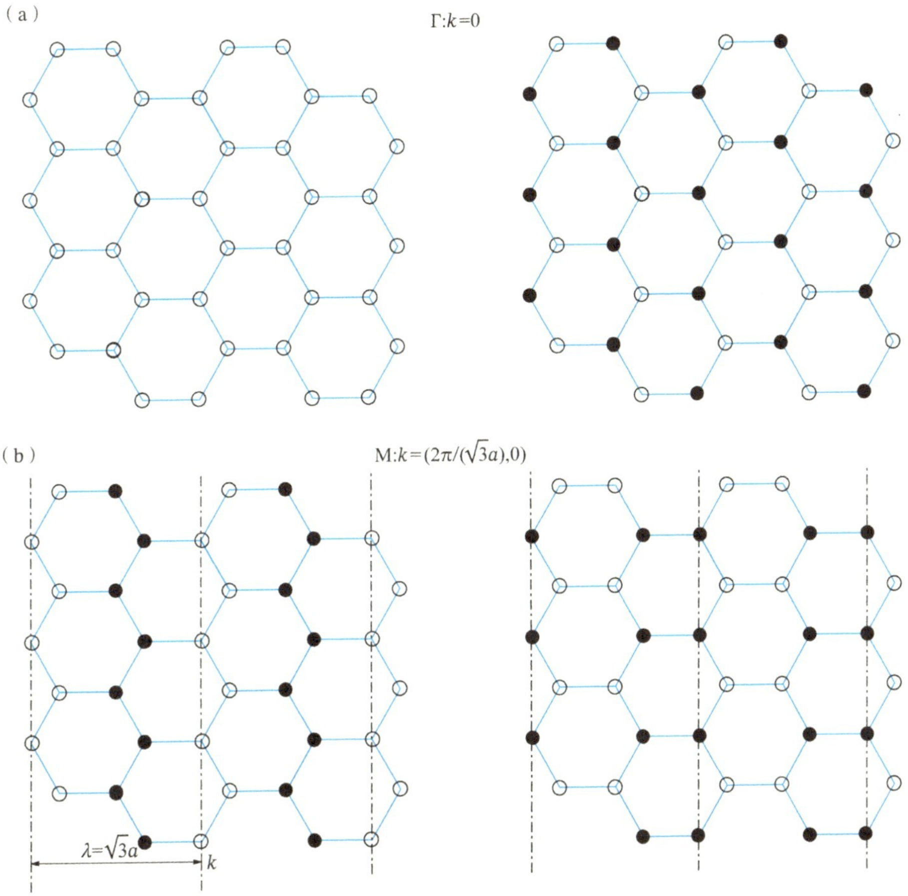

图 5

因此总波函数是：

$$\Psi_{\boldsymbol{k}}(\boldsymbol{r}) = C_x \frac{1}{\sqrt{N}} \sum_i \exp(\mathrm{i}\boldsymbol{k}\cdot\boldsymbol{R}_i)\,\varphi_x(\boldsymbol{r}-\boldsymbol{R}_i) + C_y \frac{1}{\sqrt{N}} \sum_i \exp(\mathrm{i}\boldsymbol{k}\cdot\boldsymbol{R}_i)\,\varphi_y(\boldsymbol{r}-\boldsymbol{R}_i) + C_z \frac{1}{\sqrt{N}} \sum_i \exp(\mathrm{i}\boldsymbol{k}\cdot\boldsymbol{R}_i)\,\varphi_z(\boldsymbol{r}-\boldsymbol{R}_i)$$

薛定谔方程为：

$$\mathcal{H}|\Psi_{\boldsymbol{k}}(\boldsymbol{r})\rangle = \mathcal{E}|\Psi_{\boldsymbol{k}}(\boldsymbol{r})\rangle$$

具体写出来为：

$$\begin{aligned}\mathcal{H}\Psi_{\boldsymbol{k}}(\boldsymbol{r}) &= C_x \frac{1}{\sqrt{N}} \sum_i \exp(\mathrm{i}\boldsymbol{k}\cdot\boldsymbol{R}_i)\,\mathcal{H}_{\varphi_x}(\boldsymbol{r}-\boldsymbol{R}_i) + \\ &\quad C_y \frac{1}{\sqrt{N}} \sum_i \exp(\mathrm{i}\boldsymbol{k}\cdot\boldsymbol{R}_i)\,\mathcal{H}_{\varphi_y}(\boldsymbol{r}-\boldsymbol{R}_i) + C_z \frac{1}{\sqrt{N}} \sum_i \exp(\mathrm{i}\boldsymbol{k}\cdot\boldsymbol{R}_i)\,\mathcal{H}_{\varphi_z}(\boldsymbol{r}-\boldsymbol{R}_i) \\ &= \mathcal{E}\Psi_{\boldsymbol{k}}(\boldsymbol{r})\end{aligned}$$

上式左乘$(1/\sqrt{N})\sum_j \exp(-\mathrm{i}\boldsymbol{k}\cdot\boldsymbol{R}_j)\,\varphi_x^*(\boldsymbol{r}-\boldsymbol{R}_j)$，进行空间积分。关于$C_x$项的积分为：

$$\begin{aligned}&C_x \sum_i \exp(\mathrm{i}\boldsymbol{k}\cdot\boldsymbol{R}_i)\,\langle\varphi_x(\boldsymbol{r})|\mathcal{H}|\varphi_x(\boldsymbol{r}-\boldsymbol{R}_i)\rangle \\ &= C_x\left\{\langle\varphi_x(\boldsymbol{r})|\mathcal{H}|\varphi_x(\boldsymbol{r})\rangle + \sum_{i\neq 0} \exp(\mathrm{i}\boldsymbol{k}\cdot\boldsymbol{R}_i)\,\langle\varphi_x(\boldsymbol{r})|\mathcal{H}|\varphi_x(\boldsymbol{r}-\boldsymbol{R}_i)\rangle\right\}\end{aligned}$$

花括号中的第一项是：

$$\langle\varphi_x(\boldsymbol{r})|\mathcal{H}|\varphi_x(\boldsymbol{r})\rangle = \varepsilon_0 + \langle\varphi_x(\boldsymbol{r})|\Delta V|\varphi_x(\boldsymbol{r})\rangle = \mathcal{E}_{\mathrm{p}}$$

该项不依赖于k。花括号的第二项是$\sum_{i\neq 0} \exp(\mathrm{i}\boldsymbol{k}\cdot\boldsymbol{R}_i)\,\langle\varphi_x(\boldsymbol{r})|\Delta V|\varphi_x(\boldsymbol{r}-\boldsymbol{R}_i)\rangle$，其中$\boldsymbol{R}_i$为$(\pm a/2, \pm a/2, 0)$，$(\pm a/2, 0, \pm a/2)$，$(0, \pm a/2, \pm a/2)$。对于$\boldsymbol{R}_i = (\pm a/2, \pm a/2, 0)$，如果取$\boldsymbol{i}$和$\boldsymbol{j}$为$x$和$y$方向的单位矢量，那么有：

$$\begin{aligned}&\sum_{i\neq 0} \exp(\mathrm{i}\boldsymbol{k}\cdot\boldsymbol{R}_i)\,\langle\varphi_x(\boldsymbol{r})|\Delta V|\varphi_x(\boldsymbol{r}-\boldsymbol{R}_i)\rangle \\ &= \exp\left[\mathrm{i}\frac{a}{2}(k_x+k_y)\right]\langle\varphi_x(\boldsymbol{r})|\Delta V|\varphi_x[\boldsymbol{r}-(a/2)\boldsymbol{i}-(a/2)\boldsymbol{j}]\rangle + \\ &\quad \exp\left[\mathrm{i}\frac{a}{2}(k_x-k_y)\right]\langle\varphi_x(\boldsymbol{r})|\Delta V|\varphi_x[\boldsymbol{r}-(a/2)\boldsymbol{i}+(a/2)\boldsymbol{j}]\rangle + \\ &\quad \exp\left[\mathrm{i}\frac{a}{2}(-k_x+k_y)\right]\langle\varphi_x(\boldsymbol{r})|\Delta V|\varphi_x[\boldsymbol{r}+(a/2)\boldsymbol{i}-(a/2)\boldsymbol{j}]\rangle + \\ &\quad \exp\left[\mathrm{i}\frac{a}{2}(-k_x-k_y)\right]\langle\varphi_x(\boldsymbol{r})|\Delta V|\varphi_x[\boldsymbol{r}+(a/2)\boldsymbol{i}+(a/2)\boldsymbol{j}]\rangle \\ &= 4\cos\left(\frac{ak_x}{2}\right)\cos\left(\frac{ak_y}{2}\right)\times\frac{1}{2}(V_{\mathrm{pp}\sigma}+V_{\mathrm{pp}\pi})\end{aligned}$$

$V_{pp\sigma}$是在两个原子连接方向上存在p_x轨道时关于σ键的积分，它取较大的正值（σ键通常是在原子之间的方向上形成，因此相互作用较强）。$V_{pp\pi}$则是在垂直于两个原子连接方向上存在p_x轨道时关于π键的积分，通常取较小的负值（π键通常是在垂直于原子之间的方向上形成，因此相互作用较弱）。这里对于$(1/2)(V_{pp\sigma}+V_{pp\pi})$，可以将$xy$平面内$p_x$轨道的积分分解为两个原子连接方向上以及相垂直的方向上的分量。这个关系对于存在于xz平面上的原子也是相同的。因此，对于xy面和xz面上的最近邻原子，可以将它们两者相加得到：

$$4\cos\left(\frac{ak_x}{2}\right)\left[\cos\left(\frac{ak_y}{2}\right)+\cos\left(\frac{ak_z}{2}\right)\right]\times\frac{1}{2}(V_{pp\sigma}+V_{pp\pi})$$

对于存在于yz平面上的最近邻原子，它们与所有其他原子都形成π键。因此有：

$$\left\{\exp\left[\mathrm{i}\frac{a}{2}(k_y+k_z)\right]+\exp\left[\mathrm{i}\frac{a}{2}(k_y-k_z)\right]+\exp\left[\mathrm{i}\frac{a}{2}(-k_y+k_z)\right]+\exp\left[\mathrm{i}\frac{a}{2}(-k_y-k_z)\right]\right\}\times V_{pp\pi}=4\cos\left(\frac{ak_y}{2}\right)\cos\left(\frac{ak_z}{2}\right)\times V_{pp\pi}$$

综上，对于所有最近邻原子有：

$$M_{xx}=2\cos\left(\frac{ak_x}{2}\right)\left[\cos\left(\frac{ak_y}{2}\right)+\cos\left(\frac{ak_z}{2}\right)\right]\times\left(V_{pp\sigma}+V_{pp\pi}\right)+4\cos\left(\frac{ak_y}{2}\right)\cos\left(\frac{ak_z}{2}\right)\times V_{pp\pi}$$

接下来，考虑下式中的C_y项：

$$\begin{aligned}\mathcal{H}\Psi_{\boldsymbol{k}}(\boldsymbol{r})&=C_x\frac{1}{\sqrt{N}}\sum_i\exp(\mathrm{i}\boldsymbol{k}\cdot\boldsymbol{R}_i)\,\mathcal{H}\varphi_x(\boldsymbol{r}-\boldsymbol{R}_i)+\\&\quad C_y\frac{1}{\sqrt{N}}\sum_i\exp(\mathrm{i}\boldsymbol{k}\cdot\boldsymbol{R}_i)\,\mathcal{H}\varphi_y(\boldsymbol{r}-\boldsymbol{R}_i)+C_z\frac{1}{\sqrt{N}}\sum_i\exp(\mathrm{i}\boldsymbol{k}\cdot\boldsymbol{R}_i)\,\mathcal{H}\varphi_z(\boldsymbol{r}-\boldsymbol{R}_i)\\&=\varepsilon\Psi_{\boldsymbol{k}}(\boldsymbol{r})\end{aligned}$$

对上式左乘$(1/\sqrt{N})\sum_j\exp(-\mathrm{i}\boldsymbol{k}\cdot\boldsymbol{R}_j)\,\varphi_x^*(\boldsymbol{r}-\boldsymbol{R}_j)$并进行空间积分时$C_y$项的系数$M_{xy}$进行计算：

$$\begin{aligned}M_{xy}&=\sum_i\exp(\mathrm{i}\boldsymbol{k}\cdot\boldsymbol{R}_i)\langle\varphi_x(\boldsymbol{r})|\mathcal{H}|\varphi_y(\boldsymbol{r}-\boldsymbol{R}_i)\rangle\\&=\left\{\langle\varphi_x(\boldsymbol{r})|\mathcal{H}|\varphi_y(\boldsymbol{r})\rangle+\sum_{i\neq0}\exp(\mathrm{i}\boldsymbol{k}\cdot\boldsymbol{R}_i)\langle\varphi_x(\boldsymbol{r})|\mathcal{H}|\varphi_y(\boldsymbol{r}-\boldsymbol{R}_i)\rangle\right\}\\&=\sum_{i\neq0}\exp(\mathrm{i}\boldsymbol{k}\cdot\boldsymbol{R}_i)\langle\varphi_x(\boldsymbol{r})|\mathcal{H}|\varphi_y(\boldsymbol{r}-\boldsymbol{R}_i)\rangle\end{aligned}$$

考虑到xy平面上的最近邻原子，有：

$$M_{xy} = \exp\left[\mathrm{i}\frac{a}{2}(k_x + k_y)\right] \times \frac{1}{2}(V_{\mathrm{pp}\sigma} - V_{\mathrm{pp}\pi}) + \exp\left[\mathrm{i}\frac{a}{2}(k_x - k_y)\right] \times \frac{1}{2}(-V_{\mathrm{pp}\sigma} + V_{\mathrm{pp}\pi}) +$$
$$\exp\left[\mathrm{i}\frac{a}{2}(-k_x + k_y)\right] \times \frac{1}{2}(-V_{\mathrm{pp}\sigma} + V_{\mathrm{pp}\pi}) + \exp\left[\mathrm{i}\frac{a}{2}(-k_x - k_y)\right] \times \frac{1}{2}(V_{\mathrm{pp}\sigma} - V_{\mathrm{pp}\pi})$$
$$= -2\sin\left(\frac{ak_x}{2}\right)\sin\left(\frac{ak_y}{2}\right) \times (V_{\mathrm{pp}\sigma} - V_{\mathrm{pp}\pi})$$

这里$(1/2)(V_{\mathrm{pp}\sigma} - V_{\mathrm{pp}\pi})$是通过将原子轨道分解为连接原子方向和与之相垂直方向的分量来获得的。另一方面，在xz平面和yz平面上存在的最近邻原子的p_y轨道积分为零。因此，C_y的系数M_{xy}是：

$$M_{xy} = -2\sin\left(\frac{ak_x}{2}\right)\sin\left(\frac{ak_y}{2}\right) \times (V_{\mathrm{pp}\sigma} - V_{\mathrm{pp}\pi})$$

对于C_z也进行了类似的计算，整理后得到以下方程式：

$$C_x\left[\mathcal{E}_{\mathrm{p}} + M_{xx}\right] + C_y M_{xy} + C_z M_{xz} = C_x \mathcal{E}$$

即：

$$C_x\left[\mathcal{E}_{\mathrm{p}} + M_{xx} - \mathcal{E}\right] + C_y M_{xy} + C_z M_{xz} = 0$$

类似地，可以求得M_{yy}和M_{zz}：

$$M_{yy} = 2\cos\left(\frac{ak_y}{2}\right)\left[\cos\left(\frac{ak_x}{2}\right) + \cos\left(\frac{ak_z}{2}\right)\right] \times (V_{\mathrm{pp}\sigma} + V_{\mathrm{pp}\pi}) +$$
$$4\cos\left(\frac{ak_x}{2}\right)\cos\left(\frac{ak_z}{2}\right) \times V_{\mathrm{pp}\pi}$$
$$M_{zz} = 2\cos\left(\frac{ak_z}{2}\right)\left[\cos\left(\frac{ak_x}{2}\right) + \cos\left(\frac{ak_y}{2}\right)\right] \times (V_{\mathrm{pp}\sigma} + V_{\mathrm{pp}\pi}) +$$
$$4\cos\left(\frac{ak_x}{2}\right)\cos\left(\frac{ak_y}{2}\right) \times V_{\mathrm{pp}\pi}$$

另外，参考M_{xy}的成分，可以发现其他非对角元素只需要将波数作为要素成分进行修改即可。这样就可以得到一个 3×3 矩阵元素。现在，沿着k_x轴绘制$\mathcal{E}(k_x)$曲线，会发现在$k_x = 0$ 时有三重简并，而在$k_x \neq 0$ 时有一重和两重简并，并得到两条向上凸起形状的$\mathcal{E}(k)$曲线，如图 6 所示。

*参考文献：G. Grosso, G. P. Parravicini 著，安食博志译，《固体物理学（上）》，吉冈书店（2004）。

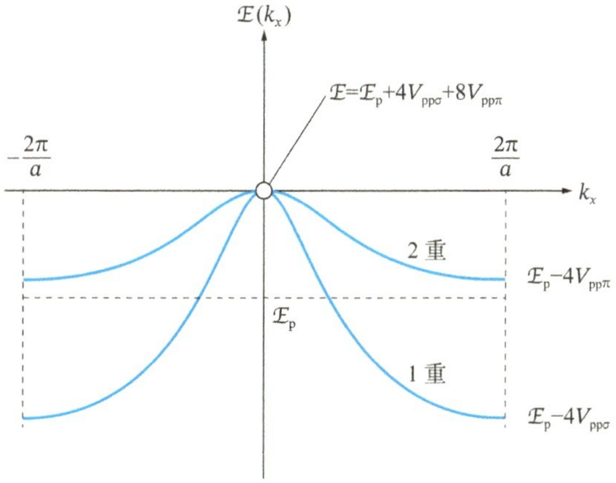

图 6

第 4 章　半导体的能带结构

4-1 节： 自旋轨道相互作用通常以$\mathcal{H}' = \lambda \boldsymbol{l} \cdot \boldsymbol{s}$来表示。使用升降算符可以表示为：

$$\mathcal{H}' = \lambda \boldsymbol{l} \cdot \boldsymbol{s} = \lambda\left(\frac{l_+s_- + l_-s_+}{2} + l_zs_z\right)$$

这里，$l_+ = l_x + \mathrm{i}l_y$，$l_- = l_x - \mathrm{i}l_y$，$s_+ = s_x + \mathrm{i}s_y$，$s_- = s_x - \mathrm{i}s_y$。其中，$l_+$是磁量子数升高 1 的算符，$l_-$是磁量子数降低 1 的算符，$s_+$是自旋量子数升高 1 的算符，$s_-$是自旋量子数降低 1 的算符。$l_+s_-$是自旋降低 1 并且磁量子数升高 1 的算符。同样，l_-s_+是自旋升高 1 并且磁量子数降低 1 的算符，$\boldsymbol{j} = \boldsymbol{l} + \boldsymbol{s}$是守恒的。$l_zs_z$不会引起变化，因此最终可以认为$\boldsymbol{j} = \boldsymbol{l} + \boldsymbol{s}$是重要的参数。

例如，考虑由p轨道构成 Si 或 Ge 的价带顶部（$k = 0$）的情况，此时$l = 1$，$s = 1/2$。因此，$\boldsymbol{j} = \boldsymbol{l} + \boldsymbol{s} = 3/2$ 是守恒的值。在这种情况下，m_j可能取 4 个值：3/2，1/2，−1/2，−3/2。考虑包括自旋在内的p轨道，有 6 种可能性（轨道 3 × 自旋 2），因此应该还存在另外 2 个状态。这些状态是$\boldsymbol{j} = \boldsymbol{l} - \boldsymbol{s} = 1/2$，可以取$m_j = 1/2$，−1/2。考虑这些状态后，确实存在 6 种状态。在$k = 0$处，由于没有$\boldsymbol{k} \cdot \boldsymbol{p}$微扰，只考虑自旋轨道相互作用有：

$$\mathcal{H}' = \lambda \boldsymbol{l} \cdot \boldsymbol{s} = \frac{\lambda}{2}(\boldsymbol{j}^2 - \boldsymbol{l}^2 - \boldsymbol{s}^2) = \frac{\lambda\hbar^2}{2}[j(j+1) - l(l+1) - s(s+1)]$$

当$\boldsymbol{j} = 3/2$ 时，$\lambda\boldsymbol{l} \cdot \boldsymbol{s} = \lambda\hbar^2/2$，$\boldsymbol{j} = 1/2$时，$\lambda\boldsymbol{l} \cdot \boldsymbol{s} = -\lambda\hbar^2$。因此，在$k = 0$ 时，能量分为 4 重简并和 2 重简并（分裂能量$= 3\lambda\hbar^2/2$），如果$\lambda > 0$，2 重简并（称为分裂带）位于比 4 重简并更低的能量状态。分裂能量的大小如前述，为$3\lambda\hbar^2/2$。

对于$\boldsymbol{k} \neq 0$ 的状态，会引入$\boldsymbol{k} \cdot \boldsymbol{p}$微扰。根据微扰理论，能量分离的状态对波函数和能量变化的影响较弱。如果自旋轨道相互作用比$\boldsymbol{k} \cdot \boldsymbol{p}$微扰要强大得多，那么对于四重简并状态，可以使用四重简并状态的波函数来处理$\boldsymbol{k} \cdot \boldsymbol{p}$微扰。另一方面，对于双重简并状态，可用双重简并状态波函数的线性组合来表示。这是一种直观的想法，但实际处理过程会很复杂。对于自旋轨道相互作用的深入讨论，建议参考下列量子力学书籍或专业的半导体物理学书籍：

- 小出昭一郎，《量子力学I》修订版，裳华房（1990）。
- 御子柴宣夫，《半导体物理》修订版，培风馆（1991）。
- 川村肇，《半导体物理》，共立出版（1987）。
- 浜口智寻，《半导体物理》，朝仓书店（2001）。

4-2 节：例如，利用本书中提到的有效状态密度，并将本征半导体的费米能级假定为带隙的中心，且指定带隙的大小，就可以通过书中的公式计算得到。

第 5 章　掺杂半导体

5-1 节：硅和锗的相对介电常数分别为 12 和 16。物质的相对介电常数提供了库仑力弱化程度的指标。根据有效质量近似所给出的施主束缚态能量与介电常数的平方成反比关系，基态能量分别为氢原子基态能量的$(1/12)^2$和$(1/16)^2$。然而，值得注意的是有效质量也是一个重要因素。图 7 展示了硅和锗的施主能级，可以确认锗相对于硅具有非常浅的能级。

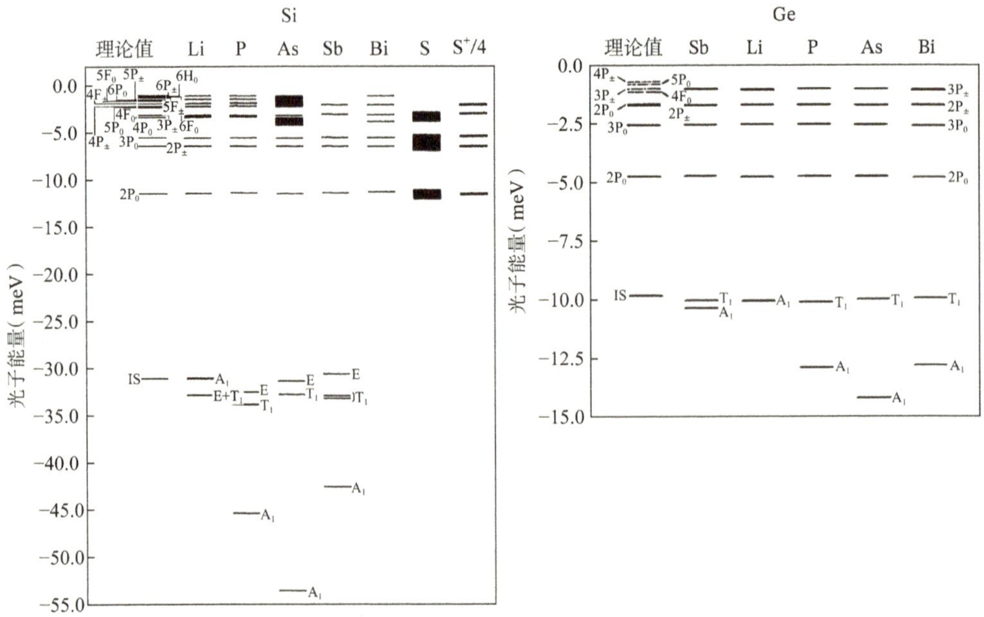

图 7

5-2 节：如果VI族原子取代了硅，那么VI族原子的原子核相对于硅会带有+2 的电荷，并束缚着两个额外的电子。考虑到提供了热能并激发了一个电子到导带的现象。这时，原子核处于+2 的状态，并且有一个电子被束缚，从+1 的核引力中解放出来。进一步升高温度，考虑到剩下的一个电子被激发到导带的过程，由于这个电子受到+2 的原子核的束缚，所以被更强大的核引力束缚着。因此，绘制能级图如图 8 所示。

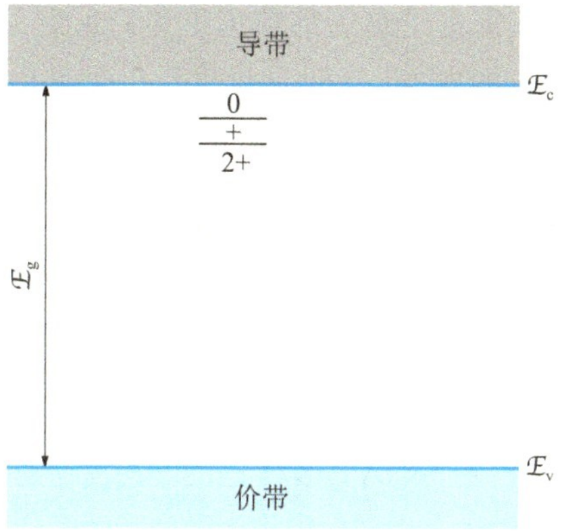

图 8

5-3 节：请获取 G. Feher, Phys, Rev., 114, 1219(1959)并阅读。另外，以下书籍提供了相关解释：

· 植村泰忠，《不完全结晶的电子现象》第 2 版，岩波书店（1961）。

· 川村肇，《半导体物理》第 2 版，槙书店（1971）。

第 6 章　晶格振动

6-1 节：当氦成为固体时，原子间距离为a。此外，当氦原子形成固体时，每个原子的势能增加量为$-\mathcal{E}$（$\mathcal{E} > 0$），氦原子的质量为m。由于氦是轻元素，因此假设在固体形成时，原子振动范围约为间距a，那么位置的不确定性Δx为a。根据不确定性原理，动量的不确定性Δp约为$\hbar/a$。固体化导致的动能的增加量为$-\hbar^2/(2ma^2)$，若其小于势能增加量$\mathcal{E}$，则氦原子将形成固体，并获得能量。因此，$\hbar^2/(2ma^2) < \mathcal{E}$是所求条件。

*参考文献：冈崎诚，《物质的量子力学》，岩波书店（1995）。

长冈洋介，《低温超导、高温超导》，丸善出版社（1995）。

6-2 节：因为晶胞中存在两个原子，所以在真正的二维材料中，应该存在纵波 1、横波 1 的两种声学模式和两种光学模式。然而，存在六条色散关系表明，振动是三维的，并且横波模式既有在平面内振动的，也有在平面外振动的。

第 7 章 载流子输运现象

7-1 节：假设载流子不发生散射。例如，在硅和锗的导带底部形成封闭的等能面时，当存在一定磁场时，电子将在垂直于磁场的轨道上进行旋转运动。在这种情况下，当交变电场以垂直于磁场的方向施加，且回旋频率等于交变电场的频率时，共振现象发生。共振频率为$\omega = \omega_c = eB/m_e^*$。这里，$m_e^*$是电子的有效质量。实验中，固定频率$\omega$，改变磁场的大小。在满足$B = m_e^* \omega_e / e$的磁场下，发生共振吸收。通过这种测量可以得到有效质量。这种测量在各种磁场方向下进行。通常在具有高晶体对称性的方向，例如［110］面内改变施加磁场的方向。

首先，考虑最简单的具有如图 9 所示的旋转椭球体形状的等能面，有：

$$\mathcal{E}(\boldsymbol{k}) = \hbar^2 \left[\frac{(k_x^2 + k_y^2)}{2m_t} + \frac{k_z^2}{2m_l} \right]$$

对图中存在的等能量旋转椭球体在k_z方向上施加磁场时，电子的轨道是圆轨道，其有效质量为m_t，这一点比较容易理解，然而在其他情况下，轨道将成为椭圆形，因此需要更为详细的研究。基于详细计算得到：

$$\left(\frac{1}{m_e^*}\right)^2 = \frac{\cos^2\theta}{m_t^2} + \frac{\sin^2\theta}{m_t m_l}$$

这里，θ是k_z轴和磁场之间的夹角。

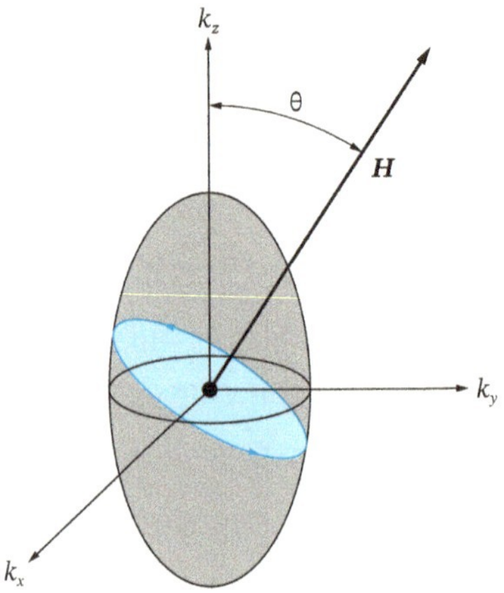

图 9

接下来，让我们考虑已知的 Si 和 Ge 导带的能带结构，并探讨其与磁场方向的相关性。在［011］面内施加磁场。首先考虑图 10 中的 Si。在［001］方向施加磁场时，由于对称性，我们可以得到两个谱线，其强度比为 1：2。其中强度为 1 的谱线直接提供了关于m_t的信息。另一方面，相对于［111］方向，六个导带底在磁场方向上是等效的，因此可以得到一个信号。此外，施加磁场到［011］方向时，将会分裂成两个强度比为 1：2 的谱线。

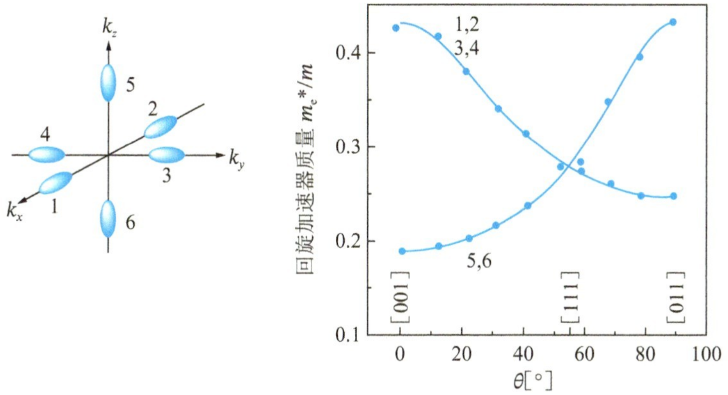

图 10

接下来考虑图 11 中的 Ge。在［001］方向上，所有旋转椭球体都是等效的，因此可以得到一个谱线。对于［111］方向，将会得到 1：3 的两个谱线。其中强度 1 的谱线直接提供了关于m_t的信息。对于［011］方向，将会得到 1：1 的两个谱线。

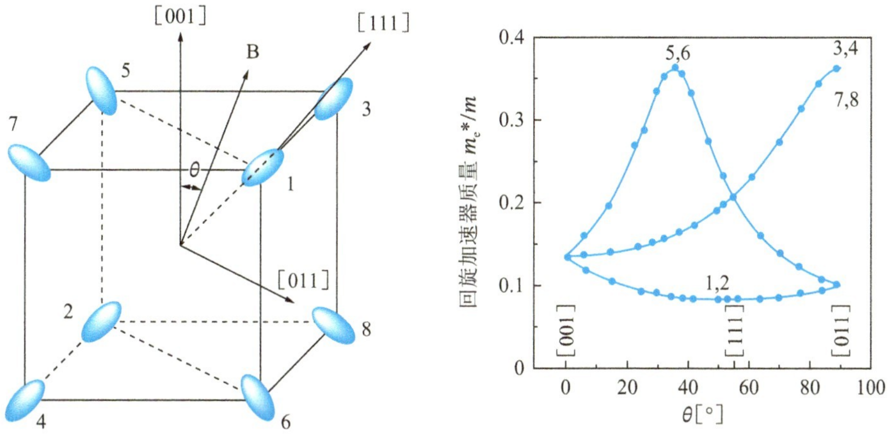

图 11

以上讨论假设已了解导带的能带结构，因此更容易理解，在实验中是通过分离光谱并研究其强度与磁场方向的相关性来推测对称性，并在假定的对称性下，使用有效质量作为参数对实验结果进行拟合。

在回旋共振中，可以确定导带底部的$\boldsymbol{k}$空间方向和有效质量，但无法确定导带底部在$\boldsymbol{k}$空间的位置（从Γ点的距离）。此外，由于价带的能带结构复杂，因此对光谱的解释也变得复杂。

*参考文献：川村肇，《半导体物理学》第 2 版，槙书店（1971）。

浜口智寻，《半导体物理》，朝仓书店（2001）。

7-2 节：共振现象的发生需要完成回旋运动。这个条件是指，弛豫时间为τ时，$\tau \gg T$（T为周期）。这个条件也可以写作$\omega\tau \gg 1$。为了延长弛豫时间，需要抑制散射。为实现这一点，利用高纯度且缺陷较少的晶体，并在极低温下进行测量，以抑制晶格振动散射，这是导致载流子散射的一个因素之一。高纯度的晶体即杂质（施主、受主）较少的晶体在极低温下无法产生载流子。为解决这个问题，通过光照射产生载流子。另外，对光照射进行脉冲化，并利用锁相放大器检测与脉冲周期相同的信号等方法进行实验操作。

*参考文献：川村肇，《半导体物理学》第 2 版，槙书店（1971）。

浜口智寻，《半导体物理》，朝仓书店（2001）。

第 9 章　pn 结

9-1 节：当施加强烈的反向电压到 pn 结时，能带结构如图 14 所示。此时，存在于价带中的电子可以通过图中灰色三角形区域进行隧穿，实现从 n 型导带区域的隧穿跃迁。随着反向电压的增大，隧道势垒变薄，因此会有更多的电流流动。

9-2 节：对 npn 结的集电极施加正电压，发射极施加 0V，则发射区和集电区的能带结构如图 15 所示。集电区能量较低，但基区存在势垒，发射极中的电子不能轻易到达集电极。然而，施加轻微的正电压来减小薄基区的势垒，发射极的电子就可以流向集电极。电子在导带中遵循玻尔兹曼分布，可以通过微小的基极电压变化大幅改变流向集电极的电流。然而，由于发射极和集电极间的电压已经形成发射区能量高于集电区能量的能带结构，因此改变集电极电压不会显著改变电流值。

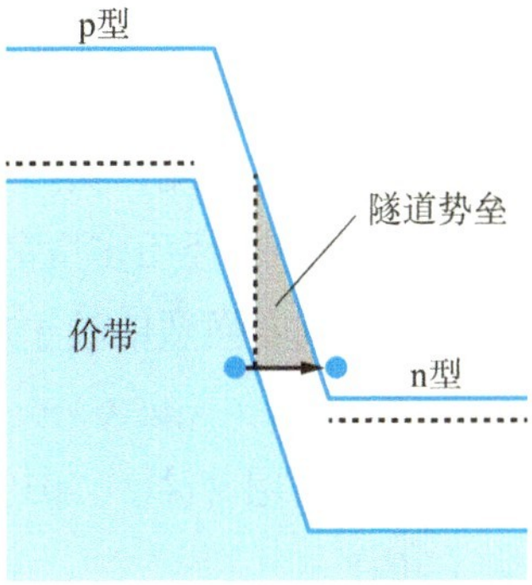

图 14

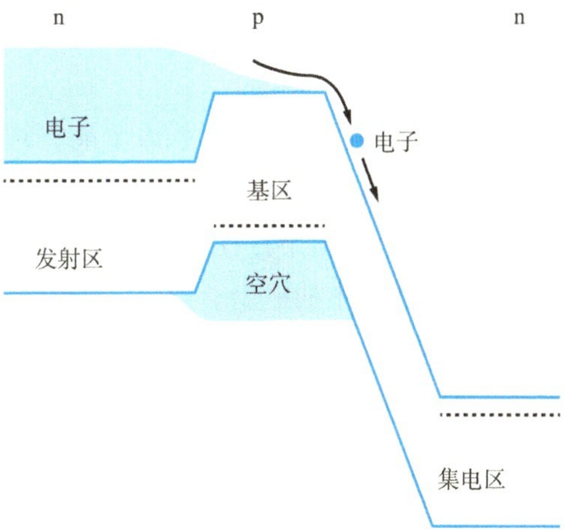

图 15

第 10 章　MOS 结构

10-1 节： 反型层单位面积的电子数取决于栅极电压、阈值电压和栅极电容。电容由绝缘层的厚度和相对介电常数决定。换句话说，如果使用相对介电常数大的材料，电容将增大。目前纳米 CMOS 中的栅极绝缘层已经从相对介电常数为 4 的 SiO_2 变为相对介电常数约为 20 的 HfO_2 系材料。

10-2 节： 在这里以 n 沟道型 MOSFET 为例进行说明。为了在低栅极电压下形成反型层，需要在栅极电压为 0V 时不形成反型层电子的程度下将能带向下弯曲。为此，栅极材料的功函数应该比 p 型硅的功函数适当地小。例如，可以使用在本文中展示的重掺杂 n^+-Si 作为栅极。由于目前纳米 CMOS 中 n^+-Si 栅极/绝缘层界面形成微弱的耗尽层，成为芯片特性劣化的因素，因此再次使用金属栅极。然而，在这种情况下，n 沟道型和 p 沟道型需要具有不同功函数的金属电极。

第 11 章　MOS 场效应晶体管

11-1 节： 作为关键词，请在网络上搜索 FIN-MOSFET。

11-2 节： 作为关键词，请在网络上搜索 Nanosheet FET, Gate-all-around (GAA) FET, Vertical FET, Complementary FET。

第 12 章 集成电路

12-1 节：当栅长小于平均自由程时，载流子能够到达漏极而不被散射。这种导电被称为弹道传导。在室温下器件工作时，几乎不可能不发生散射。因此，实际实现的导电是准弹道传导。这里不存在电子在电场作用下做漂移运动时经历多次散射的过程，因此也没有迁移率的概念。此时，载流子通过沟道的速度强烈依赖于从源到沟道的注入速度。

*参考文献：土屋英明，《纳米结构电子学入门》，科罗纳出版社（2013）。

名取研二，《纳米尺度晶体管物理》，朝仓书店（2018）。

12-2 节：作为关键词，请在网络上搜索浸没式光刻、EUV 光刻。

第 13 章 界面的量子化

13-1 节：硅在［100］方向上具有 6 个能谷（导带底）。由于 Si［100］面的 Si 和 SiO_2 界面缺陷密度最小，因此被用于晶体管。使用这个晶体面时，如图 16 所示，存在谷 1，2 和与它们垂直的四个谷 3，4，5，6。谷 1，2 由于垂直于界面方向上的有效质量m_l较重，因此在界面三角形势垒中量子化时，基态能量较低，能级分离较小。另一方面，3，4，5，6 这四个谷的垂直界面方向的有效质量m_t较轻。因此，当在界面三角形势垒中量子化时，基态能量较高，能级分离较大。正文中相关公式为：

$$\mathcal{E}_{nz}=\left[\frac{3\pi\left\{n+\left(\frac{3}{4}\right)\right\}}{2}\right]^{2/3}\left[\frac{(eE\hbar)^2}{2m^*}\right]^{1/3}\quad(n=0,1,2,\cdots)$$

根据上式计算，谷 1 和 2 的基态能量以及第一激发态的能量分别为 36.5meV 和 64.2meV。

另一方面，在谷 3、4、5、6 中，基态和第一激发态分别为 63.1 和 111.0meV，如图 17 所示。谷 1、2 的基态和第一激发态之间的能量差为 27.7meV。此外，从谷 1、2 的基态到谷 3、4、5、6 的基态的能量差为 26.6meV。这些值与液氦温度下的热能相比要大得多。最低子带中二维电子在界面平行运动的有效质量为 $0.19m_0$。简而言之，忽略谷间相互作用，反型层电子密度为 $1\times10^{12}cm^{-2}$ 时，在液氦温度下，所有电子存在于最低子带中。

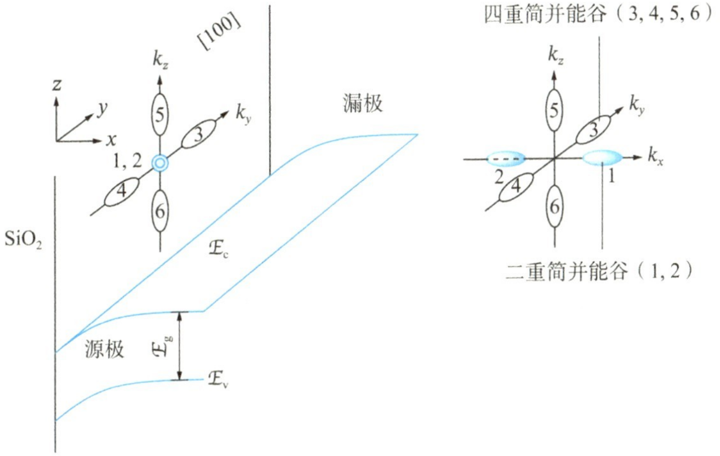

图 16

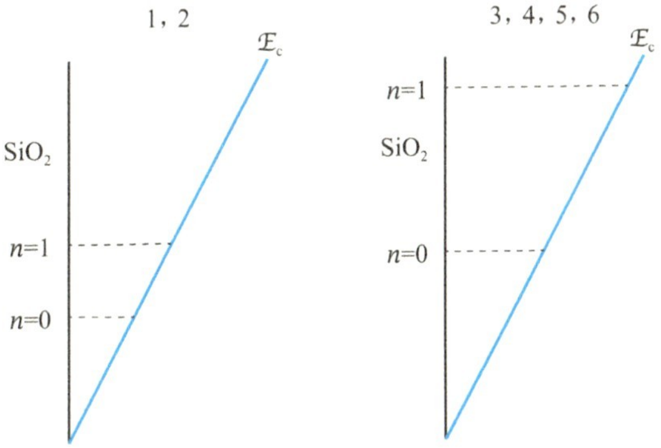

图 17

*参考文献：菅野卓雄，御子柴宣夫，平木昭夫，《表面电子工程学》，科罗纳出版社（1979）。

平本俊郎，内田健，杉井信之，竹内洁，《集成纳米器件》，丸善出版社（2009）。

土屋英明，《纳米结构电子学入门》，科罗纳社（2013）。

13-2 节： 谷 1、2 和谷 3、4、5、6 由于其对称性，如果在 Si/SiO_2 界面内引入二维应变，则对应变的响应将不同。当考虑到强关联近似中原子间距的变化时，可以想象应变会导致能带结构的变化。存在于谷 1、2 中的电子，在垂直于 MOS 界面的方向上移动时具有较大的有效质量，但在沿界面方向运动时具有较小的有效质量，这将导致较大的迁移率。总的来说，通过应变调制能带，如果能容纳谷 1、2 中的所有电子，则电子的迁移率将提高，导通电流将增大。然而，在室温下的器件工作时，需要注意由热能引起的电子占据带 3、4、5、6 的情况也会出现。

应变可以通过二维方法和一维方法施加。二维应变的施加方式是，例如在晶格常数大于 Si 的衬底上对薄膜 Si 进行外延生长。为了使衬底和晶格常数匹配，外延生长的薄膜 Si 的面内原子间距会增大。另一方面，如果使用的衬底的晶格常数小于 Si，则可以使外延生长的薄膜 Si 的面内晶格常数减小。也可以施加一维应变。例如，通过在源漏（Source-Drain，SD）区域填充晶格常数大于 Si 的材料，可以对沟道施加沿 SD 方向的压应变。这种方法因英特尔公司使用晶格常数大于 Si 的 SiGe 作为 SD 区域，对通道施加沿 SD 方向平行的压应变，显著提高 p 沟道型 MOSFET 性能而闻名。

*参考文献：菅野卓雄，御子柴宣夫，平木昭夫，《表面电子工程学》，科罗纳出版社（1979）。

平本俊郎，内田健，杉井信之，竹内洁，《集成纳米器件》，丸善出版社（2009）。

土屋英明，《纳米结构电子学入门》，科罗纳出版社（2013）。